冶金专业教材和工具书经典传承国际传播工程

普通高等教育"十四五"规划教材

"十四五"国家重点
出版物出版规划项目

深部智能绿色采矿工程
金属矿深部绿色智能开采系列教材
冯夏庭　主编

金属矿山地质学

Metal Mining Geology

付建飞　姚玉增　王恩德　高荣臻　主编

扫码看本书
数字资源

北　京

冶 金 工 业 出 版 社

2023

内 容 提 要

本书围绕金属矿山深部绿色智能开采，全面系统地阐述了金属矿山地质的基本概念及金属矿山各阶段的地质工作任务和内容，具体包括金属矿床的地质特征及成因、金属矿产勘查、金属矿山建设、金属矿山生产勘探、金属矿山地质工作方法等；从金属矿山开采全过程介绍了地质资源储量动态管理、地质经济管理、地质环境修复等地质管理工作；讲解了金属矿山智能地质及深边部找矿预测。

本书可作为采矿工程、地质工程、土木工程（岩土、地下与隧道工程方向）等专业本科生和研究生教材，也可供从事矿山开采的工程技术人员、科研人员和管理人员阅读参考。

图书在版编目（CIP）数据

金属矿山地质学/付建飞，姚玉增，王恩德，高荣臻主编 . —北京：冶金工业出版社，2023.11

（深部智能绿色采矿工程/冯夏庭主编）

"十四五"国家重点出版物出版规划项目

ISBN 978-7-5024-9516-9

Ⅰ. ①金… Ⅱ. ①付… ②姚… ③王… ④高… Ⅲ. ①金属矿—矿山地质—高等学校—教材 Ⅳ. ①P618.51

中国国家版本馆 CIP 数据核字（2023）第 110104 号

金属矿山地质学

出版发行	冶金工业出版社	电　话	(010)64027926
地　址	北京市东城区嵩祝院北巷 39 号	邮　编	100009
网　址	www.mip1953.com	电子信箱	service@mip1953.com

责任编辑　刘小峰　王恬君　美术编辑　彭子赫　版式设计　郑小利
责任校对　王永欣　责任印制　窦　唯
三河市双峰印刷装订有限公司印刷
2023 年 11 月第 1 版，2023 年 11 月第 1 次印刷
787mm×1092mm　1/16；24.5 印张；589 千字；371 页
定价 69.00 元

投稿电话　(010)64027932　投稿信箱　tougao@cnmip.com.cn
营销中心电话　(010)64044283
冶金工业出版社天猫旗舰店　yjgycbs.tmall.com
（本书如有印装质量问题，本社营销中心负责退换）

冶金专业教材和工具书
经典传承国际传播工程
总　序

　　钢铁工业是国民经济的重要基础产业，为我国经济的持续快速增长和国防现代化建设提供了重要支撑，做出了卓越贡献。当前，新一轮科技革命和产业变革深入发展，中国经济已进入高质量发展新时代，中国钢铁工业也进入了高质量发展的新时代。

　　高质量发展关键在科技创新，科技创新离不开高素质人才。党的二十大报告指出："教育、科技、人才是全面建设社会主义现代化国家的基础性、战略性支撑。必须坚持科技是第一生产力、人才是第一资源、创新是第一动力，深入实施科教兴国战略、人才强国战略、创新驱动发展战略，开辟发展新领域新赛道，不断塑造发展新动能新优势。"加强人才队伍建设，培养和造就一大批高素质、高水平人才是钢铁行业未来发展的一项重要任务。

　　随着社会的发展和时代的进步，钢铁技术创新和产业变革的步伐也一直在加速，不断推出的新产品、新技术、新流程、新业态已经彻底改变了钢铁业的面貌。钢铁行业必须加强对科技进步、教育发展及人才成长的趋势研判、规律认识和需求把握，深化人才培养体制机制改革，进一步完善相应的条件支撑，持续增强"第一资源"的保障能力。中国钢铁工业协会《"十四五"钢铁行业人力资源规划指导意见》提出，要重视创新型、复合型人才培养，重视企业家培养，重视钢铁上下游复合型人才培养。同时要科学管理，丰富绩效体系，进一步优化人才成长环境，造就一支能够支撑未来钢铁行业高质量发展的人才队伍。

高素质人才来源于高水平的教育和培训，并在丰富多彩的创新实践中历练成长。以科技创新为第一动力的发展模式，需要科技人才保持知识的更新频率，站在钢铁发展新前沿去思考未来，系统性地将基础理论学习和应用实践学习体系相结合。要深入推进职普融通、产教融合、科教融汇，建立高等教育+职业教育+继续教育和培训一体化行业人才培养体制机制，及时把钢铁科技创新成果转化为钢铁从业人员的知识和技能。

一流的专业教材是高水平教育培训的基础，做好专业知识的传承传播是当代中国钢铁人的使命。20世纪80年代，冶金工业出版社在原冶金工业部的领导支持下，组织出版了一批优秀的专业教材和工具书，代表了当时冶金科技的水平，形成了比较完备的知识体系，成为一个时代的经典。但是由于多方面的原因，这些专业教材和工具书没能及时修订，导致内容陈旧，跟不上新时代的要求。反映钢铁科技最新进展和教育教学最新要求的新经典教材的缺失，已经成为当前钢铁专业人才培养最明显的短板和痛点。

为总结、提炼、传播最新冶金科技成果，完成行业知识传承传播的历史任务，推动钢铁强国、教育强国、人才强国建设，中国钢铁工业协会、中国金属学会、冶金工业出版社于2022年7月发起了"冶金专业教材和工具书经典传承国际传播工程"（简称"经典工程"），组织相关高校、钢铁企业、科研单位参加，计划用5年左右时间，分批次完成约300种教材和工具书的修订再版和新编，以及部分教材和工具书的对外翻译出版工作。2022年11月15日在东北大学召开了工程启动会，率先启动了高等教育和职业教育教材部分工作。

"经典工程"得到了东北大学、北京科技大学、河北工业职业技术大学、山东工业职业学院等高校，中国宝武钢铁集团有限公司、鞍钢集团有限公司、首钢集团有限公司、河钢集团有限公司、江苏沙钢集团有限公司、中信泰富特钢集团股份有限公司、湖南钢铁集团有限公司、包头钢铁（集团）有限责任公司、安阳钢铁集团有限责任公司、中国五矿集团公司、北京建龙重工集团有限公司、福建省三钢（集团）有限责任公司、陕西钢铁集团有限公司、酒泉钢铁（集团）有限责任公司、中冶赛迪集团有限公司、连平县昕隆实业有限公司等单位的大力支持和资助。在各冶金院校和相关钢铁企业积极参与支持下，工程相关工作正在稳步推进。

征程万里，重任千钧。做好专业科技图书的传承传播，正是钢铁行业落实习近平总书记给北京科技大学老教授回信的重要指示精神，培养更多钢筋铁骨高素质人才，铸就科技强国、制造强国钢铁脊梁的一项重要举措，既是我国钢铁产业国际化发展的内在要求，也有助于我国国际传播能力建设、打造文化软实力。

让我们以党的二十大精神为指引，以党的二十大精神为强大动力，善始善终，慎终如始，做好工程相关工作，完成行业知识传承传播的使命任务，支撑中国钢铁工业高质量发展，为世界钢铁工业发展做出应有的贡献。

中国钢铁工业协会党委书记、执行会长

2023 年 11 月

金属矿深部绿色智能开采系列教材
编 委 会

主　编　冯夏庭

编　委　王恩德　顾晓薇　李元辉

　　　　杨天鸿　车德福　陈宜华

　　　　黄　菲　徐　帅　杨成祥

　　　　赵兴东

金属矿深部绿色智能开采系列教材
序　言

　　新经济时代，采矿技术从机械化全面转向信息化、数字化和智能化；极大程度上降低采矿活动对生态环境的损害，恢复矿区生态功能是新时代对矿产资源开采的新要求；"四深"（深空、深海、深地、深蓝）战略领域的国家部署，使深部、绿色、智能采矿成为未来矿产资源开采的主趋势。

　　为了适应这一发展趋势对采矿专业人才知识结构提出的新要求，依据新工科人才培养理念与需求，系统梳理了采矿专业知识逻辑体系，从学生主体认知特点出发，构建以地质、测量、采矿、安全等相关学科为节点的关联化教材知识结构体系，并有机融入"课程思政"理念，注重培育工程伦理意识；吸纳地质、测量、采矿、岩石力学、矿山生态、资源综合利用等相关领域的理论知识与实践成果，形成凸显前沿性、交叉性与综合性的"金属矿深部绿色智能开采系列教材"，探索出适应现代化教育教学手段的数字化、新形态教材形式。

　　系列教材目前包括《金属矿山地质学》《深部工程地质学》《深部金属矿水文地质学》《智能矿山测绘技术》《金属矿床露天开采》《金属矿床深部绿色智能开采》《井巷工程》《智能金属矿山》《深部工程岩体灾害监测预警》《深部工程岩体力学》《矿井通风降温与除尘》《金属矿山生态-经济一体化设计与固废资源化利用》《金属矿共伴生资源利用》，共13个分册，涵盖地质与测量、采矿、选矿和安全4个专业、近10个相关研究领域，突出深部、绿色和智能采矿的最新发展趋势。

　　系列教材经过系统筹划，精细编写，形成了如下特色：以深部、绿色、智能为主线，建立力学、开采、智能技术三大类课群为核心的多学科深度交叉融合课程体系；紧跟技术前沿，将行业最新成果、技术与装备引入教材；融入课程思政理念，引导学生热爱专业、深耕专业，乐于奉献；拓展教材展示手段，采用全新数字化融媒体形式，将过去平面二维、静态、抽象的专业知识以三维、动态、立体再现，培养学生时空抽象能力。系列教材涵盖地质、测量、开采、智能、资源综合利用等全链条过程培养，将各分册教材的知识点进行梳理与整合，避免了知识体系的断档和冗余。

系列教材依托教育部新工科二期项目"采矿工程专业改造升级中的教材体系建设"（E-KYDZCH20201807）开展相关工作，有序推进，入选《出版业"十四五"时期发展规划》，得到东北大学教务处新工科建设和"四金一新"建设项目的支持，在此表示衷心的感谢。

主编　冯夏庭

2021 年 12 月

前　言

　　我国是矿业发展最早的国家之一。经济社会的发展，离不开地质矿产资源的基础支撑。新中国成立以来，我国的地质矿产事业取得了辉煌的成果。矿产资源开发利用为国民经济建设提供了基础能源保障和工农业所需的各类资源原材料，也是各级政府财政收入来源的主要组成部分，做出了卓越的贡献。近年来，我国地质找矿不断实现重大突破，目前我国有十余种金属矿产资源产量居世界第一，金属矿产资源开发利用得到了极大的发展，使我国逐步成为世界矿业大国之一。未来 10 年内，我国将有大量金属矿山开采深度达到或超过 1000m，对矿山深部的地质要求越来越高。与此同时，矿产资源管理法制机制不断完善，地质环境建设和保护日益加强。提高矿产资源的利用效率、加强资源开发与生态环境保护的有效协同，需要矿山地质科技的进步和创新，矿山开采正逐步向智慧矿山和绿色矿山发展。

　　作为采矿专业的新工科系列教材之一，本书从金属矿床的矿物学和岩石学出发，对黑色金属、有色金属、贵金属和"三稀"金属矿床的地质特征及成因进行了归纳总结，从矿产勘查逐步过渡到矿山开发勘探，系统阐述了金属矿山地质的基本概念及金属矿山各阶段地质的主要任务、工作内容和工作方法。书中详细讲解了金属矿山地质工作方法，具体包括金属矿山地质编录、地质图件编制、地质储量估算、生产矿量计算和矿石质量管理等；介绍了金属矿山全过程的地质管理工作，包括掘进（剥离）过程、矿块采准、回采过程、矿山出矿运输和选冶过程中的地质管理、损失与贫化的计算和管理、矿山地质资源储量动态管理、共伴生金属矿产地质储量管理、金属矿山地质经济管理、采矿单元结束的地质工作、矿山地质环境修复；讲解了金属矿山智能地质及深边部找矿预测。

本书以我国金属矿山未来发展方向为指导，根据《固体矿产资源储量分类》（GB/T 17766—2020）编写矿山储量估算与管理内容；包含了矿山生态恢复（绿色矿山）和智能地质（智慧矿山）的相关内容；为减少系列教材间的重复，简化了大量的专门性矿山地质工作的内容。

本书在编写过程中，参考了大量国内外相关的教材、专著、国家或地方以及矿山企业部门颁发的有关规范、规程和条例，特别是近年来我国最新颁布的国家与行业规范以及国内外重要期刊发表的有关文献，限于篇幅，参考文献未能一一列入，在此表示歉意，并向资料作者和单位致以诚挚的谢意。

本书编写过程中，得到东北大学冯夏庭校长的指导和大力帮助。在此表示感谢，同时感谢系列教材同事的帮助，也特别感谢吉林大学杨言辰教授和辽宁地矿集团李景春教授对教材提出的宝贵意见。

近年来新能源和战略金属、关键金属等矿产资源研究日新月异，教材中某些观点难免挂一漏万，不当之处敬请批评指正。

编　者

2023 年 3 月

目　　录

绪　　论

本章课件

本章提要

　　金属矿山地质学是一门适用于矿山生产的应用性地质学，本章对金属矿山地质学的概念进行了厘定，解读了其在矿山企业中的地位和作用，并对金属矿山地质发展方向进行了解读。本章主要内容包括金属矿山地质学的概念与任务、金属矿山地质学的学科性质与特点、金属矿山地质学在矿山企业中的地位与作用和金属矿山地质学的发展现状与发展方向。

　　矿山地质学是一门介于地质学与采矿学之间的应用学科。它研究矿床开采阶段为保证矿山有计划持续正常生产、资源合理利用以及扩大矿山规模、延长服务年限所需进行的各项地质工作的基本原理和方法。矿山企业的地质部门完成矿山地质的各项工作，它起着矿山生产技术管理和采掘生产技术监督的作用。

　　矿产资源开发包括地质勘查和矿山开发两大阶段。地质勘查阶段又分为普查、详查和勘探三个阶段，矿山开发阶段又可较详细地划分为矿山资源调查和矿山规划、矿山建设前的概略研究、预可行性研究、可行性研究、矿山设计、矿山基建、矿山生产和矿山闭坑（矿）等阶段。

　　矿山地质学是一门综合性地质学。它以基础地质科学为理论基础，如矿物学、岩石学、地史学、构造地质学、地貌及第四纪地质学、矿床学原理、地质经济学等；以地质技术学说为其工作和评价的技术方法、手段和原则，如岩石矿物鉴定、矿相学、矿石矿物工艺学、找矿及勘探方法、矿床工业类型、地球化学、地球物理学、钻探学、勘探坑道掘进、3S 技术、虚拟现实技术、数学地质、包裹体地质、同位素地质、遥感地质等。

　　矿山地质学同时又是一门地质学与矿产开发的交叉科学，它与采矿工程科学、选矿工艺学、冶金加工、企业经济及管理学等学科之间也有着紧密联系。

0.1　金属矿山地质的概念与任务

0.1.1　概念

　　矿山地质是指矿床经过地质勘查之后，在矿山基建地质和矿山生产过程中，在已建或拟建矿山范围内，为保证矿山基建与生产工作的顺利进行，而对矿床所进行的一系列地质工作的总和或总称。

　　金属矿山地质是矿山地质的一类特定矿种分支，金属矿山地质学是针对开采金属矿产的矿山，阐述矿山地质的工作原理和方法。金属矿山地质学是在金属矿山地质工作的基础上发展起来的地质科学，与金属矿山的采矿工程学、选冶工艺学和矿产技术经济学有着密切联系。金属矿山地质学主要探讨在金属矿山开发各阶段，为帮助矿山可持续地综合开发利用矿产资源，而进行的各类地质工作。通过各阶段中地质工作实践，研究矿区地质条件，总结成矿机制，进行矿床成因及找矿预测的研究。通过矿山开发，进一步揭示地质特征和规律，对勘探方式、勘探手段以及勘探网度等进行勘探方法的研究，总结对比实际达到的勘探程度，确定评价标准。通过矿山开发所积累的大量采掘、选冶、加工、管理等技术经济指标的数据和资料，进行地质经济研究，并对矿床开采进行经济评价，以及怎样对金属矿产资源进行合理利用和保护性开采。

0.1.2　金属矿山地质的任务

金属矿山地质作为一项保证矿山生产和建设正常进行的基础工作，其基本任务是进行矿床的开发勘探和研究工作，提高储量级别，扩大矿山资源远景，延长矿山服务年限，监督矿产资源的合理开发利用。其主要任务是：

（1）进行开发勘探（基建勘探和生产勘探）。进一步查明矿床开采地段的地质构造特征，矿体形态、产状、空间分布及赋存规律，矿石质量、数量及其开采加工技术条件等，提高储量级别，为制订矿山生产计划和进行开采设计提供地质资料。

（2）随着探采工程的进展，做好地质编录、取样等日常基础地质工作，不断补充和修改矿山地质资料，为采掘生产提供可靠的地质依据。

（3）根据矿业法规、矿山采掘（剥）技术业务政策，对矿产资源的合理开采、综合利用，实行有效的监督。

（4）按期计算并分析地质储量和生产矿量的保有和变动情况；开展采矿贫化与损失的计算与分析；进行矿山采掘（剥）工作的地质技术管理。

（5）开展矿山水文地质、工程地质及环境地质工作，为矿山防治水、控制露采边坡和井下地压活动及环境保护提供地质资料。

（6）开展矿区综合地质研究，总结成矿规律，指导隐伏矿体找寻及矿区的矿产预测。

（7）加强矿山地质科技交流，研究和推广新技术、新方法、新手段，提高矿山地质工作水平，促进矿山地质工作现代化。

金属矿山地质的任务，决定了矿山地质的内容，主要有以下几个方面：

（1）常规性地质工作。常规性地质工作是指矿山开采过程中，为了保证矿山建设、生产的正常进行，每个矿山都应进行的地质工作。主要有矿山基建地质工作和生产勘探工作；各种工程中的地质调查、取样及原始地质编录，综合地质编录以及储量计算工作等。

（2）专门性地质工作。专门性地质工作是指矿山开采过程中，为了解决某些与地质因素有关的特殊问题或关键问题，由矿山地质部门专门进行或配合其他部门进行的地质调查及研究工作。这种工作不是每个矿山都必须进行的，仅在必要时才进行。如矿山工程地质调查研究、矿山水文地质调查研究、环境地质调查研究、矿产经济研究、工艺矿物学的研究以及为了开展矿产资源的综合利用而进行的专门性地质研究工作等。

（3）地质技术管理及监督工作。地质技术管理及监督工作主要包括矿产储量管理；矿石质量管理及质量均衡；开采中矿石损失和贫化的管理和监督；生产准备矿量（三级或二级矿量）的管理和监督；参与开采设计、采掘（剥）计划的编审工作和采掘（剥）工程施工及日常生产的管理、监督；闭坑及采掘单元的停采、报废的管理和监督等。

（4）综合地质研究工作。综合地质研究工作，如矿体形态的综合研究；矿床物质成分的综合研究；矿石组构综合研究；成矿规律的综合研究等。这些研究成果不仅可用于指导盲矿体的寻找、错失矿体的追索、生产勘探工程的合理布置以及采、选生产活动，而且对于地质学的发展，特别是矿床成因理论的发展有重要意义。

（5）矿床深部及外围找矿工作。由于生产矿山在基建前进行的地质勘探工作的探矿工程有限，对矿床构造和成矿规律等的认识还不够深入，无法探明矿区深部及外围的所有隐伏矿体。为此，在矿山开发过程中，在矿床地质综合研究的基础上，要及时采用各种探矿手段，进一步开展矿山深部及外围的找矿勘探。这是挖掘矿产资源潜力，延长矿山寿命的重要途径。

（6）矿产经济分析研究工作。主要指与矿山地质工作有关的技术经济参数的优化与经济分析研究工作。例如矿床工业品位指标、出矿截止品位、矿石入选品位以及矿量管理、生产勘探工作的各项技术经济参数的优化与经济分析研究工作。

0.1.3 金属矿山地质学的原则

继承与发展相结合的原则：金属矿山地质工作是地质勘探工作的继续和深化，具有继承和发展两重性。

地质与生产密切结合的原则：应注意时空与内容要求上的结合。在时间上，矿山地质工作必须适当超前生产，及时为生产提供地质资料和相应的高级储量；在空间上，必须与生产工程的进度密切结合，及时按工序要求进行相应的地质工作和为生产准备矿量提供相应级别的储量及地质资料；资料内容方面必须紧密结合生产，以满足生产需要为主要目的。

技术与管理相结合的原则：矿山地质工作同时具有技术服务和技术管理的职能。工作内容除了大量技术工作之外，还要参与生产管理，这是矿山地质工作有别于其他地质工作的特点。

统一性与灵活性相结合的原则：同一矿区的矿山地质工作，一般应坚持严格的统一性，而在局部地区，由于地质情况的差异，又应有一定的灵活性。如图纸规格、比例尺、图例、岩矿石的命名、生产勘探的布置原则及网度等应有统一的要求。对地质条件复杂的矿床，局部地段往往有较大变化，则应因地制宜地采用不同的工程布置、网度、工程手段及工作方法，既要有全局的统一性，又要注意局部的灵活性。

技术与经济相结合的原则：地质技术与经济分析相结合是矿山地质工作的一个重要方面。实践表明技术与经济的结合是提高矿山企业经济效益的有效途径。

实践与认识密切结合的原则：实践与认识密切结合是地质工作各阶段均必须遵循的原则。

0.2 金属矿山地质学的学科性质与特点

0.2.1 学科的性质

金属矿山地质学是在金属矿山地质工作的基础上建立和发展起来的一门新兴的应用地

质学科，是地质学的一个重要分支学科。

金属矿山地质学是一门直接为金属矿山生产建设服务的应用地质学科，它主要研究与金属矿产资源开发有关的地质问题及其相应的资源经济问题。故按其实质来说，其学科性质应属于应用性的经济地质学。

0.2.2　学科的特点

概括地说，金属矿山地质学具有以下几个特点：

（1）金属矿山地质学是直接联系矿山采掘生产并为矿山开采活动服务的应用学科，故具有较强的实践性。矿山地质问题来源于生产实践，同时，它的研究成果必须服务于生产实践，并接受生产实践的检验。

（2）矿山地质学又是一门综合性很强的学科，与基础地质学、矿产地质学及环境地质学都有着广泛的联系。它以矿物学、岩石学、地史学、构造地质学等学科为理论基础，以岩矿鉴定、矿石工艺、勘查地球物理、勘查地球化学以及钻探工程与坑探工程等为技术手段，应用各地质科学的理论与方法来研究与解决矿山生产中出现的各类地质问题，为矿山生产服务。因此，各门地质科学的理论与方法都是矿山地质学的基础。

（3）矿山地质学又是介于地质学与矿冶工程学之间的边缘学科。它与矿山测量、采矿、选矿以及矿冶经济学、资源经济学之间都有着密切的联系。因此，矿山地质学又具有明显的经济性特点。

总之，金属矿山地质学是一门实践性和综合性都非常强、对地质相关专业知识要求非常高的应用地质学。

0.3　金属矿山地质学在矿山企业中的地位与作用

0.3.1　地位与作用

任何一个矿山，从矿山设计开始，经由矿山建设、矿山开采，直到回采完毕，矿山闭坑为止，都离不开矿山地质工作。它具有四个主要职能：服务生产、管理生产、监督生产和提供接替资源。其目的是保证矿山生产和建设的正常进行，延长矿山的服务年限。矿山地质是矿山生产建设中的重要组成部分，是矿床开采的基础性工作。

0.3.2　矿山地质工作与其他工作的关系

（1）矿山地质工作与采矿生产工作的关系：

1）主体与前导的关系：采矿工作是主体，矿山地质工作是前导。开采工作是在矿山地质工作成果的基础上进行的，开采设计、采掘（剥）等主要生产工序必须以生产地质工作成果为依据，为了保证生产正常进行，生产地质工作必须适当超前生产。

2）制约关系：矿山地质工作部门负有监督开采工作的职责。如对矿产资源的合理利用、采矿中矿石的损失贫化、生产准备矿量的储备、矿石质量及正规采掘等的监督管理。

3）协作关系：在某些工作领域中，两者还存在着协作关系，例如，为了供给选矿部门符合入选要求的矿石和保证其质量的稳定，矿山地质部门与采矿部门要共同协作制订好矿石质量计划和矿石均衡（配矿）措施，并共同加以执行。

（2）矿山地质工作与矿山测量工作的关系。矿山测量是矿山地质的基础工作，两者应密切配合、协同活动。这种协同合作关系在地质图件的测绘、生产准备矿量（三级或二级矿量）管理等工作中尤为明显。例如，矿山测量要为地质图件的填绘提供测点、地形和工程分布底图；两者共同参加生产准备矿量的管理和监督等。

由于两者关系密切，在机构设置上，一般矿山地质和矿山测量两个专业的人员归属同一个科室。

（3）矿山地质工作与选矿的关系。矿床的矿石类型、矿物组成、有用组分的赋存状态、含量以及矿石的结构构造等的研究和确定是矿山地质工作的重要内容，也是改进和选择选矿工艺流程的重要地质依据。矿石中这些因素的变化直接影响选矿工艺及其效果。因此，两者在工艺上有着不可分离的关系。如为了保证矿石入选质量的均衡稳定，矿山地质工作部门在采矿部门的协同下，通过矿石均衡（配矿）工作以达到入选矿石质量的要求。

（4）矿山地质工作与矿山安全和环保工作的关系。矿山的安全生产问题，如露天矿的边坡坍塌，地下矿山的地压显现，矿坑突水和矿山环境污染等均与地质体的性质、结构构造、物质组成、矿区水文条件等有着密切的联系。矿山地质工作应为解决这些问题提供地质资料、参与调查研究、参加或配合安全环保部门制定处理和预防措施。

0.4　金属矿山地质学的发展现状与发展方向

0.4.1　金属矿山地质学的发展现状

半个多世纪以来，金属矿山地质学已成为地质学领域中的一个重要分支。金属矿山地质学是在金属矿产采矿生产的推动下逐步发展起来的。我国是世界四大文明古国之一，我国的金属矿产采矿事业有着悠久的历史，远在几千年前，我国就已经开采铜、铁和金等金属矿产。金属矿产是我国最早开采的大类矿产之一。许多地质学科的诞生与建立，都与采掘工业的发展有着密切的关系，但是金属矿山地质学与采掘工业的直接关系，是地质科学中其他分支学科无法相比的。

还应指出的是，金属矿山地质与整个矿山地质的发展是一致的，从整个矿山地质的发展来看，尽管历史上为矿山开采服务的地质工作出现得比较早，但是矿山地质学作为一门独立的学科出现，还是比较晚的。20 世纪 30 年代，由于矿冶工程学和机械工程学与矿床地质学的渗透，矿山地质学才成为一门独立学科。20 世纪 40 年代，矿山地质学的专门著作相继出版，标志性的著作有 1947 年苏联出版的《矿山地质学概论》，1948 年美国出版的《矿山地质学》，1978 年美国出版的 W. C.彼得斯（Peters）所著《勘查与矿山地质学》，较全面地反映了美国乃至工业发达国家矿山地质的学术思想和工作方法。1951 年南非采矿工程师 Krige 提出了新的矿产储量估算方法，法国数学家 G.马特龙（Matheron）对其进行了改进和系统化，创立矿山"地质统计学"。20 世纪 60 年代中期，R. B.鲁滨逊（Robinson）在科隆内中铜矿研究中利用电算技术计算矿产储量，并发表了专著，此后，电算以及电子制图技术开始用于矿山地质部门。

矿山地质在苏联及东欧得到重视。最有代表性的是苏联 M. H.阿尔波夫等的《矿山地质学》（1956，1973），全书 26 章，全面系统地论述了苏联金属矿床矿山地质工作的基本理论与方法。总的说来，苏联与东欧矿山生产较重视矿产资源保护，矿山地质的主要内容为基础地质、生产勘探和生产地质，但近年来也开始重视地质管理体制的改革和矿山地质经济研究等内容。

我国的矿山地质工作和矿山地质学是中华人民共和国成立以后，才系统地建立和发展起来的。新中国成立 70 年来，我国的矿山地质工作随着矿山生产建设的发展而得到了迅速全面的发展，这对保证矿山正常持续与均衡的生产、矿产资源的合理开发利用、扩大矿山规模、延长矿山寿命等均起了重要作用。1979 年先后成立了国家科委地质专业组矿山地质专业分组、中国地质学会矿山地质专业委员会，中国金属协会地质学术委员会也成立了矿山地质组。

截至目前出版的矿山实用类的矿山地质的书籍主要有：《矿山地质制图》（高德福等，1986）、《中国有色金属矿山地质》（中国有色金属矿山地质编委会，1991）、《黄金矿山地质学》（张宝仁、寸珪，1997）、《中国实用矿山地质学》（王贻水、彭觥，2010）、《黄金矿山地质学》（张宝仁、黄绍锋，2010）、《矿山地质》（李风华、张飞天、王俊，2021）等。

出版的教材类的矿山地质书籍主要有：《矿山地质通论》（李鸿业，1980）、《矿山地质学》（张轸，1982）、《矿山地质学》（俞广钧、冉崇英，1987）、《普通高等教育地质矿产类规划教材　矿山地质学》（侯德义、李志德、杨言辰，2006）、《"十一五"国家级规划教材　矿山地质学》（杨言辰、叶松青、王建新、吴国学，2009）、《国防特色教材职业教育　铀矿山地质学》（冯志刚，2010）、《高等院校规划教材　矿山地质学》（李小明，2012）、《山东省高等院校优秀教材　矿山地质学》（胡绍祥、李守春，2015 第 3 版）、《高职高专"十四五"规划教材　矿山地质技术》（刘洪学、陈国山，2021 第 2 版）等。

所有这一切，标志着我国矿山地质科学已由初步建立走向成熟和更大的发展。

0.4.2　金属矿山地质学的发展趋势与方向

我国金属矿产品种比较齐全。黑色金属矿产中，铁矿资源较丰富，但以贫矿为主；钛、钒探明储量多，居世界前列；铬铁矿严重短缺。有色金属矿中，铝、铅、锌、钼、镍矿资源较丰富，铜矿以贫矿为主，铅锌矿分布较广泛，而镍矿却十分集中。钨、锡、钼、锑、汞等矿是我国传统出口的优势矿产，探明储量居世界前列。贵金属矿产中，金、银矿探明储量较多，资源远景较大。稀有、稀土和稀散金属品种很多，以稀土金属资源最为丰富，居世界之首。金属矿产几乎遍布全国各省区。

近年来，由于采掘事业的迅速增长、现代科学技术的突飞猛进，金属矿山地质学的研究领域也迅速扩大。其发展趋势是：研究领域不断扩大，技术手段与方法不断更新，工作效率不断提高，工作成果与时俱进，管理体制与方法也更趋科学化。当代国内外矿山地质科学的研究与发展方向，主要包括以下七个方面：

（1）老矿区深部及周边进一步找矿的发展方向。加强生产矿区基础地质和综合地质研究，深化对成矿规律的认识，用新理论和新方法进行成矿预测，更有成效地做好矿床深部、边部及矿区外围隐伏矿床或矿体的勘查工作，是矿山地质学的一个重要发展方向。

国内外实践证明，许多生产矿区及外围存在资源潜力（潜在的矿床和矿体），是扩大矿山资源远景的有利地区。加强生产矿区及其外围的矿产勘查工作，根据矿山生产过程中获取的新资料，不断提高找矿、探矿效果是矿山地质学的重要研究方向。

（2）矿产资源保护及其综合利用的发展方向。去了中间的面临的三大问题之一，已引起世界各国的高度重视，成为国际性重大议题。矿产资源是人类社会赖以生存和发展的重要物质基础，它又是不可再生的耗竭性资源，是有限的。矿产资源保护及其综合利用已成为世界各国矿山地质工作中共同关注的重点问题，也是矿山地质学科发展的重要研究方向。

我国是世界第一的人口大国，矿产资源既是总量大国，又是人均穷国，人均资源占有量不足世界人均水平的一半，世界排名第 53 位。与此同时，我国自新中国成立以来一直处于工业化发展阶段，经济的快速发展造成资源量消耗巨大，这更使得一些矿产资源变得极为紧缺。目前已有部分重要矿产资源的探明储量出现短缺，一些大宗矿产如铁、铜的资源储量或富矿资源明显不足；铂族金属、铬铁矿等资源严重短缺。

根据对 100 个有色金属矿山的调查，年使用储量和采出矿量计算得出的各矿种、矿井回采率，按各矿种开采矿量与矿井回采率加权平均计算，9 种主要有色金属的平均矿井回采率为 53%，而西方发达国家有色金属的矿井回采率一般为 80%~90%，我们比国外低 27%~37%；选矿回收率加权平均为 62.5%，较国外低 23%。

而且，我国矿产资源综合回收利用、二次利用程度更低，具体表现在三个方面：1）开展综合利用的矿山企业比例低；2）矿床中的共伴生组分综合利用指数低；3）综合利用回收率低。

面对这种情况，我们必须加强对矿床物质成分和选冶试验研究，开展无尾矿选矿和无废料加工工艺流程研究，提高综合利用程度，改进选冶技术条件，尽量减少资源的消耗和浪费，提高资源综合开发利用的经济社会效益，加强资源的有效保护与管理，使有效的资源尽可能发挥出更多的潜能。

（3）加强深部金属矿山环境地质调查和预防研究的发展方向：

1）金属矿山环境地质调查和预防。矿产资源的开发、加工和使用过程不可避免地要破坏和影响自然环境，产生各种各样的污染物质，造成大气、水体和土壤的污染，并给生态环境和人体健康带来直接或间接、近期或远期、急性或慢性的不利影响。

矿山地质环境问题是指由于矿山生产活动而使矿山及周边地区的生态环境发生变异，产生对人类和生物正常生存环境不利影响的事件，主要包括矿山地质灾害、矿山环境污染、环境资源破坏三大类。

事实证明，一些国家或地区的环境污染状况，在某种程度上总是和这些国家或地区的矿产资源消耗水平相一致。在矿业开发的早期，由于对矿山安全和环境治理重视不够、投入不足，矿山安全技术和生产技术设备落后，矿山地质灾害和安全事故频繁发生，矿山生态环境不断恶化，给人民的生命、财产造成极大的损失。近十几年来，开发矿业所产生的环境问题，日益引起各国的重视。

研究矿山地质生态环境问题，应促使合理有效地开发和利用矿产资源，有效地保护矿区及周边地区的生态环境，走矿产资源开发利用和生态环境保护协调发展的绿色矿业之路，以实现社会经济和生态环境可持续发展的良性循环。

2）深部金属矿山开采的地质环境问题。我国 90% 左右的金属矿山均为地下开采矿山，在 20 世纪 50 年代建成的一批地下开采金属矿山中，有 60%的矿山因储量枯竭已经或接近闭坑，其余 40%的矿山正逐步向深部开采过渡。未来 10 年内，我国将有三分之一以上金属矿山的开采深度达到或超过 1000m，其中最深的可达 2000~3000m。因此，深部开采成为我国金属矿产资源开发的必由之路。

进入深部开采后，矿床地质构造和矿体赋存条件恶化、破碎岩体增多、地应力增大、涌水量加大、井温升高、开采技术条件和环境条件严重恶化，导致开采难度加大、劳动生产率下降、成本急剧增加，使正常生产难以为继。据研究，我国金属矿深部开采需要面对和解决五大挑战与难题，其中两大挑战与难题与矿山地质密切相关。第一是金属矿深部开采动力灾害预测与防控，主要为岩爆方面的研究，由于岩爆发生机理与诱发因素的复杂性和岩爆显现的突发性及随机性，岩爆预测与控制的研究还远不能满足深井安全开采的要求，所以，今后岩爆研究的工作重点将是深井岩爆。第二是深井高温环境与热害控制及治理，这主要是随开采深度增加，地温也逐渐升高，同时在受到围岩、机电设备和空气自压缩产热等的影响下，矿井深部形成了异常的高温、高湿作业环境。我国已有上百个金属矿井深部出现了高温问题，深井矿山的地温场的研究和热害控制探索已经迫在眉睫。

（4）工艺矿物研究与矿石工艺研究的发展方向。随着矿冶生产新技术的发展和矿产资源综合利用水平的提高，要求矿山地质人员为生产提供更多岩矿的微观、微区、微粒研究的数据资料，引起工艺矿物研究工作的进一步发展。因此，在广泛应用电子探针和电子显微镜等仪器进行岩石鉴定的基础上，出现了一门新的边缘学科——工艺矿物学。

据报道，加拿大、澳大利亚一些矿冶企业使用电子探针、扫描电镜等，有的仪器配有计算机组成矿物测定系统，大大提高了矿物研究质量，加快了研究速度。欧美各国在工艺矿物研究中，以先进的仪器逐步代替传统的手工操作方法，以促使选矿过程中的矿物分析由定性逐步向定量化发展。

近年来，我国一些金属矿山也开展了工艺矿物学的研究。在矿石可选性、揭示矿石难选原因、尾矿废渣的综合利用方面也有明显进展。其研究成果直接应用于生产中，并取得了明显的经济效果。如金川铜镍矿床通过工艺矿物学研究，对共生矿物的综合利用及选、冶回收提供了可靠的资料。在工艺矿物学研究方法上，除常规方法外，还应用电子探针、电子显微镜、红外光谱、电子顺磁共振、穆斯堡尔谱等先进技术方法。

（5）矿产资源经济研究的发展方向。矿产资源是自然产出的、具有经济价值或潜在经济价值的有用矿物资源，它是矿山生产的基本生产资料和劳动对象。矿山生产与建设过程，实质上是利用和改造自然的经济活动。为此，应用经济学的理论与方法，解决矿山生产与建设中出现的各种地质与技术问题，不仅是矿山生产建设的发展需要，也是矿山地质学科发展的必然。

目前，我国许多生产矿山存在的大量问题，诸如一些中、老年矿山都面临资源枯竭、资源相对不足、矿产资源利用率低及浪费惊人的问题，矿山的合理经营参数（工业指标、生产规模、采矿损失率、贫化率和选矿回收率）缺少经济论证，矿产资源综合开发利用评价不够，资源产权关系不明确，资产管理不完善，产业政策不健全，以及矿产价格与国际市场衔接不够、资源环境恶化等问题，无不与经济问题相联系、相制约。为此，在矿产资源开发过程中加强矿产资源经济与资源管理的研究，对于提高我国地质资源经济发展和决策水平、提高资源合理开发利用、增进社会经济效益、加强资源的有效保护和管理都有着重大而深远的现实意义。

近年来，地质经济、矿山技术经济以及矿山系统工程学的进展，促进了矿山地质经济的研究，取得了许多可喜的成果。如对综合回收矿石中伴生有用组分的经济效果和计算评价的研究，鼓励了采、选冶企业回收更多的伴生组分；矿石开采中储量损失的经济评价及其方法的研究，对改造矿山经营管理和保护矿产资源具有重要意义。可变性边界品位研究是国外矿山地质经济研究的重要成果之一，它的一个重要观点就是动态地、辩证地看待品位指标，在权衡基础上确定最佳边界品位，用以计算出最终可采矿石储量，按要求及储量提出日产矿石量和矿山寿命，以及决定采矿设备规格和数量。

（6）新理论、新技术与新方法的应用与推广。先进的矿产勘查技术的引入，改进了矿山探矿的技术手段，提高了见矿效果。近半个世纪中，利用各种先进的地球物理和地球化学探矿技术和方法、航空遥感技术和现代计算机技术，进行数字数据收录、存储和处理等手段的研制和应用，使找矿地域、找矿深度和找矿效果大大拓宽。现代找矿思想、概念、模式和找矿方法的重大变化，推进了矿山地质现代化的进程。伴随找矿工作的深入，逐渐进入寻找隐伏矿体阶段。以传统的地表普查和地质研究为主的找矿方法逐渐让位于依靠矿床模式与物探、化探等勘查技术综合应用的现代找矿手段。可以说，现代最佳的矿产勘查战略是利用最有效的找矿技术方法与可靠的矿床模式的结合，具体表现在：1）以物化探为主的勘查技术方法成为现代金属矿山找矿的主要手段；2）成矿系列和地质异常理论研究的进展，为矿产勘查提供了新的推动力；3）矿山地质工作中计算机的应用提高了矿山地质找矿管理水平。

（7）智慧矿山和绿色矿山的理念及技术的应用：

1）智慧矿山的技术与应用。国家标准《智慧矿山信息系统通用技术规范》（GB/T 34679—2017）把智慧矿山定义为：基于空间和时间的四维地理信息、泛在网、云计算、大数据、虚拟化、计算机软件及各种网络，集成应用各类传感感知、数据通信、自动控制、智能决策等技术，对矿山信息化、工业自动化深度融合，能够完成矿山企业所有信息的精准适时采集、高可靠网络化传输、规范化信息集成、实时可视化展现、生产环节自动化运行，能为各类决策提供智能化服务的数字化智慧体，并对人-机-环的隐患、故障和危险源提前预知和防治，使整个矿山具有自我学习、分析和决策能力。

目前，智慧矿山技术已广泛应用于金属矿山地质的各个环节中。通过矿山数据仓库实现对矿山勘探和生产过程中的多元数据进行快速提取、存储、挖掘和展现。通过感知系统对矿山勘探和生产过程中的各种行为和地质灾害进行监测和预警。同时，通过智慧矿山软件系统实现矿山勘探和生产过程的虚拟化和大数据平台等。

2）绿色矿山的理念与应用。随着社会的进步和文明的发展，人们对居住的生态环境要求也日益提高。生态文明是人类文明发展的一个新的阶段，是在更高层次上实现人与自然、环境与经济、人与社会和谐共处的崭新的文明形态和思想观念。习近平总书记提出的"两山理论"，突出了绿水青山的优先地位，金山银山必须建立在绿水青山的基础之上，"既要绿水青山，也要金山银山"表明二者之间可以相互转化。

传统的矿山开发重点是考虑怎样把资源从矿体中剥离出来，而绿色矿山建设则是资源高效、节约、精准的开发利用与环境保护、环境治理并重，产业模式已发生重大改变。在绿色矿山的建设和资源开发利用过程中，贯穿"减量化、再利用、再循环"的理念，生态环境资源也贯穿再开发利用和循环利用，而这些理念和实践正是循环经济的特征。可以说，建设绿色矿山就是建设矿山的循环经济体，绿色矿山的建设使矿山企业从单一的采矿模式转变为多元化、综合性的资源化开发和利用的产业链模式，具有更强的抗风险能力。在矿山开发的所有流程中，采用绿色技术，注重环境的保护，实现低污染或者无污染，降低对生态环境的破坏，推动经济和环境的长期协调可持续发展。

综上可见，伴随着金属矿山采选冶等技术的发展，金属矿山地质学的研究领域在不断扩大，研究理论与工作方法也在不断丰富和深化。随着智慧矿山和绿色矿山的理念和技术深入到金属矿山的勘探、生产和管理中，将进一步推进我国金属矿山地质实现智能化、绿色化和生态化。

——— 本 章 小 结 ———

金属矿山地质学是金属矿山采矿工程顺利实施的重要基础，是衔接地质学与采矿学之间的一门边缘学科，它的发展与地质矿产勘查、矿山地质工作及近代采掘工业的发展密切相关，属于应用性的经济地质学。

新中国成立70年来，我国的金属矿山地质未来的方向应该围绕着智慧矿山和绿色矿山这两个理念，基于大数据平台综合地质、采矿、选冶和测量等专业的数据，服务于金属矿山的建设、生产和增储。

习　　题

1. 金属矿山地质工作概念与任务。
2. 简述金属矿山地质学在矿山企业中的地位及与采矿生产工作的关系。
3. 简述金属矿山地质学的发展趋势与方向。

1 矿 物 岩 石

本章课件

本章提要

　　岩矿学是金属矿山地质学的理论基础，矿物学中的大量金属氧化物和硫化物矿物是重要金属矿石矿物，其矿物中金属含量和物理性质也是金属矿山采矿和选矿的前提。矿物学包括矿物的物理性质，矿物的分类及矿物的性质，岩石学包括三大岩类的分类、结构构造、化学成分和常见岩石类型等。

1.1 矿 物

　　矿物（minerals）是地质作用形成的具有确定化学成分和晶体结构的化合物或单质。矿物具有四个基本特质：（1）形成于地球上发生过的和正在发生的各种地质作用中，即天然而成的物质。（2）矿物为无机物质，像煤、石油、琥珀以及动物骨骼、化石等不列为矿物范畴。（3）矿物具有一定化学成分和物理性质，同种矿物无论是产于何地或什么地质年代，具有相同的化学成分和物理性质，尽管会受到形成环境、后期变化等影响有稍微改变。如石英成分是 SiO_2，比重为 2.66，摩斯硬度为 7，无色透明，具有玻璃光泽等，不管在几十亿年前还是在几亿年前，不管在岩浆活动、火山活动，还是在地壳甚至在月球上都是相同成分和物理性质。（4）矿物内部的原子是作有序排列的，是具有晶体结构的结晶固体。

1.1.1 矿物的物理性质

　　矿物的物理性质（physical properties）主要指矿物的光学性质、力学性质等，它们取决于其本身的化学成分和内部结构。矿物的物理性质是鉴别晶体矿物的主要依据。矿物的物理性质与其形成环境密切相关，同种矿物由于形成条件的不同，其成分和结构在一定程度上随之产生相应的变化，必然要反映到物理性质上。研究矿物的物理性质可以提供矿物的成因信息，部分矿物因其具有特殊的物理性质，可直接应用于工业生产。

1.1.1.1 矿物的光学性质

　　矿物的光学性质是指矿物对可见光波透过、选择性吸收和综合性吸收、表面反射、散射与透射等所表现出来的各种性质，有矿物颜色、光泽、透明度、发光性等。

　　A 矿物的颜色

　　矿物的颜色是矿物对入射的可见光区域中（380~780nm）不同波长的光波吸收后，透射和反射出其他波长光的混合色。电磁波谱包括了无线电波、红外线、紫外线以及 X 射线等，其中波长在 $400\sim760nm$（$1nm=10^{-9}m$）之间为可见光。光波由大到小相应的颜色由红色（$780\sim640nm$）、橙色（$640\sim610nm$）、黄色（$610\sim530nm$）、绿色（$530\sim505nm$）、蓝色（$505\sim470nm$）到紫色（$470\sim380nm$）。

当矿物对白光中的不同波长的光波同等程度地均匀吸收时，矿物所呈现的颜色取决于吸收程度，如果是均匀地全部吸收，矿物即呈黑色；若基本上都不吸收，则为无色或白色；若各色光皆被均匀地吸收了一部分，则视其吸收量的多少，而呈现出不同浓度的灰色。如果矿物只是选择性地吸收某种波长的色光时，则矿物呈现出被吸收的色光的补色。

矿物的颜色是矿物化学成分与晶体结构所决定的。矿物组成中含有能使矿物呈色的离子，称为色素离子（chromophoric ion），是产生矿物颜色的物质基础。主要的色素离子有过渡型离子、铜型离子、稀有元素离子等。元素周期表中ⅠA、ⅡA族的惰性气体型离子所构成的矿物通常无色。过渡金属离子在不同矿物晶体中产生不同颜色。相同离子在不同晶体结构中呈现不同颜色，同种元素的不同价态离子呈现不同颜色，两种不同离子比例不同呈现颜色不同。

从内部物理机制来看，矿物的颜色是由于组成矿物的原子或离子，受可见光的激发，发生电子跃迁、电荷转移而造成的，其呈色机理主要有以下四种：

（1）离子内部电子跃迁。电子跃迁本质上是组成物质的原子、离子或分子中电子的一种能量变化。外层电子从低能级转移到高能级的过程中会吸收能量；从高能级转移到低能级则会释放能量。

（2）离子间的电荷转移。在外加能量的激发下，矿物晶体结构中变价元素的相邻离子之间可以发生电荷转移，使矿物产生颜色。

（3）晶体结构缺陷造成电子转移。在碱金属和碱土金属元素组成的矿物晶体结构中出现未被离子占据而形成空位（缺席构造），是一种能选择性吸收可见光波的晶格缺陷，能引起相应的电子跃迁而使矿物呈色，称为色心。

（4）能带间电子跃迁。能带的宽度为 $\Delta E(eV)$，能带中相邻能级的能带差 $10\sim22eV$。晶体中的一个电子只能处在某个能带中的某条能级上。孤立原子的能级最多能容纳 $2(2l+1)$ 个电子。这一能级分裂成由 N 条能级组成能带后，最多能容纳 $2N(2l+1)$ 个电子。能带中各能级都被电子充满为满带。被部分电子充填的能带为导带。在外电场作用下，电子可向带内未填充的高能级转移。由价电子能级分裂后形成的能带为价带。价带可能是满带也可能是导带。所有能级均未被电子充填的能带为空带。

根据矿物的颜色产生的原因，通常可分为自色、他色和假色 3 种。

自色是由矿物本身固有的化学成分和内部结构所决定的颜色，对同种矿物来说，自色一般相当固定，是鉴定矿物的重要依据之一。如橄榄石的橄榄绿、自然金的金黄色、辰砂的红色等。

他色是指矿物因含外来带色的杂质、气液包裹体等所引起的颜色，不是矿物固有的颜色。

假色是自然光照射在矿物表面或进入矿物内部所产生的干涉、衍射、散射等引起的颜色，假色对个别矿物有辅助鉴定意义。矿物中常见的假色主要有：

锖色：在金属硫化物、金属氧化物矿物表面的氧化薄膜引起反射光干涉作用致矿物表面呈现斑斓的彩色。如斑铜矿的蓝、靛紫、红等锖色。

　　晕色：透明矿物具有一系列平行密集的解理面或裂隙面对光连续反射、干涉，使矿物表面出现彩虹般的色带。在白云母、冰洲石、透石膏、长石、方解石等无色透明矿物晶体解理面上常见晕色。

　　变彩：某些透明矿物内部存在微细叶片状或层状结构引起光的干涉、衍射作用，造成不同方向上出现不同颜色变换的现象。像拉长石在不同方向上具有蓝绿、金黄、红紫等连续变换的变彩；贵蛋白石出现蓝、绿、紫、红等颜色的变彩。

　　乳光（也称蛋白光）：在矿物中出现的类似蛋清般且柔和与淡蓝色调的乳白色光。这是矿物内部含有许多比可见光波长更小的其他矿物或超显微晶质或胶体微粒，使入射光发生漫反射而引起的。如月光石和蛋白石可见到乳光。

B　矿物的条痕

　　矿物的条痕是矿物粉末的颜色。通常是指矿物在白色无釉瓷板上擦划所留下的粉末的颜色。矿物的条痕能消除假色、减弱他色、突出自色，它比矿物颗粒的颜色更为稳定，更有鉴定意义。例如不同成因不同形态的赤铁矿可呈钢灰、铁黑、褐红等色，但其条痕总是呈特征的红棕色（或樱红色）。

C　矿物的透明度

　　矿物的透明度是指矿物允许可见光透过的程度。矿物透明度的大小可用矿物透射系数 $Q = \dfrac{I}{I_0}$ 表示，它是透过矿物的光线强度 I 与进入矿物（厚度 1cm）的光线强度 I_0 的比值。吸收强的矿物透射系数越小则不透明。

　　矿物透明度受矿物化学成分和晶体结构的影响。具有金属键的矿物（自然金、自然铜等），由于含有较多的自由电子，对光波吸收较多，透过的光少，透明度低。在离子键、共价键的矿物（如金刚石、萤石等）不存在自由电子，透过大量的光，透明度高。

　　根据矿物在专门磨制的岩石薄片（厚度约为 0.003cm）中透明的程度，矿物的透明度划分为 3 个等级：透明，能允许大部分光透过，透过矿物薄片可清晰看到对面物体轮廓；半透明，允许部分光透过，半透明矿物条痕呈各种彩色（如红、褐等色）；不透明，光不能透过，不透明矿物条痕具黑色或金属色。同一种矿物的透明度受到矿物杂质、包裹体、气泡、裂隙等影响以及集合体方式不同发生差异。

D　矿物的光泽

　　矿物的光泽是指矿物表面对可见光的反射能力。具有离子键、共价键、分子键的矿物晶格，电子围绕离子固定在一定晶格位置上，电子的基态和激发态具有一定的能级，大多数能级间的能量差比各种可见光光子能量大，可见光绝大部分透射，反射光很弱，呈非金属光泽。具有金属键的矿物晶格，电子能量间隔比可见光能量小得多，存在较多的激发态，其能量差与可见光子能量相当者较多。可见光撞击到金属键或部分金属键矿物表面可激发基态电子到激发态，可见光本身能量被吸收，大部分能量当激发态电子重返基态时再发射出来成为发射光，使矿物呈金属光泽。

　　矿物的光泽的强弱与矿物的折射率（N）、反射率（R）和吸收率（K）有关。对于吸收系数大的不透明矿物有函数关系式：$R = [(N-1)^2 + K^2]/[(N+1)^2 + K^2]$。对于吸收系数小或透明矿物可简化为：$R = (N-1)^2/(N+1)^2$。折射及吸收越强，矿物反光能力越大，光泽则越强；反之则光泽弱。

矿物肉眼鉴定时，根据矿物新鲜平滑的晶面、解理面或磨光面上反光能力的强弱，同时常配合矿物的条痕和透明度，将矿物的光泽分为3个等级：

（1）金属光泽（反射率大于25%）。反光能力很强，似金属磨光面的反光。矿物具金属色，条痕呈黑色或金属色，不透明。如方铅矿、黄铁矿和自然金等。

（2）半金属光泽（反射率25%~19%）。反光能力较强，似未经磨光的金属表面的反光。矿物呈金属色，条痕为深彩色（如棕色、褐色等），不透明-半透明。如赤铁矿、铁闪锌矿和黑钨矿等。

（3）非金属光泽（反射率19%~4%），分为8种：

1）金刚光泽：反光较强，似金刚石般明亮耀眼的反光。矿物的颜色和条痕均为浅色（如浅黄、橘红、浅绿等）、白色或无色，半透明-透明。如浅色闪锌矿、雄黄和金刚石等。

2）玻璃光泽：反光能力相对较弱，呈普通平板玻璃表面的反光。矿物为无色、白色或浅色，透明。如方解石、石英和萤石等。

3）油脂光泽：某些具玻璃光泽或金刚光泽、解理不发育的浅色透明矿物，在其不平坦的断口上所呈现的如同油脂般的光泽。

4）树脂光泽：在某些具金刚光泽的黄、褐或棕色透明矿物的不平坦的断口上，可见到似松香般的光泽。如浅色闪锌矿和雄黄等。

5）蜡状光泽：某些透明矿物的隐晶质或非晶质致密块体上，呈现有如蜡烛表面的光泽。如块状叶蜡石、蛇纹石及很粗糙的玉髓等。

6）珍珠光泽：浅色透明矿物的极完全的解理面上呈现出如同珍珠表面或蚌壳内壁那种柔和而多彩的光泽。如白云母和透石膏等。

7）丝绢光泽：无色或浅色、具玻璃光泽的透明矿物的纤维状集合体表面常呈蚕丝或丝织品状的光亮。如纤维石膏和石棉等。

8）土状光泽：呈土状、粉末状或疏松多孔状集合体的矿物，表面如土块般暗淡无光。如块状高岭石和褐铁矿等。

此外，沥青光泽是指解理不发育的半透明或不透明黑色矿物，其不平坦的断口上具乌亮沥青状光亮。如沥青铀矿、硬锰矿以及富含Nb、Ta的锡石等。

E 矿物的发光性

矿物在外加能量（像紫光、紫外线和X射线等）照射下被引起发光的现象为矿物发光性。当外加能量停止后仍能发光到持续衰退的发光为磷光性。若外界激发能量停止作用后矿物便停止发光称为荧光性。具有荧光性矿物只要有外加能量连续作用，可持续发射某种可见光。常见具有发光性的矿物如金刚石、白钨矿、萤石等。发光性是矿物的鉴定特征之一，被用于找矿和选矿上。

发光性实质上是矿物晶体中的原子、离子受外来能量的激发，外层电子产生跃迁，再从高能级跳回低能级的空位时，释放出多余能量，并以一定波长可见光形式出现。其发生机理为：可见紫光、紫外光和X射线的光量子具有较高的能量，能够把矿物晶格中原子或离子的外层电子从基态激发到能量较高的激发态。如果激发态与基态间有另外一些激发态存在，当被激发到能量较高激发态的电子落到较低激发态时则发出光子。如果两激发态的能量差相当于某可见光子的能量，则发射出具有该能量差的可见光，发射出的光呈现一定的颜色。外界激发能量停止作用后，矿物便停止发光为荧光。外界能量停止作用后，矿物仍能在短时间内继续发光为磷光。矿物晶体结构中存在一种能量屏障可抑制激发电子落回到基态，激发电子处于被抑制状态。当矿物加热能够使抑制的激发电子活化，突破能量屏障降落回到基态从而发射出某种可见光，称为热发光性。

矿物发光性以及发射光的颜色、强度主要是与矿物成分中含有过渡元素、稀土元素的种类、数量有关。含有稀土元素的方解石产生荧光，磷酸盐中含有镧族元素代替钙时常发磷光。

1.1.1.2　矿物的力学性质

矿物的力学性质是指矿物在外力作用下（如敲打、挤压、拉引和刻画等）所表现出来的性质。矿物的力学性质主要有解理、裂开、断口、硬度等。

A　解理

解理是指矿物晶体受应力作用而超过弹性限度时，沿一定结晶学方向破裂成一系列光滑平面的固有特性。光滑的平面称为解理面。解理面常沿晶体结构中化学键力最弱的面网产生。

根据解理产生的难易程度及其完好性，通常将解理划分为 5 个等级：

（1）极完全解理：矿物受力后极易裂成薄片，解理面平整而光滑，如云母和石墨的一组极完全解理。

（2）完全解理：矿物受力后易裂成光滑的平面或规则的解理块，解理面显著而平滑，常见平行解理面的阶梯。如方铅矿和方解石三组完全的解理。

（3）中等解理：矿物受力后，常沿解理面破裂，解理面较小而不很平滑，且不太连续，常呈阶梯状，却仍闪亮清晰可见。如蓝晶石、角闪石、辉石两组中等解理。

（4）不完全解理：矿物受力后，不易裂出解理面，仅断续可见小而不平滑的解理面。如磷灰石、橄榄石的解理。

（5）极不完全解理：矿物受力后很难出现解理面，仅在显微镜下偶尔可见不规则裂缝，也称为无解理。如石英、石榴子石、黄铁矿等。

对于不完全解理和极不完全解理，在肉眼上都很难看到解理面，常以"解理不发育"或"无解理"来描述。

B　裂开

裂开是指矿物晶体在某些特殊条件下（如杂质的夹层及机械双晶等），受应力后沿着晶格内一定的结晶方向破裂成平面的性质。裂开的平面称为裂开面。裂开不直接受晶体结构控制，而取决于杂质的夹层及机械双晶等结构以外的非固有因素。

C　断口

断口是指矿物晶体受力后将沿任意方向破裂而形成各种不平整的断面。显然，矿物的解理与断口产生的难易程度是互为消长的。晶格内各个方向的化学键强度近于相等的矿物晶体，受力后形成一定形状的断口，再难以产生解理。断口不仅见于矿物单晶体上，也出现在同种矿物的集合体中。断口常呈一些特征的形状，但它不具对称性，并不反映矿物的任何内部特征。因此，断口仅作为鉴定矿物的辅助依据。矿物的断口主要借助于其形状来描述，常见的有：

（1）贝壳状断口：呈圆形或椭圆形的光滑曲面，并有不规则的同心圆波纹，形似贝壳。如石英的断口。

（2）锯齿状断口：呈尖锐锯齿状，见于强延展性的自然金属元素矿物，如自然金等。

（3）参差状断口：断面呈参差不平状，大多数脆性矿物以及呈块状或粒状集合体具此种断口，如磷灰石、石榴子石等。

（4）平坦状断口：断面较平坦，见于块状矿物，如块状高岭石。

（5）土状断口：断面粗糙、呈细粉状，为土状矿物特有。

（6）纤维状断口：断面呈纤维丝状，石棉纤维状矿物集合体。

D 矿物的硬度

矿物的硬度是指矿物抵抗外来机械作用（如刻画、压入或研磨等）的能力。它是鉴定矿物的重要特征之一。矿物的硬度是矿物成分及内部结构牢固性的具体表现之一。影响矿物硬度的主要因素是化学键、原子性质、配位数等。

矿物的硬度也体现晶体的异向性，同一矿物晶体的不同晶面硬度不同，而同一晶面在不同方向上的硬度会有差异。在多键性矿物中硬度异向性则突出表现沿着最弱化学键分布方向硬度小。

矿物硬度采用两种方法测定。一种方法用十种硬度递增的矿物为标准来测定矿物的相对硬度，即摩斯硬度计。根据矿物与标准矿物相互刻画比对来测定的硬度为摩斯硬度（摩尔硬度、莫氏硬度）。在野外，也可以使用其他已知硬度的常见物质进行摩氏硬度测定。如指甲硬度约 2.5，小刀硬度为 5.5，玻璃硬度为 6.5。

另一种测定硬度的方法利用显微硬度仪通过测定矿物晶面或解理面的压入深度、面积来测定的硬度为显微硬度或绝对硬度，单位为 kg/mm^2。这种方法比刻画方法精确。摩斯硬度与绝对硬度等级间对比见表 1-1。矿物硬度在生产中具有实用价值。根据矿物硬度大小选择润滑剂、磨光剂、研磨材料等。

表 1-1 摩斯硬度计

硬度等级	1	2	3	4	5	6	7	8	9	10
标准矿物	滑石	石膏	方解石	萤石	磷灰石	正长石	石英	黄玉	刚玉	金刚石

E 矿物的弹性与挠性

矿物的弹性是指矿物在外力作用下发生弯曲形变，当外力撤除后，在弹性限度内能够自行恢复原状的性质；矿物的挠性是指某些层状结构的矿物，在撤除使其发生弯曲形变的外力后，不能恢复原状。云母片一般都有弹性，而滑石、绿泥石、石墨片都有挠性。

矿物的弹性和挠性取决于矿物晶格内结构层间键力的强弱。如果键力很微弱，受力时，层间或链间可发生相对位移而弯曲，由于基本上不产生内应力，故形变后内部无力促使晶格恢复到原状而表现出挠性。若层间或链间以一定强度的离子键联结，受力时发生相对晶格位移，同时所产生的内应力能在外力撤除后使形变迅速复原，即表现出弹性。如白云母在其层状结构中出现钾离子，化学键较大，白云母弹性系数 1475 ~ 2092.7MPa（15050~23140kg/cm²），当外力撤除后白云母薄片在弹性限度内能够自行恢复原状。滑石为挠性。

F　矿物的脆性与延展性

矿物的脆性是指矿物受外力作用时易发生碎裂的性质。自然界绝大多数非金属晶格矿物都具有脆性，如自然硫、萤石、黄铁矿、石榴子石和金刚石。矿物的脆性与硬度无关，有些矿物虽然脆性大但硬度还挺高。延展性是指矿物受外力拉引时易成为细丝、在锤击或碾压下易形变成薄片的性质，它是矿物受外力作用发生晶格滑移形变的一种表现，是金属键矿物的一种特性。如自然金和自然铜等均具强延展性。某些硫化物矿物，如辉铜矿等有一定的延展性。肉眼鉴定矿物时，用小刀刻画矿物表面若留下光亮的沟痕，则矿物具延展性，借此区别于脆性矿物。

1.1.1.3　矿物的其他性质

A　矿物的密度和相对密度

矿物的密度是指矿物单位体积的质量，其单位为 g/cm^3，它可以根据矿物的晶胞大小及其所含的分子数和分子量计算得出。矿物的相对密度是指纯净的单矿物在空气中的质量与 4℃时同体积的水的质量之比。其数值与密度相同，但它更易测定。通常将矿物的相对密度分为 3 级：（1）轻密度：相对密度小于 2.5，如石墨；（2）中等密度：相对密度在 2.5~4，如石英；（3）重密度：相对密度大于 4，如黄铁矿、重晶石、自然金等。

矿物的相对密度是矿物晶体化学特点在物理性质上的又一反映，它主要取决于其组成元素的原子量、原子或离子的半径及结构的紧密程度。矿物的形成环境对相对密度也有影响。高压环境下形成的矿物的相对密度较其低压环境的同质多象变体大；温度升高则有利于形成配位数较低、相对密度较小的变体。

B　矿物的磁性

矿物的磁性是指矿物在外磁场作用下被磁化所表现出能被外磁场吸引、排斥或对外界产生磁场的性质。矿物的磁性主要是由于组成矿物的元素的电子构型和磁性结构所决定。矿物晶格中的过渡型离子常有未成对的电子的磁场在一定程度上统一取向时，才表现出强磁性，因此含 V、Cr、Fe、Mn、Cu 等离子的矿物，常具磁性。磁化率（k）是矿物的磁化强度 M 与磁场强度 H 的比值$\left(k=\dfrac{M}{H}\right)$。$k$ 值越大表明该物质容易被磁化。对于弱磁性物质 k 是个常数。强磁性物质 k 值不是常数。比磁化率（χ）是物质磁化率与本身密度（δ）的比值，$\chi=\dfrac{k}{\delta}$ 表示单位体积物质在标准磁场内受力的大小。

矿物肉眼鉴定时，一般以马蹄形磁铁或磁化小刀来测试矿物的磁性，常粗略地分为 3 级：（1）强磁性：矿物块体或较大的颗粒能被吸引。比磁化率在 $600\times10^{-6}cm^3/g$ 以上，如磁铁矿。（2）弱磁性：矿物粉末能被吸引。比磁化率在 $15\times10^{-6}\sim600\times10^{-6}cm^3/g$，如铬铁矿。（3）无磁性：矿物粉末也不能被吸引。比磁化率小于 $15\times10^{-6}cm^3/g$，如金刚石、方铅矿等。利用矿物磁性找矿和选矿。

C　矿物的电学性质

（1）矿物的导电性，是指矿物对电流的传导能力，它主要取决于化学键类型及内部能带结构特征。具有金属键的自然元素矿物和某些金属硫化物的矿物晶体结构中有自由电子，导电性强。离子键或共价键矿物则具弱导电性或不导电。矿物导电性有良导体，如金属自然元素矿物的自然铂、自然金、自然铜等，石墨及部分金属硫化物，如磁黄铁矿；半导体如金刚石、金红石、自然硫；绝缘体如白云母等。矿物的导电性具有异向性。如赤铁矿垂直于三次轴方向的导电率比平行三次轴方向大得多。矿物的导电性以矿物电阻率或电导率进行对比研究。

（2）矿物的介电性，是指不导电的或导电性极弱的矿物在外电场中被极化产生感应电荷的性质。常用介电常数表示，矿物介电常数反映矿物在外加场中的极化作用。极化作用愈大介电常数愈大。将矿物样品放在介电常数适当大小的某种电介质液体中，在外电场作用下，介电常数大于电介质液体的矿物将向电极集中，小于电介质液体的矿物则被电极所排斥，将不同介电常数的矿物分离开。由于介电液为已知数，矿物介电常数便可测定。利用矿物的介电性来分离矿物，部分矿物介电常数见表1-2。

表1-2　部分矿物介电常数

电磁性矿物		重矿物（相对密度大于2.9）		轻矿物（相对密度小于2.9）	
矿物	介电常数	矿物	介电常数	矿物	介电常数
榍石	4.4	闪锌矿	4.9	石英	6.1~8.7
镁铝榴石	5.2	黄玉	5.2	钠长石	4.7
烧绿石	5.2	锆石	5.3	方解石	7.9~8.1
电气石	5.6	萤石	5.4	白云母	9.5
角闪石	5.8	磷灰石	6.0	黑云母	11
绿帘石	6.2	辉铋矿	6.6		
独居石	6.9	辰砂	6.7		
金红石	10	锡石	13		
铬铁矿	10.4	方铅矿	>33.7		
铌铁矿	11.5	辉钼矿	>33.7		
黑钨矿	12	毒砂	>33.7		
锡石	14	黄铁矿	>33.7		

（3）矿物的压电性，是指矿物晶体受到定向压力或张力的作用时，能使晶体垂直于应力的两侧表面上分别带有等量的相反电荷的性质。矿物晶体产生电荷，随作用力改变，两侧表面上的电荷异号；晶体在机械压、张应力不断交替作用下，压缩形成"+"极，拉伸形成"−"极，即可产生一个交变电场，这种效应称为压电效应。将压电矿物晶体置于交变电场中，则产生伸、缩机械振动，形成"超声波"。压电性矿物晶体有石英、电气石等。晶体的压电性广泛应用于无线电、雷达及超声波探测等现代技术和军事工业中，用作谐振片、滤波器和超声波发生器等。

（4）矿物的热电性，是指某些电介质晶体在加热或冷却时，其一定结晶学方向的两端会产生相反电荷的性质。实验证明，热电效应源于晶体的自发极化。电气石的三次轴为极轴，当加热电气石晶体三次轴的一端会产生正电荷，另一端产生负电荷。热电晶体可同时具有压电性，压电晶体却不一定具热电性。热释晶体主要用来作红外探测器和热电摄像管，广泛应用于红外探测技术和红外热成像技术等领域，还可以用于制冷业。

D 矿物的放射性

含有放射元素的矿物为放射性矿物。放射性元素能自发地从原子核内部放出粒子或射线，同时释放能量。这种现象称为放射性。原子序数在 84 以上的元素都具有放射性，原子序数在 83 以下的如钾、铷等也有放射性。在含有轻放射元素的矿物中，如 ^{40}K、^{87}Rb 等离子经衰变后所产生的稳定元素离子的大小和电价发生变化，使矿物的结构发生变化。在含有重放射性元素的矿物中，放射性元素原子核的衰变由于离子大小和电价变化较大，矿物晶格发生完全改变。如 ^{238}U，放射性元素的原子核衰变到 Pb^{4+} 常使晶格破坏而成非晶体。化学组成中主要为 U、Th 的矿物完全变为非晶体，如沥青铀矿。当 U、Th 呈少量类质同象存在时，经过漫长地质时代也部分变成非晶体，如前寒武纪变质岩中的锆石。在放射性矿物中，原子核放出的 α 粒子即 He^{2+}，具有很强的电子亲和性，为一强氧化剂。这种衰变可使矿物中或相邻矿物中所含的过渡金属离子氧化成高价离子，使晶体发生破坏。常见具有放射性矿物有晶质铀矿、沥青铀矿、钛铀矿、硅钙铀矿、铜铀云母、钙铀云母、钒钾铀矿等以及磷钇矿、铌钇矿、复稀金矿、铌钙矿、易解石、独居石、烧绿石、钍石等。

矿物还具有导热性、热膨胀性、熔点、易燃性、挥发性、吸水性、可塑性，以及嗅觉、味觉和触觉等，它们在矿物鉴定、应用及找矿上常有重要的意义。

1.1.2 矿物的分类及性质

1.1.2.1 矿物晶体化学分类与命名

A 矿物晶体化学分类

截至 2018 年 11 月底，国际矿物协会新矿物及矿物命名委员会批准的独立新矿物共计个数累计达到 5413 种。对矿物进行科学的分类，以便系统而全面地研究矿物。随着精细结构测试和成分分析精度提高，以矿物的化学成分和晶体结构为依据的晶体化学分类成为目前广泛采用的分类（表 1-3）。

表 1-3 矿物的晶体化学分类体系

类别	划分依据	矿物实例
大类	化合物类型	含氧盐
类	阴离子或络阴离子团	硅酸盐 $[SiO_4]$
亚类	络阴离子团结构种类	架状硅酸盐 $[Si_n\text{-}Al_xO_{2n}]^{x-}$
族	晶体结构形式（化学成分分类似、晶体结构类似）	长石族（Na,K）$[Si_3AlO_8]$-Ca$[Si_2Al_2O_8]$
亚族	阳离子种类	正长石亚族（Na,K）$[Si_3AlO_8]$
种	一定晶体结构和一定化学组成	钠长石 Na$[Si_3AlO_8]$
亚种	化学组成、物理性质、形态有所差异	肖钠长石具有双晶

矿物分类的基本单位"种"，是指具有确定的晶体结构和相对固定的化学成分的化合物或单质。对于同一矿物的各同质多象变体，化学成分相同，但其晶体结构明显不同，性

质各异，应视为独立的矿物种。对同种矿物的不同多型，由于其成分相同，结构和性质上的差异很小，尽管可能属于不同的晶系，仍视之为同一矿物种。对于类质同象系列的矿物，其化学组成可在一定的范围内变化。只有端员矿物才可作为矿物种而独立命名，通常是以 50% 为界，按二分法将一个完全类质同象系列划分为两个矿物种，如 $Mg[CO_3]$-$Fe[CO_3]$ 系列，$Mg[CO_3]>50\%$ 者为菱镁矿，$Fe[CO_3]>50\%$ 者为菱铁矿。类质同象系列中间成分者可作为矿物种之下的亚种。在同一矿物种中，由于矿物在次要化学成分或物理性质、形态上呈现出较明显的差异，也称为变种（或称异种）。如铁闪锌矿 $(Zn,Fe)S$ 是闪锌矿富铁的变种；紫水晶是紫色的石英变种；镜铁矿是呈片状或鳞片状、具金属光泽的赤铁矿变种等。根据上述分类原则，采用表1-4所示的分类。

表 1-4 矿物分类

大类	类	络阴离子	元素种类	矿物实例
自然元素矿物	自然金属元素矿物、自然半金属元素矿物、自然非金属矿物、金属互化物		亲硫元素、亲铁元素	自然金、自然铂、自然铋、金刚石、自然硫、罗布莎矿
硫化物及其类似化合物矿物	硫化物、砷化物、锑化物、铋化物、碲化物、硒化物硫盐矿物	S^{2-}、S_2^{2-}、As、Sb、Bi、Te、Se、S-Sb、S-As、S-Bi	亲硫元素、亲铁元素	方铅矿、黄铁矿碲金矿、砷钴矿硒铅矿、车轮矿黝铜矿、脆硫锑铅矿
氧化物和氢氧化物矿物	氧化物矿物氢氧化物矿物	O^{2-}、OH^-	亲氧元素、亲铁元素	磁铁矿、石英、水镁石、针铁矿
含氧盐矿物	硅酸盐矿物、硼酸盐矿物、碳酸盐矿物硫酸盐矿物、磷酸盐矿物、钒酸盐、砷酸盐矿物、钼酸盐钨酸盐矿物硝酸盐矿物	$[SiO_4]^{4-}$、$[BO_3]^{3-}$、$[BO_4]^{5-}$、$[CO_3]^{2-}$、$[SO_4]^{2-}$、$[PO_4]^{3-}$、$[VO_4]^{3-}$、$[AsO_4]^{3-}$、$[MoO_3]^{2-}$、$[WO_3]^{2-}$、$[NO_3]^-$	亲氧元素、亲铁元素、亲硫元素	橄榄石、长石硼砂、硼镁铁矿方解石、白云石石膏、重晶石磷灰石钒铅矿、臭葱石钼铅矿、白钨矿钠硝石
卤化物矿物	氯化物矿物、氟化物矿物	Cl^-、Br^-、I^-、F^-	亲氧元素、亲硫元素	石盐、角银矿萤石

B 矿物的命名

每个矿物种有其固定的名称。矿物命名的依据主要有：

（1）根据矿物本身的特征（如化学成分、形态、物理性质等）命名的，如自然金（化学成分）、石榴子石（形态）、方解石（物理性质）等。

（2）沿用我国传统的某些矿物名称及传统的命名习惯：呈金属光泽或主要用于提炼金属的矿物称为××矿，如方铅矿、黄铜矿等；具非金属光泽者称为××石，如长石等；特定的颜色如孔雀石等。宝玉石类矿物常称为×玉，如刚玉、硬玉等；具透明晶体者称×晶，如水晶等；常以细小颗粒产出的矿物称×砂，如辰砂、毒砂等；地表次生的呈松散状的矿物称×华，如钴华、钼华等；易溶于水的硫酸盐矿物常称之为×矾，如胆矾、黄钾铁矾等。

（3）由外文翻译而来的，大多数是据其化学成分（间或也考虑形态、物理性质特征）转译而来，少数属音译名。

（4）以发现该矿物的地点、人或研究学者的名字而命名。

总体上看，多以矿物的特征来命名，有助于表示矿物的主要成分和性质。

1.1.2.2 自然元素矿物大类

自然元素矿物是指元素呈单质状态组成的矿物。它们除了形成单一元素矿物外，还可形成两种或多种元素组成的金属互化物。自然界中目前已发现这类矿物已超过50种。本大类矿物划分为自然金属元素矿物类、自然半金属元素矿物类、自然非金属元素矿物类、金属互化物矿物类。

A 自然金属元素矿物

自然金属元素矿物类常见的有铂族元素（Pt、Ru、Rh、Pd、Os、Ir）和 Au、Ag、Cu，偶见 Pb、Zn、Sn 等。Fe、Co、Ni 的单质形式，主要见于铁陨石中。自然金属元素矿物常见有自然铜族、自然铂族、自然铁族等。

a 自然铜族

本族矿物的组成是金属元素 Cu、Au、Ag。晶体结构为铜型结构。矿物有自然金、自然银、自然铜。

（1）自然铜：

【化学成分】Cu，含有 Au、Ag、Fe、Hg、Bi、Sb、V 等元素。

【晶体结构和形态】等轴晶系，主要单形有立方体、八面体、菱形十二面体。集合体成树枝状、片状等。

【物理性质】铜红色，金属光泽，反光显微镜下呈玫瑰色、铜红色。锯齿状断口，无解理，硬度为 2.5~3，具有良好的延展性、导电性、导热性。吹管焰中易熔，火焰呈绿色。溶于稀硝酸。加氨水溶液呈天蓝色。

【成因】产于含铜硫化物氧化带。

（2）自然金：

【化学组成】Au，含有 Ag、Cu、Pb、Fe 等混入物。金与银形成完全类质同象：自然金（Au≥95%，Ag≤5%）、含银自然金（Au 95%~85%，Ag 5%~15%）、银金矿（Au 85%~50%，Ag 15%~50%）、金银矿（Au 50%~15%，Ag 50%~85%）、含金自然银（Au 15%~5%，Ag 85%~95%）、自然银（Au≤5%，Ag≥95%）。

【晶体结构和形态】等轴晶系，晶体立方体，菱形十二面体，八面体等。可见双晶和平行连晶。集合体呈不规则粒状、片状、树枝状。按金的颗粒大小划分为明金（>0.1mm）、显微金（>0.2μm）、微细金（0.2~0.02μm）、超微细金（<0.002μm）。

【物理性质】金黄色的颜色和条痕，含银者为淡黄-乳黄色，金属光泽，不透明。无解理，硬度 2~3，延展性强。相对密度 19.3，熔点介于 1063.69~1069.74℃ 之间，沸点 2600℃。化学性质稳定，不溶于酸，溶于王水及氰化钾、氰化钠溶液。

【成因产状】自然金可以形成在岩浆、沉积、变质、风化和生物作用。

【用途】贵重首饰制品，在 20 世纪前作为国际货币。用于电子元件、宇航材料等。

（3）自然银：

【化学组成】化学组分为 Ag，与金形成完全类质同象。含有 Hg、Cu、Sb、Bi 等混入物。

【晶体结构和形态】等轴晶系，完整单晶体为立方体和八面体以及两者的聚形。集合体成树枝状、不规则薄片状、粒状或块状。

【物理性质】银白色，表面氧化后具灰黑色被膜，金属光泽，不透明。无解理，断口锯齿状，硬度 2.5，高延性性。相对密度 10.5，电和热的良导体。

【成因产状】自然银产于中低温热液矿床。

【用途】常作为货币、贵重的装饰品、照相材料等用途。

b　自然铂族

铂族矿物分为自然铂亚族和自然锇亚族。

（1）自然铂：

【化学组成】Pt，含有 Fe、Ir、Pd、Rh、Cu、Ni 等类质同象混入物。

【晶体结构和形态】等轴晶系，单晶体少见，偶见立方体晶形，常呈不规则细小粒状，大者可达 8~9kg。

【物理性质】锡白，金属光泽。无解理，硬度 4~4.5，具延展性。相对密度 21.5，熔点 1771℃，电和热的良导体。化学性质稳定，溶于王水。

【成因】主要在与橄榄辉长岩、辉石岩、橄榄岩和纯橄榄岩有关的铂矿床、铜镍矿、铜矿床等中出现。

【用途】主要用于电气和电子工业、汽车工业、化学工业、航空航天和首饰制造等。

（2）自然钯：

【化学组成】Pd，常含 Pt、Rh、Os、Ir、Ru 以及 Au、Ag、Cu 等。

【晶体结构和形态】等轴晶系，晶体为八面体晶形。通常呈粒状产出，有时呈放射纤维状、钟乳状、板状。

【物理性质】颜色银白色，条痕灰色，金属光泽，不透明。无解理，硬度 4.5~5，具延展性。相对密度 10.84~11.97，熔点为 1555℃。化学性质较稳定，溶于硝酸和王水。

【成因】自然钯产于与超基性岩有关的铂矿床、铜镍硫化物矿床。

【用途】航天、航空等高科技领域以及汽车制造业重要材料，也作首饰制品。

（3）自然铱：

【化学组成】Ir，Ir 含量在 85%~100%，成分中含有 Rh、Pt、Fe、Cu 等。铑（Rh）可呈不完全类质同象代替锇（Os），Rh≥10%~20% 为等轴锇铱矿。

【晶体结构和形态】等轴晶系，晶体呈八面体 {111} 晶形。

【物理性质】在自然铂中呈固溶体分离的蠕虫状分布。银白色，不透明，强金属光泽，在矿相显微镜下白色~白色带乳黄色调。硬度 7，相对密度 22.6。

【成因产状】铱与铂族元素产于超基性岩铬铁矿型铂矿床或冲积矿床中。

【用途】铱具有高熔点、高硬度和抗腐蚀性质，是一种在 1600℃ 以上的空气中仍保持优良力学性质的金属。

B　半金属元素矿物

半金属元素包括 As、Te、Bi 三个自然元素，同为 Ⅴa 族元素。矿物有自然砷族、自然碲族、自然铋族。

自然铋：

【化学组成】Bi，含有 Fe、Pb、Te、S 等。与 Sb 形成类质同象。

【晶体结构和形态】三方晶系，集合体为树枝状、片状、粒状、块状、致密状或羽毛状等。

【物理性质】银白色，浅红锖色，条痕银白色。一组完全解理 $//\{0001\}$，解理 $//\{10\overline{1}1\}$ 中等，硬度在 $2\sim2.5$，具脆性。相对密度为 $9.7\sim9.8$，具导电性和逆磁性，熔点 $271℃$。

【成因】主要产在高温热液钨锡矿床、花岗伟晶岩矿床、热液型金矿床中。

【用途】铋主要用途是以金属形态用于配制易熔合金，以化合物形态用于医药。

C 自然非金属元素矿物

自然非金属元素矿物以 C 和 S 为最常见。矿物有金刚石族、石墨族、自然硫族等。

a 金刚石族

金刚石：

【化学组成】C，含有 Si、Al、Ca、Mg、Mn、Ti、Cr、N 等杂质。除 N 外，多以包体形式存在。

【晶体结构和形态】等轴晶系，常见单晶体，单形有八面体、菱形十二面体，立方体及其聚形，以及四六面体和六八面体或与四面体、六四面体的聚形。有接触双晶、星状穿插双晶和轮式双晶。

【物理性质】无色透明，所含杂质元素呈不同程度的黄、褐、灰、绿、蓝、乳白和紫色等，纯净者透明，强金刚光泽。解理 $//\{111\}$ 中等，$//\{110\}$ 不完全，贝壳状断口，硬度 10。相对密度在 $3.47\sim3.56$，具有良好的导热性，熔点在 $4000℃$。

【成因】金刚石产于金伯利岩筒中。

【用途】金刚石的用途为钻石原料和研磨材料。钻石级的金刚石要求：颗粒大、颜色美丽、透明度高、切工好。

b 石墨族

石墨：

【化学组成】C，含有各种杂质，主要有 SiO_2、Al_2O_3、FeO、MgO、CaO、P_2O_5、CuO 以及水、沥青和黏土等。

【晶体结构和形态】六方晶系。单晶体为片状或板状，主要单形有平行双面，六方双锥，六方柱。底面常见三角纹。常见鳞片状、条纹状、块状集合体。

【物理性质】铁黑到钢灰色，条痕为黑色，半金属光泽，不透明。极完全解理 $//\{0001\}$，硬度 $1\sim2$，沿垂直方向硬度可增至 $3\sim5$（薄片具挠性，有滑腻感，可污染纸张）。相对密度 $2.09\sim2.23$，具良好导电性和导热性，在隔绝氧气条件下，其熔点在 $3000℃$ 以上，是最耐温的矿物之一。

【成因】石墨形成区域变质和接触变质作用、高温热液作用中产生。

【用途】石墨用途广泛。冶金工业上的石墨坩埚，机械工业的润滑剂、原子工业的减速剂、制造涂料、染料等。

c　自然硫族

自然界中硫有三种同质多象变体。即α-自然硫，为斜方晶系；β-自然硫和γ-自然硫属于单斜晶系。在自然条件下稳定的是α-自然硫。

自然硫：

【化学组成】S。自然硫一般不纯净，含少量的 Se、As、Te，常夹有黏土、有机质、沥青和机械混入物等。

【晶体结构和形态】α-自然硫为斜方晶系，自然硫为分子结构。晶体呈双锥状或厚板状，主要单形有平行双面、斜方双锥、斜方柱等。集合体为块状、粉末状。

【物理性质】硫黄色到淡黄色，含有杂质者带有红、绿、灰、黑色等不同色调。如条痕灰白至淡黄色，晶面呈金刚光泽，断口油脂光泽。贝壳状断口，解理 // {001}、{110}、{111} 不完全，硬度为 1~2，性脆。相对密度 2 左右，不导电，摩擦带负电，易熔。

【成因】火山热液和生物化学成因。

【用途】硫是化学工业的重要原料。主要用来制造硫酸，也用于造纸工业、纺织工业、食品工业，以及农药等。还用于沥青加工、泡沫剂、陶瓷材料等。

1.1.2.3　第二大类硫化物及其类似化合物

硫化物及其类似化合物大类是指金属阳离子与阴离子 S 及其 Se、Te、As、Sb、Bi 等结合形成的化合物。自然界中已发现的该大类矿物种超过 370 种。其中以硫化物矿物种类最多，占该大类总量的 2/3 以上，而其中又以 Fe 的硫化物占了绝大部分。该大类矿物是工业上有色金属和稀有分散元素矿产的重要来源。

根据阴离子的种类和性质，划分为：硫化物矿物类、硒化物、砷化物、锑化物、铋化物矿物类、碲化物矿物类、硫盐矿物类。

A　硫化物矿物类

组成硫化物矿物的阴离子为 S^{2-}、S_2^{2-}。阳离子主要为铜型离子（Cu、Pb、Zn、Ag、Hg 等）及过渡型离子（Fe、Co、Ni 等）。除铁之外组成硫化物的元素多属于微量元素，在地壳中含量小于 0.1%。

本类矿物类质同象代替普遍，有阳离子之间，也有阴离子之间的类质同象。在 Se、Te 代替 S 可形成完全的或不完全的类质同象系列，如方铅矿中 Se 代替 S 可形成方铅矿（PbS）-硒铅矿（PbSe）的完全类质同象系列。辉钼矿中 MoS 中 Se 代替 S 可达 25%。Co-Ni、As-Sb、Ge-Sn 和 As-V 可以形成完全类质同象。

一些稀有元素很少与 S 形成独立硫化物矿物，呈类质同象混入物存在，可作为有益组分利用。如元素 Re 很少呈独立矿物，在辉钼矿中作为类质同象混入物代替 Mo。

硫化物矿物类分为简单硫化物亚类和复杂硫化物亚类。简单硫化物亚类是由阴离子 S^{2-} 与阳离子结合而成。常见有辉铜矿族（CuS_2）、方铅矿族（PbS）、闪锌矿族（ZnS）、黄铜矿黝锡矿族（$CuFeS$-Cu_2FeSnS_4）、磁黄铁矿族（FeS）、红砷镍矿（NiS）、铜蓝族 CuS、辰砂族 HgS、辉锑矿族 SbS、雌黄族 As_3S_2、雄黄族 AsS、辉钼矿族 MoS、斑铜矿族 Cu_4FeS_5、辉银矿族（AgS）、辉铋矿（BiS）等。

复杂硫化物亚类是由复硫阴离子 $(S_2)^{2-}$ 与阳离子结合而成。阴离子为哑铃型对硫 $(S_2)^{2-}$ 及 $(AsS)^{2-}$ 与阳离子（主要为 Fe、Co、Ni 等）结合而成。常见有黄铁矿族、毒砂族等。

　　a　辉铜矿族

辉铜矿：

【化学组成】Cu_2S，Cu 79.86%，S 20.14%，含有 Ag、Fe、Co、Ni、Au 等。

【晶体结构和形态】斜方晶系，常见单形有平行双面、斜方柱、斜方双锥等。常见致密块状、粉末状。

【物理性质】铅灰色，风化面为黑色，带锖色，不透明，金属光泽。解理∥{110} 不完全，贝壳状断口，硬度 3，具延展性，小刀刻画留下光亮刻痕。良导体。

【成因】热液成因和风化成因。

【用途】重要铜矿石矿物。

　　b　辉银矿族

辉银矿族 Ag_2S 有两种变体：$\beta\text{-}Ag_2S$，是在 179℃ 以上稳定的高温等轴变体，称为辉银矿。$\alpha\text{-}Ag_2S$，是在 179℃ 以下形成的单斜晶系低温变体，螺旋银矿。矿物学上用"辉银矿"这一名称泛指两变体的总称。

辉银矿：

【化学组成】Ag_2S，存在少量 Pb、Fe、Cu 混入物。其中 Cu 为常见类质同象混入物（可达 1.5%）；Se 替代 S（可达 14%）；含 Rh、Ir、Pt 等。

【晶体结构和形态】高温变体（在 170℃ 以上稳定）为等轴晶系，晶体常呈等轴状。常见单形有立方体、八面体、菱形十二面体、四角三八面体。辉银矿呈极细粒包体（0.001～0.1mm）于方铅矿或黄铁矿中。集合体呈浸染状、细脉状、树枝状、毛发状及致密块状。

【物理性质】银灰色至铁黑色，亮铅灰色条痕，新鲜断口为金属光泽，不新鲜表面为暗淡或无光泽。解理∥{110} 和 {100} 不完全，贝壳状断口，硬度 2～2.5，具有挠性和延展性。相对密度 7.2～7.4，电的良导体，加热到 670℃ 时，分解产生 Ag 和 SO_2 气体。

【成因产状】主要产于含银硫化物的中低温热液型的矿床中。在地表不稳定，氧化成自然银。

【用途】重要的银矿物。银被广泛用于电子工业、医药、化工以及工艺品等。

　　c　方铅矿族

方铅矿：

【化学组成】PbS，常含 Ag、Cu、Zn、Tl、As、Bi、Sb、Se 等。Se 以类质同象置换 S 形成 PbS-PbSe 完全类质同象系列。

【晶体结构和形态】等轴晶系；晶体呈立方体、八面体状。主要单形：立方体，菱形十二面体，八面体，三角三八面体及其聚形。有接触双晶、聚片双晶。集合体呈粒状或致密块状。

【物理性质】铅灰色，条痕灰黑色，强金属光泽，不透明。解理∥{100} 完全，含 Bi 的亚种，有∥{111} 裂开，硬度 2～3。相对密度 7.4～7.6，具弱导电性，晶体具良好检波性。

【成因】主要为热液作用、沉积作用的产物。

【用途】铅、硫的矿物原料，含银、镉、铟等可综合利用。

　　d　闪锌矿族

　　闪锌矿：

　　【化学成分】ZnS，有 Fe、Mn、In、Tl、Ag、Ga、Ge 等类质同象混入物。其中 Fe 替代 Zn 可达 26.2%。富铁变种称为铁闪锌矿，富镉变种称镉闪锌矿。

　　【晶体结构和形态】等轴晶系；主要单形：四面体或立方体、菱形十二面体等。可见聚片双晶。粒状集合体。

　　【物理性质】棕黄色，含 Fe 量增多时，颜色为浅黄、棕褐直至黑色（铁闪锌矿）；条痕由白色至褐色；光泽由树脂光泽至半金属光泽；透明至半透明。具荧光性和摩擦磷光。解理 // $\{110\}$ 完全，硬度 3.5~4，相对密度 3.9~4.1，随含 Fe 量的增加而降低。

　　【成因】中、低温热液作用的产物。

　　【用途】重要的锌矿石矿物。含有 Cd、In、Ga、Ge 等稀有元素可综合利用。

　　e　辰砂族

　　辰砂：

　　【化学组成】HgS，含有少量的 Se、Te 等。

　　【晶体结构和形态】三方晶系。晶体常见菱面体、板状。主要单形：平行双面，六方柱，菱面体等。集合体呈粒状或致密块状、片状。

　　【物理性质】鲜红色或暗红色，红色至褐红色条痕，金刚光泽、半透明。解理 // $\{10\bar{1}0\}$ 完全，断口呈贝壳状或参差状，硬度 2~2.5，性脆，片状者易破碎，粉末状者有闪烁的光泽。相对密度 8.09~8.2，不导电。

　　【成因】低温热液产物。产于火山岩、热泉沉积物、低温热液矿床等。

　　【用途】炼汞的矿物原料。其晶体可作为激光材料。作为药用具镇静、安神和杀菌等功效。由辰砂（隐晶质浸染状）、迪开石、高岭石等组成呈色泽艳丽的红色玉石为鸡血石。

　　f　黄铜矿族

　　本族矿物包括黄铜矿亚族、黝锡矿亚族、六方黝锡矿亚族、硫铜铁矿亚族等。

黄铜矿亚族

　　黄铜矿：

　　【化学组成】$CuFeS_2$。其成分中可有 Mn、As、Sb、Ag、Au、Zn、In、Bi、Se、Te 以及 Ge、Ga、In、Sn、Ni、Ti、铂族元素等混入。

　　【晶体结构和形态】四方晶系。晶体少见。常见单形四方四面体、四方双锥等。有简单双晶。与闪锌矿规则连生体。

　　【物理性质】铜黄色，带有暗黄或斑状锖色；绿黑色条痕；金属光泽；不透明。解理不发育，硬度 3~4，性脆。相对密度 4.1~4.3，导电。

　　【成因产状】形成于岩浆作用、热液作用、变质作用、沉积作用中。

　　【用途】主要的铜矿石矿物。

黝锡矿亚族

　　黝锡矿：

　　【化学组成】Cu_2FeSnS_4。Fe 被 Zn 类质同象代替为锌黄锡矿 $Cu(Zn,Fe)SnS_4$。成分中含有 Cd、Pb、Ag、Sb、In 等。

【晶体结构和形态】四方晶系，晶体少见，呈假四面体、假八面体、板状等形态，主要单形：平行双面、四方柱、四方双锥、四方四面体及其聚形，晶面上有显著的花纹。接触双晶或穿插双晶。呈粒状块体或不规则粒状集合体。

【物理性质】微带橄榄绿色调的钢灰色，含较多黄铜矿包体时，呈黄灰色；有时呈铁黑色及带蓝的锖色。黑色条痕，金属光泽，不透明。解理∥{110} 和 {001} 不完全，不平坦状断口，硬度 3~4，性脆。相对密度 4.30~4.52。

【成因产状】黝锡矿是典型的热液矿物，见于高温钨锡矿床、锡石硫化物矿床及高中温多金属矿床中。与闪锌矿、黄铜矿以及磁黄铁矿、方铅矿共生。黝锡矿也有胶体成因。

    g　斑铜矿族

斑铜矿：

【化学组成】Cu_5FeS_4。在高温时（>400℃）斑铜矿与黄铜矿、辉铜矿呈固溶体，低温时发生固溶体离溶。

【晶体结构和形态】等轴晶系。晶体呈立方体、八面体和菱形十二面体等假象外形。呈致密块状或不规则粒状集合体。

【物理性质】新鲜断面呈暗铜红色，风化表面呈暗蓝紫斑状锖色而得名，灰黑色条痕，金属光泽，不透明。无解理，贝壳状断口，硬度 3，性脆。相对密度 4.9~5.3，具导电性。

【成因及产状】产于基性岩及有关的 Cu-Ni 矿床、热液型矿床、矽卡岩型矿床等；在氧化带易转变成孔雀石、蓝铜矿、赤铜矿、褐铁矿等。

【用途】重要的铜矿石矿物。

    h　磁黄铁矿族

磁黄铁矿：

【化学组成】$Fe_{1-x}S(x=0~0.223)$。S 的含量可达到 39%~40%，相对 S 而言 Fe 是不足的。有部分 Fe^{2+} 被 Fe^{3+} 代替。有 Ni、Co、Mn 以类质同象置换 Fe，并有 Zn、Ag、In、Bi、Ga、铂族元素等呈机械混入物。

【晶体结构和形态】六方晶系，晶体呈板状、锥状、柱状。常见单形：平行双面、六方柱、六方双锥等。粒状、块状或浸染状集合体。

【物理性质】暗铜黄色，带褐色锖色，亮灰黑色条痕，金属光泽。解理∥{10 10} 不完全，{0001} 裂开发育，硬度 3.5~4.5，性脆。相对密度 4.6~4.7，具导电性和弱磁性。

【成因】广泛产于内生矿床中。与黑钨矿、辉铋矿、毒砂、方铅矿、闪锌矿、黄铜矿、石英等共生。

【用途】作为制取硫酸、硫黄的矿物原料。

    i　辉锑矿族

（1）辉锑矿：

【化学成分】Sb_2S_3；含少量 As、Pb、Ag、Cu 和 Fe，其中绝大部分元素为机械混入物。

【晶体结构和形态】斜方晶系。单晶呈柱状或针状，柱面具有明显的纵纹，较大的晶体往往显现弯曲。单形有斜方柱、平行双面、斜方双锥等。集合体呈放射状或致密粒状。

【物理性质】铅灰色或钢灰色，表面常有蓝色的锖色，黑色条痕，金属光泽，不透明。解理∥{010} 完全，解理面有横的聚片双晶纹，硬度 2，性脆。相对密度 4.6。

【成因与产状】形成于低温热液。

【用途】提取金属锑的矿物原料。

（2）辉铋矿：

【化学组成】Bi_2S_3，含 Pb、Cu、Sb、Se 等。当 Bi^{3+} 为 Pb^{2+} 代替时，以 Cu^+ 来补偿电价。类质同象混入物 Sb、Se 和 Ti、As、Au、Ag 等混入物。

【晶体结构和形态】斜方晶系。晶体呈柱状、板状和针状；柱面具有明显纵纹。主要单形有：平行双面、斜方柱、斜方双锥。集合体为柱状、针状或毛发状、放射状、粒状和致密块状等。

【物理性质】锡白色（带铅灰色），有黄色和蓝色的锖色，灰黑或铅灰色条痕，金属光泽，不透明。解理 // $\{010\}$ 完全，$\{100\}$ 和 $\{110\}$ 不完全，具不平坦断口，硬度 2～2.5，微具挠性。相对密度 6.4～6.8。导电率垂直于 c 轴方向比沿 c 轴方向几乎大 3 倍。

【成因产状】辉铋矿产于高温和中温的热液脉型矿床、接触交代矿床中。

【用途】提取金属铋的主要矿物原料。铋用于制作易熔合金、特殊玻璃和化学制剂等。

j 雄黄族

雄黄：

【化学组成】As_4S_4，成分较固定，一般含杂质较少。

【晶体结构和形态】单斜晶系。呈柱状、短柱状或针状，柱面上有细的纵纹。常见单形：平行双面，斜方柱等。依（100）成双晶。通常呈粒状、致密块状、粉末状、皮壳状集合体。

【物理性质】橘红色，条痕淡橘红色，晶面金刚光泽，断面树脂光泽，透明～半透明。解理 // $\{010\}$ 完全，硬度 1.5～2，性脆。相对密度 3.6。

【成因产状】主要见于低温热液矿床以及温泉沉积物和硫质喷气孔的沉积物中。

【用途】作为提炼砷的矿物原料。砷用于农药和化工原料、中药等。

k 雌黄族

雌黄：

【化学成分】As_2S_3，Sb 呈类质同象混入含量可达 3%。Se 达 0.04%。存在微量的 Hg、Ge、Sb、V 等元素。

【晶体结构和形态】单斜晶系。晶体常呈板状或短柱状。有平行柱面条纹。主要单形：平行双面、斜方柱等。依（100）成双晶。集合体呈片状、梳状、放射状、土状等。

【物理性质】柠檬黄色，鲜黄色条痕，油脂光泽至金刚光泽，解理面为珍珠光泽。解理 // $\{010\}$ 极完全，薄片能弯曲，硬度 1.5～2，但无弹性。相对密度为 3.5。

【成因】主要见于低温热液矿床。

【用途】作为提取砷矿石物原料。

l 铜蓝族

铜蓝：

【化学组成】CuS，含有 Fe、Ag、Se 等。

【晶体结构和形态】六方晶系。单晶体呈薄六方板状或片状。主要单形：平行双面。集合体呈叶片状、块状、粉末状。

【物理性质】靛青蓝色，条痕为灰黑色，金属光泽，不透明。解理平行 $\{0001\}$ 完全，硬度 1.5~2，性脆。相对密度 4.67。

【成因产状】铜蓝主要是外生成因，常见于含铜硫化物矿床次生富集带中。

【用途】与辉铜矿等形成铜矿石。

m 辉钼矿族

辉钼矿：

【化学成分】MoS_2。Se、Te 可替代 S≤25%。含有铼（Re≤3%）以及锇、铂、钯等铂族元素。

【晶体结构和形态】六方晶系，晶体呈片状、板状。主要单形：平行双面、六方柱、六方双锥等。在 {0001} 面上可见到彼此以 60°相交的晶面条纹。见双晶或平行连生。片状、鳞片状、细小颗粒集合体。

【物理性质】铅灰色，亮铅灰色条痕，在上釉瓷板上为微绿的灰黑色。强金属光泽，不透明。解理 // {0001} 极完全，解理薄片具挠性，硬度 1。相对密度 5.0，有滑腻感。

【成因产状】形成于高中温热液作用中。

【用途】主要的钼矿物原料，也是提取铼的主要矿物。含有铂族元素也可综合利用。

n 黄铁矿族

黄铁矿：

【化学组成】FeS_2。成分中常见 Co、Ni 等元素呈类质同象置换 Fe，形成 CoS_2-FeS_2 和 FeS_2-NiS_2 系列。含有 Au、Ag、Cu、Pb、Zn 等。

【晶体结构和形态】等轴晶系，主要单形：立方体、五角十二面体、八面体、偏方复十二面体。立方体晶面上见三组互相垂直的条纹。见铁十字穿插双晶。集合体通常呈粒状、致密块状、球状、草莓状等。隐晶质变胶体称为胶黄铁矿。

【物理性质】浅铜黄色，表面带有黄褐的锖色；绿黑色条痕；强金属光泽，不透明。无解理，断口参差状，硬度 6~6.5。相对密度 4.9~5.2，可具检波性。具介电性，热电性，熔点 1171℃。

【成因产状】地壳中分布最广的硫化物。在内生作用、外生作用、变质作用中都可形成。黄铁矿在氧化带不稳定，可形成以针铁矿、纤铁矿等为主的铁帽。

【用途】制备硫酸的主要矿物原料。

o 毒砂-辉砷钴矿族

毒砂：

【化学组成】FeAsS。Co 呈类质同象置换 Fe 可以形成 FeAsS(毒砂)-(Co,Fe)AsS(铁硫砷钴矿) 系列。含 Au、Ag、Sb 等机械混入物。

【晶体结构和形态】单斜晶系，晶体多为柱状，沿 c 轴延伸。主要单形：斜方柱、平行双面等。晶面上有纵纹，有十字形穿插双晶及三连晶。集合体粒状或致密块状。

【物理性质】锡白色，表面常带黄色锖色，条痕灰黑色，金属光泽。解理 // {110} 完全，硬度 5.5~6。相对密度 5.9~6.2，灼烧后具磁性，锤击时发出蒜臭味。

【成因及产状】主要产于高、中温热液矿床、接触交代矿床中，与黄铁矿、黄铜矿、磁铁矿、磁黄铁矿、自然金等共生。

【用途】为提取砷的矿物原料。各种砷化物用于农药、制革、木材防腐、玻璃制造、冶金、医药、颜料等。

B　砷化物、锑化物、铋化物

本类矿物是 As、Sb、Bi 与金属阳离子结合形成的化合物。已发现 57 种矿物。阳离子主要是镍、铜、钯、铂、钴、金、银、铁、锰、钌、锇、铱等 16 种元素。矿物种主要是简单的二元化合物。本类矿物的类质同象代替有限。在方钴矿中 Co-Ni 形成完全类质同象。矿物晶体结构构型有红砷镍矿型（NiAs）、黑铋金矿型（Au₃Bi）、砷铜矿型（Cu₃As）黄铁矿型结构等。主要是共价化合物，由于键的杂化而带有金属键性。由于成分、晶体结构和化学键决定该类矿物具有特殊的金属性和较高的硬度等。

红砷镍矿族

（1）红砷镍矿：

【化学组成】NiAs。锑代替砷可达 6%，称为锑-红砷镍矿变种。分析中常含硫，以及少量铁和更少量的钴、铋和铜。

【晶体结构和形态】六方晶系，完好晶体少见，平行 c 轴呈柱状和平行 $\{0001\}$ 呈板状。晶面具水平条纹。可见依（10$\overline{1}$1）之双晶。致密块状、粒状、树枝状、肾状体集合体。

【物理性质】淡铜红色，褐黑色条痕，金属光泽，不透明。解理 // $\{10\overline{1}0\}$ 不完全，断口不平坦，硬度 5~5.5，性脆。相对密度 7.6~7.8，具良导电性。

【成因】与基性超基性有关的岩浆矿床中。在铬铁矿床中与砷镍矿、铬铁矿组合；在铜镍矿床中与磁黄铁矿、镍黄铁矿、黄铜矿等共生。在 Ni-Co、Ag-Ni-Co 的热液矿床中较常见。

【用途】富集时作为镍矿石。

（2）方钴矿：

【化学组成】$(Co,Ni)_4[As_4]_3$。Co-Ni 间为一完全类质同象系列，方钴矿和镍方钴矿。钴、镍可被铁类质同象代替可达 12%，砷被铋代替可达 20%。

【晶体结构和形态】等轴晶系。一般为粒状集合体，晶体少见。单形有立方体、八面体和菱形十二面体。晶面上有细条纹。

【物理性质】锡白、银灰色，有时具彩色锖色，灰黑色条痕，金属光泽，不透明。解理 // $\{100\}$ 中等，不平坦断口或贝壳状断口，硬度 5.5~6，性脆。相对密度 6.50~6.79，具导电性。

【成因产状】产于热液矿床中，与钴、镍的砷化物成组合。亦见于含金石英脉。风化条件下形成钴华和镍华。

【用途】同其他钴镍砷化物和硫砷化物一起作为钴、镍矿石。

C　碲化物和硒化物矿物

碲作为阴离子和金属阳离子组成的化合物。已发现碲化物有 38 种。阳离子主要是 I B 族的金、银、铜以及镍、钯、铅、汞、铁等。碲化物既有简单碲化物，也有复杂碲化物。矿物中类质同象代替普遍，多为不完全类质同象。碲化物为共价键化合物，并具有较高程度的金属键性，这是电价低和原子间距较大的缘故。碲化物矿物晶体结构类型有红砷镍矿型、氯化钠型、闪锌矿型和白铁矿型，还有碲银矿、斜方碲金矿等特殊结构。由于碲化物的化学键中金属键程度较强，表现出金属色、金属光泽、透明度低硬度小密度大、导电性导热性强等物理性质。碲化物矿物主要产于中-低温热液矿床。

碲化物类矿物主要有：碲金矿族、亮碲金矿族、碲铅矿族、碲汞矿、碲银矿族。斜方碲金矿族、碲镍矿族、碲铋矿族、碲铜矿族、黑碲金矿族、六方碲银矿族、碲金银矿族、碲锑钯矿、碲汞钯矿、碲银钯矿族。

硒化物是阴离子硒与阳离子结合形成的化合物。硒化物与硫化物在化学组成和结构上相近。阳离子主要是铜型离子，常见有铜、铅、锌、银、金以及钴、镍等。硒化物有简单硒化物和复硒化物。同时硒与硫组成配位多面体形成硫盐矿物。硒化物多数形成于热液作用。

a 碲金矿族

（1）碲金矿：

【化学组成】$AuTe_2$，有少量的 Ag 代替 Au。

【晶体结构和形态】单斜晶系。晶体呈柱状、针状平行于 b 轴，平行于 b 轴的晶面条纹极发育。晶体上单形复杂而多。有依（100）成双晶。粒状集合体。

【物理性质】草黄~银白色，黄~绿灰色条痕，金属光泽，不透明。无解理，具贝壳状至不平坦断口，硬度 2.5~3，性脆。相对密度 9.10~9.40，熔点 464℃。

【成因产状】产于中-低温热液作用。与自然金、银金矿、针碲金矿以及黄铁矿、方铅矿、闪锌矿、黝铜矿等成组合。

【用途】作为金矿石的矿物。

（2）碲金银矿：

【化学组成】Ag_3AuTe_2。

【晶体结构和形态】等轴晶系，晶体形态通常为细粒状及块状。

【物理性质】钢灰到铁黑色，金属光泽，不透明。无解理，断口次贝壳状，硬度 2.5~3，相对密度 8.7~9.4。

【成因】产于含金—银的石英脉矿床中，与其他碲化物、自然碲、黄铁矿、黄铜矿、闪锌矿共生。

【用途】提取金银的矿物原料之一。

b 红硒铜矿族

红硒铜矿：

【化学组成】Cu_3Se_2，含 Au（达 0.6%）、Ir、Pd、Pt 等。

【晶体结构和形态】四方晶系，呈细粒状集合体或块状，有时出现叶片状双晶。与硒铜矿、硒铜银矿呈连晶。

【物理性质】新鲜断口上呈带紫色调的暗樱桃红色，易转变为暗紫蓝色，黑色条痕，金属光泽，不透明。在两个方向上有解理，不平坦状断口，硬度 2.7~3.1，显微硬度 77~108kg/mm^2，相对密度 6.44~6.49。

【成因产状】形成于热液作用。在砂岩铜矿中的红硒铜矿，与硒铜矿、蓝硒铜矿、硒铜汞矿、硒汞矿、辉铜银矿等共生。在热液型铀矿床方解石脉中有红硒铜矿产出。

c 硒银矿族

硒银矿：

自然界见到的是低温变体按高温变体而成的副象，133℃以下为低温斜方变体。

【化学组成】AgSe。天然硒银矿通常有铅的混入，主要系由于硒铅矿之混入，有时铅的含量可达 20%~60%。

【晶体结构和形态】等轴晶系，通常呈粒状或不规则粒状；立方体状或叶片状的晶体少见。

【物理性质】黄黑色，黑色条痕，强金属光泽，不透明。解理 // {001} 完全，硬度 2.5，显微硬度 33.6kg/mm²。相对密度 7~8，加热到 133℃ 时，低温变体转变成等轴的高温变体。

【成因产状】硒银矿在热液作用过程中缺硫而银、硒浓度增高的条件下形成。产于热液型矿床石英碳酸盐脉中的硒银矿与其他硒矿物（硒铅矿、红硒铜矿）等共生。

D 硫盐矿物

硫盐是指硫与半金属元素 As、Sb、Bi 结合组成络阴离子 [AsS₃]³⁻、[SbS₃]³⁻、[BiS₃]³⁻ 等形式，然后再与阳离子（Cu、Pb、Ag）结合而成较复杂的化合物。硫盐矿物中络阴离子最基本的形式为三棱锥状的 [AsS₃]、[SbS₃] 或 [BiS₃]，锥状络阴离子又可进一步相互连接成多种复杂形式的络阴离子。硫盐矿物有 130 多种。硫盐可划分为铜的硫盐：黝铜矿-砷黝铜矿族等；银的硫盐：淡红银矿、浓红银矿族等；铅的硫盐：脆硫锑铅矿族等。

a 黝铜矿-砷黝铜矿族

【化学组成】$Cu_{12}Sb_4S_{13}$-$Cu_{12}As_4S_{13}$。在化学组成中 Sb-As 为完全类质同象，两个亚种：黝铜矿 $Cu_4^+Cu_2^{2+}(Sb_{>0.5}As_{<0.5})_4[Cu^+S_2]_6S$ 和砷黝铜矿 $Cu_4^+Cu_2^{2+}(Sb_{<0.5}As_{>0.5})_4[Cu^+S_2]_6S$。化学组成中有银、锌、铁、汞、锗、镉、钼、铟、铂等有限代替铜，铋代替锑、砷，硒和碲代替硫。

【晶体结构和形态】等轴晶系。晶体多半呈四面体外形，常见单晶：立方体、四面体、菱形十二面体、三角三四面体、四角三四面体等。通常呈致密块状，半自形、它形粒状或细脉状，见穿插双晶。

【物理性质】钢灰色至铁黑色（富含铁的变种）。黝铜矿为钢灰至铁黑色条痕，有时带褐色。砷黝铜矿的条痕常带樱桃红色调，金属至半金属光泽，在不新鲜的断口上变暗，不透明。无解理，硬度 3~4.5。相对密度 4.6~5.4，含汞、铅、银的变种密度最高，有时可达 5.40，弱导电性，在差热曲线上于 610℃ 处有一个明显的放热效应。

【成因产状】在各种热液型矿床、矽卡岩型多金属矿床及铜铁矿床中常见的矿物。

【用途】与其他铜矿物组合的铜矿石，可作为提取铜的原料，同时可综合利用成分中的砷。

b 淡红银矿族

(1) 淡红银矿:

【化学成分】Ag_3SbS_3。有 Sb 呈类质同象代替 As，As-Sb 在 300℃ 以上为完全类质同象，温度下降产生固溶体离溶。含有少量 Fe、Co、Pb 等混入物。

【晶体结构和形态】三方晶系，集合体为致密块状或粒状。

【物理性质】颜色深红到朱红色，类似辰砂，条痕鲜红色，金刚光泽，半透明。解理 // {1011} 完全，断口贝壳状至参差状，硬度 2~2.5，性脆。相对密度 5.57~5.64，不导电。

【成因产状】产于铅锌银热液矿脉中，通常为晚期形成的矿物。

【用途】与其他含银矿物一起作为银矿石。

（2）浓红银矿：

【化学组成】Ag_3SbS_3。有砷呈类质同象代替锑。当温度高于300℃时在此结构中砷和锑可成完全类质同象代替。

【晶体结构和形态】三方晶系。晶体呈短柱状。常见单形有六方柱、复三方单锥、三方单锥、六方单锥及其聚形。常见双晶。粒状、块状集合体。

【物理性质】深红色、黑红色或暗灰色，条痕暗红色，金刚光泽，半透明。解理 $/\!/\{10\bar{1}1\}$ 完全，$\{01\bar{1}2\}$ 不完全，断口贝壳状至参差状，硬度 2~2.5，性脆。相对密度 5.77~5.86。

【成因产状】浓红银矿主要见于铅锌银热液矿床中。

【用途】主要的银矿石。

c　脆硫锑铅矿族

（1）脆硫锑铅矿：

【化学组成】$Pb_4FeSb_6S_{14}$。由于机械混入物常不符合化学成分式。Bi 可为类质同象混入物（达 1%）。Fe 含量有时达 10% 以上。其他混入物有 Cu、Zn、Ag 等。

【晶体结构和形态】单斜晶系。晶体结构为链状结构。晶体多为沿 c 轴延伸的长柱状以及针状，柱面有平行条纹。集合体常呈放射状、羽毛状、纤维状、梳状、柱状和粒状等。

【物理性质】铅灰色，有时有蓝红杂色的锖色，条痕暗灰色或灰黑色，金属光泽，不透明。解理 $/\!/\{001\}$ 中等，不平坦断口，硬度 2~3，性脆。相对密度 5.5~6.0，具检波性。

【成因产状】脆硫锑铅矿出现在中低温的铅锌矿床中。

【用途】在铅锌矿床中，可作为铅和锌的矿石。

（2）车轮矿：

【化学组成】$CuPbSbS_3$。类质同象代替有：As 代替 Sb（可达 3.18）；少量 Mn、Zn、Ag 可代替 Cu。有时 Fe 达 5%，还含有 Ni、Bi。

【晶体结构和形态】斜方晶系，晶体较少见，呈短柱状及沿（001）的板状，常呈假立方状。晶面具垂直条纹，常出现沿 $\{110\}$ 的双晶，呈十字状或车轮状，故名"车轮矿"。集合体为不规则粒状、致密块体。

【物理性质】钢灰色到暗铅灰色，常有黄褐色的锖色，条痕为暗灰色、黑色，金属光泽，不透明。解理 $/\!/\{010\}$ 中等，$/\!/\{100\}$、$\{001\}$ 不完全，断口为贝壳状到不平坦状，硬度 2.5~3，性脆。相对密度 5.7~5.9，不导电。

【成因产状】广泛分布在中温和低温的热液矿床中。

1.1.2.4　氧化物与氢氧化物大类

本大类矿物分为氧化物矿物类和氢氧化物矿物类。氧化物矿物是指金属阳离子与 O^{2-} 结合而成的化合物。氢氧化物矿物是金属阳离子与 $(OH)^-$ 结合的化合物。本大类矿物目前已发现有 300 余种，其中氧化物 200 余种，氢氧化物 80 余种。它们占地壳总重量的 17% 左右，其中石英族矿物占 12.6%，铁的氧化物和氢氧化物占 3.9%。

A　氧化物矿物类

组成氧化物的阴离子为 O^{2-}。氧化物中阳离子主要是惰性气体型离子（如 Si^{4+}、Al^{3+} 等）和过渡型离子（如 Fe^{3+}、Mn^{2+}、Ti^{4+}、Cr^{3+} 等）。氧化物中的类质同象比硫化物广泛，有完全类质同象和不完全类质同象。有等价类质同象和异价类质同象。

氧化物类矿物晶体结构可看成是 O^{2-} 作紧密堆积，阳离子充填在八面体和四面体空隙中，阳离子的配位数为 4 和 6。若大半径阳离子充填空隙，配位多面体呈立方体等形式，阳离子配位数大于 6。晶体结构中的化学键以离子键为主。随着阳离子电价的增加，共价键的成分趋于增多。阳离子类型从惰性气体型、过渡型离子向铜型离子转变时，共价键则趋于增强，阳离子配位数趋于减少。

氧化物晶体结构的类型在简单二元成分的晶体结构有萤石型、刚玉型、氯化钠型、闪锌矿型、金红石型等。复杂氧化物晶体结构有钙钛矿型、尖晶石型等。

氧化物矿物类有赤铜矿族、方镁石族、红锌矿族、刚玉族、方钍石族、金红石族、石英族、晶质铀矿族、尖晶石族、金绿宝石族、钙钛矿族、褐钇矿族、黑钨矿-铌钽铁矿族、易解石族、黑稀金矿族、烧绿石族等。

a　赤铜矿族

赤铜矿：

【化学组成】Cu_2O，含有少量氧化铁。

【晶体结构和形态】等轴晶系；单晶体为等轴粒状，主要单形为八面体、立方体、四角三八面体以及立方体与菱形十二面体聚形。集合体呈致密块状、粒状或土状、针状或毛发状。

【物理性质】暗红至近于黑色，条痕褐红，金刚光泽至半金属光泽，薄片微透明。解理不完全，硬度 3.5~4.0，性脆。相对密度 5.85~6.15。

【成因及产状】主要见于铜矿床的氧化带，与孔雀石、辉铜矿、铁的氧化物等伴生。

【用途】铜矿石。

b　方镁石族

方镁石：

【化学组成】MgO，含有 Fe、Mn、Zn 等混入物。

【晶体结构和形态】等轴晶系，常见单形立方体、八面体、菱形十二面体及其聚形。常见双晶。粒状集合体。

【物理性质】纯者无色，通常为灰白色、黄色、棕黄色、绿色、黑色等，随着铁含量增加颜色变深。白色条痕，玻璃光泽，透明至半透明。解理 // {100} 完全，裂开 // {110}，硬度 5.5~6。相对密度 3.5~3.9，不导电。

【成因】产于变质白云岩或镁质大理岩中，与镁橄榄石、菱镁矿、水镁石等共生。

【用途】制镁原材料。

c　刚玉族

（1）刚玉：

【化学组成】Al_2O_3，含有 Cr^{3+}、Ti^{4+}、Fe^{3+}、Fe^{2+}、Mn^{2+}、V^{3+} 等。

【晶体结构和形态】三方晶系。晶体呈三方桶状、柱状、板状晶形。主要单形有：六方柱、六方双锥、菱面体、平行双面。在晶面上具有晶面花纹及三角形或六边形蚀像。

【物理性质】纯净的刚玉是无色或灰、黄灰色。含 Fe 者呈黑色；含 Cr 者呈红色；含 Ti 呈蓝色；玻璃光泽。无解理，硬度 9。相对密度 3.95~4.10，熔点 2000~2030℃，化学性质稳定，不易腐蚀。在长短波紫外线下发红色荧光，含 Fe 高者荧光较弱。含 Cr 呈粉色荧光或橙黄色荧光。

【成因】在岩浆作用、接触交代作用、区域变质作用形成。

【用途】刚玉的硬度仅次于金刚石，作为研磨材料、精密仪器的轴承等。刚玉是重要宝石原料，具有鲜红或深红透明的刚玉称为红宝石。具有深蓝透明的刚玉称为蓝宝石。在有些红宝石和蓝宝石的 {0001} 面上具有星彩光学效应称为星光宝石，为呈定向分布的六射针状金红石包体而呈星彩状。

（2）赤铁矿：

【化学组成】Fe_2O_3。常含类质同象替代的 Ti、Al、Mn、Fe^{2+}、Ca、Mg 及少量的 Ga、Co；常含金红石、钛铁矿的微包裹体。隐晶质致密块体中常有机械混入物 SiO_2、Al_2O_3。

【晶体结构和形态】Fe_2O_3 有两种同质多象变体。$\alpha\text{-}Fe_2O_3$ 为三方晶系。$\gamma\text{-}Fe_2O_3$ 变体为等轴晶系，称为磁赤铁矿。单晶体常呈菱面体和板状，常见单形：平行双面、六方柱、菱面体、六方双锥。在晶面上有三组平行交棱方向的条纹、三角形凹坑或生长锥等晶面花纹。见聚片双晶、穿插双晶或接触双晶。集合体有片状、鳞片状、粒状、鲕状、肾状、土状、致密块状等。

【物理性质】显晶质呈铁黑至钢灰色，隐晶质呈暗红色。樱红色条痕，金属光泽至半金属光泽。无解理，硬度为 5.5~6.5，相对密度 5.0~5.3。根据形态、颜色划分赤铁矿变种有：呈铁黑色、金属光泽的片状赤铁矿集合体称为镜铁矿，具有磁性。呈灰色、金属光泽的鳞片状赤铁矿集合体称为云母赤铁矿。呈红褐色、光泽暗淡粉末状赤铁矿称为赭石。呈鲕状或肾状的赤铁矿称为鲕状或肾状赤铁矿。

【显微镜下特征】透射光下血红色、灰黄色不等。弱多色性：No-褐红色，Ne-黄红色。双折射率强。反射光下呈白色或带浅蓝色的灰白色。内反射不常见。

【成因】赤铁矿分布极广。各种内生、外生或变质作用均可生成赤铁矿。一般由热液作用形成的赤铁矿可呈板状、片状或菱面体的晶体形态；云母赤铁矿是沉积变质作用的产物；鲕状和肾状赤铁矿是沉积作用的产物。

【用途】重要铁矿石矿物。可作矿物颜料。药用赤铁矿名赭石。

（3）钛铁矿：

【化学组成】$FeTiO_3$。Fe 可为 Mg、Mn 完全类质同象代替，形成 $FeTiO_3$（钛铁矿）-$MgTiO_3$（镁钛矿）或 $FeTiO_3$（钛铁矿）-$MnTiO_3$（红钛锰矿）系列。有 Nb、Ta 等类质同象替代。钛铁矿中常含有细鳞片状赤铁矿包体。

【晶体结构和形态】三方晶系；晶体常呈板状，集合体呈块状或粒状，可见双晶。

【物理性质】钢灰至铁黑色，黑色条痕，含赤铁矿者带褐色，金属光泽至半金属光泽，不透明。无解理，硬度 5~6。相对密度 4.72。具弱磁性。

【成因及产状】主要形成于岩浆作用和伟晶作用过程中。

【用途】钛的矿物原料。

d 钙钛矿族

钙钛矿：

【化学组成】$CaTiO_3$。类质同象混入物有 Na、Ce、Fe^{2+}、Nb 以及 Fe^{3+}、Al^{3+}、Zr^{3+}、Ta^{3+}等。

【晶体结构和形态】等轴晶系，常见单形有立方体、八面体。在立方体晶体常具平行晶棱的条纹，系高温变体转变为低温变体时产生聚片双晶的结果。

【物理性质】颜色为褐至灰黑色，白至灰黄色条痕，金刚光泽。解理不完全，参差状断口，硬度在 5.5~6。相对密度为 3.97~4.04。

【成因】碱性岩中的副矿物。

【用途】富集时可以作为钛、稀土金属（尤其是铈族稀土）及铌的来源。

e 金红石族

本族矿物有金红石、锡石、软锰矿，晶体结构为金红石型结构。

（1）金红石：

【化学组成】TiO_2。自然界中 TiO_2 有金红石、锐钛矿、板钛矿三个同质多象变体。金红石分布广泛，锐钛矿、板钛矿则少见。

【晶体结构和形态】四方晶系；常见完好的四方短柱状、长柱状或针状。常见单形：四方柱、四方双锥、复四方柱、复四方双锥等。晶体具有柱面条纹。见膝状双晶、三连晶或环状双晶。

【物理性质】常见褐红、暗红色，含 Fe 者呈黑色。浅褐色条痕，金刚光泽，半透明。解理∥{110} 中等。硬度 6~6.5，性脆。相对密度 4.2~4.3。铁金红石和铌铁金红石均为黑色，不透明。铁金红石相对密度 4.4，铌铁金红石相对密度可达 5.6。

【成因】产于岩浆和变质作用。在榴辉岩、辉长岩中形成金红石矿床。

【用途】为炼钛的矿物原料。人造金红石可制造优质电焊条。

（2）锡石：

【化学组成】SnO_2，常含 Fe 和 Ta、Nb、Mn、Se、Ti、Zr、W。

【晶体结构和形态】四方晶系；晶体常呈双锥状、双锥柱状，有时呈针状。主要单形：四方双锥、四方柱、复四方柱和复四方双锥。柱面上有细的纵纹。见膝状双晶。集合体常呈粒状。

【物理性质】黄棕色至深褐色，富含 Nb 和 Ta 者，为沥青黑色。白色至淡黄色条痕，金刚光泽。解理∥{110} 不完全，具有∥{111} 裂开，贝壳状断口，断口油脂光泽。硬度 6~7，性脆。相对密度 6.8~7.0。

【成因及产状】锡石产于高温热液作用的锡石石英脉和锡石硫化物矿床。

【用途】提取锡的主要矿物原料。

（3）软锰矿：

【化学组成】MnO_2，常含 Fe_2O_3、SiO_2 等机械混入物，并含 H_2O。

【晶体结构和形态】四方晶系；晶体平行 c 轴柱状或近于等轴状。主要单形有四方柱、复四方柱、四方双锥、复四方双锥。完整晶体少见，有时呈针状、放射状集合体。常呈肾状、结核状、块状或粉末状集合体。

【物理性质】钢灰色，表面有浅蓝锖色，蓝黑至黑色条痕，半金属光泽、不透明。解理∥{110}完全，不平坦断口，显晶质硬度为6~6.5，隐晶质硬度为1~2，性脆。相对密度4.7~5.0。

【成因】软锰矿作为高价锰的氧化物，出现在滨海相沉积、风化矿床中。

【用途】重要的锰矿石。

f 石英族

本族矿物包括 SiO_2 的一系列同质多象变体：α-石英、β-石英、α-鳞石英、β-鳞石英、α-方石英、β-方石英、柯石英、斯石英、凯石英（合成矿物）等。其中，β 表示高温变体，α 表示低温变体。

在 SiO_2 的各种天然同质多象变体中，除斯石英（属金红石型结构）中 Si^{4+} 为八面体配位外，在其余各变体中 Si^{4+} 均为四面体配位，即每一 Si^{4+} 均被 4 个 O^{2-} 包围而构成［SiO_4］四面体。各［SiO_4］四面体彼此均以角顶相连而成三维的架状结构。由于不同的变体中［SiO_4］四面体联结方式不同，反映在对称形态和某些物理性质上也有所不同。

（1）石英：SiO_2 的两种同质多象变体是 α-石英（$\alpha\text{-}SiO_2$）和 β-石英（$\beta\text{-}SiO_2$）。β-石英在 573~870℃ 范围稳定，低于 573℃ 转变为 α-石英。自然界常见的是 α-石英。

【化学组成】SiO_2，含有 Fe、Na、Al、Ca、K、Mg、B 等微量元素以及不同数量的气态、液态和固态物质的机械混入物。

【晶体结构和形态】三方晶系。单晶体为六方柱、三方双锥及其聚形。常见单形有六方柱、菱面体、三方双锥、三方偏方面体等。具有晶面条纹。常见道芬双晶、巴西双晶。粒状、晶簇状等集合体。

【物理性质】颜色多种多样，常为无色、乳白色、灰色；透明，玻璃光泽。断口为油脂光泽，无解理或解理不发育，硬度 7。相对密度 2.65，具热电性和压电性。

石英有以下异种：水晶：无色透明的晶体。紫水晶：紫色透明，加热可脱色。呈色原因含 Fe^{3+}。蔷薇水晶：浅玫瑰色，致密半透明。烟水晶：烟色或褐色透明。色深者为墨晶。

（2）石髓（玉髓）：呈肾状、鲕状、球状、钟乳状的隐晶质石英集合体，具有次显微结构。其中具有砖红色、黄褐色、绿色等隐晶质石英致密块状体称为碧玉。含绿色针状阳起石包裹体，呈浅绿色为葱绿石髓。内含红色斑点为血玉髓。

玛瑙是有多色同心带状结构的石髓。混有蛋白石和隐晶质石英的纹带状块体。葡萄状、结核状等。有绿、红、黄、褐、白等多种颜色。半透明或不透明。具有同心圆带状构造和各种颜色的环带条纹，色彩有层次。硬度 6.5~7，相对密度 2.65。

（3）燧石：暗色、坚韧、极致密的结核状 SiO_2 物质。

【成因】石英产于各种地质作用，分布广泛。是岩浆岩、变质岩、沉积岩的主要矿物。玛瑙是在火山晚期由热液充填早期洞隙后生成。

【用途】石英是玻璃原料、研磨材料、硅质耐火材料及瓷器配料。无包体、无双晶或裂缝的石英晶体用作压电材料。水晶是重要的光学材料。玛瑙、紫水晶、蔷薇水晶等晶形完好和颜色鲜艳者作为宝玉石或观赏石等。

g 晶质铀矿族

晶质铀矿：

【化学组成】U_2UO_7。有 U^{4+} 和 U^{6+} 两种价态。化学组成中含 UO_3，因放射性蜕变含 PbO 可达 $10\% \sim 20\%$。钍、钇、铈等稀土元素可类质同象替代铀，含量高的分别称为钍铀矿（$(Th, U)O_2$）或钇铀矿。

【晶体结构和形态】等轴晶系，晶形以立方体、八面体、菱形十二面体等。依（111）成双晶。呈细粒状产出。呈致密块状、葡萄状等胶体形态。

【物理性质】黑色，棕黑色条痕，不透明，半金属光泽，风化面光泽暗淡。硬度约 5.5，相对密度 $7.5 \sim 10.0$。具强放射性，加热到 200℃ 有强的吸热效应，到 $570 \sim 750$℃ 有不大的放热效应。晶质铀矿的氧化程度深，颜色趋于暗棕，相对密度明显偏小。沥青铀矿呈沥青光泽。无解理，贝壳状断口，硬度 $3 \sim 5$，相对密度 $6.5 \sim 8.5$。铀黑硬度 $1 \sim 4$。

【成因】主要产于碱性岩、伟晶岩，与稀土矿物等共生；沥青铀矿产于热液型金属矿床。

【用途】铀的最重要矿石矿物。

h 尖晶石族

本族矿物的化学通式：AB_2O_4 表示。A 为二价的 Mg^{2+}、Fe^{2+}、Zn^{2+}、Mn^{2+} 等；B 为三价的 Fe^{3+}、Al^{3+}、Cr^{3+} 等。有尖晶石、铁尖晶石、锌尖晶石、锰尖晶石、磁铁矿、镍磁铁矿、铬铁矿、钛铁晶石、锌铁尖晶石。

（1）尖晶石：

【化学组成】$MgAl_2O_4$。化学组分中 Mg^{2+}-Fe^{2+}-Zn^{2+} 和 Fe^{3+}-Cr^{3+}-Al^{3+} 等形成类质同象，形成镁尖晶石和铁尖晶石两个亚种。

【晶体结构和形态】等轴晶系，八面体、菱形十二面体、立方体以其聚形。以尖晶石律（111）成接触双晶。

【物理性质】无色少见，含杂质呈多种颜色，含 Cr^{3+} 呈红色，含 Fe^{3+} 呈蓝色。玻璃光泽至金刚光泽，透明至不透明。无解理，贝壳状断口，硬度 8。相对密度 3.60。具发光性：红色、橙色尖晶石在长波紫外光下呈弱至强红色、橙色荧光，短波下弱红色、橙色荧光。黄色尖晶石在长波紫外光下弱至中等强度褐黄色，短波下无至褐黄色。绿色尖晶石长波紫外光下无至中的橙-橙红色荧光。无色尖晶石无荧光。红色和粉红色尖晶石含铬致色。

【成因】尖晶石产于岩浆岩、花岗伟晶岩和矽卡岩以及片岩、蛇纹岩及相关岩石中。

【用途】有些透明且颜色漂亮的具有星光效应（四射星光、六射星光）的尖晶石可作为宝石。有些作为含铁的磁性材料。

（2）铬铁矿：

【化学组成】$FeCr_2O_4$。广泛存在 Cr_2O_3、Al_2O_3、Fe_2O_3、FeO、MgO 五种基本组分的类质同象置换。

【晶体结构和形态】等轴晶系。单晶体为八面体。呈粒状或块状集合体。

【物理性质】暗褐色到黑色，褐色条痕，半金属光泽，不透明。无解理，参差断口或平坦断口，硬度 $5.5 \sim 6.5$，性脆。相对密度 $4.3 \sim 4.8$，具弱磁性，含铁量高者磁性较强。

【成因】岩浆作用的矿物，常产于超基性岩中，与橄榄石共生；也见于砂矿中。

【用途】提取铬、铁的矿物原料。用于冶金工业、耐火材料工业、化学工业等。

（3）磁铁矿：

【化学组成】$FeFe_2O_4$。其中 Fe^{3+} 的类质同象替代有 Al^{3+}、Ti^{4+}、Cr^{3+}、V^{3+} 等；替代

Fe^{2+} 的有 Mg^{2+}、Mn^{2+}、Zn^{2+}、Ni^{2+}、Co^{2+}、Cu^{2+}、Ge^{2+} 等。当 Ti^{4+} 代替 Fe^{3+} 时，伴随有 $Mg^{2+} \leftrightarrow Fe^{2+}$ 和 $V^{3+} \leftrightarrow Fe^{3+}$。Ti 可以钛铁矿细小包裹体定向连生形式存在于磁铁矿中，为固溶体出溶而成。

【晶体结构和形态】等轴晶系。晶体常呈八面体和菱形十二面体。在菱形十二面体的菱形晶面上常有平行于该面长对角线方向的聚形纹。依 {111} 尖晶石律成双晶。集合体通常呈致密粒状块体。

【物理性质】铁黑色，半金属至金属光泽，不透明。无解理，有时可见 // {111} 的裂开，有钛铁矿等呈显微状包裹体在 {111} 方向定向排列所致。硬度 5.5~6，性脆。相对密度 4.9~5.2，具强磁性，居里点（T_c）578℃。

【成因】形成于岩浆作用、变质作用、沉积作用。岩浆成因铁矿床、接触交代铁矿床、沉积变质铁矿床等的主要铁矿物。

【用途】重要的炼铁矿物原料。

i 黑钨矿族

黑钨矿（钨锰铁矿）：

【化学组成】$(Fe,Mn)WO_4$。锰-铁形成完全类质同象，有三个亚种：钨锰矿、钨锰铁矿和钨铁矿。

【晶体结构和形态】单斜晶系，单晶体呈板状、短柱状。常见单形平行双面，斜方柱。晶面上常具平行于 c 轴的条纹。见接触双晶。集合体片状或粗粒状。

【物理性质】颜色随铁锰含量变化。含铁多颜色深，红褐色（钨锰矿）至褐黑色（钨铁矿），条痕为黄褐色（钨锰矿）至黑色（钨铁矿），不透明，半金属光泽。解理 // {010} 完全，硬度 4~4.5。相对密度 7.12（钨锰矿），相对密度 7.51（钨铁矿），具弱磁性。

【成因】主要产于高温热液石英脉。与石英、锡石、辉钼矿、辉铋矿、毒砂、黄铁矿、黄玉、电气石等共生。

【用途】提取钨的主要矿物原料。钨用于冶炼特种钢，以制造高速切削工具。钨广泛用于电气工业、化工、陶瓷、玻璃、航空工业、兵器工业、电子工业等。

j 铌钽铁矿族

铌钽铁矿：

【化学组成】$(FeMn)(NbTa)_2O_6$。有四个亚种：铌铁矿、铌锰矿、钽铁矿、钽锰矿。含有钛、锡、钨、锆、铝、铀、稀土等。

【晶体结构和形态】斜方晶系，常见单形有平行双面、斜方柱、斜方双锥。见接触双晶，具有羽毛状条纹。集合体呈粒状、晶簇状等。

【物理性质】铁黑色至褐黑色，暗红至黑色条痕，金属光泽至半金属光泽，不透明，含锰钽高颜色较浅。解理 // {010} 中等，// {100} 不完全，参差状断口，硬度 4.2，性脆。相对密度 5.37~7.83。

【成因】铌钽铁矿主要产于花岗伟晶岩中。

【用途】提取铌、钽的主要矿物原料。铌钽用于特种钢，广泛用于原子能、飞机、火箭、导弹、宇宙飞船等工业。

k 易解石族

本族矿物为 AB_2O_6 型化合物。$A = Y(Ce)$、$U(Th)$，$B = Ti$、Nb、Ta、Sn。主要矿物有

易解石、钇易解石、铌钇矿、钛铀矿、钛钇铀矿、钛钇钍矿等。

易解石：

【化学组成】$Ce(Ti,Nb)_2O_5$。含有稀土元素，稀土氧化物含量达 32%~37%，ThO_2 在 1%~5%。根据成分不同，易解石有变种：含钇-易解石、钍-易解石、铀-易解石（称震旦矿）、钛-易解石、铌-易解石、钽-易解石、铝-易解石。

【晶体结构和形态】斜方晶系，粒状、板状、针状晶体，常见单形有平行双面、斜方柱、斜方双锥等。

【物理性质】棕褐色、黑色、紫红色、黑褐色条痕，油脂光泽至金刚光泽。硬度 5.17~5.49，相对密度 4.94~5.37，随着铌、钛、稀土增加，密度增大。具弱电磁性。加热到 700~800℃有一放热峰，非晶质体转变为晶质体。

【成因】产于碱性岩及有关的碱性伟晶岩、碳酸盐岩中。

【用途】提取铌、钽、稀土的矿物原料。白云鄂博矿床中易解石含稀土钐、铕、钇等。

l　黑稀金矿族

本族矿物成分通式为 AB_2O_6，A 组为钇、钍、铀、钙、铁（Fe^{2+}），B 组为铌、钽、钛。本族矿物有黑稀金矿、复稀金矿、铌钙矿。

黑稀金矿：

【化学组成】$Y(Nb,Ti)_2O_6$，含钍、铀、钙、Fe^{2+} 和铌、钽、钛以及 Fe^{3+}、锡、锆、硅、铝等。有多个变种，如钽黑稀金矿、钛黑稀金矿、铀黑稀金矿、铈黑稀金矿、钍黑稀金矿等。

【晶体结构和形态】斜方晶系，晶体常为板状、板柱状，常见单形：平行双面、斜方柱、斜方双锥。晶面可见平行 c 轴的晶面条纹。见平行连生和双晶。集合体呈放射状、块状、团块状。

【物理性质】黑色、灰黑色、褐黑色、褐色、褐黄色、橘黄色等，条痕褐色、浅红褐色、浅黄褐色、黄色等，半透明至不透明，半金属光泽、金刚光泽。无解理，硬度 5.5~6.5，性脆。相对密度 4.1~5.87（随钽含量增多增大），具磁性，介电常数 3.73~5.29。

【成因】分布于花岗伟晶岩、碱性正长岩中。与独居石、磷钇矿、褐帘石、锆石等组合。

m　烧绿石族

烧绿石族矿物属于 $A_2B_2X_7$ 三元化合物。A 组阳离子为 Na^+、Ca^{2+}、TR^{3+}、U^{3+}，以及 K^+、Sr^{2+}、Ba^{2+}、Mg^{2+}、Fe^{2+}、Mn^{2+}、Pb^{2+}、Sb^{2+}、Bi^{2+} 等。B 组阳离子有 Nb^{5+}、Ta^{5+}、Ti^{4+}。由于 A、B 组阳离子中存在类质同象代替使矿物成分复杂。根据 B 组离子种类分三个矿物种：烧绿石、细晶石、贝塔石。本族矿物晶体结构是萤石结构的一种变体。

烧绿石：

【化学组成】$(NbTa)_2O_2$。阳离子 Ce、Nb 常可被 U、TR、Y、Th、Pb、Sr、Bi 代替，有变种铈烧绿石、铀烧绿石、钇铀烧绿石、铅烧绿石等。

【晶体结构和形态】等轴晶系，常见八面体、菱形十二面体及其聚形。

【物理性质】暗棕、浅红棕、黄绿色，非晶质化后颜色变深，浅黄至浅棕色条痕，金刚光泽至油脂光泽。不完全解理，贝壳状断口，硬度 5~5.5，Nb 含量高则硬度大。相对密度 4.03~5.40。

【成因】产于霞石正长岩、碱性伟晶岩、钠长岩、磷灰石-霞石脉、钠闪石正长岩、碳酸岩以及云英岩及钠长石化花岗岩中。

【用途】提取 Nb、Ta、稀土和放射性元素的矿物原料。

B 氢氧化物矿物

氢氧化物矿物的阴离子为 $(OH)^-$，阳离子为过渡元素、亲氧元素。以铝、铁、锰、镁等 30 余种元素组成。氢氧化物矿物有百余种。矿物中有中性水分子（H_2O）存在。氢氧化物矿物的类质同象代替有限。矿物形成过程的胶体化学作用，导致化学组成复杂。

氢氧化物晶体结构由 $(OH)^-$ 或 $(OH)^-$ 和 O^{2-} 共同形成紧密堆积，多为层状结构、链状结构。层状结构为三水铝石、水镁石结构。分别是以 $(Al-OH)_6$ 和 $(Mg-OH)_6$ 八面体共棱联结成层的层状结构。矿物具有离子键、氢氧键。由于氢键的存在，以及 $(OH)^-$ 的电价较 O^{2-} 为低，导致阳、阴离子间键力的减弱。与相应氧化物比较，相对密度和硬度趋于减小。

氢氧化物矿物按阳离子组成可划分为：镁的氢氧化物有水镁石族等。铝的氢氧化物有硬水铝石族、三水铝石族等。铁的氢氧化物有针铁矿族、纤铁矿族等。锰的氢氧化物有水锰矿族、硬锰矿族等。

a 水镁石族

水镁石：

【化学组成】$Mg(OH)_2$。成分中可有 Fe、Mn、Zn 类质同象代替 Mg。

【晶体结构和形态】三方晶系；晶体常呈板状、鳞片状、叶片状。常见单形有平行双面、六方柱、菱面体等。板状、片状、不规则粒状等集合体。

【物理性质】白色、灰白色，含锰、铁呈红褐色；玻璃光泽，解理面珍珠光泽。解理 $//\{0001\}$ 极完全，硬度 2.5，解理薄片具挠性。相对密度 2.6，具热电性，溶于盐酸不起泡。

【成因】接触变质作用、低温热液作用产物。与方解石、透闪石、蛇纹石等共生。

b 硬水铝石族

硬水铝石（又称一水硬铝石）：

【化学组成】$AlO(OH)$。常含 Fe_2O_3、Mn_2O_3、Cr_2O_3 以及 SiO_2、TiO_2、CaO、MgO 等。

【晶体结构和形态】斜方晶系，常见单形有斜方柱。细鳞片状集合体、结核状块体等。

【物理性质】白色、灰色、黄褐或黑褐色，玻璃光泽。解理 $//\{010\}$ 完全，$\{110\}$、$\{210\}$ 不完全，解理面呈珍珠光泽，贝壳状断口，硬度 6~7，性脆。相对密度 3.3~3.5。差热分析在 450℃剧烈脱水，在 650~700℃变为 $\alpha\text{-}Al_2O_3$。

【成因】主要形成于外生作用，广泛分布于铝土矿矿床中。

【用途】炼铝的重要矿物原料。

c 三水铝石族

三水铝石：

【化学组成】$Al(OH)_3$。含有 Fe^{2+}、Ga^{2+} 成类质同象代替 Al^{3+}。

【晶体结构和形态】单斜晶系，常见单形有平行双面、斜方柱。通常呈结核状、豆状集合体或隐晶质块状集合体等。

【物理性质】白色，常带灰、绿和褐色，玻璃光泽，解理面呈珍珠光泽，透明到半透明，集合体和隐晶质者暗淡。解理∥{001}极完全，硬度 2.5 ~ 3.5，性脆。相对密度 2.30 ~ 2.43。差热分析在 300℃出现吸热谷，在 550℃出现吸热谷。

【成因及产状】长石等铝硅酸盐经风化作用而形成。部分三水铝石为低温热液成因。

【用途】铝的主要矿石矿物。也用于制造耐火材料和高铝水泥原料。

    d   铝土矿

铝土矿是由三水铝石 $Al(OH)_3$、一水铝石 $AlO(OH)$ 为主要组分，并含有高岭土、蛋白石、针铁矿等的混合物。当铝土矿 $Al_2O_3 > 40\%$，$Al_2O_3 : SiO_2 \geq 2 : 1$ 时才具有工业价值，作为铝矿石利用。呈土状、豆状、鲕状等产出。因成分不固定，导致物理性质变化很大。灰白色 ~ 棕红色，含铁高时呈棕红色。土状光泽。硬度 2 ~ 5，相对密度 2 ~ 4。新鲜面上，用口呵气后有土臭味。将矿样碾成粉末用水湿润不具可塑性。小块铝土矿在氧化焰中灼烧，加 1 滴 $Co(NO_3)_2$ 溶液在冷却后有蓝色的 Al 反应。加 HCl 不起泡，据此与石灰岩、碧玉区别。铝土矿为沉积成因，为铝的主要矿石矿物，可用于制造耐火材料和高铝水泥。

    e   针铁矿族

（1）针铁矿：

【化学组成】$FeOOH$。含吸附水者称水针铁矿（$\alpha\text{-}FeO(OH) \cdot nH_2O$）。

【晶体结构和形态】斜方晶系；常见单形有斜方柱。晶体呈针状、柱状、板状。通常呈块状、肾状、鲕状。

【物理性质】褐黄至褐红色，条痕褐黄色，半金属光泽，结核状、土状者光泽暗淡。解理∥{010}完全，参差状断口，硬度 5 ~ 5.5，性脆。相对密度 4.28，土状者低至 3.3。差热分析在 350 ~ 390℃有吸热谷出现。

【成因及产状】针铁矿形成于风化作用、低温热液作用以及区域变质作用中。

（2）褐铁矿：

褐铁矿是由针铁矿、水针铁矿、纤铁矿和黏土、赤铁矿、含水 SiO_2 等组成的混合物。成分复杂。呈土状、豆状、鲕状等。颜色为土黄 ~ 棕褐色，土状光泽。硬度 1 ~ 4，相对密度 3 ~ 4。褐铁矿为地表风化产物。在硫化物矿床氧化带、含铁质岩体氧化带广泛发育，形成"铁帽"，是重要的找矿标志。

    f   硬锰矿族

硬锰矿有两种含义：广义的硬锰矿是一种细分散多矿物的混合物，其中在成分上主要含有多种元素的锰的氧化物和氢氧化物。狭义的硬锰矿为一个矿物种，其特征见以下的描述。

【化学组成】$BaMn^{2+}Mn_9^{4+}O_{20} \cdot 3H_2O$。硬锰矿的成分中，$Mn^{4+}$ 被 Mn^{2+} 所代替，也被 W^{6+}、Fe^{3+}、Al^{3+}、V^{5+} 所代替。

【晶体结构和形态】单斜晶系，通常呈葡萄状、钟乳状、树枝状或土状集合体。

【物理性质】暗钢灰黑至黑色，条痕褐黑至黑色，半金属光泽至暗淡。硬度 5 ~ 6，性脆。相对密度 4.71。

【成因及产状】典型表生矿物，含锰的碳酸盐和硅酸盐矿物风化形成。沉积锰矿床中。

【主要用途】锰的重要矿石矿物。

1.1.2.5 含氧盐矿物大类

含氧盐矿物是各种含氧酸的络阴离子与金属阳离子所组成的盐类化合物。含氧盐的络阴离子团形状有三角形、四面体、四方四面体等，具有较大半径。络阴离子内部的中心阳离子一般具有较小的半径和较高的电荷，与其周围的 O^{2-} 结合的价键力（中心阳离子电价/配位数）远大于 O^{2-} 与络阴离子外部阳离子结合的键力。在晶体结构中它们是独立的构造单位。络阴离子与外部阳离子的结合以离子键为主。含氧盐矿物的化学组成比较复杂。各种元素都可存在，惰性气体型、过渡型离子更为常见，铜型离子在硫酸盐、碳酸盐等也多见。各种离子的类质同象代替也广泛存在且复杂，有完全和不完全类质同象、等价和异价类质同象，也有络阴离子团相互代替。含氧盐矿物大类按络阴离子类型划分为：硝酸盐、碳酸盐、硼酸盐、硅酸盐、砷酸盐、硫酸盐、铬酸盐、磷酸盐、钨酸盐、钼酸盐、钒酸盐。

含氧盐矿物物理性质上通常为玻璃光泽，少数为金刚光泽、半金属光泽，不导电，导热性差。无水的含氧盐矿物具有较高硬度和熔点，一般不溶于水。

含氧盐矿物在地壳上广泛分布，约占已知矿物种数的三分之二。同时也是重要的矿物原料。如化工、建材、陶瓷、冶金辅助原料以及贵重的宝玉石原料等来自含氧盐矿物。

A 第一类：硅酸盐矿物类

硅酸盐矿物是硅氧络阴离子团与金属阳离子结合形成的含氧盐化合物。硅酸盐矿物有 600 余种，约占已知矿物种的 1/4，其质量约占地壳岩石圈总质量的 85%。硅酸盐矿物是岩浆岩、变质岩、沉积岩岩石的主要造岩矿物。硅酸盐矿物是提取稀有元素 Li、Be、Zr、B、Rb、Cs 等主要矿物原料。硅酸盐矿物滑石、云母、高岭石、沸石、蒙脱石等作为非金属矿物材料，被广泛地应用于工农业生产和生活中。许多硅酸盐矿物是珍贵的宝石矿物，如祖母绿和海蓝宝石（绿柱石）、翡翠（翠绿色硬玉）、碧玺（电气石）等。

组成硅酸盐矿物的元素有 50 余种，主要是惰性气体型离子（如 Na^+、K^+、Mg^{2+}、Ca^{2+}、Ba^{2+}、Al^{3+} 等）和部分过渡型离子（如 Fe^{2+}、Fe^{3+}、Mn^{2+}、Mn^{3+}、Cr^{3+}、Ti^{3+} 等）的元素，铜型离子（如 Cu^+、Zn^{2+}、Pb^{2+}、Sn^{4+} 等）的元素较少见。硅酸盐矿物中有附加阴离子 $(OH)^-$、O^{2-}、F^-、Cl^-、$[CO_3]^{2-}$、$[SO_4]^{2-}$ 等以及 H_2O 分子存在。在硅酸盐矿物的化学组成中广泛存在着类质同象替代。不仅有金属阳离子间的替代，也有 Al^{3+}，以及 Be^{2+} 或 B^{3+} 等替代络阴离子团中的 Si^{4+}，分别形成铝硅酸盐、铍硅酸盐和硼硅酸盐矿物。此外，少数情况下还有 $(OH)^-$ 替代硅酸根中的 O^{2-}。因而，硅酸盐矿物的化学组成复杂。

构成硅酸盐矿物的硅酸根是由一个 Si 与四个 O 形成硅氧四面体 $[SiO_4]$，彼此以共用角顶的方式联结成各种型式的硅氧骨干。（1）岛状硅氧骨干：孤立的 $[SiO_4]$ 单四面体及 $[Si_2O_7]$ 双四面体。（2）环状硅氧骨干：$[SiO_4]$ 四面体以角顶联结形成封闭的环，根据 $[SiO_4]$ 四面体环节的数目可以有三环 $[Si_3O_9]$、四环 $[Si_4O_{12}]$、六环 $[Si_6O_{18}]$ 等多种。（3）链状硅氧骨干：$[SiO_4]$ 四面体以角顶联结成沿一个方向无限延伸的链，常见有单链和双链。单链中每个 $[SiO_4]$ 四面体有两个角顶与相邻的 $[SiO_4]$ 四面体共用，如辉石单链 $[Si_2O_6]$、硅灰石单链 $[Si_3O_9]$ 等。双链犹如两个单链相互联结而成，有角闪石型双链 $[Si_4O_{11}]$，矽线石型双链 $[AlSiO_6]$，硬钙硅石型双链 $[Si_6O_{17}]$，星叶石型双链 $[Si_8O_{24}]$。（4）层状硅氧骨干：$[SiO_4]$ 四面体以角顶相连，形成在两度空间上无限延伸的层。层状硅氧骨干有多种方式。常见有滑石型、鱼眼石型硅氧骨干等。（5）架状硅氧骨干：在骨干中 $[SiO_4]$ 四面体通过共用 4 个角顶连接成架状结构，硅酸盐架状骨干中，须有部分 Si^{4+} 为 Al^{3+} 所代替，使骨干带有剩余电荷与其他阳离子结合，形成铝硅酸盐。架状硅氧骨干的化学式写成 $[Al_xSi_{n-x}O_{2n}]^{x-}$。在架状骨干中剩余电荷是由 Al^{3+} 代替 Si^{4+} 产生的，电荷低且架状骨干中存在着较大空隙，需要低电价、大半径、高配位数的 K^+、Na^+、Ca^{2+} 等离子充填。

在硅酸盐矿物中可以存在两种不同的硅氧骨干，如绿帘石中同时存在孤立 $[SiO_4]$ 四面体和双四面体 $[Si_2O_7]$。在葡萄石晶体结构中为架状层硅氧骨干。可视为层状骨干与架状骨干的过渡形式。

铝在硅酸盐结构中起着双重作用，一方面它可以呈四次配位，代替部分的 Si^{4+} 而进入络阴离子团，形成铝硅酸盐，如钾长石 $K[AlSi_3O_8]$ 等。另一方面铝可以六次配位，存在于硅氧骨干之外，起着阳离子的作用，形成铝的硅酸盐，如高岭石 $Al_4[Si_4O_{10}](OH)_2$。Al 可以在同一结构中有两种形式存在，形成铝的铝硅酸盐，如白云母 $KAl_2[AlSi_3O_{10}](OH)_2$。硅酸盐中的 Si—O 键性质：Si—O 键的性质是部分离子性和部分共价性。$[SiO_4]$ 四面体是一个带电荷的离子团，其中每个氧既可与一个硅（Si^{4+}）形成 Si—O 键，也可以和其他金属离子 M 形成离子键。硅酸盐结构中含有 Si—O—M（骨干外阳离子）键，金属离子 M 比 Si 离子大，化合价比 Si 低，M—O 键比 Si—O 键弱。

硅酸盐矿物中类质同象替代现象普遍而多样。有完全类质同象和不完全类质同象代替。如橄榄石系列 $Mg[SiO_4]$-$Fe[SiO_4]$；斜长石系列 $Na[AlSi_3O_8]$-$Ca[Al_2Si_2O_8]$ 等。也存在络阴离子 $[AlO_4]$ 代替 $[SiO_4]$。发生的难易程度及相互代替的范围与硅氧骨干的型式有关。

具有岛状硅氧骨干的硅酸盐矿物的类质同象代替中最广泛。在橄榄石中阳离子 Ni^{2+}、Mg^{2+}、Co^{2+}、Fe^{2+}、Mn^{2+}、Cd^{2+}、Ca^{2+}、Sr^{2+}、Ba^{2+} 相互代替的离子半径变化范围在 $0.068(Ni^{2+}) \sim 0.144nm(Ba^{2+})$ 之间，最大差值达 0.076nm。具链状硅氧骨干的普通角闪石 $A_2B_5[Si_4O_{11}](OH)_2$，A 组的 Ca^{2+}、K^+、Na^+ 等离子半径大小变化范围 $0.108(Ca^{2+}) \sim 0.146nm(K^+)$，相差 0.038nm；B 组的 Mg^{2+}、Fe^{2+}、Fe^{3+}、Al^{3+} 等离子半径变化范围在 $0.06（Al^{3+}）\sim 0.08nm（Mg^{2+}）$，相差 0.019nm。具有层状硅氧骨干的云母 $AB_2[AlSi_3O_{10}](OH)_2$，A 组为 K^+、Na^+，B 组为 Al^{3+}、Mg^{2+}、Fe^{2+}、Mn^{2+}，B 组离子半径大小变化范围在 $0.061(Al^{3+}) \sim 0.080nm(Mg^{2+})$，相差 0.019nm。具有架状硅氧骨干的斜长石系列 $Na[AlSi_3O_8]$-$Ca[Al_2Si_2O_8]$ 中，Na^+ 与 Ca^{2+} 离子半径相差 0.004nm。

硅酸盐类矿物按硅氧骨干的型式分为五个亚类，即：岛状结构硅酸盐亚类、环状结构硅酸盐亚类、链状结构的硅酸盐亚类、层状结构的硅酸盐亚类、架状结构的硅酸盐亚类。

a 第一亚类：岛状结构硅酸盐矿物

本亚类硅酸盐矿物主要有：锆石族、橄榄石族、石榴子石族、红柱石族、黄玉族、十字石族、榍石族、符山石族、绿帘石族等。

锆石族

锆石：

【化学组成】$Zr[SiO_4]$。有时含有 Mn、Ca、Mg、Fe、Al、TR、Th、U、Ti、Nb、Ta

等混入物。含较高 ThO_4、UO_2 并晶面弯曲者称曲晶石；富含 Hf 者称富铪锆石（$HfO_2 \leqslant 24\%$）。

【晶体结构和形态】四方晶系，主要单形：四方柱，四方双锥，复四方双锥。见膝状双晶。与磷钇矿成规则连生。

【物理性质】无色、淡黄、紫红、淡红、蓝、绿色等，玻璃至金刚光泽，断口油脂光泽，透明到半透明，具有荧光性。解理不完全，硬度 7.5～8。相对密度 4.4～4.8，熔点 2340～2550℃，化学性质稳定。

【成因】锆石广泛存在于酸性和碱性岩浆岩中，在基性岩、中性岩中也有产出。

【用途】锆石提取金属锆原料。锆石具耐受高温，耐酸腐蚀等性能，可用作航天器的绝热材料，以及耐火材料、陶瓷原料。

橄榄石族

橄榄石：

【化学组成】$(MgFe)_2SiO_4$，是 Mg_2SiO_4 和 Fe_2SiO_4 形成的完全类质同象。在富铁的端员中有少量的 Ca^{2+} 及 Mn^{2+} 置换其中的 Fe^{2+}；富镁的端员则可有少量 Cr^{3+} 及 Ni^{2+} 置换其中的 Mg^{2+}。此外还可含有微量的 Fe^{3+}、Zn^{2+} 等。

【晶体结构和形态】斜方晶系。晶体沿 c 轴呈柱状或厚板状。主要单形有平行双面及斜方双锥及其聚形。粒状晶体。

【物理性质】橄榄绿、黄绿、金黄绿或祖母绿色，氧化时则变褐色或棕色，玻璃光泽，透明至半透明。解理∥{010}中等，∥{100}不完全，贝壳状断口，硬度 6.5～7.0，脆性，易出现裂纹。相对密度 3.27～3.48。

【显微镜下特征】偏光镜下无色至淡黄、橄榄绿色等，含铁多色性明显。二轴晶。

【成因】橄榄石常见于基性和超基性岩中。橄榄石不与石英共生。

【用途】富镁橄榄石可作为耐火材料。透明粗粒者可作宝石原料，又称为"太阳的宝石"。

石榴子石族

石榴子石：

【化学组成】一般化学式为 $A_3B_2[SiO_4]_3$。其中，A 代表二价阳离子 Ca^{2+}、Mg^{2+}、Fe^{2+}、Mn^{2+} 及 Y、K、Na 等；B 代表高价阳离子 Al^{3+}、Fe^{3+}、Cr^{3+}、V^{3+}、Ti^{4+}、Zr^{4+} 等。A、B 族阳离子分别配对可形成一系列石榴子石矿物种。

【晶体结构】等轴晶系；晶体形态呈菱形十二面体、四角三八面体以及两者的聚形。集合体为粒状或块状。

【物理性质】呈现褐棕、紫黄等多种颜色，它受成分影响（如钙铬石榴子石因含铬呈鲜绿色），但没有严格的规律性；玻璃光泽，断口油脂光泽，透明至半透明。无解理，硬度 6.5～7.5，脆性。相对密度 3.5～4.2。

【成因】石榴子石产于岩浆岩、变质岩以及矽卡岩中。

【用途】石榴子石主要作为研磨材料。晶形完好、颜色鲜艳作为宝石。

红柱石族

本族矿物化学成分为 Al_2SiO_5。有 3 种同质多象变体，即红柱石、$Al^{VI}Al^V[SiO_4]O$，蓝晶石 $Al^{VI}Al^{VI}[SiO_4]O$、矽线石 $Al^{VI}[Al^{IV}SiO_5]$（化学式中罗马数字表示 Al 的配位数）。前两

者属于岛状硅氧骨干，硅线石属于链状硅氧骨干。

（1）红柱石：

【化学组成】Al_2SiO_4O。常含有 Ag、Fe、Ti 等杂质。

【晶体结构和形态】斜方晶系，晶体呈柱状，主要单形有：斜方柱、平面双面及其聚形。横断面四边形。横断面上呈黑十字形，纵断面上呈与晶体延长方向一致的黑色条纹，称为空晶石。有些红柱石呈放射状，形似菊花者称为菊花石。

【物理性质】呈粉红色、玫瑰红色、红褐色或灰白色，玻璃光泽。解理∥{110}中等，硬度 6.5~7.5。相对密度 3.15~3.16。

【成因】典型的低级热变质作用成因的矿物，常见于接触变质带的泥质岩中。

【用途】用作高级耐火材料，还可作雷达天线罩的材料。菊花石可做观赏石。

（2）蓝晶石：

【化学组成】Al_2SiO_4O。含 Fe_2O_3、TiO_2、CaO、MgO、K_2O、Na_2O 等杂质的成分。

【晶体结构和形态】三斜晶系，常沿 c 轴呈扁平的柱状或片状晶形。主要单形有平行双面及其聚形。常见双晶。有时呈放射状集合体。

【物理性质】蓝色、青色或白色，也有灰色、绿色、黄色、粉红色和黑色者；玻璃光泽，解理面上有珍珠光泽。解理∥{100}完全，{010} 中等；{001} 有裂开。硬度随方向不同而异，也称二硬石：在（100）面上，平行 c 轴方向为 4.5，垂直 c 轴方向为 6，而在（010）和（110）面上垂直 c 轴方向则为 7，性脆。相对密度 3.53~3.65。

【成因】蓝晶石产于区域变质结晶片岩中，其变质相由绿片岩相到角闪岩相。

【用途】主要用作生产耐火材料、氧化铝、硅铝合金和金属纤维等原料。

黄玉族

黄玉：

【化学组成】$Al_2[SiO_4](F,OH)_2$。F 可替代 OH，理论含量达 20.65%。随黄玉生成条件而异。伟晶岩型，F 含量接近于理论值；云英岩型，OH 含量增大至 5%~7%；热液型，F 与 OH 的含量相近。

【晶体结构和形态】斜方晶系，柱状晶形。常见单形：斜方柱、斜方双锥、平行双面及其聚形。断面呈菱形，柱面有纵纹。呈不规则粒状、块状集合体。

【物理性质】颜色有多种多样，无色或微带蓝绿色，黄色，乳白色，黄褐色或红黄色等；透明；玻璃光泽。解理∥{001} 完全，硬度 8，相对密度 3.52~3.57。

【成因】典型的气成热液矿物，产于花岗伟晶岩、酸性火山岩、云英岩和高温热液钨锡石英脉中。与石英、电气石、萤石、黑钨矿等共生。

【用途】用于研磨材料。深黄色、蓝色、绿色和红色者可作为宝石原料（托帕石）。

楣石族

楣石：

【化学组成】$CaTi[SiO_4]O$。Ca^{2+} 可被 Na^+、TR^{3+}、Mn^{2+}、Sr^{2+}、Ba^{2+} 代替；Ti^{3+} 可被 Al^{3+}、Fe^{3+}、Nb^{4+}、Ta^{4+}、Sn^{4+}、Cr^{3+} 代替；O^{2+} 可被 $(OH)^-$、F^-、Cl^- 代替。有富含 TR 的钇楣石 $(Y,Ce)_2O_3$ 可达 12%~18%、富含 Mn 的红楣石等变种。

【晶体结构和形态】单斜晶系。晶体形态多种多样，常见晶形为具有楔形横截面的扁平信封状晶体。单形有平行双面，斜方柱及其聚形。见接触双晶或穿插双晶。

【物理性质】蜜黄色、褐色、绿色、灰色、黑色，成分中含有较多量的 MnO 时，可呈红色或玫瑰色；无色或白色条痕；透明至半透明；金刚光泽，油脂光泽或树脂光泽。解理 // {110} 中等，具 {221} 裂开，硬度 5~6。相对密度 3.29~3.60。

【成因】榍石作为副矿物广泛分布于各种岩浆岩中。

【用途】钛矿石原料。作为稀有元素找矿标志。透明晶形完好可作宝石原料。

绿帘石族

本族矿物化学式可用 $A_2B_3[SiO_4][Si_2O_7]O(OH)$ 表示。A 组阳离子为 Ca^{2+}，以及 K^+、Na^+、Mg^{2+}、Mn^{2+}、Sr^{2+}、TR^{3+}。B 组阳离子为 Al^{3+}、Fe^{3+}、Mn^{3+} 以及 Ti^{3+}、Cr^{3+}、V^{3+} 等。AB 之间离子互相置换形成一系列的变种。本族矿物属于双岛状酸盐矿物，晶体结构的共同特点是 Al 的配位八面体共棱联结成沿 b 轴的不同形式的链，链间以 $[Si_2O_7]$ 双四面体和 $[SiO_4]$ 四面体联结。Ca 位于大空隙中。绿帘石族包括褐帘石、绿帘石、红帘石、黝帘石。

绿帘石：

【化学组成】$Ca_2FeAl_3[SiO_4][Si_2O_7]O(OH)$，成分不稳定。成分中 Fe^{3+} 可被 Al^{3+} 完全代替，为斜黝帘石 $Ca_2AlAl_3[SiO_4][Si_2O_7]O(OH)$，形成绿帘石-斜黝帘石完全类质同象系列。斜黝帘石的斜方晶系同质多象变体称为黝帘石。

【晶体结构和形态】单斜晶系。晶体常呈柱状，延长方向平行 b 轴。常见单形平行双面、斜方柱及其聚形。平行 b 轴晶带上的晶面具有明显的条纹。可见聚片双晶。常呈柱状、放射状、晶簇状集合体。

【物理性质】颜色呈各种不同色调的草绿色，随铁含量增加颜色变深，含锰高的绿帘石称红帘石，玻璃光泽，透明到半透明。解理 // {001} 完全，硬度 6~6.5。相对密度 3.38~3.49。

【成因】绿帘石的形成与热液作用有关。

b 第二亚类：环状结构硅酸盐矿物

环状硅酸盐矿物是由 $[SiO_4]$ 四面体以角顶相连而构成封闭环状硅氧骨干 $[Si_nO_{3n}]$ 与金属阳离子结合的硅酸盐矿物。环与环之间通过活性氧与其他金属阳离子（主要有 Mg^{2+}、Fe^{2+}、Al^{3+}、Mn^{2+}、Ca^{2+}、Na^+、K^+ 等）的成键而相互维系。环的中心为较大的空隙，常为 $(OH)^-$、水分子或大半径阳离子所占据。环状结构硅酸盐矿物亚类主要有绿柱石族（具$[Si_6O_{18}]$环）、透视石族、电气石族、堇青石族、斧石族（具$[Si_4O_{12}]$环）、异性石族（具 $[Si_3O_9]$ 环）、大隔石族（具 $[Si_{12}O_{30}]$ 环）等。

绿柱石族

绿柱石：

【化学组成】$Be_3Al_2[Si_6O_{18}]$，含 Na、K、Li、Rb、Cs 等碱金属。

【晶体结构和形态】六方晶系，晶体呈柱状。常见单形有六方柱、平行双面、六方双锥及其聚形。柱面上常有平行 c 轴的条纹。

【物理性质】无色、绿色、黄绿色、粉红色、鲜绿色等。含 Fe^{2+} 呈深蓝色称海蓝宝石。由 Cr_2O_3 引起碧绿苍翠的称祖母绿。含 Cs 则呈粉红色，含少量 Fe_2O_3 及 Cl 则呈黄绿色。玻璃光泽，透明至半透明。解理不完全，硬度 7.5~8。相对密度 2.6~2.9，溶于强碱和 HF。

【成因】 主要产于花岗伟晶岩、云英岩及高温热液矿脉中。

【用途】 为 Be 的矿物原料。色泽美丽作为宝石材料。

电气石族

电气石：

【化学组成】 $(Na, Ca)(R)_3Al_6[Si_6O_{18}](BO_3)_3(OH, F)_4$。其中，R 为 Mg、Fe、Li、Al、Mn 等。$R = Mg^{2+}$ 时称镁电气石，$R = Fe^{2+}$ 时称黑电气石，$R = (Li^+, Al^{3+})$ 时称锂电气石，R = Mn 时称钠锰电气石。镁电气石-黑电气石之间、黑电气石-锂电气石之间可形成完全类质同象系列；镁电气石-锂电气石之间为不完全类质同象系列。

【晶体结构和形态】 三方晶系，晶体呈柱状。常见单形有三方柱、六方柱、三方单锥、复三方单锥及其聚形。晶体两端晶面不同，横断面呈球状三角形，柱面上有纵纹。双晶依 $[10\bar{1}1]$。集合体呈放射状、束状、棒状等。

【物理性质】 无色、玫瑰红色、蓝色、黄色、褐色和黑色等多样。黑电气石为绿黑色至深黑色；锂电气石呈玫瑰色、蓝色或绿色；镁电气石的颜色变化在无色到暗褐色。含锰呈红色或粉红色，含铬、钒呈绿色。玻璃光泽，透明到不透明。无解理，参差状断口，硬度 7。相对密度 3.06~3.26，具有压电性和焦电性。加热或施加压力时，晶体在垂直 z 轴的方向一端产生正静电，另一端则产生负静电。在垂直 z 轴由中心向外形成水平色带。

【成因】 电气石多产于伟晶岩和热液矿床，以及变质矿床中。

【用途】 电气石晶体用于无线电工业，作波长调整器、偏光仪中的偏光片等。电气石粉、超细电气石粉可用于卷烟、涂料、纺织、化妆品、净化水质和空气、防电磁辐射、保健品等行业。色泽鲜艳、透明的电气石作为宝石材料（碧玺）。

c 第三亚类：链状结构硅酸盐矿物

链状结构硅酸盐矿物是由 $[SiO_4]$ 以四面体角顶相连成无限延伸的链状硅氧骨干与金属阳离子结合的硅酸盐矿物。链状硅氧骨干的种类及型式复杂多样，已发现链的类型有 20 余种。具单链硅氧骨干的其中最主要的是辉石族 $[Si_2O_6]^{4-}$ 和硅灰石族 $[Si_3O_9]^{6-}$、蔷薇辉石族 $[Si_5O_{15}]^{10-}$ 等。具双链硅氧骨干的角闪石族 $[Si_4O_{11}]^{6-}$、矽线石族 $[SiAlO_5]^{2-}$ 矿物。它们多为岩浆岩和变质岩的主要造岩矿物，尤其是辉石族和角闪石族矿物的分布更为广泛。

辉石族

辉石族矿物的化学通式可表示成 $XY[T_2O_6]$。其中：$T = Si^{4+}$、Al^{3+}，占据硅氧骨干中的四面体位置。$X = Na^+$、Ca^{2+}、Mn^{2+}、Fe^{2+}、Mg^{2+}、Li^+ 等，在晶体结构中占据 M2 位置；$Y = Mn^{2+}$、Fe^{2+}、Mg^{2+}、Fe^{3+}、Cr^{3+}、Al^{3+}、Ti^{4+} 等，在晶体结构中占据 M1 位置。各类阳离子类质同象广泛。自然界产出的大部分辉石族矿物，可看成是 $Mg_2[Si_2O_6]$-$Fe_2[Si_2O_6]$-$CaMg[Si_2O_6]$-$CaFe[Si_2O_6]$ 体系和 $NaAl[Si_2O_6]$-$NaFe[Si_2O_6]$-$CaAl[AlSiO_6]$-$Ca(Mg, Fe)[Si_2O_6]$ 体系的成员。辉石族矿物划分成斜方辉石（正辉石）亚族和单斜辉石（斜辉石）亚族。

辉石族矿物晶体结构中，$[SiO_4]$ 四面体各以两个角顶共用形成沿 c 轴方向无限延伸的单链，单链的重复周期为 $[Si_2O_6]$。在 a 轴和 b 轴方向上 $[Si_2O_6]$ 链以相反取向交替排列，由此形成平行 $\{100\}$ 的似层状，在 a 轴方向上活性氧与活性氧相对形成 M1 位，惰性氧与惰性氧相对形成 M2。M1 为较小的阳离子 Mg、Fe 等占据，呈六次配位的八面体，并以共棱的方式联结成平行 c 轴延伸的与 $[Si_2O_6]$ 链相匹配的八面体折状链；在 M2 中，在斜方辉石亚族中为 Fe、Mg 等占据，为畸变的八面体配位，在单斜辉石中为大半径阳离子 Ca、Na、Li 等占据，为八次配位。

辉石族矿物晶体均呈柱状晶形，其横截面呈假正方或八边形；并发育平行于链延伸方向的 {210} 或 {110} 解理，其解理夹角为 87° 和 93°，与单链的排列方式有关。

本族矿物的颜色随成分而异，含 Fe、Ti、Mn 者，颜色变深；具玻璃光泽。硬度 5~6。相对密度 3.1~3.6，随成分的变化而变化。

（1）透辉石：

【化学组成】$CaMg[Si_2O_6]$-$CaFe[Si_2O_6]$ 类质同象系列。

【晶体结构和形态】单斜晶系，常呈柱状晶体。常见单形，平行双面、斜方柱及其两者的聚形。晶体横断面呈正方形或八边形。常见简单双晶和聚片双晶。

【物理性质】白色、灰绿、浅绿至翠绿，无色至浅绿色条痕，随着铁的含量多而颜色由浅至深。紫外光下发出蓝或乳白色和橙黄色荧光。解理 // {110} 完全，解理夹角 87°（或 93°），具 {100} 和 [010] 裂开，硬度 5.5~6，相对密度 3.22~3.56。

【成因】透辉石广泛分布于基性与超基性岩中。铬透辉石是金伯利岩的特征矿物。透辉石-钙铁辉石是矽卡岩特征矿物。在区域变质的片岩中透辉石是常见矿物。

【用途】作为陶瓷原料。蓝田玉是由蛇纹石化的透辉石矿物所组成的。

（2）普通辉石：

【化学组成】$(Ca,Na)(Mg,Fe^{2+},Fe^{3+},Al,Ti)[(Si,Al)_2O_6]$。次要成分 Ti、Na、Cr、Ni、Mn 等以及 V、Co、Cu、Sc、Zr、Y、La 等。

【晶体结构和形态】单斜晶系，晶体呈短柱状，常见单形：平行双面、斜方柱以及两者的聚形。横断面近八边体。见简单双晶和聚片双晶。集合体为粒状、放射状、块状。

【物理性质】绿黑至黑色，条痕无色至浅灰绿色，玻璃光泽（风化面光泽暗淡），近乎不透明。解理 // {110} 中等，两组解理夹角为 87°（或 93°），硬度 5~6，相对密度 3.23~3.52。

【成因】普通辉石是基性岩、超基性岩中常见造岩矿物。在变质岩石中常见。

（3）锂辉石：

【化学组成】$LiAl(SiO_3)_2$，含有稀有、稀土元素。

【晶体结构和形态】单斜晶系，晶体呈柱状。常见单形有平行双面、单面、轴双面及其聚形。柱面具纵纹。见简单双晶。集合体呈板柱状、粒状或板状。

【物理性质】颜色呈灰白、灰绿、翠绿、紫色或黄色等。含有 Cr 呈翠绿色，称为翠绿锂辉石。含有 Mn 的呈紫色称为紫色锂辉石。玻璃光泽，无色条痕。解理 // {110} 完全，两组解理夹角 87°，硬度 6.5~7，相对密度 3.03~3.22。

【成因】锂辉石主要产于富锂花岗伟晶岩中，共生矿物有石英、钠长石、微斜长石等。

【用途】提取锂的矿物原料。锂辉石也用于化工、陶瓷等。

（4）硬玉：

【化学组成】$NaAl[Si_2O_6]$。含有 CaO（≤ 1.62%），MgO（≤ 0.91%），Fe_2O_3（≤0.64%），含有微量的铬、镍等。铬是翡翠具有翠绿色的主要因素，翡翠含 Cr_2O_3 为 0.2%~0.5%，个别达 2%~3.75% 以上。

【晶体结构和形态】单斜晶系，具有柱状、板状晶体。主要单形：平行双面、斜方柱及其聚形。粒状、纤维状集合体。

【物理性质】颜色有白、粉红、绿、淡紫、紫罗兰紫、褐和黑等色。玻璃光泽，透明。解理∥{110}中等，两组解理夹角87°，硬度6.5~7，相对密度3.33。

【成因】硬玉产于低温高压（压力5000~7000Pa，温度在150~300℃）生成的变质岩中。与蓝闪石、白云母、硬柱石、石英共（伴）生。

【用途】翡翠的主要组成矿物。含有超过50%以上的硬玉才被视为翡翠。

硅灰石族

硅灰石：

【化学组成】$Ca_3[Si_3O_9]$，常含铁、锰、镁等。

【晶体结构和形态】晶系，晶体呈沿b轴延长的板状晶体。常见单形有平行双面及其聚形。集合体呈细板状、放射状或纤维状。

【物理性质】颜色呈白色，有时带浅灰、浅红色调。玻璃光泽，含Mn0.02%~0.1%的硅灰石能发出强黄色阴极荧光。硬度4.5~5.5。相对密度2.75~3.10，吸油性低、电导率低、绝缘性较好。

【成因】典型的变质矿物，产于酸性岩与石灰岩的接触带。

【用途】广泛地应用于陶瓷、化工、冶金、造纸、塑料、涂料等领域。

角闪石族（双链结构）

角闪石族矿物的化学成分通式可表示为：$A_{0~1}X_2Y_5[T_4O_{11}]_2(OH,F,Cl)_2$，其中：$T = Si^{4+}$、$Al^{3+}$、$Ti^{4+}$，占据硅氧骨干中四面体中心。$A = Na^+$、$Ca^{2+}$、$K^+$、$H_3O^+$，占据结构中的A位置，位于惰性氧相对的双链之间；$X = Na^+$、$Li^+$、$K^+$、$Ca^{2+}$、$Mg^{2+}$、$Fe^{2+}$、$Mn^{2+}$，占据结构中的M4位；大半径阳离子$Ca^{2+}$、$Na^+$等占据时为八次配位多面体。$Y = Mg^{2+}$、$Fe^{2+}$、$Mn^{2+}$、$Al^{3+}$、$Fe^{3+}$、$Ti^{4+}$、$Cr^{3+}$，占据结构中的M1、M2、M3位，六次配位。A、X、Y组阳离子中及其间的类质同象替代十分普遍和复杂，并可形成许多类质同象系列。现已发现和确定的角闪石矿物种和亚种（或变种）已超过100种。按成分、结构分为斜方角闪石亚族、单斜角闪石亚族。

角闪石型晶体结构中的硅氧骨干可看成是由两个辉石单链联结而成的双链$[Si_4O_{11}]^{6-}$。平行c轴排列和无限延伸，在a、b轴方向上活性氧与活性氧相对处形成八面体空隙（M1、M2、M3表示）。主要由Y类小半径阳离子Mg^{2+}、Fe^{2+}等充填形成配位八面体，并共棱相联组成平行于c轴延伸的链带。惰性氧与惰性氧相对形成M4位，为X类阳离子占据。A类阳离子位于惰性氧相对的双链之间，它主要用来平衡$[Al^{3+}O_4]\rightarrow[Si^{4+}O_4]$所产生的剩余电荷，故它可为$Na^+$、$K^+$、$H_3O^+$充填，亦可全部空着。

角闪石族的晶体结构特征决定了角闪石族矿物具有平行c轴方向延长的柱状、针状、纤维状晶形。发育平行于{110}（或{210}）的完全解理，解理面夹角为56°和124°；这是区分辉石族与角闪石族矿物的非常重要的依据之一。

角闪石族矿物的颜色、相对密度、折射率等物理性质受化学成分变化影响。成分中Fe含量增高时，其颜色加深，相对密度和折射率增大。

（1）透闪石：

【化学组成】$Ca_2(Mg,Fe)_5Si_8O_{22}(OH)$。成分中还有Na、K、Mn代替Ca；F、Cl代替（OH）。

【晶体结构和形态】单斜晶系，晶体常呈细粒状，常见单形为斜方柱、平行双面及其聚形。集合体为柱状、纤维状或放射状。

【物理性质】无色、白色至浅灰色，条痕为无色；透明，玻璃光泽，纤维状者呈丝绢光泽，发荧光，短波紫外线黄色，长波紫外线粉红色。解理∥{100}完全，解理夹角为124°或56°，有时可见{100}裂理，贝壳状断口，硬度为5~6，相对密度在3.02~3.44。

【成因】透闪石是灰岩、白云岩遭受接触变质的产物。在区域变质作用中，由不纯灰岩、基性岩或硬砂岩等变质形成。

【用途】陶瓷、玻璃原料、填料和玉石材料等。透闪石石棉具有挠性，耐酸性和耐火特点。透闪石玉的原料，主要有新疆羊脂玉、青海玉、俄罗斯玉、岫岩玉河磨料。

（2）普通角闪石：

【化学组成】$Ca_2(Mg^{2+}, Fe^{2+}, Fe^{3+}, Al^{3+})_5[(Al, Si)_8O_{22}](OH, F)_2$。当 $Mg/(Mg+Fe^{2+})$ ≥0.5 为镁角闪石；<0.5 为铁角闪石。

【晶体结构和形态】单斜晶系，晶体常呈柱状，常见单形为斜方柱、平行双面及其聚形。其横断面为假六边形。见接触双晶。粒状、针状或纤维状集合体。

【物理性质】绿黑至黑色，条痕为浅灰绿色，透明到半透明，玻璃光泽。两组解理∥{110}完全，夹角为124°和56°，有（100）裂开，硬度5~6，相对密度3.0~3.4。

【成因】分布于中性及中酸性火成岩中，也是变质岩的主要组成矿物。

【用途】角闪石石棉纤维长、劈分性好、质地柔软、抗拉强度大、耐酸、耐碱、耐高温等，是防毒面具中最优过滤材料、空气超净化过滤、液体过滤，医药工业中过滤细菌、分离病毒等。亦可用作石棉纺织制品、石棉水泥制品。

硅线石族（双链结构）

硅线石：

【化学组成】$Al[AlSiO_5]$。有少量 Fe 代替 Al，可含微量 Ti、Ca、Fe、Mg 等，是红柱石、蓝晶石的同质多象变体。

【晶体结构和形态】斜方晶系，具有平行 c 轴延长针状、长柱状晶体，常见单形：斜方柱、斜方双锥及其聚形。横断面近正方形，柱面有条纹。集合体呈放射状。

【物理性质】白色、灰色或浅绿、浅褐色等；透明，玻璃光泽。解理∥{010}完全，解理面平行结构中的双链。硬度6.5~7.5，相对密度3.23~3.27。加热到1545℃转变为莫来石和石英。

【成因】硅线石是典型的变质矿物，分布很广泛。常见于火成岩（尤其是花岗岩）与富含铝质岩石的接触带及片岩、片麻岩发育的地区。

【用途】主要为制造高铝耐火材料和耐酸材料，用于陶瓷、内燃机火花塞的绝缘体及飞机、汽车、船舰部件用的硅铝合金等。

d　第四亚类：层状结构硅酸盐矿物

本亚类矿物为具有由［SiO_4］四面体以角顶相连成二维无限延伸的层状硅氧骨干与金属阳离子结合而成的硅酸盐矿物。组成元素主要为 K、Na、Mg、Ca、Fe、Al、Li 等。类质同象代替发育。有层间水存在。附加阴离子（OH）⁻、O^{2-}、F⁻、Cl⁻等。

在晶体结构中，［SiO_4］四面体彼此以3个角顶相连形成二维延展六方形网层，也称四面体片（T）。在四面体片中的活性氧与处于同一平面上的羟基 OH 形成八面体空隙，为六次配位的 Mg、Al、Fe^{3+}、Fe^{2+} 等充填,配位八面体共棱连接成八面体片(O)。四面体片(T)与八面体片(O)组合,形成结构单元层。它有两种基本型式:(1)由一个四面体片(T)和一个八面体片(O)组成 TO 型;(2)由两个四面体片(T)夹一个八面体片(O)组成 TOT 型。整个层状结构以结构单元层周期性叠堆而成。

[SiO_4]四面体所组成的六方环范围内有 3 个八面体与之相适应。当这三个八面体中心位置均为二价阳离子(如 Mg^{2+})占据时,所形成的结构为三八面体型结构。若三个八面体位置只有两个为三价离子(如 Al^{3+})充填,这种结构称为二八面体型结构。若二价离子和三价离子同时存在,则可形成过渡型结构。

结构单元层在垂直网片方向周期性地重复叠置构成层状结构的空间格架,结构单元层之间存在的空隙称层间域。在结构单元层内部电荷已达平衡,则在层间域中无须有其他阳离子存在,如高岭石。如果结构单元层内部电荷未达平衡,则在层间域中有一定量的阳离子,如 Na^+、K^+、Ca^{2+} 等充填,如云母;还可吸附一定量的水分子或有机分子,如蒙脱石等。

本亚类矿物结构单元层叠置方式不同,构成多型变体。由于结构单元层底面的相似性,导致不同层状矿物间的结构单元层相互连生、堆叠,形成混层矿物或间层矿物。

层状硅酸盐亚类矿物有:滑石族、云母族(白云母亚族、锂云母亚族)、伊利石族、蛭石族、绿泥石族、高岭石族、蛇纹石族、埃洛石族、蒙脱石族、叶蜡石族、葡萄石族。

滑石族

滑石:

【化学组成】$Mg_3[Si_4O_{10}](OH)_2$。含 FeO>33.7% 称铁滑石,含 NiO 达 30.6% 称镍滑石。

【晶体结构和形态】单斜晶系,微细晶体呈假六方片状或菱形板状,单晶少见。单形有单面、双面、斜方柱及其聚形。致密块状、叶片状、纤维状或放射状集合体。

【物理性质】白色或各种浅色,条痕常为白色,油脂光泽(块状)或珍珠光泽(片状集合体),半透明。解理∥{001}极完全,硬度为 1,薄片具挠性。相对密度 2.6~2.8,有滑感,绝缘性、耐酸性好。

【成因】典型热液作用产物。是富镁质超基性岩、白云岩、白云质灰岩热变质交代产物。

【用途】滑石在造纸、油漆染料、陶瓷、橡胶、塑料、铸造、农业等广泛应用。

叶蜡石族

叶蜡石:

【化学组成】$Al_2[Si_4O_{10}](OH)_2$。有各种杂质伴生。

【晶体结构和形态】单斜晶系,晶体少见。单形有双面、斜方柱及其聚形。常见致密块状、叶片状、放射状集合体。

【物理性质】常呈淡黄、乳灰白、灰绿等颜色,含铁的氧化物或汞则呈现褐红或血红色。蜡状光泽、有滑感。解理∥{001}完全,隐晶质贝壳状断口,叶片柔软无弹性,硬度 1.5~2.0。相对密度 2.65~2.90。

【成因】叶蜡石是富铝岩石受到热液作用的产物。主要中酸性喷出岩、凝灰岩经热液作用蚀变形成。福建寿山、浙江青田的叶蜡石是白垩纪流纹岩和流纹凝灰岩经热液蚀变生成。

【用途】叶蜡石作为陶瓷和耐火材料。质纯细腻、色泽美观为玉石、雕刻石等，如寿山石、青田石等。

云母族

本族矿物化学式 $XY_{2\sim3}[(Si,Al)41010](OH,F)_2$。其中，X 为 K^+、Na^+ 和少量的 Ca^{2+}、Ba^{2+}、Rb^+、Cs^+、H_3O^+ 等大半径阳离子，位于结构单元层之间，K 为 12 次配位。Y 主要为 Mg、Al、Fe 以及 Mn、Li、Cr、Ti 等，为八面体配位。一般 Si∶Al = 3∶1。存在着 $KMg_3[Si_3AlO_{10}][OH,F]_2$-$KFe_3[Si_3AlO_{10}](OH,F)_2$ 完全类质同象。划分以下亚族：白云母亚族、黑云母亚族（黑云母、金云母）、锂云母亚族。

云母族晶体结构为 TOT 型结构。由两层四面体片夹一层八面体片构成云母晶体结构单元层。在结构单元层中有 $[AlO_4]$ 代替 $[SiO_4]$，有剩余的电价，使结构单元层间域有 Na^+、K^+ 充填，增强层间联系。八面体片中为 Mg^{2+}、Fe^{2+} 充填则为三八面体型，为 Al^{3+} 等阳离子充填为二八面体型。结构单元层的叠置方式不同构成云母族矿物的多型。

（1）白云母亚族。

白云母：

【化学组成】$KAl_2[Si_3AlO_{10}](OH,F)_2$。含有 Ba、Na、Rb、$Fe^{3+}$、Cr、V、$Fe^{2+}$、Mg、Li、Ca、F 等。

【晶体结构和形态】单斜晶系，通常呈板状或片状，外形呈假六方形或菱形。柱面有明显的横条纹。单形有双面、斜方柱及其聚形。依云母律生成接触双晶或穿插三连晶。

【物理性质】浅黄、浅绿、浅红或红褐色。无色条痕：透明至半透明，玻璃光泽，解理面珍珠光泽。解理∥{001} 极完全，具（100）和（010）裂开，硬度 2~3，薄片具弹性。相对密度 2.76~3.10，绝缘性和隔热性强。

【成因】白云母是分布很广的造岩矿物之一，在岩浆岩、沉积岩、变质岩中均有产出。

【用途】白云母具有良好的电绝缘和热绝缘、化学性质稳定、抗各种射线辐射性能，良好的防水防潮性。广泛用于电器工业、电子工业、航空、航天等领域。各种粒级的云母粉体在建材、塑料、油漆、颜料等作为填料，可改变制品的抗冻、防腐、耐磨、密实等性能。

（2）黑云母亚族。

黑云母：

【化学组成】$K(Mg,Fe^{2+})_3[Si_3AlO_{10}](OH,F)_2$。$K\{(Mg,Fe^{2+})_3[Si_3AlO_{10}](OH,F)_2\}$-$K\{Mg_3[Si_3AlO_{10}](OH,F)_2\}$ 为完全类质同象，当 Mg∶Fe<2∶1 时为黑云母，Mg∶Fe>2 为金云母。K 可被 Na、Ca、Rb、Cs、Ba 代替，Mg、Fe 可被 Al、Fe^{3+}、Ti、Mn、Li 代替，（OH）可被 F、Cl 代替。

【晶体结构和形态】单斜晶系，晶体呈假六方板状或短柱状。单形有双面、斜方柱及其聚形。依云母律成双晶。集合体为片状、鳞片状。

【物理性质】深褐色、黑色为主。含铁量高，颜色较深，呈红棕色；富 Ti 呈浅红褐色，富 Fe^{3+} 呈绿色，条痕为白色略带浅绿色，透明至半透明，玻璃光泽，解理面珍珠光泽。解理∥{001} 极完全，不平坦断口，硬度为 2~3。相对密度在 3.02~3.12，电绝缘性差，强酸可使黑云母腐蚀，并呈脱色现象。

【成因】黑云母分布广泛。在岩浆岩、变质岩、沉积岩中都有出现。

【用途】建筑材料等。

（3）锂云母亚族。

1）锂云母：

【化学组成】$K(Li,Al)_{2.5~3}[Si_{3.5~3}Al_{0.5~1}O_{10}](OH,F)_2$。成分变化较大，$Fe_2O_3$ 8%~12%，Li_2O 1.23%~5.90%，Al_2O_3 22%~29%，SiO_2 47%~60%，F 4%~9%。还含有 Na^+、Rb^+、Cs^+ 置换 K^+；有 Fe^{2+}、Mn^{2+}、Ca^{2+}、Mg^{2+}、Ti^{3+} 等置换 Li^+、Al^{3+}。

【晶体结构和形态】单斜晶系，晶体呈假六边形，发育完好晶体少见。通常呈片状、鳞片状集合体。

【物理性质】颜色为玫瑰色、浅紫色、浅至无色，透明，玻璃光泽，解理面具有珍珠光泽。解理//{001} 极完全，硬度 2~3，薄片具弹性。相对密度 2.8~2.9。

【成因】锂云母产在花岗伟晶岩中。

【用途】锂云母是提炼锂的重要矿物原料。也含有铷和铯。

2）铁锂云母：

【化学组成】$K(Li,Fe^{2+},Al)_3[(Si,Al)_4O_{10}](F,OH)_2$。成分变化较大，K 能被 Na、Ba、Rb、Sr 代替；在八面体位置上的 Li、Fe、Al 可被 Ti、Mn、Mg 等代替。含 Li_2O 在 1.1%~5%。

【晶体结构和形态】单斜晶系，晶体呈假六方板状，通常呈片状或鳞片状集合体。见片状结晶集合成玫瑰花瓣状。

【物理性质】灰褐色、淡黄或褐绿色、浅绿色。玻璃光泽，解理面珍珠光泽。解理//{001} 极完全，硬度 2~3，薄片具弹性。相对密度 2.9~3.2。

【成因】主要产于云英岩、花岗伟晶岩、高温热液脉中。

【用途】铁锂云母是提取锂的矿物原料。

高岭石族

高岭石：

【化学组成】$Al_2[Si_4O_{10}](OH)_4$，有少量 Mg、Fe、Cr、Cu 等代替 Al。

【晶体结构和形态】三斜晶系，呈隐晶质致密块状或土状集合体。电镜下呈自形假六方板状、半自形或它形片状晶体。鳞片在 0.2~5μm，厚度 0.05~2μm。集合体为片状、鳞片状、放射状等。

【物理性质】纯者白色，因含杂质可染成其他颜色、集合体光泽暗淡或呈蜡状。一组解理//{001} 极完全，硬度 1.0~3.5，鳞片具有挠性。相对密度 2.60~2.63，致密块体具粗糙感，干燥时具吸水性，湿态具可塑性，加水不膨胀，在水中呈悬浮状。

【成因】高岭石分布很广，主要是由富铝硅酸盐在酸性介质条件下，经风化作用或低温热液交代变化的产物。

【用途】高岭石具有白度和亮度高、质软、强吸水性、易于分散悬浮于水中、良好的可塑性和高的黏接性、抗酸碱性、优良的电绝缘性、离子吸附性、阳离子交换性以及良好的烧结性、较高的耐火度等性能。高岭土是由小于 0.2μm 的高岭石、迪开石、埃洛石以及石英和长石等组成。化学成分中有大量 Al_2O_3、SiO_2 和少量 Fe_2O_3、TiO_2 以及微量 K_2O、Na_2O、CaO 和 MgO 等。用于陶瓷，也称瓷土。

蛇纹石族

蛇纹石：

【化学组成】$Mg_6[Si_4O_{10}](OH)_8$。Mg 可被 Fe、Mn、Cr、Ni、Al 代替，形成各种成分变种：铁叶蛇纹石、锰叶蛇纹石、铬叶蛇纹石、镍叶蛇纹石和铝叶蛇纹石。F 可代替（OH）量高时为氟叶蛇纹石。

【晶体结构和形态】单斜晶系，叶片状、鳞片状、致密块状集合体，有时呈具胶凝体特征的肉冻状块体。

【物理性质】叶蛇纹石具有黄绿至绿色、白色、棕色、黑色，具有蛇皮状青绿斑纹，蜡状光泽-玻璃光泽。解理∥{001} 极完全，{010} 不完全，硬度 3~3.5，相对密度 2.6~2.7。利蛇纹石呈暗棕色，玻璃光泽或珍珠光泽。解理∥（001）极完全，硬度 2，解理片不具弹性。相对密度 2.653。纤蛇纹石通常呈白色、淡绿色、黄色等，具丝绢光泽，半透明至不透明。硬度 2.5~3，平行纤维方向可劈成极细具弹性的纤维。相对密度 2.36~2.5。

【成因】产于热液交代成因。富含 Mg 的岩石如超基性岩（橄榄岩、辉石岩）或白云岩经热液交代作用可形成蛇纹石。在矽卡岩中也有蛇纹石产生。

【用途】蛇纹石具有耐热、抗腐蚀、耐磨、隔热、隔音、较好的工艺特性及伴生有益组分，广泛用于化肥、炼钢熔剂、耐火材料、建筑用板材、雕刻工艺、提取氧化镁和多孔氧化硅、医疗方面，净化高氟水等。蛇纹石石棉用于保温和防火材料。致密块状质地细腻色泽美观者为玉石，如岫岩玉即是其中一种。

绿泥石族

本族矿物化学式为 $X_MY_4O_{10}(OH)_8$，$X=Li^+$、Al^{3+}、Fe^{3+}、Fe^{2+}、Mg^{2+}、Mn^{2+}、Cr^{3+}，占据八面体空隙。$M=5~6$，$Y=Al$、Si，位于四面体位置。绿泥石化学成分为 $(Mg,Fe,Al)_3(OH)_6\{(Mg,Al,Fe^{3+})_3[(Al,Si)_4O_{10}](OH)_2\}$，由于类质同象代替广泛，成分复杂，矿物种属多。本族矿物晶体结构为 TOT 型，在层间域被带有正电荷的 $[MgOH_6]$ 八面体片所充填，与 TOT 结构单元层的底面氧之间有较强的氢键，具有较高的热稳定性。

绿泥石：

【化学组成】$(Mg,Fe,Al)_3(OH)_6\{(Mg,Al,Fe^{3+})_3[(Al,Si)_4O_{10}](OH)_2\}$。类质同象代替广泛，成分复杂，矿物种属多。主要有叶绿泥石、斜绿泥石、铁绿泥石、鲕绿泥石等。

【晶体结构和形态】叶绿泥石：单斜晶系；斜绿泥石：单斜晶系，晶体为假六方晶体片状，集合体鳞片状。

【物理性质】颜色随成分变化，含镁的绿泥石为浅蓝色。含铁量增加颜色加深，由深绿到黑绿色。含锰的绿泥石呈橘红色到浅褐色。含铬呈浅紫色到玫瑰色。透明，玻璃光泽至无光泽，解理面可呈珍珠光泽。一组解理∥{001} 完全，硬度 2~3，薄片无弹性，具挠性。相对密度 2.6~3.3。

【成因】绿泥石主要是中、低温热液作用，浅变质作用和沉积作用的产物。

【用途】绿泥石集合体中的色泽艳丽、质地致密细腻坚韧、块度较大者，可用作玉雕材料，称绿泥石玉。有绿冻石、仁布玉、果日阿玉、崂山海底玉等。

蒙脱石族

蒙脱石：

【化学组成】$(E_x)(H_2O)_4\{(Al_{2-x},Mg_x)_2[(Si,Al)_4O_{10}](OH)_2\}$。式中，E 为层间可交换阳离子 Na^+、Ca^{2+}、K^+、Li^+ 等。x 为 E 作为一价阳离子时单位化学式的层电荷数，一般在 0.2~0.6 之间。根据层间主要阳离子的种类，分钠蒙脱石、钙蒙脱石等变种。

【晶体结构和形态】单斜晶系；电镜下为细小鳞片状。集合体呈土状隐晶质块状。

【物理性质】白色、浅灰、粉红、浅绿色，透明，玻璃光泽，土状光泽。鳞片状者解理∥{001}完全，硬度 2~2.5。相对密度 2~2.7，柔软有滑感，加水体积膨胀几倍，变成糊状物。具有很强的吸附力及阳离子交换性能。

【成因】主要由基性火成岩在碱性环境中风化而成，也有海底沉积火山灰分解后的产物。蒙脱石为膨润土的主要成分。

【用途】蒙脱石用途广泛。特别是利用其阳离子交换性能制成蒙脱石有机复合体，广泛用于高温润脂、橡胶、塑料、油漆；利用其吸附性能，用于食油精制脱色除毒、净化石油、核废料处理、污水处理、医药等。

　　e　第五亚类：架状结构硅酸盐矿物

本亚类矿物是具有由 $[SiO_4]$ 和 $[AlO_4]$ 四面体以角顶相连成三维无限伸展的架状骨干 $[Al_xSi_{n-x}O_{2n}]^{x-}$ 与阳离子结合形成的硅酸盐矿物。在硅氧架状结构空隙较大，部分 Si^{4+} 被 Al^{3+} 代替的数目有限，产生的负电荷不多。要求低电价、大半径阳离子充填。常见阳离子是 K^+、Na^+、Ca^{2+}、Ba^{2+}，偶尔还有 Rb^+、Cs^+ 等。架状硅酸盐的阳离子类质同象主要是以 K-Na-Ca 为主。架状结构中可连通成孔道，F^-、Cl^-、$(OH)^-$、S^{2-}、$[SO_4]^{2-}$、$[CO_3]^{2-}$ 等附加阴离子存在于空隙中，并与 K、Na、Ca 等阳离子相连，以补偿结构中过剩的正电荷。在这些空隙或孔道中还存在"沸石水"。

本亚类的矿物有长石族、白榴石族、霞石族、沸石族等。

长石族

长石族矿物的化学式可写为：$M[Al_xSi_{n-x}O_{2n}]^{x-}$。$M = Na^+$、$K^+$、$Ca^{2+}$、$Ba^{2+}$ 以及少量的 Li、Rb、Cs、Sr 和 NH_4 等。$x \leqslant 2$，$n = 4$。长石包含在钾长石 $K[AlSi_3O_8]$-钠长石 $Na[AlSi_3O_8]$-钙长石 $Ca[Al_2Si_2O_8]$ 的端员分子组合而成。钾长石和钠长石在高温条件下形成完全的类质同象系列称为碱性长石。温度降低时混溶性逐渐减小，导致出溶钾长石（或钠长石）条纹称条纹长石。钠长石和钙长石形成的完全类质同象系列称斜长石。钾长石和钙长石几乎在任何温度下都不混溶。

钾钠长石亚族化学组成理论上为钾长石 $K[AlSi_3O_8]$-钠长石（Ab）$Na[AlSi_3O_8]$ 系列，通常只包括富 K 端员的矿物。有正长石、微斜长石、透长石和以钠长石为主的歪长石。习惯上将钾钠长石系列（除歪长石外）统称钾长石，又称为碱性长石系列。

　　正长石：

【化学组成】$KAlSi_3O_8$。含有部分钠长石组分（可达 20%），K 可被 Ba 代替。

【晶体结构和形态】单斜晶系，主要单形：斜方柱、平行双面及其聚形。见卡巴斯律双晶、曼尼巴双晶、巴维诺双晶等。

【物理性质】颜色为肉红色、褐黄色、浅黄色、灰白或浅绿色，白色条痕，透明~半透明，玻璃光泽。解理∥{001}、{010}完全，两组解理夹角近于 90°，硬度 6，相对密度 2.57。

【成因】正长石分布广泛。是中性、酸性和碱性成分的岩浆岩、火山碎屑岩的主要造岩矿物。正长石也是变质岩、沉积岩中的主要矿物。

【用途】在工业上是制作玻璃与陶瓷的重要材料。用于制造显像管玻璃，绝缘电瓷和瓷器釉材料以及普通玻璃工业和搪瓷工业的重要配料。并可制造钾肥和磨料。

斜长石亚族

斜长石亚族是由钠长石和钙长石 $NaAlSi_3O_8$-$CaAl_2Si_2O_8$ 的类质同象系列。本亚族以钠长石和钙长石分子含量通常划分为：钠长石，Ab100～90、An0～10；奥（更）长石，Ab90～70、An10～30；中长石，Ab70～50、An30～50；拉长石，Ab50～30、An50～70；培长石，Ab30～10、An70～90；钙长石，Ab10～0、An90～100。晶体结构、物理性质等特征基本一致，一般统称斜长石。

（1）钠长石：

【化学组成】$Na[AlSi_3O_8]$。斜长石中含钠长石成分90%～100%的均可称钠长石。

【晶体结构和形态】三斜晶系。晶体常沿 {010} 呈板状，单形为单面、平行双面及其聚形。有时沿 a 轴延长。双晶发育。常见聚片双晶。

【物理性质】白色、灰白色，淡蓝或淡绿色等颜色。透明，玻璃光泽，珍珠光泽。解理//(001)完全，//{010}中等，两组解理夹角为94°和86°，硬度6～6.5。相对密度2.61～2.64，熔点为1100℃左右。

【成因】产于花岗岩、花岗伟晶岩、正长岩、粗面岩、霞正长岩以及变质岩沉积岩以及热液作用中。

【用途】钠长石应用在陶瓷工业、化工等其他行业。玻璃溶剂、陶瓷坯体配料、陶瓷釉料（使釉面变得柔软，降低釉的熔融温度）、搪瓷原料等。

（2）钙长石：

【化学组成】$Ca[Al_2Si_2O_8]$。作为斜长石的端元组分，把含 $Ca[Al_2Si_2O_8]$ 成分在90%～100%的可称钙长石。

【晶体结构和形态】三斜晶系；板状或沿 c 轴延长的短柱状。可见主要单形有单面、双面及其聚形。常见聚片双晶、卡斯巴、曼尼双晶等。

【物理性质】无色、白色、褐色，灰色条痕，玻璃光泽，透明到半透明。解理//{110}完全，//{100}不完全，解夹角86°24′，贝壳状断口，硬度6～6.52，性脆。相对密度2.6～2.76。

【成因】主要形成于基性岩中，如辉绿岩和辉长岩。

【用途】钙长石矿物除了作为玻璃工业原料外（约占总用量的50%～60%），在陶瓷工业中的用量占30%，其余用于化工、磨料磨具、玻璃纤维、电焊条等其他行业。

霞石族

霞石族、白榴石族、方钠石族、日光榴石族和方柱石族矿物具有与长石族相同的架状硅氧骨干，在化学成分上比长石族矿物少一个或两个 SiO_2 分子，被称为似长石矿物。似长石矿物的相对密度较低，一般在2.3～2.6；硬度较小，为5～6.5。折射率低。

霞石：

【化学组成】$KNa_3[AlSiO_4]_4$，含有少量的 Ca、Mg、Mn、Ti 、Be 等。在高温时 $Na[AlSiO_4]$-$K[AlSiO_4]$ 形成连续类质同象。

【晶体结构和形态】六方晶系，晶体呈六方短柱状、厚板状，常见单形六方柱、六方双锥，平行双面及其聚形。集合体呈粒状或致密块状。

【物理性质】呈无色、白色、灰色或微带浅黄、浅绿、浅红、浅褐、蓝灰等色调，透明，浑浊者似不透明，玻璃光泽，断口呈明显的油脂光泽，故称为脂光石，条痕无色或白色。无解理，有时∥{0001} 不完全解理，贝壳状断口，硬度 5~6，性脆。相对密度 2.55~2.66。

【成因】霞石产于富 Na_2O 少 SiO_2 的碱性岩中，主要产于与正长石有关的侵入岩、火山岩及伟晶岩。它是在 SiO_2 不饱和的条件下形成，霞石和石英不能同时出现同一岩石中。

【用途】用于玻璃和陶瓷工业的原料。

方钠石族

本族矿物为含 Na、Ca 的 $[AlSiO_4]_6$ 的铝硅酸盐。包括方钠石、黝钠石、蓝方石、青金石、水方钠石。

方钠石：

【化学组成】$Na_8[AlSiO_4]_6Cl_2$。含有 Mo、Ba 等。Na 可被 Ca 替代，Cl 被 $[SO_4]^{2-}$、$(OH)^-$ 替代。

【晶体结构和形态】等轴晶系，晶体呈菱形十二面体。单形 d{110}、a{100}。依 (111) 成双晶。粒状集合体。

【物理性质】无色或蓝、灰、红、黄、绿色等。透明，玻璃光泽，断口呈油脂光泽；条痕无色或白色。在紫外光下发橘红色荧光。解理∥{110} 中等，硬度 5.5~6，具脆性。相对密度 2.13~2.29。

【成因】产于富 Na 贫 Si 的碱性岩中，如霞石正长岩、霞石伟晶岩。在粗面岩、透长岩、火山喷出岩见到方钠石产出。

日光榴石族

（1）日光榴石：

【化学组分】$Mn_8[BeSiO_4]_8S_2$。有锌日光榴石（$Zn_4[BeSiO_4]_3S$）、铍榴石（$Fe_4[BeSiO_4]_3S$）变种。

【晶体结构和形态】等轴晶系，晶体呈四面体。依 {111} 形成双晶。粒状或致密块状集合体。

【物理性质】黄色、黄褐色，少数为绿色，无色或白色条痕；透明，玻璃光泽或松脂光泽。解理∥{111} 不完全，贝壳状断口，硬度 6~6.5，相对密度 3.2~3.44。

【成因】产于伟晶岩和接触交代矿床中。在伟晶岩中与钠长石等共生。在接触交代矿床中与磁铁矿、萤石等共生。

【用途】提取金属铍的矿物原料之一。

（2）香花石：

【化学组成】$Ca_3Li_2[BeSiO_4]_2F_2$，组成中 Ca 可被 Na、K 所代替，Al、Mg 和 Fe 离子在碱性热液环境下呈四次配位代替 Si 和 Be。

【晶体结构和形态】等轴晶系，主要单形有立方体、四面体、菱形十二面体、三角三四面体、四角三四面体、五角三四面体的聚形。

【物理性质】无色、乳白色，透明，玻璃光泽。硬度 6.5，脆性。相对密度 2.9~3.0。

【成因】产于我国湖南泥盆系石灰岩与花岗岩接触带的含 Be 绿色和白色条纹岩中。与锂铍石、萤石、金绿宝石、锂霞石、塔菲石、尼日利亚石等共生。

沸石族

沸石：

【化学组成】$A_mX_pO_{2p}\cdot nH_2O$。其中，A = Na、Ca、K 和少量的 Ba、Sr、Mg 等；X =

Si、Al。四面体位置上的 Al：Si≤1（为 1:5 到 1:1）。沸石族矿物类质同象有 Ca↔Na，Ba↔K 和 NaSi↔CaAl、KSi↔BaAl，使沸石化学组成在相当大范围内变化。自然界已发现的沸石有 80 多种，较常见的有方沸石、菱沸石、钙沸石、片沸石、钠沸石、丝光沸石、辉沸石等，以含钙、钠为主。

【晶体结构和形态】晶体所属晶系随矿物种的不同而异，以单斜晶系和斜方晶系的占多数。方沸石、菱沸石常呈等轴晶系。矿物晶体的形态呈纤维状（如毛沸石、丝光沸石呈针状或纤维状），柱状、板状（如片沸石、辉沸石呈板状），菱面体、八面体、立方体和粒状（如方沸石、菱沸石常呈等轴状晶形）等多种形态。钙十字沸石和辉沸石双晶常见。

【物理性质】纯净的各种沸石均为无色或白色，含有氧化铁或其他杂质带浅色，玻璃光泽。解理随晶体结构而异，沸石的硬度较低（3~5.5）。相对密度介于 2.0~2.3。含钡的则可达 2.5~2.8，无色或白色，密度在 2~2.3，较低折射率。易被酸分解，以吹管焰灼烧沸石膨胀起泡，犹如沸腾，故得名沸石。

【成因】形成热液晚期阶段，与方解石、石髓、石英共生。常见于喷出岩，特别是玄武岩的孔隙中，也见于沉积岩、变质岩及热液矿床和某些近代温泉沉积中。

【用途】沸石具有吸附性、离子交换性、催化和耐酸耐热等性能，被广泛用作吸附剂、离子交换剂和催化剂。工业上常将其作为分子筛。可作土壤改良剂。

B 第二类：硼酸盐矿物

硼酸盐矿物为金属元素阳离子与硼酸根相结合的化合物。已发现有 120 余种矿物。阴离子除主要的硼酸根及其复杂络阴离子根外，还可见附加阴离子 $[CO_3]^{2-}$、$[SO_4]^{2-}$、$[NO_3]^-$、$[PO_4]^{3-}$、$[AsO_4]^{3-}$、$[SiO_4]^{4-}$ 和 O^{2-}、F^-、(OH)、Cl^- 等。含有结晶水 H_2O。硼酸盐中的组成元素 20 余种。阳离子主要为惰性气体型、过渡型离子。含有稀土元素等。在硼酸盐矿物晶体结构中，硼酸盐络阴离子中的基本组成单位有两种：B 呈三次配位的硼氧三角形 $[BO_3]^{3-}$ 和四次配位的硼氧四面体 $[BO_4]^{5-}$。还有 $[B(OH)_4]$、$[B(O,OH)_3]$ 和 $[B(O,OH)_4]$ 等。它们可以单独与金属元素阳离子结合形成岛状结构硼酸盐，还以各种不同方式相互连接成环状、链状、层状、架状复杂络阴离子根。硼酸盐矿物划分为：岛状硼酸盐亚类；环状硼酸盐亚类、链状硼酸盐亚类、层状硼酸盐亚类、架状硼酸盐亚类。硼酸盐矿物有表生作用、接触交代作用和火山作用的产物。

a 硼砂族

本族属于具 $[B_2B_2O_5(OH)_4]^{2-}$，包括硼砂、三方硼砂等矿物种。

硼砂：

【化学组成】$Na_2[B_4O_{10}] \cdot 10H_2O$。

【晶体结构和形态】单斜晶系，晶体为短柱状或厚板状。常见单形：平行双面、斜方柱及其两者聚形。集合体为晶簇状、粒状、多孔的土块状、皮壳状等。

【物理性质】无色或白色带灰或带浅色调的黄、蓝、绿等，玻璃光泽。解理∥{110}完全，∥{110} 不完全，硬度 2~2.5，相对密度 1.73。

【成因】干旱地区盐湖和干盐湖的蒸发沉积成因。与石盐、钠硼解石、无水芒硝、石膏、方解石等伴生。

【用途】硼砂是制取含硼化合物的基本原料。

b　硼镁铁矿族

本族属于具 [BO_3]，包括硼镁铁矿、硼镍矿、硼镁锰矿等矿物种。

硼镁铁矿：

【化学组成】 $(Mg, Fe)_2Fe[BO_3]O_2$。Mg^{2+} 与 Fe^{2+} 形成完全类质同象。当 $Mg^{2+}>Fe^{2+}$ 称硼镁铁矿；当 $Fe^{2+}>Mg^{2+}$ 称硼铁矿。其中 Fe^{3+} 可为 Al^{3+} 所代替（$\leqslant 11\%$）。

【晶体结构和形态】 斜方晶系。晶体呈长柱状、针状；放射状或粒状、致密块集合体。

【物理性质】 暗绿色或黑色，浅黑绿色至黑色条痕，光泽暗淡，纤维状者见丝绢光泽，不透明。无解理，硬度 5.5~6。相对密度 3.6~4.7，粉末呈弱磁性。

【成因】 产于蛇纹石化白云石大理岩或镁矽卡岩中，常与磁铁矿、透辉石、金云母、镁橄榄石等共生。硼镁铁矿发生变化生成纤维状硼镁石和磁铁矿。

【用途】 制取硼及硼化物原料。

C　第三类：硫酸盐矿物

硫酸盐矿物是金属阳离子与硫酸根相结合的化合物。本类矿物有 180 余种，占地壳质量的 0.1%。主要是表生作用形成的矿物。其次是热液后期产物。

在硫酸盐矿物的化学组成中，与硫酸根结合的阳离子有 20 余种，主要有惰性气体性和过渡型离子以及铜型离子，主要有 K^+、Na^+、Ca^{2+}、Mg^{2+}、Ba^{2+}、Sr^{2+}、Pb^{2+}、Fe^{2+}、Cu^{2+}、Zn^{2+}、Al^{3+} 等。阴离子为 [SO_4]$^{2-}$，以及附加阴离子有（OH）$^-$、F^-、Cl^-、O^{2-} 以及（CO_3）$^{2-}$ 等。在成分中含有三价金属阳离子或强极化阳离子 Cu^{2+} 时附加阴离子常见。硫酸盐矿物的类质同象有 Mg-Fe、Ba-Sr 的完全类质同象。

硫酸盐矿物的晶体结构络阴离子团 [SO_4] 构成四面体，半径为 0.295nm。与较大半径阳离子 Ba^{2+}、Sr^{2+}、Pb^{2+} 等结合成稳定的无水化合物。与离子半径较小的二价阳离子如 Ca^{2+}、Mg^{2+} 等结合，则需要在阳离子外围有一层水分子（H_2O）组成水合离子，形成含水硫酸盐。水分子数量随着阳离子半径减小而增多，一般为 2、4、6 和 7 个水分子。如石膏 $Ca(H_2O)_2[SO_4]$、泻利盐 $Mg[SO_4] \cdot H_2O$ 等。硫酸盐中阳离子的配位数：Ba、Sr、Pb 为 12；K 为 9 和 10；Ca 为 8 和 9；Na、Mg、Cu、Al、Fe 等为 6。

硫酸盐矿物主要有重晶石族，石膏族、硬石膏族、芒硝族，无水芒硝族、明矾石-黄钾铁矾族，胆矾族、明矾族、泻利盐族、叶绿矾族等。

a　重晶石-天青石族

本族包括重晶石、天青石、铅矾矿物种。

（1）重晶石：

【化学组成】 $Ba[SO_4]$。成分中有 Sr、Pb 和 Ca 类质同象替代。Sr-Ba 成完全类质同象代替，端元组分 $Sr[SO_4]$ 为天青石。当成分中含有 PbO 17%~22% 时称北投石。

【晶体结构和形态】 斜方晶系。单晶体为平行 {001} 的板状或厚板状。常见单形：平行双面、斜方双锥及其聚形。通常呈板状、粒状、纤维状、钟乳状、结核状集合体。

【物理性质】 无色或白色，以及黄、褐、淡红等颜色。玻璃光泽，解理面为珍珠光泽。解理∥{001} 和 {210} 完全，∥{010} 中等，解理夹角$(001) \wedge (210) = 90°$，硬度 3~3.5，性脆。相对密度 4.5 左右。

【成因】 产于中低温热液作用，与方铅矿、闪锌矿、黄铜矿、辰砂、石英等共生，形成石英-重晶石脉、萤石-重晶石脉等。产于沉积岩中的重晶石呈结核状、块状出现。

【用途】提取 Ba 的原料。也用于钻探泥浆的加重剂。用于橡胶、塑料、造纸等的填充剂。

（2）天青石：

【化学成分】$Sr(SO_4)$。有时含钡和钙，可含 Pb、Ca、Fe 等元素。

【晶体结构】斜方晶系，单晶体为平行 {001} 的板状或厚板状。常见单形：平行双面、斜方双锥及其聚形。完好晶体少见，呈钟乳状、纤维状、粒状集合体。

【物理性质】浅蓝色或天蓝色，故称天青石。当有杂质混入时呈黑色，条痕白色，透明，玻璃光泽。解理面具有珍珠状晕影，解理 // {001} 完全，// {210} 中等，三组解理夹角近于 90°。硬度为 3～3.5，性脆。相对密度 3.97～4.0，深紫色染火焰。

【成因】产于白云岩、石灰岩、泥灰岩、含石膏黏土等沉积岩以及热液矿床、沉积矿床中。

【用途】用于提炼锶和制备锶化合物。锶制作显像管的屏幕、红色焰火和信号弹等。

b 石膏族

石膏：

【化学组成】$Ca[SO_4]_2H_2O$。有黏土、有机质等机械混入物，有时含 SiO_2、Al_2O_3、Fe_2O_3、MgO、Na_2O、CO_2、Cl 等杂质。

【晶体结构和形态】单斜晶系。晶体常依发育成板状，也有呈粒状。常见单形：平行双面、斜方柱及其聚形；晶面和常具纵纹；有时呈扁豆状。燕尾双晶和箭头双晶。集合体多呈致密粒状或纤维状。

【物理性质】白色、无色，含杂质而成灰、浅黄、浅褐等色。条痕白色，透明，玻璃光泽，解理面珍珠光泽，纤维状集合体丝绢光泽。解理 // {010} 完全，// {100} 和 // {110} 中等，硬度 1.5～2，性脆。相对密度 2.3。热分析：石膏在加热 105～180℃，转变为烧石膏；200～220℃，转变为 Ⅲ 型硬石膏；约 350℃，转变为 Ⅱ 型石膏；1120℃ 时进一步转变为 Ⅰ 型硬石膏。熔融温度 1450℃。

【成因】主要为化学沉积作用的产物，有低温热液成因。

【用途】石膏在水泥、建材、药用、农药等广泛应用。

c 明矾石-黄钾铁矾族

包括明矾石亚族（明矾石、钠明矾石等）和黄钾铁矾亚族（黄钾铁矾、铅铁矾、铜铅铁矾等）。

（1）明矾石：

【化学组成】$KAl_3(SO_4)_2(OH)_6$。Na 常代替 K，Na>K 时称钠明矾石。有少量 Fe^{3+} 代替 Al^{3+}。

【晶体结构和形态】三方晶系，晶体呈细小的假立方体（为两个三方单锥的聚形）。通常呈粒状、致密块状、纤维状等集合体。

【物理性质】白色，含杂质呈浅灰色、浅黄、浅红、浅褐色，透明或半透明，玻璃光泽，解理面珍珠光泽。解理 // {0001} 中等，硬度 2～2.5。相对密度 2.6～2.8，具有强烈的热电效应。加热至 500℃ 以上析出结构水 $KAl[SO_4]_2$ 和 $Al_2[SO_4]_2$。

【成因】明矾石为中酸性火山喷出岩经过低温热液蚀变产物。在流纹岩、粗面岩和安山岩内薄层产出。

【用途】工业上提取明矾和硫酸铝的原料，也用来炼铝和制造钾肥、硫酸。

（2）黄钾铁矾：

【化学组成】$KFe_3[SO_4]_2(OH)_6$。当钠类质同象代替钾，称钠黄钾铁矾。钾还被 NH_4、Ag、Pb、H_2O 等代替。

【晶体结构和形态】三方晶系。晶体细小而罕见，呈板状或假菱面体状（实为两个三方单锥所构成的聚形）。通常呈致密块状及隐晶质的土状、皮壳状集合体产生。

【物理性质】赭黄色至暗褐色，条痕浅黄色，玻璃光泽。解理 {0001} 中等，硬度 2.5~3.5，具脆性。相对密度 2.91~3.26，强热电性。差热分析在 485℃和 750℃出现两个吸热谷。

【显微镜下特征】透射光下黄色。一轴晶（-）。多色性，No 黄色，Ne 淡黄色至无色。

【成因】黄钾铁矾是由黄铁矿经氧化分解后所形成的次生矿物，在硫化矿床氧化带普遍出现，是重要的找矿标志。

　　D　第四类：碳酸盐矿物

碳酸盐矿物是络阴离子团 $[CO_3]^{2-}$，与阳离子组成的化合物。已知碳酸盐矿物 100 余种。碳酸盐矿物既是重要的非金属矿物原料，也是提取 Zn、Cu、Fe、Mn、Mg 等金属元素及放射性元素 Th、U 和稀土元素的重要矿物原料。

碳酸盐矿物的阴离子为 $[CO_3]^{2-}$，其次有附加阴离子 $(OH)^-$、F^-、O^{2-}、$[SO_4]^{2-}$、$[PO_4]^{2-}$ 等。阳离子有惰性气体型离子 Ca、Mg、Sr、Ba、Na、K、Al 等，过渡型 Fe、Co、Mn、Ni 等，铜型离子 Cu、Pb、Zn、Cd、Bi、Te 等。稀土元素 Y、La、Ce 和放射性元素 Th、U 等。矿物中存在有结晶水 H_2O。

碳酸盐矿物中的阳离子类质同象代替相当普遍和复杂。有 $Ca[CO_3]$-$Mn[CO_3]$，$Fe[CO_3]$-$Mn[CO_3]$，$Fe[CO_3]$-$Mg[CO_3]$ 等完全类质同象系列。有 $Fe[CO_3]$-$Zn[CO_3]$，$Ca[CO_3]$-$Fe[CO_3]$，$Mn[CO_3]$-$Mg[CO_3]$ 间的不完全类质同象系列。在阳离子为稀土元素的碳酸盐矿物中，阳离子间的类质同象代替更为普遍和复杂，广泛存在等价或异价类质同象、完全或不完全类质同象代替关系。

碳酸盐中的 $[CO_3]^{2-}$ 络阴离子中的 C^{4+} 的配位数为 3，与三个 O^{2-} 构成平面三角形，半径约 0.255nm，C—O 之间的化学键位共价键。$[CO_3]^{2-}$ 与金属阳离子之间以离子键为主。

碳酸盐矿物晶体结构的方解石型和文石型结构。

有方解石族、文石族、白云石-菱钡镁石族、钡解石族、孔雀石族、蓝铜矿族、氟碳铈矿族等三十余个矿物族。

　　a　方解石族

本族矿物包括方解石（$Ca[CO_3]$）、菱镁矿（$Mg[CO_3]$）、菱铁矿（$Fe[CO_3]$）、菱锰矿（$Mn[CO_3]$）、菱锌矿（$Zn[CO_3]$）等。本族矿物成分浓重类质同象代替普遍，导致矿物成分在较宽广范围内变化。可形成完全类质同象的有：$Ca[CO_3]$-$Mn[CO_3]$、$Fe[CO_3]$-$Mn[CO_3]$、$Mg[CO_3]$-$Fe[CO_3]$、$Fe[CO_3]$-$Zn[CO_3]$、$Zn[CO_3]$-$Mn[CO_3]$；形成不完全类质同象的有 $Ca[CO_3]$ 和 $Zn[CO_3]$、$Fe[CO_3]$ 和 $Zn[CO_3]$、$Mg[CO_3]$ 和 $Zn[CO_3]$、$Ca[CO_3]$ 和 $Fe[CO_3]$、$Mn[CO_3]$ 和 $Mg[CO_3]$。

　　（1）方解石：

【化学组成】$CaCO_3$。常含 Mn、Fe、Zn、Mg、Pb、Sr、Ba、Co、RE 等类质同象替代物；当它们达一定的量时，可形成锰方解石、铁方解石、锌方解石、镁方解石等变种。

【晶体结构和形态】三方晶系，常见晶体主要柱状、板状、菱面体、复三方偏三角面体。常见单形：平行双面、六方柱、菱面体、复三方偏三角面体及其聚形。常见致密块状、粒状、钟乳状等集合体。

【物理性质】无色或白色，有时被 Fe、Mn、Cu 等元素染成浅黄、浅红、紫、褐黑色。三组解理∥$\{10\overline{1}1\}$ 完全，在应力影响下，沿 $\{01\overline{1}2\}$ 聚片双晶方向滑移成裂开，硬度 3，相对密度 2.6~2.9。含有 Ti、Cu、Mo、Sn 、Y、Yb 的方解石在一定波长紫外线作用下发光。无色透明的方解石称为冰洲石。冰洲石具明显的双折射现象。

【成因】在各种地质作用产生。

【用途】应用领域较广，在造纸、塑料、橡胶、电缆、油漆、涂料医药等广泛应用。冰洲石具有极强的双折射率和偏光性能，被广泛用于光学领域。

（2）菱镁矿：

【化学组成】（$MgCO_3$）。$MgCO_3$-$FeCO_3$ 之间可形成完全类质同象，菱镁矿的含 FeO 约 9%者称铁菱镁矿；更富含 Fe 者称菱铁镁矿。有时含 Mn、Ca、Ni、Si 等混入物。

【晶体结构和形态】三方晶系，晶体少见。主要单形：菱面体、六方柱、平行双面、复三方偏三角面体等及其聚形。集合体粒状、致密块体。

【物理性质】白色或浅黄白、灰白色，有时带淡红色调，含铁者呈黄至褐色、棕色；陶瓷状者大都呈雪白色。玻璃光泽。三组解理∥$\{10\overline{1}1\}$ 完全，瓷状者呈贝壳状断口，硬度 4~4.5，性脆。相对密度 2.9~3.1。

【成因】沉积、变质、热液交代成因。

【用途】菱镁矿主要用作耐火材料，含镁水泥，用于防热、保温、隔音的建筑材料。也用于制取金属镁、制药、化工等。

（3）菱铁矿：

【化学组成】$Fe(CO_3)$。常含 Mg 和 Mn，形成锰菱铁矿、镁菱铁矿等变种。

【晶体结构和形态】三方晶系，晶体呈菱面体状、晶面常弯曲。主要单形：菱面体、六方柱、平行双面、复三方偏三角面体及其聚形。其集合体呈粗粒状至细粒状。也有呈结核状、葡萄状、土状者。

【物理性质】灰白或黄白色，风化后呈褐色，褐黑色。玻璃光泽，透明至半透明。菱铁矿在阴极射线下呈橘红色。三组解理∥$\{10\overline{1}1\}$ 完全，硬度 3.5~4.5。相对密度 3.7~4.0。差热分析在 400~600℃之间有大的吸热谷，在 600~800℃之间有放热峰。

【成因】沉积作用、热液作用形成。

【用途】提取铁的矿物原料。

（4）菱锰矿：

【化学组成】$Mn[CO_3]$。与 $FeCO_3$、$CaCO_3$、$ZnCO_3$ 可形成完全类质同象系列；形成铁菱锰矿、钙菱锰矿、菱锌锰矿等。有时含少量 Cd、Co 等。

【晶体结构和形态】三方晶系；晶体呈菱面体状，主要单形：菱面体、六方柱、平行双面及其聚形。块状、鲕状、肾状、土状等集合体。

【物理性质】晶体呈淡玫瑰色或淡紫红色，随含 Ca 量的增高，颜色变浅；致密块状体呈白、黄、灰白、褐黄色等，当有 Fe 代替 Mn 时，变为黄或褐色。氧化后表面变褐黑色。玻璃光泽。解理 $/\!/$ {1011} 完全。硬度 3.5~4.5，性脆。相对密度 3.6~3.7。

【成因】热液、沉积及变质条件下形成，但以外生沉积为主，形成菱锰矿沉积层。

【用途】提取锰的重要矿石矿物。

b　白云石族

白云石：

【化学组成】$CaMg[CO_3]_2$，CaO/MgO 比为 1.39。成分中 Mg 可被 Fe 、Mn、Co、Zn 等替代。其中 Fe 能与 Mg 完全替代，形成 $CaMg[CO_3]_2$-$CaFe[CO_3]_2$ 完全类质同象系列。当 Fe>Mg 时称为铁白云石。Fe 与 Mn 有限替代，其 Mn 的端员 $CaMn[CO_3]_2$ 称为锰白云石。

【晶体结构和形态】三方晶系，晶体呈菱面体。常见单形六方柱、平行双面、菱面体及其聚形。常见双晶。集合体为粒状、致密块状等。

【物理性质】纯者多为白色、含铁者灰色-暗褐色，带黄色或褐色色调。玻璃光泽至珍珠光泽，透明。在阴极射线作用下发鲜明的橘红光。解理 $/\!/$ {1011} 完全，解理面弯曲，硬度 3~4，相对密度 2.86~3.20。

【成因】主要为沉积作用、热液作用产物。

【用途】主要用于耐火材料。也用于提取金属镁、制药等。

c　孔雀石族

孔雀石：

【化学组成】$Cu_2(OH)_2CO_3$，成分中含有锌（可达 12%，锌孔雀石）。还含有 Ca、Fe、Si、Ti、Na、Pb、Mn、V 等。

【晶体结构和形态】单斜晶系，通常沿 c 轴呈柱状、针状或纤维状。主要单形：平行双面、斜方柱及其聚形。呈钟乳状、块状、皮壳状、结核状和纤维状集合体。

【物理性质】深绿到鲜艳绿（孔雀绿）。常有纹带，丝绢光泽或玻璃光泽，半透明至不透明。解理 $/\!/$ {201} 完全，$/\!/$ {010} 中等，贝壳状至参差状断口。硬度 3.5~4.5，性脆。相对密度 3.54~4.1，遇盐酸起反应溶解。

【成因】硫化物氧化带产物。

【用途】富集时可作为铜矿石。

d　蓝铜矿族

蓝铜矿：

【化学组成】$Cu_3[CO_3]_2(OH)$。

【晶体结构和形态】单斜晶系，晶体常呈短柱状、柱状或厚板状。主要单形：平行双面、斜方柱及其聚形。集合体呈致密粒状、晶簇状、放射状、土状或皮壳状、被膜状等。

【物理性质】深蓝色，土状块体呈浅蓝色。浅蓝色条痕，晶体呈玻璃光泽，土状块体呈土状光泽。透明至半透明。解理 $/\!/$ {011}、{100} 完全或中等，贝壳状断口，硬度 3.5~4，性脆。相对密度 3.7~3.9。

【成因】产于铜矿床氧化带中，与孔雀石共生或伴生。

e 氟碳铈矿族

氟碳铈矿：

【化学组成】$(Ce,La,\cdots)[CO_3]F$。Ce 可被铈族其他稀土元素代替。存在 $3Th \rightarrow 4Ce$，$Th+F \rightarrow Ce$，$Ca+Th \rightarrow 2Ce$ 形式的类质同象代替。

【晶体结构和形态】六方晶系，晶体呈六方柱状或以 {0001} 发育的板状。主要单形有平行双面、六方柱、三方双锥及其聚形。集合体呈细粒状、致密块状。

【物理性质】黄色、浅绿色或褐色。玻璃光泽或油脂光泽，黄白色条痕，透明-半透明。解理//{1010} 不完全。硬度 5~6，性脆。相对密度 4.72~5.12，弱磁性。在阴极射线下发光。

【成因】氟碳铈矿形成于热液作用。

【用途】提取铈族稀土元素的重要矿物原料。

E 第五类：磷酸盐、砷酸盐、钒酸盐

自然界已发现磷酸盐矿物有 200 余种。磷以五价形式存在，与氧构成 $[PO_4]$ 四面体。与 $[PO_4]$ 四面体结合的阳离子有 Fe、Al、Ca、Mn、U、Na、Mg、Cu、Zn、Pb、Be 等。四面体内为共价键，与外部阳离子间为离子键。矿物中类质同象广泛。磷酸盐矿物中不仅有阳离子的类质同象代替，也有阴离子等价、异价类质同象代替。

自然界已发现砷酸盐矿物 123 种。砷与氧形成 $[AsO_4]$ 四面体的络阴离子团，构成砷酸盐的基本结构单位。在砷酸盐中 $[AsO_4]$ 绝大部分呈岛状。与 $[AsO_4]$ 结合的阳离子主要是铜型离子等。砷酸盐矿物呈片状或针状，多数为胶体状。颜色鲜艳。

自然界已发现钒酸盐矿物 50 余种。钒在自然界以五价阳离子形式出现，可有 4、5、6 三种配位数。钒与氧可形成四面体 $[VO_4]^{3-}$、四方锥多面体 $[VO_5]^{5-}$、三方双锥多面体 $[VO_5]^{5-}$ 和八面体 $[VO_6]^{7-}$。这几种多面体形成钒酸盐矿物的基本构造单位。$[VO_4]$ 多呈岛状出现，$[VO_5]$、$[VO_6]$ 可呈链状。钒酸盐矿物呈针状、片状晶体出现，颜色鲜艳（含有 Cu、Pb、K 等）。矿物硬度较低。

a 独居石族

独居石：

【化学成分】$(Ce,La,Y,Th)[PO_4]$。成分变化很大，混入物有 Y、Th、Ca、$[SiO_4]$ 和 $[SO_4]$ 等。富含 Ca、Th、U 的独居石称富钍独居石 $(TR,Th,Ca,V)[(Si,P)O_4]$，含 ThO_2 达 30%，U_3O_8 达 4%。

【晶体结构和形态】单斜晶系，常沿 {100} 成板状或柱状晶体。常见单形有平行双面、斜方柱及其聚形。晶面常有条纹。

【物理性质】呈黄褐色、棕色、红色，间或有绿色。半透明至透明。条痕白色或浅红黄色。具有油脂光泽。在 X 射线下发绿光，在阴极射线下不发光。解理//{100} 完全，{010} 不完全。硬度 5.0~5.5，性脆。相对密度 4.9~5.5，弱~中等电磁性。因含 Th、U 具有放射性。溶于 H_3PO_4、$HClO_4$、H_2SO_4 中。

【成因】独居石主要作为副矿物产在花岗岩、正长岩、片麻岩和花岗伟晶岩中。

【用途】独居石是提取稀土元素矿物原料。

b 磷灰石族

磷灰石:

【化学组成】$Ca_5[PO_4]_3(F,Cl,OH)$。成分中的钙常被稀土元素和微量元素 Sr 代替,稀土含量不超过 5%。按照附加阴离子不同有以下变种:氟磷灰石;氯磷灰石;羟磷灰石;碳磷灰石。常见的是氟磷灰石,即一般所指的磷灰石。

【晶体结构和形态】六方晶系,常呈短柱、短柱状、厚板状或板状晶形。主要单形:六方柱、六方双锥、平行双面及其聚形。集合体呈粒状、致密块状。

【物理性质】无杂质者为无色,常呈浅绿、黄绿、褐红、浅紫色。含有机质被染成深灰至黑色。透明至半透明,玻璃光泽,断口油脂光泽。解理 // $\{0001\}$ 中等, // $\{10\bar{1}0\}$ 不完全,断口不平坦,硬度 5,性脆。相对密度 3.18~3.21,加热有磷光。

【成因】磷灰石在岩浆作用、沉积作用、变质作用中形成。

【用途】制取磷肥,也用来制造黄磷、磷酸、磷化物及其他磷酸盐类,用于医药、食品、火柴、颜料、制糖、陶瓷、国防等工业部门。

c 绿松石族

绿松石:

【化学成分】$Cu(Al,Fe)_6(H_2O)_2(PO_4)_4(OH)_8$,成分中 Al 与 Fe 可成完全类质同象代替。富铝端员称绿松石,富铁端员称磷铜铁矿。Cu 可被 Zn 作不完全类质同象代替。

【晶体结构和形态】三斜晶系,偶尔见到柱状晶体。主要单形有平行双面及其聚形。常呈隐晶质,致密块状、葡萄状、豆状等。

【物理性质】颜色多呈天蓝色、淡蓝色、绿蓝色、绿色、带绿的苍白色。含铜的氧化物时呈蓝色,含铁的氧化物时呈绿色,白色或绿色条痕。蜡状光泽。在长波紫外光下,可发淡绿到蓝色的荧光。解理 // $\{010\}$ 完全,$\{001\}$ 中等。硬度为 5~6,相对密度 2.6~2.9。

【成因】绿松石为含铜硫化物及含磷、铝的岩石经风化淋滤作用形成。

【用途】优质绿松石为宝石原料。绿松石质地细腻、柔和,硬度适中,色彩娇艳柔媚。通常分为四个品种,即瓷松、绿松、泡(面)松及铁线松等。

F 第六类:钨酸盐、钼酸盐矿物

钨酸盐是络阴离子 $[WO_4]^{2-}$ 与金属阳离子结合的化合物。钼酸盐矿物是络阴离子 $[MoO_4]$ 与金属阳离子结合形成的化合物。本类矿物的 $[WO_4]^{2-}$、$[MoO_4]$ 均为二价,与它们结合的阳离子主要是 O、Mo、W、Mg、Ca、Ce 、U 、Fe、Cu 、Co、Pb、As 以及 Al、Si、P 等元素。本类矿物已知有 20 余种。钨在地质作用中具有显著的亲氧性,形成氧化物(黑钨矿)和钨酸盐(白钨矿)。钼与硫具有明显的亲和性,形成辉钼矿(MoS_2)。钼酸盐出现在金属矿床氧化带。

白钨矿族

白钨矿:

【化学组成】$Ca[WO_4]$,部分钙可被 Cu 代替,含 CuO 较多者(7%)称为含铜白钨矿。Mn 、Fe、Nb、Ta、U 、Ir、Ce、Pr、Sm、Zn、Nd 等也进入白钨矿晶格。

【晶体结构和形态】四方晶系,单晶体为近于八面体的四方双锥形态。四方双锥的晶面常具斜纹和蚀象。常见单形:四方双锥、平行双面及其聚形。粒状集合体。

【物理性质】白色，带有浅黄或浅绿，油脂光泽或金刚光泽。解理∥｛101｝中等，参差状断口。硬度 4.5，性脆。相对密度 6.1。

【成因】热液作用产物。与黑钨矿、石榴子石、石英、硫化物等共生。

【用途】重要的钨矿石矿物。

1.1.2.6　卤化物

卤化物为氟（F）、氯（Cl）、溴（Br）、碘（I）与阳离子结合形成的化合物，约有 100 余种，其中以 F 和 Cl 的化合物为主。阳离子主要为碱金属和碱土金属 Na、K、Ca、Mg 以及 Rb、Cs、Sr、Y、TR 等。半径较小的 F^- 与半径相对较小的阳离子（Ca^{2+}、Mg^{2+}、Al^{3+} 等）结合形成稳定的化合物，这些化合物熔点和沸点高、溶解度低、硬度较大。较大的 Cl^-、Br^-、I^- 与离子半径较大的阳离子 Na、K、Rb、Cs 等化合，这些化合物熔点和沸点低，易溶于水，硬度小。

卤化物晶体结构有氯化钠型、氯化铯型、闪锌矿型、萤石型。四种结构与阴阳离子半径密切相关。氯化钠型的阴阳离子半径之比 $R^+/R^- = 0.414 \sim 0.73$ 的范围内。氯化铯型结构的 $R^+/R^- = 0.73 \sim 1$ 之间。闪锌矿型结构的 $R^+/R^- < 0.41$，萤石型结构的 $R^+/R^- > 0.73$ 的范围内。

根据晶体化学特点和性质可划分为两类：第一类氟化物矿物类在自然界发现约 25 种。组成矿物的元素有 15 种，其中 Ca 的作用突出。形成的矿物以萤石最为重要。第二类氯、溴、碘化物矿物类。本类矿物已知有 18 种，组成矿物的元素有 16 种，以 Na、K、Mg 最为常见。其次为重金属元素 Cu、Ag、Pb 等。氯化物分布广泛，溴化物、碘化物在自然界少见。

A　萤石族

萤石：

【化学成分】CaF_2。Ca 常被稀土元素（Y、Ce 等）代替，代替数量在（Y,Ce）:Ca = 1:6。当含 Y 多时为钇萤石。常见混入物还有 Cl（萤石呈黄色）；含有 Fe_2O_3、Al_2O_3、SiO_2 和沥青物质等。

【晶体结构和形态】等轴晶系，晶体呈立方体、八面体、菱形十二面体、六八面体以及立方体、八面体聚形等。见穿插双晶。块状、粒状集合体。

【物理性质】颜色多变，有紫色、绿色、无色、白色、黄色、粉红色、蓝色和黑色等。条痕白色。透明至半透明，玻璃光泽。萤石具有发光性：紫外光照射下有紫或紫红色荧光，阴极射线下发紫或紫红色光。含量 Eu、La、Ce、Yb 萤石中具有较强荧光性（Eu-蓝色、Yb、Sm-绿色）。解理∥｛111｝完全，硬度 4。相对密度 3.18。

【成因】萤石形成在各种地质作用。

【用途】冶金熔剂，化工工业上用于制氟化物原料。

B　石盐族

（1）石盐：

【化学成分】NaCl。常含有杂质多种机械混入物，如 Br、Rb、Cs、Sr 及卤水、气泡、黏土和其他盐类矿物。

【晶体结构和形态】等轴晶系，单晶体为立方体与八面体及其聚形。在立方体晶面上有阶梯状凹陷。双晶依｛111｝生成。集合体为粒状、块状等。

【物理性质】纯净的石盐无色透明或白色，含杂质时则可染成灰、黄、红、黑等色。新鲜面呈玻璃光泽，潮解后表面呈油脂光泽。透明至半透明。部分具荧光特性。三组解理∥（100）完全，硬度 2.5。相对密度 2.17，具弱导电性和高的热导性。易溶于水，味咸，燃烧火焰呈黄色。在 0℃时溶解度为 5.7%；100℃时溶解度 39.8%。

【成因】石盐是化学沉积成因的矿物，与钾盐、光卤石、石膏、芒硝等共生或伴生。

【用途】石盐除加工成精盐可供食用外，还是化学工业最基本的原料之一。

（2）钾盐：

【化学组成】KCl。含有微量的 Br、Rb、Cs 等类质同象混入物和气液包裹体（N_2、CO_2、H_2、CH_4、He 等）以及石盐等固态包裹体。

【晶体结构和形态】等轴晶系，晶体呈立方体 a｛100｝，八面体 m｛111｝或由立方体和八面体的聚形。集合体通常呈粒状、致密块状、针状、皮壳状等。

【物理性质】纯净者无色透明，含微细气泡者呈乳白色，含细微赤铁矿呈红色。玻璃光泽。解理∥｛100｝完全，硬度 1.5~2，性脆。相对密度 1.97~1.99，味苦咸且涩，易溶于水。烧之火焰呈紫色。熔点 790℃，差热分析在 700~800℃之间有一特征吸热谷。

【成因】与石盐相似。产于干涸盐湖中，位于盐层上部，其下为石盐、石膏、硬石膏等。

【用途】制造钾肥、化工制取各种含钾化合物。

C　光卤石族

光卤石：

【化学成分】$KMgCl_3 \cdot 6H_2O$。含有 Br、Rb、Cs 及 Li、Ti。有石盐、钾盐、硬石膏、赤铁矿等机械混入物。常含有黏土、卤水以及 N_2、H_2、CH_4 等包裹体。

【晶体结构和形态】斜方晶系，晶体呈假六方双锥状。主要单形平行双面、斜方柱和斜方双锥。集合体粒状、致密块状。

【物理性质】白色或无色，常因含细微氧化铁而呈红色，含氢氧化铁呈黄褐色。透明到半透明，新鲜面呈玻璃光泽，油脂光泽。具强荧光性。无解理，硬度 2~3，性脆，相对密度 1.6。

【成因】光卤石是含镁、钾盐湖中蒸发作用最后形成的矿物，经常与石盐、钾石盐等共生。中国柴达木盆地达布逊湖盛产光卤石，由石盐-光卤石-石盐互层构成。

【用途】用于制造钾肥和钾的化合物，也是提炼金属镁的重要原料。

D　角银矿族

角银矿：

【化学组成】AgCl。Cl 和 Br 可形成类质同象代替。当成分 Cl > Br 称为氯角银矿，Cl< Br 称为溴角银矿。

【晶体结构和形态】等轴晶系。晶体呈立方体，但少见；通常呈块状或被膜状集合体。

【物理性质】白色微带各种浅的色调。新鲜者无色，或微带黄色，在日光中暴露变暗灰色。透明，结晶质呈金刚光泽，隐晶质为蜡状光泽。硬度 1.5~2，具延展性。相对密度 5.55。

【成因】角银矿是含银硫化物氧化后与下渗的含氯地面水反应而成。

【用途】用于提炼银。

1.2　岩　石

　　地壳的物质组成可以分成元素、矿物、岩石（矿石）、各种地质体，包括岩体、地层、矿床等。岩石是在各种地质作用下形成的具有一定结构构造的、由一种矿物和多种矿物组成的集合体，是构成地壳和上地幔的物质组成。岩石是地质作用的产物，按照成因分为岩浆岩、沉积岩和变质岩三大类。岩浆岩是地壳或上地幔高温、高压熔融状态的岩浆，侵入地表以下或喷出地表冷凝形成的岩石；分为侵入岩和喷出岩（火山岩）。沉积岩是由成层堆积于陆地或海洋中的碎屑、胶体和有机物等疏松沉积物沉积、固结形成的岩石。变质岩是地壳已有的岩石（沉积岩、岩浆岩或变质岩）经受到变质作用后形成的岩石。

　　地表出露的岩石主要以沉积岩为主，分布面积约占70%。岩浆岩、变质岩则是分布广泛。从地表到地壳16km的岩石圈，岩浆岩占到总体积的95%。铁镁质的岩浆岩是构成大洋地壳的主体。沉积岩不足5%，变质岩更少。

1.2.1　岩浆岩

　　岩浆岩是由岩浆在地下或喷出地表后冷却凝结而成的岩石，又称"火成岩"。由于岩浆固结时的化学成分、温度、压力及冷却速度的不同，可生成各种不同的岩石。大部分火成岩是结晶质的，小部分为玻璃质。火成岩的形成温度一般较高（主要在700~1500℃）。除由岩浆冷凝形成的火成岩而外，还有一部分火成岩不是由岩浆形成的，而是由先成岩石经过超变质或强烈交代作用形成，如某些花岗岩类岩石。因此有人认为火成岩既包括由岩浆作用形成的岩石，也包括由非岩浆作用形成的岩石。火成岩在地壳里占主要地位，从地面到深达1km的地方，火成岩的体积几乎占到2/3，而沉积岩仅占1/3。它是组成地壳的主要岩石。

1.2.1.1　岩浆作用

　　岩浆是上地幔和地壳深处形成的，以硅酸盐为主要成分的炽热、黏稠、含挥发分（H_2O、CO_2 等）的熔融体（熔体）。在熔体成分中还有氧化物、硫化物、碳酸盐等。同时含有 Cr、V、Ti、铂族元素、铜镍以及稀土元素等成矿元素。温度大于1000℃。岩浆沿构造薄弱带上升到地壳上部或地表，在运移过程中，受到物理化学条件改变的影响和组分的变化，最后凝固成岩浆岩。侵入岩是岩浆侵入地壳中冷凝形成的岩石。由于冷却较慢，挥发分较多，矿物结晶程度较好。根据侵入深度分为深成岩、浅成岩。喷出岩是岩浆及其他岩石经过火山喷发地表后冷凝和堆积形成的岩石。火山宁静溢流出来的熔岩流，经冷凝形成的岩石为熔岩；火山强烈爆发出来的各种碎屑物堆积形成的岩石为火山碎屑岩。喷出岩由于冷却较快，挥发分大量逃逸，矿物结晶程度差，甚至有玻璃质。

1.2.1.2　岩石化学成分

　　岩浆岩主要化学成分是氧硅铝铁镁钙钠钾和水，占岩浆岩平均化学成分的98%，各氧化物含量变化较大（表1-5）。

1.2.1.3　岩浆岩矿物成分

　　岩浆岩中矿物成分复杂，总数达1000余种，但常见有20余种，是岩浆岩分类和鉴定

表 1-5　岩浆岩化学组成

氧化物	平均含量（质量分数）/%	变化范围（质量分数）/%
SiO_2	59.12	34~75
Al_2O_3	15.34	10~20
MgO	0.12	1~15
CaO	5.08	0~15
Fe_2O_3	3.08	0.5~15
FeO	3.80	Fe_2O_3+FeO 0~15
Na_2O	3.84	
K_2O	3.13	<10%，<Na_2O
MnO	0.12	0~0.3
H_2O	1.18	变化较大
TiO_2	1.05	0~2
P_2O_5	0.28	0~0.5
CO_2	0.102	
ZrO	0.039	0~1
Cr_2O_3	0.055	0~0.5
其他	0.204	

注：据 F. W. Clark，H. S. Washington，1924。

的主要依据。根据化学成分和矿物的颜色，可以分成两大类：铁镁矿物（暗色矿物）铁镁矿物是指 FeO、MgO 含量较高，SiO_2 含量较低的硅酸盐类矿物，主要有橄榄石族、辉石族、角闪石族、黑云母族矿物。这些矿物颜色较深，称为暗色矿物。硅铝矿物（浅色矿物）硅铝矿物是指 K、Na、Ca 等与 SiO_2、Al_2O_3 组成的铝硅酸盐类矿物。主要包括石英、长石族（钾长石、斜长石）霞石族、白榴石族等。这些矿物的颜色较浅。

1.2.1.4　岩浆岩的结构构造

岩浆岩的结构是指岩石中矿物结晶程度、颗粒大小、形状特征及彼此相互之间的关系等反映出的特征。岩浆岩的构造是指岩石中不同矿物集合体之间或矿物集合体与岩石其他组成部分之间的排列以及充填空间方式所构成的岩石特征。

A　岩浆岩的结构

（1）依据岩浆岩中结晶部分和非结晶部分的比例，岩浆岩的结构分为全晶质结构、玻璃质结构、半晶质结构。全晶质结构是指岩石全部由已结晶的矿物组成。这是岩浆在温度下降较缓慢条件下结晶形成的。多见于较深的侵入岩中。玻璃质结构是岩石几乎全部由未结晶的火山玻璃组成。这是温度快速下降条件下（喷发出地表），各种组分尚未结晶就冷却成玻璃质。主要出现在酸性喷出岩中。玻璃质是未结晶的不稳定的固态物质。半晶质结构是岩石由部分晶质和玻璃质组成。

（2）按照岩石中显晶质矿物颗粒大小，划分为粗粒结构（晶粒大于 5mm）；中粒结构（晶粒 2~5mm）；细粒结构（晶粒小于 2mm。在显微镜下细分为显微晶质结构和显微隐晶质结构等。斑状结构是指岩石中矿物颗粒大小截然不同的两群，大颗粒为斑晶，细小或玻璃质为基质。斑状结构为喷出岩和浅成岩的重要特征。斑晶形成深部或上升过程，结晶时间早，经历时间长，结晶颗粒较大。颗粒小和玻璃质则是上升到地表，快速凝结，形成细小晶粒或来不及结晶而成玻璃质。

（3）根据岩石中矿物的自形程度是指组成岩石的矿物形态特点。取决于矿物结晶习性、岩浆结晶的物理化学条件、结晶时间、空间等。自形晶是矿物颗粒基本上按照结晶习性发育成被规则晶面所包围的晶体。半自形晶是矿物颗粒按结晶习性发育一部分规则晶面，而其他晶面发育不好形成不规则形态晶粒。它形晶是矿物颗粒为不规则形态的晶粒。自形粒状结构是岩石由自形晶组成结构；它形粒状结构是岩石由它形晶组成。半自形粒状结构岩石由半自形晶组成。

（4）按照岩石中矿物颗粒间的关系分为交生结构：两种矿物互相穿插有规律地生长在一起。进一步分为文象结构（石英呈不规则形态有规律镶嵌在长石中）、条纹结构（钾长石和钠长石有规律交生）。反应边结构：早生成的矿物与熔体反应，在矿物的边缘形成另一种新的矿物，包围着早前形成的矿物。环带结构是反应生成的矿物为同一种矿物，只是在组分上有所差别，形成环带状特征。如斜长石环带结构，自内向外为由基性逐渐向酸性变化为正环带结构，反之则为反环带结构。包含结构是在较大矿物颗粒中包嵌有许多小的早期矿物颗粒。填隙结构是在斜长石晶粒间隙填充辉石等暗色矿物以及隐晶质或玻璃质。

火山岩具有特殊结构如凝灰结构、火山角砾结构、集块结构、熔结结构等。

岩浆岩结构如图 1-1 所示。

 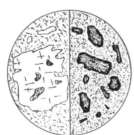  

等粒结构、似斑状　　　熔蚀结构、　　　半自形晶结构、它形　　全晶质结构、斑晶
结构、不等粒结构、　　暗化边结构　　　晶结构、自形晶结构　　结构、玻璃质结构
斑状结构

图 1-1　岩浆岩结构

B　岩浆岩的构造

（1）块状构造：组成岩石的矿物整体上均匀分布，岩石各个部分在成分上或结构上基本上一样。

（2）带状构造：颜色或粒度不同的矿物在岩石中相间排列，成带出现。斑杂构造：岩石不同部位的颜色和矿物成分或结构差别较大。整个岩石看上去分布不均匀，斑杂无章。

（3）晶洞构造，在侵入岩中有近圆形空心的空洞。若在晶洞壁上生长者排列很好的自形晶体则为晶腺构造。

（4）流动构造：岩浆岩中片状矿物、板状矿物作平行排列，形成六面构造。柱状、针状矿物成定向排列，形成流线构造。

喷出岩具有气孔构造、枕状构造、流纹构造（由不同颜色不同成分的条带条纹和球粒定向排列以及拉长的气孔等表现出来的一种流动构造，是酸性熔岩常见构造。

1.2.1.5　岩浆岩的分类

SiO_2 是岩浆岩中重要的氧化物，以 SiO_2 含量作为岩浆岩分类的主要参数。$SiO_2 > 66\%$ 的岩浆岩称为酸性岩、$53\% \sim 66\%$ 为中性岩、$45\% \sim 53\%$ 为基性岩、$< 45\%$ 为超基性岩。把 $K_2O + Na_2O$ 质量百分数之和称为碱含量。采用里特曼指数确定岩石碱性程度，$\sigma = \dfrac{(K_2O + Na_2O)^2}{SiO_2 - 43}$。$\sigma < 3.3$ 为钙碱性岩，$\sigma = 3.3 \sim 9$ 为碱性岩；$\sigma > 9$ 为过碱性岩，岩浆岩分类见表 1-6。

1.2.1.6　常见岩浆岩类型

（1）橄榄岩属于硅酸不饱和的钙碱性系列岩石。化学成分贫硅（$SiO_2 < 45\%$）、富镁铁。颜色较深。主要矿物有橄榄石（$40\% \sim 90\%$）、辉石，次要矿物有角闪石、黑云母、基性斜长石。副矿物有尖晶石、铬铁矿、钛铁矿、磷灰石、磁铁矿。细粒结构，块状构造。橄榄石易蛇纹石化。橄榄石达 90% 以上为纯橄榄岩。含橄榄石与斜方辉石为方辉橄榄岩。

（2）辉石岩几乎全部由辉石（$> 90\%$）组成，含橄榄石、角闪石以及金属矿物等。斜方辉石含量 $90\% \sim 100\%$，命名为方辉辉石岩。几乎全部由透辉石组成，命名为透辉石岩。当辉石含量 $60\% \sim 90\%$，橄榄石含量小于 40%，命名为橄榄辉石岩。

（3）金伯利岩是一种少见不含长石的偏碱性超基性的浅成岩。SiO_2 含量在 33%，$K_2O > Na_2O$。主要矿物有橄榄石、镁铝榴石、金云母、铬铁矿、钙钛矿、钛铁矿等。次要矿物有前三种矿物常成斑晶。橄榄石被蛇纹石化。细粒、斑状结构。块状、角砾状结构等。

（4）碳酸岩是化学成分中 SiO_2 含量很低（$< 20\%$）、碳酸盐矿物含量大于 50% 的超基性岩石。普遍含有稀土元素。主要矿物有方解石、白云石、铁白云石。次要矿物有碱性长石、霓石、钠闪石、透辉石、霞石、黄长石等。副矿物有磷灰石。稀土矿物种类很多，主要有铌钽铁矿、独居石、烧绿石、铌金红石、铀铌钽矿等。岩石结构为结晶粒状结构。主要岩石有方解石碳酸岩、白云石碳酸岩、方解石白云碳酸岩。碳酸岩含有大量稀土元素。

（5）辉长岩岩石颜色较深，主要矿物是辉石和基性斜长石。次要有角闪石、黑云母、橄榄石、钾长石以及副矿物磷灰石、磁铁矿、尖晶石等。粗粒结构，块状构造。

（6）玄武岩是基性火山岩的总称，是一种深色细粒或隐晶质岩石，具斑状结构。主要矿物有斜长石、辉石。斜长石斑晶比基质斜长石总要基性些。如含一定数量的橄榄石斑晶称为橄榄玄武岩。根据化学成分及标准矿物成分划分拉斑玄武岩（$Al_2O_3 < 16\% \sim 17\%$）、高铝玄武岩（$Al_2O_3 > 16\% \sim 17\%$）。

（7）闪长岩为钙碱性系列中性岩。浅灰-绿色。主要矿物是中性斜长石和角闪石，次要矿物有辉石、黑云母、石英、钾长石。副矿物有磷灰石、磁铁矿、榍石等。等粒结构，块状构造。长石具环带结构。石英闪长岩石英含量在 $5\% \sim 20\%$，暗色矿物 15% 左右，斜长石（中长石）占 50% 左右。半自形粒状结构，块状构造。

（8）安山岩是与闪长岩成分对应的熔岩代表。安山岩呈紫红色、灰绿色等。具斑状结构，气孔状杏仁状构造。斑晶主要是斜长石和角闪石。基质由微晶斜长石和玻璃质组成。

表 1-6　岩浆岩分类表

酸度		超基性岩				基性岩			中性岩				酸性岩	
碱度		钙碱性	偏碱性	过碱性		钙碱性	碱性	过碱性	钙碱性	钙碱性-碱性		过碱性	钙碱性	碱性
岩石类型		橄榄岩-苦橄岩类	金伯利岩类	霓霞岩-霞石岩	碳酸岩类	辉长-玄武岩类	碱性辉长岩-碱性玄武岩类		闪长岩-安山岩类	正长岩-粗面岩类		霞石正长岩-响岩	花岗岩-流纹岩类	
SiO$_2$(质量分数)/%		<45				45~53			53~66				>66	
		38~45	20~38	38~45	<20									
K$_2$O+Na$_2$O(质量分数)/%		<3.5	<3.5	<3.5	<3.5	平均3.6	平均4.6	平均7	平均5.5	平均9		平均14	平均6~8	
σ[①]						<3.3	3.3~9	>9	<3.3	3.3~9		>9	<3.3	3.3~9
石英含量(体积分数)/%		不含				不含或少含	不含		<20			不含	>20	
似长石含量(体积分数)/%		不含		含量变化大	可含	不含	不含或少含	>5	不含	不含或少含		5~50	不含	
长石种类及含量		不含	不含	少量碱性长石		基性斜长石	碱性长石、基性斜长石为主、有中长石、更长石		中性斜长石、含碱性长石	碱性长石、中性斜长石		碱性长石	碱性长石、中酸性斜长石	碱性长石
镁铁矿物种类		橄榄石、斜方辉石、单斜辉石	橄榄石、透辉石、镁铝榴石、金云母	碱性暗色矿物		辉石为主、橄榄石、角闪石	单斜辉石为主，橄榄石		角闪石为主、辉石黑云母次之	碱性辉石、角闪石为主、富铁云母次之			黑云母为主，角闪石次之	碱性角闪石、富铁黑云母为主
色素/%		>66		30~90		40~90			15~40				<15	
代表性侵入岩·深成岩		纯橄榄岩、橄榄岩、二辉岩				辉长岩、苏长岩、斜长岩	碱性辉长岩		闪长岩	二长岩	正长岩、碱性正长岩	霞石正长岩	花岗岩、花岗闪长岩	碱性花岗岩
代表性侵入岩·浅成岩		苦橄玢岩	金伯利岩	霓霞岩、磷霞岩	碳酸岩	辉绿岩、辉绿玢岩	碱性辉绿岩、碱性辉绿玢岩		闪长玢岩	二长斑岩	正长斑岩	霞石正长斑岩	花岗斑岩、花岗闪长玢岩	霓细花岗岩
代表性喷出岩		苦橄岩、玻基纯橄岩		霞石岩	碳酸熔岩	拉斑玄武岩、高铝玄武岩	碱性玄武岩	碱玄岩、碧玄岩	安山岩	粗安岩	粗面岩、碱性粗面岩	响岩	流纹岩、英安岩	碱性流纹岩、碱流岩

① $\sigma = (K_2O+Na_2O)^2/(SiO_2-43)$。

进一步分类有辉石安山岩、角闪安山岩、黑云母安山岩和玻基安山岩等。

（9）花岗岩灰白色，肉红色。主要矿物成分是石英（>30%）、钾长石、酸性斜长石。次要矿物有黑云母、角闪石。副矿物有磷灰石、锆石、榍石、磁铁矿。钾长石多于斜长石。根据暗色矿物进一步命名为黑云母花岗岩、角闪花岗岩、二云母花岗岩等。把不含暗色矿物（暗色矿物小于1%）的花岗岩称为白岗岩。

（10）碱性花岗岩化学成分以富钠质为特点。主要矿物有石英、碱性长石。碱性暗色矿物有碱性角闪石（钠闪石、钠铁闪石）、碱性辉石（霓辉石、霓石）、含钛黑云母、铁锂云母等。副矿物有磷灰石、磁铁矿、锆石等。碱性暗色矿物呈它形粒状结构、包含结构。有霓辉石花岗岩、霓石花岗岩、钠铁花岗岩、铁云母花岗岩。

（11）花岗闪长岩主要矿物成分石英、斜长石、钾长石，斜长石多于钾长石。暗色矿物角闪石、黑云母含量较高。半自形粒状结构、斜长石环带结构等。

（12）流纹岩成分上与花岗岩相当的喷出岩。灰色、灰红色，常见流纹构造、气孔构造、斑状结构、玻璃质结构。含较多石英斑晶，有溶蚀。其次是碱性长石（透长石或正长石）及斜长石斑晶。若肉眼不见斑晶，岩石呈霏细结构者称为霏细岩。

（13）英安岩在矿物成分上与花岗闪长岩基本相同的喷出岩。具斑状结构，流纹状构造、气孔状构造。有明显的石英及透长石斑晶，基质为隐晶质和玻璃质。

（14）霞石正长岩属于 SiO_2 不饱和的过碱性中性岩，（K_2O+Na_2O）>10%。浅色粒状。主要矿物为碱性长石（正长石、微斜长石、钠长石），碱性暗色矿物（辉石、钠闪石、黑云母）和霞石等。不含石英。副矿物种类较多，多数为含 Ti、Zr、Nb 的硅酸盐矿物，锆石、独居石、褐帘石、硅铈矿等以及磷灰石、榍石、金红石等。半自形粒状、嵌晶结构等。块状、条带状、片麻状构造等。

1.2.2 沉积岩

1.2.2.1 沉积作用

沉积岩是由风化的碎屑物和溶解的物质经过搬运作用、沉积作用和成岩作用而形成的。地壳中的岩石受到机械风化、化学风化、生物化学风化的作用，形成碎屑、溶液，在风力、水流、冰川和自身重力，搬运到动力减弱、物理化学条件改变的环境（如湖、海、盆地等），逐渐沉积下来。沉积方式有机械沉积、化学沉积和生物化学沉积。沉积后，受到压实、孔隙减少、脱水固结或重结晶作用等形成岩石。

沉积岩在地壳表层分布较广。特别是岩石圈的上部与表层。占陆地面积75%左右，海底几乎为沉积物覆盖。沉积岩厚度在地壳表层变化较大，有的可达几万米，有的则很薄或没有沉积岩分布。显著特征是具有层理构造。含有化石。沉积岩中赋存着大量矿产。世界资源总储量的75%以上为沉积成因和沉积变质成因的。

1.2.2.2 沉积岩的结构构造

沉积岩的结构是指沉积岩组成物质的形状、大小和结晶程度。主要有：

（1）碎屑结构指母岩风化后的碎屑经外力作用胶结而成的结构。碎屑结构由碎屑物质和胶结物质两部分组成。碎屑物质主要是那些抗风化能力强的矿物，如石英、长石等。胶结物质是填充于碎屑之间的物质，最常见有方解石、赤铁矿、石膏、有机质等。根据碎屑颗粒大小划分为砾（直径大于 2mm）、砂（直径为 0.05～2mm）、粉砂（直径为 0.005～0.05mm）、泥（直径小于 0.005mm）。

（2）泥质结构由极小的黏土质（矿物）组成、比较致密、柔软的结构。

（3）化学结构和生物结构由各种溶解物质或胶体物质沉淀而成的沉积岩，具有化学结构。在岩石中含有大量的生物遗体或生物碎片，形成生物结构。

沉积岩的构造沉积岩中各种物质成分特有的空间分布和排列方式，成为沉积岩的构造。主要有：

（1）层理构造是指沉积物在岩层的垂直方向上由于成分、颜色、结构的不同，而形成层状的构造。在同一个基本稳定的条件下形成的沉积单位叫作层，层与层之间的界面称为层面。岩层的厚度可以反映沉积环境的变化。有水平层理、波状层理、斜层理、交错层理等。

（2）层面构造是沉积岩层面上保留的自然作用产生的一些痕迹。层面构造同样记录了沉积岩形成过程中的地理环境。各种层面构造包括：波痕、缝合线构造、叠层构造、鲕状构造等。

1.2.2.3　常见沉积岩种类

依据沉积岩的物质来源可分为三大类型。陆源沉积岩包括碎屑岩砂岩粉砂岩泥质岩；火山源沉积岩包括集块岩、火山角砾岩、凝灰岩；内源沉积岩（也称化学沉积岩）包括铝质岩、铁质岩、锰质岩、磷质岩、硅质岩、碳酸盐岩、蒸发岩、可燃性有机岩。

（1）砾岩指含有砾石含量占 50%以上、砾石直径 2～1000mm 的沉积岩。砾石有岩石、矿物碎屑。砾石之间为砂粒、基质或胶结物充填。有保留棱角砾石，称为角砾岩。

（2）砂岩指由沙粒组成的岩石，根据沙砾的大小可分为粗砂岩（>0.5mm）、细砂岩（0.5～0.25mm）、粉砂岩（0.25～0.05mm）。砂岩的碎屑主要成分是石英、长石、岩屑。胶结物为钙质、硅质铁质等。根据其成分又可分为石英砂岩（含石英砂超过 90%）、长石砂岩、岩屑砂岩等。

（3）泥岩是粒度小于 0.04mm 的陆源碎屑和黏土组成的岩石。成分复杂，有黏土矿物高岭土、绿泥石、云母等。以及钙质、铁质、硅质物质等。泥质结构。有层理、面理构造。

（4）页岩指具薄层状页理构造的一类岩石，页理主要是鳞片状黏土矿物层层累积、平行排列并压紧而成。常含有石英长石云母等细小碎屑以及铁质、有机质等。页岩有不同颜色，紫色、灰色、绿色等。页岩常保存有古生物化石。

（5）火山碎屑岩指火山喷发碎屑由空中坠落就地沉积或经一定距离的流水冲刷搬运沉积而成的岩石。凝灰岩是主要由粒径小于 2mm 的火山灰（岩屑、晶屑、玻屑）及火山碎屑等（含量 50%以上）固结而成岩石。火山角砾岩主要由粒径为 2～64mm 的熔岩碎块或角砾（含量 50%以上）固结而成的岩石。火山集块岩主要由粗火山碎屑（大于 64mm）如熔岩碎块等（占 50%以上），固结而成的岩石。此类岩石外貌疏松多孔，粗糙，有层理，颜色多样，有黑色、紫色、红色、白色、淡绿色等。

（6）石灰岩属于典型的化学沉积岩。石灰岩呈现不同深度的灰色以及黄、浅红、褐红等色。碳酸盐矿物含量大于 50%，主要矿物成分为方解石、白云石等，常混入二氧化硅、氧化铁、黏土矿物和碎屑矿物，结晶粒状结构、鲕状结构、豆状结构、生物结构或碎屑结构等。层理构造。按成因可分为生物灰岩、化学灰岩及碎屑灰岩等。

（7）白云岩化学沉积岩指白云石为主要组分（50%以上）的碳酸盐岩，常混入方解石、黏土矿物、石膏等杂质。外表特征与石灰岩极为相似，但加冷稀盐酸不起泡或起泡微弱，具有粗糙的断面，且风化表面多出现格状溶沟。有碎屑白云岩、微晶白云岩、结晶白云岩。

1.2.3 变质岩

1.2.3.1 变质岩一般特征

地壳中已生成的岩石在地壳运动、岩浆活动的影响下，发生了矿物成分、结构和构造上的变化，引起这种变化发生的作用叫作变质作用。经过变质作用生成的岩石叫作变质岩。引起岩石发生变质的因素主要是温度、压力变化，以及性质活泼的气体和溶液等。由岩浆岩变质的称为正变质岩；由沉积岩变质的称为副变质岩；若原岩为变质岩经再次变质作用而形成的岩石，称为复变质岩。其变质作用称叠加变质（多期变质）作用，由低级到高级的称递增变质作用，反之称退化变质作用。

1.2.3.2 变质岩的化学成分

变质岩的化学成分主要是：有造岩氧化物 SiO_2、Al_2O_3、Fe_2O_3、FeO、MgO、CaO、K_2O、Na_2O、H_2O、CO_2、TiO_2 和 P_2O_5 等，对于不同的变质岩，化学成分的差别却很大，一般地说，正变质岩的化学成分变化范围较小，副变质岩的化学成分变化范围很大。

1.2.3.3 变质岩矿物成分的一般特征

变质岩中常见矿物：橄榄石、辉石、角闪石、石英、长石、云母等。在区域变质作用中，低级变质矿物：绢云母、绿泥石、蛇纹石、滑石、钠长石等。中级变质典型矿物：白云母、钾微斜长石、硬绿泥石、镁铁闪石、蓝晶石、透闪石、阳起石、红柱石等。高级变质矿物：夕线石、紫苏辉石、正长石等。

变质矿物的等化学系列共生组合：原岩化学成分相同或基本相同的所有变质岩石，矿物组合是由变质条件所决定的，即变质条件相同，矿物组合相同；反之则不同。等物理系列：化学成分不同的岩石，在相同或基本相同的变质条件下形成的所有岩石。可有不同的矿物共生组合。如原岩为碳酸盐类岩石或页岩，同样在中级变质条件下，前者则形成大理岩，而后者则形成黑云母片岩，二者居于同一个等物理系列。

1.2.3.4 变质岩的主要结构和构造

A 变质岩的结构

按成因可分为四大类：变余结构、变晶结构、交代结构、碎裂结构。

（1）变余（残留）结构：岩石大部分发生变化，原岩的结构还清楚地保留一部分，这种结构称为变余结构。

（2）变晶结构：变晶结构是变质岩的最大特征之一。常见有斑状变晶结构、粒状变晶结构（粗粒大于 3mm、中粒 3~1mm、细粒 1~0.1mm、显微细粒小于 0.1mm）、花岗变晶结构、鳞片变晶结构、包含变晶结构（变嵌晶结构）等。

（3）交代结构：有交代假象结构（某种矿物被另一种矿物交代，但仍保留原有矿物的形状）；交代残留结构（被交代矿物被分割成零星孤岛状的残留体，被包在交代矿物之中）以及交代穿孔结构、交代蠕英结构等。

（4）破裂结构：动力变质岩特有的结构。主要有碎裂结构：岩石受力后，只在矿物颗粒接触处和裂开处被碎裂成小颗粒（即碎边），并使矿物破碎成外形不规则的带棱角的颗粒。碎块无较大位移。碎斑结构：破碎强烈，碎屑粉末（碎基）中残留有较大矿物颗粒（碎斑）。糜棱结构：碎粒及碎块呈定向排列的结构，碎基含量50%～90%。

变质岩结构如图1-2所示。

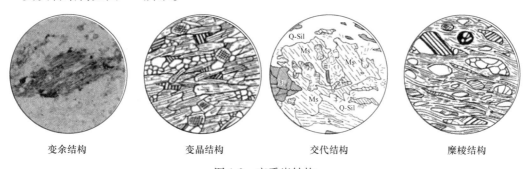

变余结构　　　　　变晶结构　　　　　交代结构　　　　　糜棱结构

图1-2　变质岩结构

B　变质岩的主要构造

按成因分为变余构造、变成构造和混合构造。

（1）变余构造（残留构造）：变质后仍保留原岩的构造者称为变余构造。命名："变余"+原岩构造。如变余层理构造。

（2）变成构造：包括千枚状构造、片状构造和片麻状构造。千枚状构造：鳞片状矿物初步定向排列，岩石薄片状，片理面具有强烈的绢丝光泽。片状构造：大量片状、柱状或纤维状矿物呈平行或近平行连续排列，形成岩石的片理。仅有柱状矿物呈平行排列时，可形成线理构造。与千枚状构造的区别在于岩石的变质程度较高，矿物粒度较粗，肉眼可以分辨矿物的颗粒。片麻状构造：在粒状矿物之间含部分片、柱状矿物呈断续定向排列。

（3）混合构造：是混合岩特有的构造。把原来存在的高级变质岩称为基体，长英质称为脉体。混合构造就是基体与脉体在空间分布上的相互关系。按照其形态特征可划分为条带状构造、眼球状构造、网脉状构造、肠状构造、片麻状构造等。

（4）块状构造：岩石中以粒状矿物为主，排列紧密、无定向性、岩石结构较均匀。

1.2.3.5　常见变质岩类型

按照变质作用类型，变质岩划分为区域变质岩包括板岩、千枚岩、片岩、片麻岩、角闪岩（角闪质岩）、变粒岩（长英质变粒岩）、榴辉岩；接触变质岩包括角岩、矽卡岩、大理岩、石英岩；混合岩包括混合片麻岩、混合花岗岩类等；动力变质岩包括碎裂岩、糜棱岩等。

（1）板岩：具板状构造的浅变质岩石，由泥质岩、粉砂岩或中酸性凝灰岩经轻微变质作用而成。原岩的矿物成分只有部分重结晶，仅发生脱水，硬度增高，岩石外表呈致密隐晶质，矿物颗粒很细，肉眼难以鉴别。有时在板理面上有少量的云母、绿泥石等新生矿物。板岩有黑色炭质板岩、灰绿色钙质板岩等。

（2）千枚岩：是具有典型的千枚状构造的浅变质岩石。由泥质岩、粉砂岩或中酸性凝灰岩经低级变质作用所形成，变质程度比板岩的稍高。原岩矿物成分基本上已全部重结晶，主要由细小的绢云母、绿泥石、石英、钠长石等新生矿物组成。当原岩中含 FeO 较多时，可出现硬绿泥石、黑云母。岩石一般呈细粒鳞片变晶结构，颗粒平均粒径小于 0.1mm，岩石的片理面上，具有明显的丝绢光泽，并常具小的皱纹构造。

（3）片岩：片岩多为显晶质的等粒鳞片变晶结构，或基质为鳞片变晶结构的斑状变晶结构，片状构造。主要由片状矿物（云母、绿泥石、滑石等），柱状矿物（阳起石、透闪石、普通角闪石等）和粒状矿物（长石、石英等）组成。有时也含有石榴子石、十字石、蓝晶石等特征变质矿物的变斑晶。片岩中片状矿物含量一般大于 20%；对于粒状矿物组成的片岩，岩石中定向构造发育，含量一般大于 65%。粒状矿物常以石英为主，可含有一定数量的长石，长石含量小于 20%。变晶粒度常大于 0.1mm。片岩的矿物成分可用肉眼辨认。常见云母片岩、绿片岩、角闪片岩、石英片岩等。可以是超基性岩、基性岩、各种凝灰岩和含杂质砂岩、泥灰岩和泥质岩，经低中级变质作用而形成。

（4）片麻岩：片麻状构造，片麻岩的主要矿物成分石英、长石及一定量的片状、柱状矿物，（长石+石英）>50%，而长石大于 25%，片、柱状矿物小于 30%。变晶粒度大于 1mm。片状或柱状矿物增多时过渡为片岩，片状或柱状矿物可以是云母、角闪石、辉石等。有时可含矽线石、蓝晶石、石榴子石、堇青石等特征变质矿物。

（5）变粒岩：具有特征的等粒变晶结构，粒度在 0.5mm 以下（0.3~0.1mm），块状构造。长石、石英粒状矿物大于 70%，一般长石大于 25%，且多于石英。云母或其他暗色矿物较少（一般少于 30%）。暗色矿物可以是黑云母、普通角闪石、透闪石、透辉石、电气石、磁铁矿等。

（6）麻粒岩：是一种在高温和中压下稳定的区域变质岩，其特征是暗色矿物中主要为紫苏辉石、透辉石，浅色矿物有长石和石英，石英显暗色，有时含石榴子石、矽线石、蓝晶石、堇青石等。中、粗粒状变晶结构或不等粒状变晶结构；块状构造。含有拉长透镜状石英颗粒或集合体，使岩石略显定向构造。

（7）斜长角闪岩：以角闪石和斜长石为主，以角闪石为主的暗色矿物含量大于 50%，浅色矿物以斜长石为主，石英很少或没有。一般具有纤维状变晶结构，片状构造。如辉石斜长角闪岩、黑云母斜长角闪岩、石榴斜长角闪岩等。

（8）榴辉岩：主要由绿色绿辉石和粉红色的石榴子石（钙铝-铁铝-镁铝榴石）所组成。可含少量石英，有时含蓝晶石、辉石、金红石、尖晶石等。岩石一般为深色中粗粒不等粒粒状变晶结构，块状构造。以密度大（$3.6 \sim 3.9 \mathrm{g/cm^3}$）为特征。

（9）大理岩：是一种碳酸盐矿物（方解石，白云石为主）含量大于 50% 的变质岩。碳酸盐矿物含量大于 50%，主要为方解石或白云石，此外含有钙镁硅酸盐及铝硅酸盐矿物，一般为粒状变晶结构，粒度中至粗粒，块状构造。有时由于原岩不纯可出现云母或透闪石类，呈定向排列，方解石也可呈似扁豆状颗粒显示定向特征。

本 章 小 结

矿物是组成金属矿山岩矿石的基本单元，矿物的物理性质是矿物的晶体结构和矿物成分的外在表现，是鉴定矿物的主要依据，可以应用于国民经济，一些特定的矿物可以随环境变化，能用于反映矿物的成因信息。化学成分和晶体结构是确定矿物和晶体化学分类的主要依据，并以此划分了大类、类、亚类、族、亚族、种和亚种，其中大类包括自然元素、硫化物及其类似化合物、氧化物与氢氧化物、含氧盐和卤化物。

岩石是地质作用的产物，按照成因分为岩浆岩、沉积岩和变质岩三大类。在金属矿山根据有用矿物的含量岩石又分为矿石和围岩。

习　　题

1. 矿物裂开的机理。
2. 影响矿物硬度的因素有哪些？
3. 简述晶格类型对矿物光学性质和力学性质的影响。
4. 以石英为例进行矿物的压电性说明。
5. 目前较合理的矿物分类是什么？其划分的依据是什么？
6. 对于一种新矿物，你认为如何命名比较科学、合理？
7. 简述岩浆作用、沉积作用和变质作用。
8. 简述三大岩的特征及类型。

2　　典型金属矿床

本章提要

　　矿山生产的直接对象是各类型矿床。不同类型矿床中有用及伴生矿物/元素不同，其形成机制和矿体地质特征也存在较大差别，会直接影响到矿山的采矿工艺和选别流程。为了更好地服务于矿山生产，正确掌握开采对象的各种特点，需要深入了解主要金属矿床，如黑色金属、有色金属、贵金属以及稀有-稀土-稀散金属等矿床的成因机制和时空分布规律。

　　我国金属矿产资源品种齐全，储量较为丰富，分布也较为广泛。目前已探明金属矿产资源有50余种，主要有铁矿、锰矿、铬矿、钛矿、钒矿、铜矿、铅矿、锌矿、镁矿、镍矿、钴矿、钨矿、锡矿、铋矿、钼矿、汞矿、锑矿、铂族金属矿床、锗矿、镓矿、铟矿、铊矿、铪矿、铼矿、镉矿、钪矿、硒矿、碲矿。各种矿产的地质工作程度不一，其资源丰度也不尽相同。有的资源比较丰富，如钨矿、钼矿、锡矿、锑矿、汞矿、钒矿、钛矿、稀土矿、铅矿、锌矿、铜矿、铁矿等；有的则明显不足，如铬矿。下面就我国某些典型金属矿产资源进行介绍。

　　矿床的分类往往都是按成因来划分，一级成因类型往往具内生、外生、变质和叠生矿床之分，而每个大的成因类型可包含多个次级的成因类型，故各金属矿床的成因类型是多样的。从工业利用的角度而言，通常每个矿种仅有几种类型矿床为主要工业利用的对象。考虑到各金属矿种成因的复杂性及划分难度，这里将以我国各矿种最新的地质勘查规范为依据，对矿床工业类型及地质特征进行介绍。

2.1　黑色金属矿床

2.1.1　铁矿床

2.1.1.1　矿床成因类型

　　以矿床成因为基础，综合矿床的形成地质条件、成矿过程、物质组成、主要金属矿物特征和含矿建造等特点，我国的铁矿床可划分为沉积变质型、岩浆岩型、接触交代-热液型、火山岩型、沉积型和风化淋滤型等六种类型。由于风化淋滤型规模小，探明资源总量占国内铁矿资源总量不足1%，下面仅把其他五种铁矿床的主要工业类型列于表2-1中。

表 2-1   我国铁矿床主要工业类型与地质特征

矿床工业类型		成矿地质特征	常见金属矿物	矿体形状	规模及品位	伴生组分	矿床实例
沉积变质型铁矿床	原始含铁建造为早前寒武纪火山沉积建造	产于中深变质火山沉积岩系或碎屑沉积建造中的含铁岩系	以磁铁矿为主,赤铁矿、镜铁矿、假象赤铁矿次之,少量硫化物又次之	层状、似层状、透镜状为主	特大型至中小型;品位为20%~40%,局部品位45%~65%的富铁矿	S、P 含量一般较低	辽阳弓长岭铁矿床、山西袁家村铁矿床
	原始含铁建造为元古宙碎屑岩-碳酸盐建造	主要产于碎屑至碳酸盐层中,变质程度浅,矿体多于花岗体外侧	成分复杂,如磁铁矿、赤铁矿、镜铁矿、褐铁矿、菱铁矿、黄铁矿等	层状、似层状、透镜状为主	大中型为主,少数为小型;品位多为30%~60%	TR(RE)、Nb、Ta 或 Cu、Co 或 Pb、Zn,可综合利用;S、P、F 等有害杂质含量高	内蒙古白云鄂博、吉林大栗子铁矿床、海南石碌铁矿床
岩浆岩型铁矿床		多产于基性辉长(杂)岩体中,矿体规模与岩体大小和分异程度有关	钛磁铁矿、钛铁矿、黄铁矿、黄铜矿、铬铁矿等	似层状、脉状、透镜状,偶呈脉群产出	大中型为主,品位为20%~42%	Cu、Ni、Ti、V、Pt 等	四川攀枝花铁矿床、河北大庙铁矿床
接触交代型-热液(矽卡岩型)铁矿床		常产于酸性侵入岩(花岗岩、花岗闪长岩、石英闪长岩等)与碳酸盐岩接触带中	矿物成分复杂,如磁铁矿、赤铁矿、假象赤铁矿、菱铁矿、黄铁矿、黄铜矿、褐铁矿、赤铜矿、白铁矿等	层状、似层状、透镜状、囊状、不规则状,形态复杂	中小型为主,少数为大型;品位35%~60%	Cu、Co、Au 等,可综合利用	湖北大冶铁矿床、山东张家洼铁矿床、河北邯邢铁矿床
沉积型铁矿床		含矿层多由砂岩和页岩组成,亦见与煤层、铝土矿及黏土矿伴生	成分相对简单,主要为赤铁矿和菱铁矿	层状、薄层状为主	大、中、小型,品位30%~50%	S、P	河北庞家堡铁矿床、湖南茶陵铁矿床、湖北火烧坪铁矿床、四川綦江铁矿床
火山岩型铁矿床	海相火山岩型铁矿床	产于海底火山喷发中心附近,与中基性火山岩、细碧角斑岩、火山碎屑岩有关,多经历变质作用	矿物成分复杂,磁铁矿、赤铁矿、菱铁矿、镜铁矿、假象赤铁矿、黄铁矿、黄铜矿等	层状、似层状、透镜状及脉状,产状陡	大、中、小型,品位22%~60%	V、Co、Cu	甘肃镜铁山铁矿床
	陆相火山岩型铁矿床	多产于断陷盆地内闪长玢岩与安山岩接触破碎带中	磁铁矿、假象赤铁矿、菱铁矿、黄铁矿	似层状、透镜状、脉状	大、中、小型,以富矿为主,品位30%~60%	V、Co,且 S、P 等含量也高	宁芜铁矿床

2.1.1.2　铁矿床的时空分布规律

我国的铁矿从太古宙一直到新生代均有生成，但不同时代的铁矿各具明显特点。

沉积变质型铁矿主要形成于太古宙和古元古代，其次是中、新元古代，其他时代的沉积变质型铁矿很少，这可能与地球早期大气缺氧的特殊气候条件有关。该类型矿床主要分布于华北克拉通及其周缘的辽东-吉南、冀东-辽西、五台、吕梁-中条、白云鄂博-狼山、鲁西-胶东、舞阳-霍邱等铁矿成矿区带。

岩浆型铁矿主要集中于中、新元古代和晚古生代两个时期，以后者为主。前者以 1700 Ma 左右的大庙式铁矿为代表，后者以攀西地区二叠纪晚期形成的攀枝花式铁矿为代表。

接触交代-热液型铁矿除早前寒武纪和第四纪外，其他时代均有分布，但以中生代占绝对优势，这与我国印支期、燕山期大规模岩浆活动有关，形成了著名的大冶式、邯邢式、莱芜式、黄岗式、马坑式等众多的矽卡岩型铁矿。

海相火山岩型铁矿主要形成于晚古生代，以新疆天山地区产于石炭纪海相火山岩中的雅满苏式及阿尔泰地区产于泥盆系中的蒙库式铁矿为代表；部分海相火山岩型铁矿形成于中新元古代，以云南的大红山式海相沉积型铁矿为代表。

陆相火山岩型铁矿主要形成于中生代，以燕山期为主，主要产于长江中下游地区的宁芜、庐枞等陆相火山岩盆地，以宁芜式、庐枞式玢岩铁矿为代表。

海相沉积型铁矿主要形成于晚古生代，主要是我国南方大部分地区均有分布的产于泥盆系中的宁乡式铁矿；部分海相沉积型铁矿形成于中新元古代，主要是我国北方新元古代的宣龙式铁矿。在中生代也有少量海相沉积型铁矿分布。

陆相沉积型铁矿很少，主要形成于中生代，部分为晚古生代，与陆相沉积环境有关，代表性矿床为山西式、綦江式铁矿等。

现代风化沉积型铁矿形成于第四纪表生环境，数量多，但多为铁帽等铁矿或金属硫化物矿床的氧化露头，工业意义不大。

总体而言，太古宙-古元古代是我国铁矿的最主要形成期，但矿床类型单一，基本上全为沉积变质型铁矿；中、新元古代铁矿类型增多，除沉积变质型铁矿外，出现了岩浆型（大庙式铁矿）、海相火山岩型（大红山式铁矿）、海相沉积型（宣龙式铁矿），还有少量矽卡岩型铁矿；早古生代铁矿类型、数量及查明资源储量均较次要；晚古生代是我国铁矿成矿的又一重要时期，以攀枝花式岩浆型铁矿和宁乡式海相沉积型铁矿最为重要；中生代铁矿以接触交代-热液型（矽卡岩型）和陆相火山岩型为主，这与我国中生代克拉通活化、大规模岩浆活动有关，代表性矿床为邯邢式、大冶式、宁芜式矽卡岩型铁矿和宁芜式陆相火山岩型铁矿；第四纪形成现代风化沉积型铁矿。

2.1.1.3　矿床实例

A　弓长岭铁矿床

弓长岭铁矿位于辽宁省辽阳市，是"鞍山式铁矿"的典型代表。矿床探明资源量超过十亿吨，属于超大型铁矿，且矿床内赋存有 1.6 亿吨的高品位富铁矿。矿床成因类型属于沉积变质型铁矿床，包括一矿区、二矿区、三矿区、八盘岭等若干采区，以二矿区含铁岩系发育最为典型，可建立弓长岭铁矿区标准岩层序列。

二矿区含铁岩系呈北西向狭长状产于大片花岗岩之中，长约 4800m，宽 100~700m，倾向 NE，倾角 60°~80°。含铁岩系受到不同程度的混合岩化及热液交代作用，主要蚀变有绿泥石化、黄铁矿化、阳起石化等，局部见有绿泥石片岩（图 2-1）。

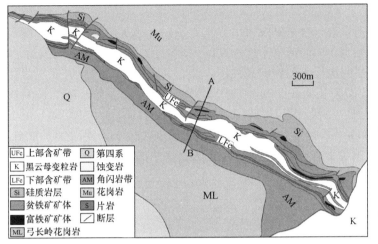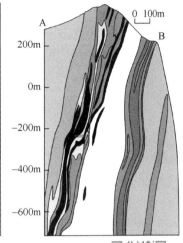

图 2-1 弓长岭铁矿二矿区地质图

矿区贫铁矿体呈层状、似层状赋存在两个含铁带之中。上含铁带包括第六层铁矿（Fe6）、第五层铁矿（Fe5）及第四层铁矿（Fe4）；下含铁带包括第二层铁矿（Fe2）及第一层铁矿（Fe1），在两个含铁带之间黑云变粒岩层中夹有第三层铁矿（Fe3）。另外，在上部的硅质层中有铁的盲矿体呈薄层状、透镜状产出，厚 1~20m。除最上部铁矿体中有少量的假象赤铁矿产出外，其他矿体中的工业矿物主要都为磁铁矿。弓长岭二矿区铁矿体具体特征见表 2-2。

表 2-2 弓长岭铁矿二矿区含铁岩系特征简表

岩性特征		岩层厚度/m	铁矿资源量占比/%
底部角闪岩		20~385	
底部片岩		0~40	
下含铁带	第一层铁矿（Fe1）	1~34	8.3
	中部片岩	0~20	
	第二层铁矿（Fe2）	1~56	19.2
中部黑云变粒岩带（K层）		70~180	
上含铁带	第四层铁矿（Fe4）	1~26	14.0
	下斜长角闪岩	10~40	
	第五层铁矿（Fe5）	1~21	4.7
	上斜长角闪岩	6~22	
	第六层铁矿（Fe6）	1~140	52.1
硅质岩层	夹铁矿层	25~200	1.2

B   湖北大冶铁矿床

矿区位于黄石市西北 25km 处，是中国重要的接触交代-热液型铁矿床，且以富矿石为主，以铁山矿区最为典型。

矿区内与成矿有关的地层主要为三叠系下统大冶群灰岩及白云质灰岩。受岩浆岩侵入作用的影响，近矿围岩发生热变质作用而遭受不同程度的大理岩化，矿体南侧尤为发育。

铁山侵入体为燕山早期经多期次侵入的中偏酸性侵入杂岩，自中心向边缘岩性规律性变化：（1）中心部位的斑状花岗闪长岩；（2）过渡部位的正长闪长岩和石英二长闪长岩；（3）边缘部分的石英闪长岩、斑状石英闪长岩和黑云母辉石闪长岩。

矿床全长约 5km，宽约 500m。矿床共有 6 个大矿体，从西到东依次为铁门坎、龙洞、尖林山、象鼻山、狮子山和尖山等矿体（图 2-2）。各矿体均产于闪长岩与大理岩接触带上，形态产状变化较大，主要受断裂和接触带控制。

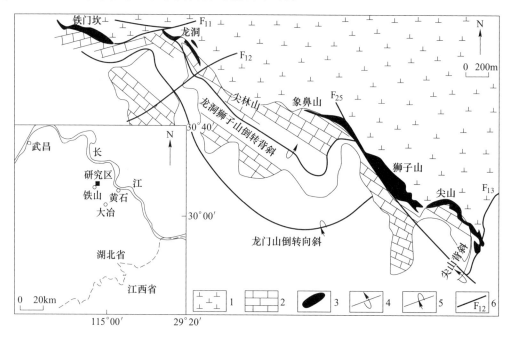

图 2-2 铁山铁矿地质简图

1—燕山期闪长岩；2—下三叠统大冶群大理岩；3—铁矿体；4—倒转背斜；5—倒转向斜；6—断层及编号

矿体与大理岩或石英闪长岩接触时，界线清晰；当矿体与矽卡岩接触时，透辉石矽卡岩呈条带状、条纹状，并逐步过渡为条带状磁铁矿矿体；当矿体与白云质大理岩接触时，二者呈浸染状过渡，在接触带常出现厚度不等的含菱铁矿和赤铁矿的混合型贫矿体。

C   攀枝花钒钛磁铁矿床

攀枝花铁矿是岩浆型钒钛磁铁矿床。攀枝花含矿辉长岩体出露面积约为 30km²，沿北东 30° 方向延长，大致整合侵入于白云质灰岩中，倾向北西，倾角一般为 50°~60°，厚度达 2000m。自东北向西南，可分为朱家包包、兰家火山、尖包包、倒马坎、公山、弄弄坪、纳拉箐七个矿段，其中朱家包包、兰家火山和尖包包三个矿段矿层厚、矿石质量好，是目前主要开采对象（图 2-3）。

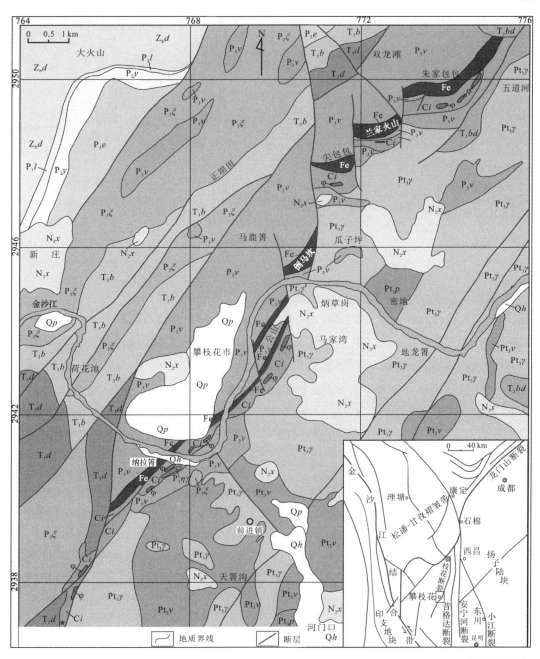

图 2-3 攀枝花铁矿地质简图

Qh—全新统；Qp—更新统；N₂x—昔格达组；T₃b—丙南组；T₃d—大荞地组；

T₃bd—宝顶组；P₃e—峨眉山玄武岩；P₂y—阳新组；P₁l—梁山组；Zₐd—灯影组；

P₃ν—晚二叠世辉长岩；P₃ξ—晚二叠世正长岩；P₃ηγ—晚二叠世石英二长岩；

Fe—钒钛磁铁矿体；Ci—碳酸岩；φ—晚二叠世超基性岩捕房体；Pt₃p—斜长角闪片麻岩；

Pt₃g—花岗片麻岩；Pt₃ν—新元古代辉长岩；Pt₃γ—新元古代花岗岩

彩色原图

  辉长岩体普遍具有原生层状构造。它们由浅色岩石与暗色岩石相互更替而成。各种岩石之间均为过渡关系，原生层状构造和岩体的分布方向及围岩的产状一致。

含矿辉长岩体岩浆分异作用清晰，自下而上矿物成分和岩性的变化，可分为五个岩相带和几个矿化带。

（1）底部边缘带：该带以暗色细粒辉长岩为主，含矿性差，厚度变化大，为 10~300m。

（2）下部暗色层状辉长岩含矿带：包括Ⅸ、Ⅷ、Ⅶ三个矿带，厚 60~520m。

（3）中部暗色层状辉长岩相带：其中包含Ⅵ、Ⅴ、Ⅳ、Ⅲ四个含矿带，厚166~600m。

（4）上部浅色层状辉长岩相带：其中包含Ⅱ、Ⅰ两个含矿带，都由层状辉长岩和稀疏浸染状矿石组成，含矿层厚6~20m，而岩相带厚10~120m。

（5）顶部层状辉长岩相带含矿性差，厚 500~15000m。

上述含矿带和矿体都呈层状、似层状，其中Ⅶ、Ⅵ含矿层是主要矿。

2.1.2 锰矿床

2.1.2.1 矿床工业类型

我国锰矿资源丰富，但分布极不均衡。目前，锰矿床成因类型划分也存在争议，无论国内还是国外尚没有多数学者认同的划分原则与划分方案。在综合锰矿形成作用和成矿环境基础上，从工业利用角度，将我国锰矿床划分为海相沉积型、沉积变质-改造型和风化型三种类型，详见表2-3。

表 2-3　我国锰矿床主要工业类型与地质特征

矿床工业类型	成矿地质特征	常见金属矿物	矿体形状	规模及品位	伴生组分	矿床实例
海相沉积型锰矿床	多产于浅海海湾、海槽或湖泊的海进层序中，含矿岩系常为泥质岩、碳酸盐岩、硅质岩等	菱锰矿、褐锰矿、黑锰矿、硬锰矿、软锰矿、锰方解石等	层状、似层状、透镜状，个别呈饼状	大、中型；品位15%~30%	P、Fe等	湖南湘潭、花垣、桃江锰矿床；广西大新锰矿床；四川汉源锰矿床；贵州铜锣井锰矿床；云南斗南锰矿床；辽宁瓦房子锰矿床
沉积变质-改造型锰矿床	沉积型锰矿床受区域变质、接触变质或后期热液交代作用改造而成	菱锰矿、锰方解石、锰白云石、硫锰矿、硬锰矿、软锰矿、黄铁矿、磁黄铁矿；伴有方铅矿、闪锌矿、毒砂、磁铁矿等	层状、似层状、透镜状或不规则状	大、中、小型；品位15%~30%以上	P、Fe等；可综合回收Pb、Ag、Sn等	湖南棠甘山锰矿床、陕西天台山锰矿床、陕西黎家营锰矿床、湖南玛瑙山-后江桥锰矿床等

矿床工业类型		成矿地质特征	常见金属矿物	矿体形状	规模及品位	伴生组分	矿床实例
风化型锰矿床	沉积含锰岩层或锰矿床的锰帽	赋存于原生锰矿床或含锰岩石氧化的,保持原来的形态和产状	硬锰矿、软锰矿、恩苏塔矿、钡镁锰矿、钠水锰矿、隐钾锰矿、钙硬锰矿、复水锰矿	层状、似层状、透镜状,产状与围岩一致	大、中、小型;品位20%以上	P、Fe 等	广西下雷、东平、木圭锰矿床;云南建水锰矿床
	层控多金属铁锰帽	赋存于热液、层控多金属铁锰矿床的氧化带	含多金属的铁锰矿石,成分为褐铁矿、针铁矿、软锰矿、硬锰矿、恩苏塔矿、复水锰矿、黑锌锰矿、黑银锰矿、铅硬锰矿	受原生矿层与构造控制,多呈囊状、透镜状或脉状	规模不一	Fe、Pb、Zn、Ag、P、As 等	湖南后江桥、玛瑙山锰矿床;广东小带锰矿床
	淋滤锰矿床	赋存于各类型锰矿床或含锰岩石附近的围岩中,受地下水、破碎带和岩性控制	氧化锰矿石:隐钾锰矿、硬锰矿、软锰矿、恩苏塔矿、钡镁锰矿	囊状、脉状、浸染状、角砾状、蜂窝状	往往规模小、变化大;品位20%以上	Fe、P 等	广西木圭蓬莲冲锰矿床;福建兰坑圹锰矿床
	堆积锰矿床	由各种锰矿床或含锰岩石经风化破坏和短距离搬运,呈砾状堆积于第四系残坡积表土中	氧化锰矿石、氧化铁矿石:隐钾锰矿、硬锰矿、软锰矿、恩苏塔矿、钡镁锰矿、锰土、褐铁矿、针铁矿	层状、似层状、透镜状	大、中、小型;品位20%以上	Fe、P 等	广西八一、平乐、荔浦锰矿床;湖南东湘桥锰矿床

2.1.2.2　锰矿床时空分布规律

中国锰矿主要成锰期集中在中元古代晚期-新元古代、晚古生代-早中生代以及第四纪。

据统计,中元古代晚期-新元古代锰矿占全国总储量34.7%,锰矿储量和锰矿床个数呈现正相关性。中元古代晚期蓟县纪锰矿主要富集在华北克拉通北缘高于庄组和铁岭组中,储量占锰矿总储量8.5%,有大型锰矿两处。新元古代南华纪锰矿主要产于扬子克拉通湘黔桂渝地区的大塘坡组中,锰矿储量占锰矿总储量22%,是中国锰矿重要成锰期之一,目前发现大型矿床两处,具有极大的找矿前景。震旦系陡山沱组是新元古代晚期重要成锰期,主要分布于扬子克拉通北缘,锰矿储量占总储量4.2%。

晚古生代-早中生代锰矿主要以我国南方地区的泥盆系棋梓桥组、佘田桥组、榴江组和五指山组，二叠系茅口组、当冲组和孤峰组及三叠系北泗组、法郎组和松桂组为主，锰矿储量占资源总储量的53.4%，锰矿的储量和矿床数量都呈现负相关，尤其是泥盆纪和二叠纪，反映出锰矿在不同时代的成矿强度的差异性。

第四纪锰矿以表生型锰矿为主，主要分布于北纬23°以南地区，锰矿储量占总储量6.5%。锰矿储量与锰矿个数呈明显负相关，说明成锰期强度中等，锰矿点相对分散。

其他时段锰矿主要是寒武系塔南组、奥陶系磨刀溪组以及志留系、侏罗系、白垩系等地层，储量占比相对较低，没有大型矿床出现。

2.1.2.3　矿床实例

A　瓦房子铁锰矿床

瓦房子锰矿床位于辽宁省朝阳市南西60km，是我国北方地区最大的锰矿床。矿床明显受构造控制，首先矿床为瓦房子复背斜的东南翼，牛粪洞子断层将其一分为二，而小凌河水系则将矿床分割为11个矿段（图2-4）。

东南矿区为团山子向斜，由团山子、鸡冠山、雹神庙等6个段组成，向斜东南部分的寒武系直接与侏罗-白垩系相接触；西北矿区亦为向斜构造，因断层切割只保留一翼，由窝瓜沟、东沟、牛粪洞子等5个矿段组成。

矿区内发育地层主要有中元古界、寒武系、侏罗-白垩系和第四系地层。

中元古界地层由雾迷山组、洪水庄组、铁岭组组成；寒武系由底砾岩及暗红、绿灰色泥灰岩及页岩组成，而侏罗-白垩系由凝灰质砂页岩、粗面岩、流纹岩等组成。

矿区岩浆岩以中、基性为主，角闪玢岩、安山玢岩侵入于东南矿区（雹神庙等地）；西北矿区则见少量辉绿岩床及岩墙。矿石因之遭受变质，其复杂多样的矿石类型和矿物组合引起了国内外的广泛关注。

含矿系主要分布于中元古界地层中，共赋存三层锰矿，分布稳定，厚0.5~6m，一般为1~2m。锰矿层由似层状、透镜状矿体及围岩组成，单层一般厚为10~30cm，长为10~50m。

矿石共有三种成因类型：（1）沉积（含成岩）的水锰矿及菱锰矿矿石；（2）受变质的方铁锰矿-褐锰矿、硅酸锰-氧化锰、热臭石-菱锰矿矿石；（3）表生氧化的软锰矿及硬锰矿-水羟锰矿-针铁矿-水针铁矿矿石。

水锰矿矿石主要分布于东南矿区，呈鲕状、条带状、致密状。矿物呈隐晶质、细粒、粗晶及放射状、针状集合体产出，有时呈脉状。水锰矿中常产有尘点状赤铁矿和石英。

菱锰矿矿石主要分布于西北矿区，呈致密状、似鲕状、砾状。砾石一般为0.5~2cm，最大20cm，由泥晶菱锰矿组成。似鲕状矿石由菱锰矿的粗晶球粒、放射球粒及同心环鲕粒组成，有时被热臭石交代。锰方解石及含锰方解石多呈脉状产出。

表生氧化的软锰矿矿石具致密状、条带状，并见针状、放射状晶体，其结构、形态与水锰矿极为相似，可能由水锰矿氧化而成。硬锰矿-水羟锰矿-针铁矿-水针铁矿矿石具格子状构造，由菱锰矿氧化形成。

B　贵州遵义锰矿床

矿区位于遵义市东南，由铜锣井、冯家湾、共青湖、团溪、和尚场、毛家山及蒜叶沟等多个矿床组成，其中铜锣井矿床规模最大，占遵义矿区矿石总资源量的75%（图2-5）。

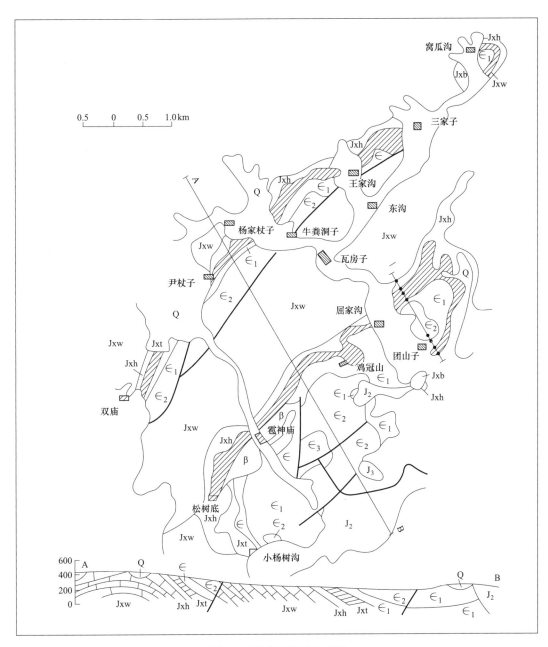

图 2-4 瓦房子锰矿地质图

Q—第四系；J₂—中侏罗统；∈₃—上寒武统；∈₂—中寒武统；∈₁—下寒武统；

Jxt—铁岭组（含矿层）；Jxh—洪水庄组；Jxw—雾迷山组；β—基性火山岩

铜锣井锰矿区内地层主要为茅口组下部灰白色厚层块状灰岩，属台地碳酸盐沉积；上部为深灰色薄层状含碳硅质泥晶灰岩夹燧石层，属黔中台沟沉积；龙潭组为海陆交互相沉积。含锰矿系则位于下二叠统顶部至上二叠统底部。

矿区内未见火成岩体，但因地壳拉张裂陷，在贵州西部有大陆溢流拉斑玄武岩（峨眉山玄武岩）岩流的陆地和海底喷溢，可能与锰矿床具物源关系。

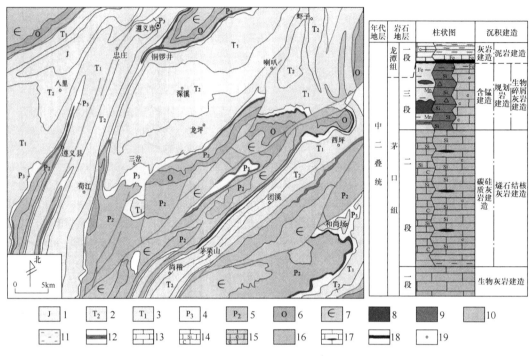

图 2-5　贵州省遵义地区地质图与地层柱状图

1—侏罗系；2—三叠系中统；3—三叠系下统；4—二叠系上统；5—二叠系中统；
6—奥陶系；7—寒武系；8—含锰建造；9—硅化岩建造；10—生物灰岩建造；
11—黏土岩；12—凝灰岩；13—灰岩；14—碳硅质灰岩；15—生物碎屑灰岩；
16—硅化岩；17—燧石条带灰岩；18—煤层；19—地名

彩色原图

　　矿体呈层状、似层状及透镜状，与地层产状一致，层位稳定，主矿体长度皆在
1000m 以上，而矿体边缘往往呈小透镜状、团块状、结核状尖灭于黏土岩中或变为含
锰黏土岩，矿层厚 0.3~4.5m，一般 2m 左右。矿体品位变化大，"无矿天窗"和低
品位矿石多。

　　遵义锰矿床的锰质来源可能与峨眉山玄武岩有关，但不排除部分来自古老含锰岩系或
底板白泥塘岩层的可能性。矿床成因类型为产于上二叠统黏土岩中的海相沉积锰矿床，属
于低磷高铁酸性贫锰矿。

C　广西下雷锰矿床

　　下雷锰矿区位于广西壮族自治区大新县城西北 53km 的下雷乡。矿床产于晚泥盆世五
指山组硅岩-硅质灰岩-钙质泥岩中，所构成的下雷锰矿成矿带，绵延六十余公里，下雷、
湖润等为硅酸锰-碳酸锰矿床，而靖西县龙邦为碳酸锰-褐锰矿矿床，其中下雷锰矿是我国
储量最大的锰矿床。

　　矿区为一近东西向而西端上翘的箱状倒转向斜构造，东西长近 9km，南北宽约 2.5km。
向斜南翼产状陡峻，部分倒转，而北翼产状平缓（图 2-6）。

　　矿区地层为泥盆系及石炭系。中泥盆统东岗岭组之下主要为碎屑岩，东岗岭组、上泥
盆统及下石炭统为碳酸盐岩、硅岩和泥岩等。

　　上泥盆统可分成同时异相的两类地层：南丹型和象州型。前者为含浮游动物化石的

硅、泥、灰质沉积，为含锰地层，下雷、湖润、龙邦等矿床即产于此；后者为含底栖壳相动物化石的碳酸盐沉积，不含锰。

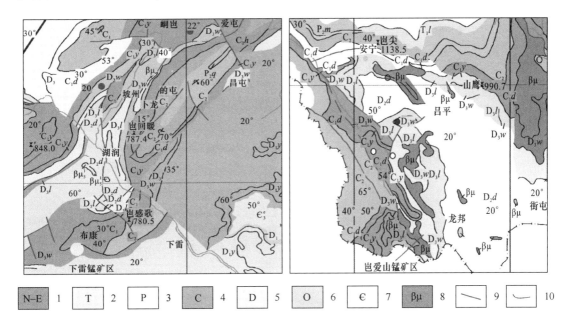

图 2-6　下雷-东平锰成矿矿带地质图-下雷锰矿区地质图-东平锰矿区地质图
1—新近系；2—三叠系；3—二叠系；4—石炭系；5—泥盆系；
6—奥陶系；7—寒武系；8—辉绿岩；9—断层线；10—不整合线

彩色原图

　　工业矿体主要分布于矿区南部、西南（布康矿段）和中部，次为东北部。矿体呈层状，层位稳定，产状与围岩一致。含矿层由三层矿和两个夹层组成。底板为泥质灰岩，普遍含锰；顶板的硅岩层为近矿标志层，一般厚 0.1~0.3m。

　　矿石矿物组合可划分为三类：（1）沉积碳酸锰矿石，包括有碳酸锰矿物及伴生的玉髓、石英等；（2）热水沉积硅酸锰-碳酸锰矿石，以菱锰矿、钙菱锰矿等为主，伴有蔷薇辉石、锰铁叶蛇纹石、黑云母、绿泥石和阳起石等硅酸盐矿物，以及少量低价态氧化锰矿物（如褐锰矿、锰铁矿等）；（3）表生氧化锰矿石，主要为锰钾矿、软锰矿、硬锰矿、六方锰矿和高岭石，伴有赤铁矿、褐铁矿和石英等。

　　下雷锰矿床有两种成因类型，一为海相沉积硅酸锰-菱锰矿矿床；二为风化锰帽型硬锰矿——氧化锰矿床。海相沉积型碳酸盐-硅质岩组合的锰矿床与硅质岩、含硅质-泥质灰岩组合的含锰建造有关，是在封闭型浅海盆地中沉积形成的。锰帽型氧化锰矿床是原生锰矿层在近地表氧化带就地风化次生富集而成。

2.1.3　铬矿床

2.1.3.1　矿床工业类型

　　我国铬矿资源较为匮乏，对外依存度高，故铬矿属于我国重要的战略矿种之一。此外，我国铬矿产出的矿床类型也较为单一，总结起来主要有基性-超基性岩型似层状铬矿床和蛇绿岩型豆荚状铬矿床两类（表2-4）。

表 2-4 我国铬矿床主要工业类型与地质特征

矿床工业类型	成矿地质特征	常见金属矿物	矿体形状	规模	矿床实例
层状铬矿床	产于具有层状特征、韵律构造的基性-超基性杂岩体中，于岩浆早期阶段分凝而成	铬铁矿、钛铁矿	层状，往往平行多层产出	大型	我国没有
基性-超基性岩型似层状铬矿床	多产于纯橄岩岩相内的粗粒-伟晶纯橄岩中	铬铁矿为主，少量磁铁矿、黄铁矿、黄铜矿	扁豆状、透镜状、脉状、不规则状等	小型	河北高寺台铬矿床、毛家厂铬矿床；北京放马峪铬矿床、平顶山铬矿床
蛇绿岩型豆荚状铬矿床	多赋存于以斜辉辉橄岩为主的纯橄岩、斜辉辉橄岩型镁质超基性岩体中	铬尖晶石、铬铁矿、钛铁矿、金红石、磁铁矿	形态复杂，常呈豆荚状、雪茄状、扁豆状、囊状、透镜状或其他不规则状	中小型	罗布莎铬矿床、东巧铬矿床、萨尔托海铬矿床、鲸鱼铬矿床、贺根山铬矿床
外生铬矿床（残坡积、滨海砂矿、河床砂矿等）	由内生铬矿床或基性-超基性岩受表生改造作用而形成			一般规模较小	我国没有

2.1.3.2 铬矿床时空分布规律

由铬的成矿专属性所确定，铬矿多与基性-超基性岩有关。鉴于铬尖晶石矿物中含可测年龄元素稀少，且极难溶解，目前国内直接测定铬尖晶石的年龄数据尚不多见，一般以含矿蛇绿岩系或含矿超基性岩的形成年龄来代表铬矿成矿时代。

我国铬矿从新太古至中生代均有分布。新太古代-中元古代铬矿，主要分布于中国东部前寒武纪古老陆块中，为岩浆分异型铬矿床，如北京密云的放马峪铬矿、河北遵化的毛家厂铬矿等。与深大断裂有关的似层状铬矿床则时代新得多，如高寺台铬矿床的锆石U-Pb年龄为213Ma。多数学者认为，我国最早的蛇绿岩型铬矿始于元古宙，主要分布于秦岭造山带和中国东部地区，如陕西商丹蛇绿岩带中的松树沟铬矿及洋淇沟铬矿。

古生代是我国重要的蛇绿岩型铬矿成矿时期，主要分布于我国北方地区。早古生代早期（加里东旋回）有北祁连造山带的玉石沟铬矿、大道尔吉铬矿；准噶尔周边有唐巴勒铬矿、洪古勒楞铬矿等。古生代晚期（华力西旋回）有萨尔托海铬矿。华北地台北缘造山带则分布有赫格敖拉3756铬矿、索伦山铬矿。

中生代（燕山旋回）也是我国十分重要的蛇绿岩型铬矿成矿时期，主要分布于我国西南地区，如产于班公湖-怒江蛇绿岩带及雅鲁藏布江蛇绿岩带的东巧铬矿、罗布莎铬矿均为此期产物，是我国目前探明资源量最多的成矿期。

2.1.3.3 矿床实例：西藏罗布莎铬矿床

罗布莎铬矿床位于西藏自治区曲松县罗布莎乡，是我国最大、最富的铬矿床。

罗布莎矿区位于藏南雅鲁藏布江岩带东段罗布莎基性-超基性岩体的西部。该岩带位于冈底斯火山-岩浆弧与晚三叠世复理石带之间，而铬矿床产于斜辉辉橄岩相带中（图2-7）。

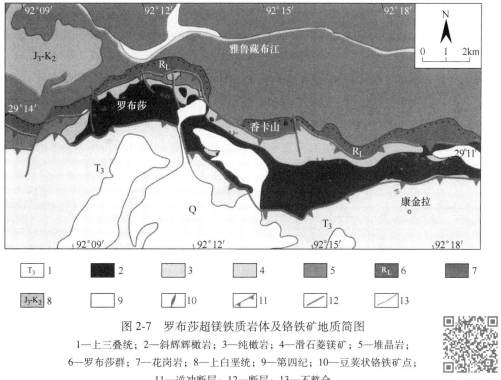

图 2-7　罗布莎超镁铁质岩体及铬铁矿地质简图
1—上三叠统；2—斜辉辉橄岩；3—纯橄岩；4—滑石菱镁矿；5—堆晶岩；
6—罗布莎群；7—花岗岩；8—上白垩统；9—第四纪；10—豆荚状铬铁矿点；
11—逆冲断层；12—断层；13—不整合

彩色原图

区内构造主要为东西向的褶皱和断裂，发育在上三叠统和第三系中，逆掩断层控制了该蛇绿岩块的侵位。

根据岩体内不同岩石组合中的岩石及岩石化学特征，可划分为三个岩相带，即异剥橄榄岩-辉长岩杂岩岩相带（简称杂岩相）、纯橄榄岩岩相带和含纯橄榄岩异离体的斜辉辉橄岩岩相带。

（1）杂岩相：由异剥橄榄岩、异剥辉橄岩、橄榄异剥岩、异剥辉石岩及辉长岩组成，偶见橄长岩。地表出露于岩体的西端及北部边缘。

（2）纯橄榄岩相：岩性单一，主要是纯橄榄岩。岩石较为新鲜，偶含一些单斜辉石。该岩相总体呈似层状分布于岩体北部，东西向展布。

（3）斜辉辉橄岩相：岩性较为复杂，以斜辉辉橄岩为主，还有纯橄榄岩异离体及二辉辉橄岩、斜辉橄榄岩、二辉橄榄岩等。该岩相构成岩体的主体，出露宽度及厚度不等，西部宽900m，中部宽1800m，东北宽1000m。在矿区范围内，平面形态呈菱角状近东西向展布，钻孔验证表明向下延深大。罗布莎铬矿体即产于该岩相带的上部，并受相带顶界面的控制。

罗布莎铬矿体与围岩大多为截然接触关系，有时在接触处可见擦痕面、构造破碎带等；在矿体附近偶见从主矿体中分出的小矿枝穿切近矿纯橄榄岩外壳，有的甚至穿入到斜辉辉橄岩中；矿体自身沿倾向和走向均显示出在塑性状态下发生褶皱的现象，表明本区铬铁矿矿床形成于矿浆，故罗布莎铬矿床属于岩浆成因。

2.2 有色金属矿床

2.2.1 铜矿床

2.2.1.1 矿床工业类型

我国铜矿分布广泛，成因类型也较为齐全，世界上已知的铜矿床类型在我国基本都有，但从工业类型上看，我国铜矿床还是具有自己的特点，如尽管斑岩型铜矿床在我国占据重要地位，但矽卡岩型铜矿床在我国铜矿资源中也占有较重要的位置，有别于世界其他国家和地区；另外，我国与火山岩有关的铜矿床主要产于海相细碧角斑岩或钠质火山岩系中。我国铜矿床的主要工业类型见表 2-5。

表 2-5 我国铜矿床主要工业类型与地质特征

矿床工业类型	成矿地质特征	常见金属矿物	矿体形状	规模及品位	伴生组分	矿床实例
斑岩型铜矿床	产于各种斑岩（花岗闪长斑岩、二长斑岩、闪长斑岩、斜长花岗斑岩等）岩体及其周围岩层中	以黄铜矿为主，少量辉铜矿、斑铜矿、黄铁矿、辉钼矿等	层状、似层状、空心筒状、巨大透镜体等	中、大型至巨大型，品位一般偏低	Mo、S、Au、Ag、Re、Pb、Zn、Co 等	江西德兴富家坞铜矿、西藏玉龙铜矿、黑龙江多宝山铜矿、山西铜矿峪铜矿、内蒙古乌奴格吐铜（钼）矿
矽卡岩型铜矿床	沿中酸性侵入岩和碳酸盐类岩石接触带的内外或离开岩体沿围岩的岩层产出	以黄铜矿、黄铁矿、磁铁矿、磁黄铁矿为主，少量辉钼矿、辉铜矿、方铅矿、闪锌矿、白钨矿、锡石等	以似层状、透镜状、扁豆状为主，还有囊状、筒状、脉状等	大、中、小型均有，品位一般大于1%	Fe、S、W、Mo、Pb、Zn、Sn、Be、Ga、In、Ge、Cd、Au、Ag、Se、Te、Tl、Re、V、Pt 族	安徽铜官山铜矿，湖北铜录山铜矿，江西永平铜矿、城门山铜矿，辽宁华铜矿，黑龙江弓棚子铜矿，河北寿王坟铜矿
变质岩层状铜矿床	在变质岩（白云岩、大理岩、片岩、片麻岩等）中沿层产出	以黄铜矿、斑铜矿、黄铁矿为主，少量辉铜矿、辉砷钴矿、方铅矿、闪锌矿、辉钼矿、磁铁矿等	层状、似层状、透镜状、扁豆体状	大、中型为主，品位一般大于1%	S、Pb、Zn、As、Mo、Ni、Co、Au、Ag、Se、Bi、Pt 族	云南东川汤丹铜矿、易门狮山铜矿、三家厂铜矿，山西中条胡家峪铜矿，辽宁红透山铜矿
基性-超基性岩铜镍矿床	产于基性-超基性岩岩体中	黄铜矿、方黄铜矿、磁黄铁矿、镍黄铁矿、紫硫镍铁矿	似层状，不连续大透镜体状、大脉状	大、中、小均有，品位一般小于1%	Pt 族、Co、Au、Ag、Se、Te 等	甘肃金川铜矿、吉林磐石红旗岭铜矿、四川力马河铜矿、云南金平铜矿、新疆喀拉通克铜矿、新疆哈密黄山铜矿床

矿床工业类型	成矿地质特征	常见金属矿物	矿体形状	规模及品位	伴生组分	矿床实例
砂岩铜矿床	在红色砂岩中的灰至灰绿色砂岩（浅色砂岩）中沿层产出	以辉铜矿为主，少量斑铜矿、黄铜矿、自然铜、黄铁矿、方铅矿等	似层状、扁豆状、透镜状	中、小型为主，品位大部分大于1%	S、Pb、Ag、Mo、W等	云南大姚六苴铜矿、郝家河铜矿，湖南车江铜矿，四川大铜厂铜矿
火山岩黄铁矿型铜矿床	产于变质火山岩（石英角斑岩、细碧岩等）中	以黄铜矿、黄铁矿为主，其次辉铜矿、黝铜矿、铜蓝、方铅矿、闪锌矿、磁黄铁矿、磁铁矿等	透镜状、大小不等的扁豆体状、层状等	大、中、小型均有，品位一般1%左右	S、Pb、Zn、Mo、Au、Ag、As、Se、Te、In、Cd、Tl、Ga、Bi、Hg等	甘肃白银厂铜矿、青海红沟铜矿、云南大红山铜矿、河南刘山岩铜矿
各种围岩中的脉状铜矿床	产于各种岩石（侵入岩、喷出岩、变质岩、沉积岩）的断裂带中，倾斜常陡	以黄铜矿、斑铜矿、黄铁矿为主，其次有辉钼矿、闪锌矿、方铅矿、黝铜矿等	板状、脉状、复脉带	中、小型，品位一般大于1%	S、Pb、Zn、Au、Ag、W、Mo、Co等	安徽穿山洞铜矿、铜牛井铜矿，江苏铜井铜矿，湖北石花街铜矿，吉林二道羊岔铜矿

2.2.1.2 铜矿床时空分布规律

中国铜矿床最早形成于太古宙，如辽宁清原县红透山变质型铜矿，它形成于新太古代，是我国已知最老的铜矿床；最新的是广东阳春石菉次生铜矿，形成于第四纪。尽管各时代均有铜矿床产出，但各个时期的成矿强度却有很大差别，各个时期的铜矿床类型又各有特点。

中国铜矿的成矿集中于新生代，主要原因是近年来冈底斯斑岩型、矽卡岩型铜矿找矿取得重大突破，大大增加了新生代铜矿资源。同时这也表明中国铜矿主要成矿时代与世界铜矿主成矿期特点一致，以喜马拉雅期为主。这改变了前人认为中国铜矿主要成矿时代为中生代，集中于燕山期的认识，但亦印证了前人认为冈底斯存在较大铜矿资源潜力的预测。此外，新生代亦有大量岩浆热液型和陆相沉积型铜矿床产出。

中生代是我国东部最重要的成矿时期，铜矿床亦是如此。该时期长江中下游地区、赣东北及我国东部地区发生了广泛的中酸性岩浆侵入和陆相火山活动，形成了以长江中下游矽卡岩型铜矿床和江西德兴斑岩铜矿为代表的重要铜矿床类型。

古生代也是我国另外一个成矿高潮期。该时期形成的铜矿床主要为我国西北地区及滇黔桂地区的火山岩黄铁矿型铜矿床和阿尔泰-祁连地区的基性-超基性岩铜矿床。

前寒武纪铜矿床以变质岩层状铜矿床为主，如著名的辽宁红透山铜矿、山西中条山铜矿等。

2.2.1.3 矿床实例

A 江西德兴斑岩铜矿床

德兴铜矿是我国超大型铜（钼）矿田，位于江西省德兴市东北25km处，由铜厂（超大型）、富家坞（大型）、朱砂红（大型）三个矿床组成（图 2-8）。

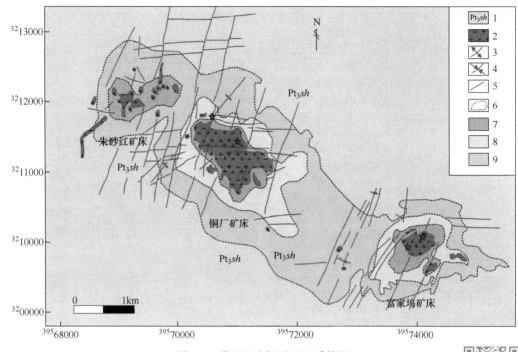

图 2-8　德兴斑岩铜矿区地质简图

1—新元古代双桥山群浅变质岩；2—中侏罗世花岗闪长斑岩；
3—背斜；4—向斜；5—断层；6—蚀变界线；7—钾化蚀变；
8—黄铁绢英岩化蚀变；9—青磐岩化蚀变

彩色原图

　　三个矿床依存的花岗闪长斑岩体，大致沿北西方向侧列分布，其围岩为泥质岩石与长石质硬砂岩及硬砂质泥岩互层的沉积岩层。单个岩体均向北西倾伏，呈大小不等的三个似筒状岩株，形态和产状具一定差异。三个岩体与围岩均呈突变侵入接触关系，一般接触界线明显，局部见数米至数十米接触角岩带。岩体侵入对围岩无明显破坏，接触界面犬牙交错，属被动侵位。据深钻资料和地球物理资料，三个花岗闪长斑岩小岩体延至深部可能与一较大岩基相联。

　　德兴铜矿的热液蚀变具明显分带性。早期蚀变属岩浆晚期自变质作用，主要发生在岩体深部中心，形成典型的钾长石-黑云母蚀变矿物组合；中期蚀变为气-液蚀变，蚀变强度大、分布范围广，铜矿化明显，尤以岩体与围岩接触带蚀变最强，形成典型的石英-绢云母组合，向两侧逐步转化为绢云母-石英-绿泥石组合，而工业矿体主要与石英-绢云母带伴生；晚期蚀变主要为碳酸盐化和硫酸盐化，主要发生在岩体浅部和围岩之中，形成石英和碳酸盐及硫酸盐等小脉，并往往叠加于早期蚀变带上。不同阶段热液蚀变作用所形成的矿物组合，在空间上显示出对称性很好的热液蚀变分带。

　　金属矿物的富集在空间上与蚀变分带具有一致性。早期蚀变主要形成少量辉钼矿-黄铜矿-黄铁矿组合，分布在岩体中心，工业意义不大；中期蚀变阶段伴随有大量矿质的沉淀，特别是石英-绢云母化带，几乎赋存着全部工业矿体，主要金属硫化物为黄铁矿-黄铜矿组合。随着远离接触带热液蚀变矿物逐步转变为绢云母-石英-绿泥石组合，金属矿物也相应转化为黄铁矿-方铅矿-闪锌矿-镜铁矿组合，但规模较小，未构成有工业意义的矿体。晚期蚀变阶段的碳酸盐化基本不伴随有工业意义的矿化，仅有少量黄铁矿脉。

B　红透山铜矿床

红透山铜锌硫化物矿床位于辽宁省东部的清原县境内，区域内由8个同类矿床组成，即红透山、树基沟、东南山、西北山、红旗山、稗子沟、张胡子沟和大荒沟矿床（图2-9）。

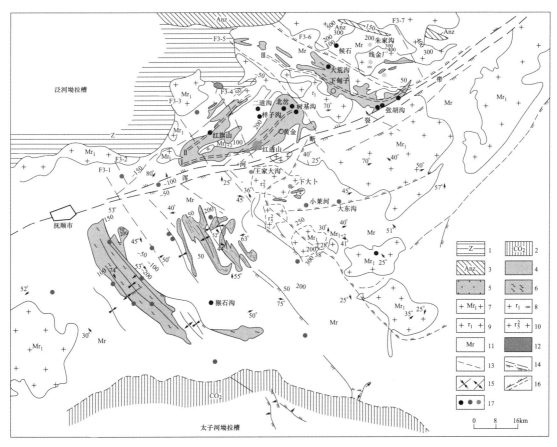

图 2-9　抚顺-清原地区地质简图

1—震旦系；2—寒武系-奥陶系；3—辽河群；4—南天门组；5—石棚子组；6—红透山组；
7—混合花岗岩；8—紫苏花岗岩；9—片麻状混合花岗岩；10—花岗岩；
11—变质表壳岩；12—基性-超基性岩体；13—推测岩相界线；14—穹隆界线；
15—褶皱构造向斜及背斜；16—实测及推测压扭性断裂；17—铜铁金矿床（点）

彩色原图

红透山矿区位于浑河断裂北侧。区域内主要出露地层为一套前寒武系角闪岩相区域变质岩石，岩性种类繁多。根据其矿物组合及岩石特征，可将其划分为角闪质岩类、直闪质岩类、黑云质岩类、变粒岩和浅粒岩类以及石英岩类五种类型。含矿红透山组则主要由黑云母斜长片麻岩和角闪石斜长片麻岩等组成，并含较多富铝矿物（矽线石、蓝晶石等）的长英质片麻岩和磁铁石英岩夹层，而铜锌硫化物矿床赋存于该组中段和下段并明显受地层层位及岩性控制。

铜锌硫化物矿体形态较复杂，呈柱状、脉状、层状、似层状，剖面上属分枝复合的似层状矿体。矿体规模大小不等，一般长 110~420m，宽数米，厚度变化大，最厚达 60m，已控制最大延深可达 1500m（表 2-6）。

表 2-6　红透山地区铜锌矿床矿体规模统计表

矿床名称	平均品位/%	倾斜延深/m	矿体规模
红透山	Cu：1.7~1.8； Zn：2.0~2.7； S：16~25	1500~2000	有 3 个含矿层位，矿化带 30 余条，其中工业矿体 8 条。矿体长 100~1500m，宽为 1~80m，最大宽度可达 160m。1 号矿体规模最大，占总储量的 72%
树基沟	Cu：1.3； Zn：2.0	110~1200	有 1 个含矿层、2 条矿化带，其中矿体 7 条，1~4 号为工业矿体。矿体长 200~550m，宽为 1~4m
东南山	Cu：1.31； Zn：1.82	300~370	有 1 个含矿层、3 条矿化带，其中 1 号为矿体，呈似层状，矿体长 600~850m，宽为 1~2m
西北山	Cu：1.17； Zn：1.85	300~700	有 2 个含矿层、7 条矿化带，其中 1~5 号为工业矿体。矿体长 150~250m，宽为 1~3m
红旗山	Cu：3.04； Zn：6.51	520~540	有 1 个含矿层、8 条矿化带，其中 1 号、4 号为工业矿体。矿体长 250~350m，宽为 0.35~4m
张胡子沟	Cu：1.5； Zn：12	150~250	有 1 个含矿层、2 条矿体，矿体长 30~80m，宽为 0.5~7.0m
稗子沟	Cu：0.91； Zn：3.20	100~600	有 1 个含矿层、1 条矿化带，其中矿体 5 条。矿体长 70~400m，宽为 0.5~6.0m
大荒沟	S：20.28	185~575	有 2 个含矿层、8 条矿化带及矿体，其中有 6 条硫化铁矿体，2 条铜矿体。硫化铁矿体长 1100m，宽为 5~10m

矿石中金属矿物主要有黄铁矿、磁黄铁矿、黄铜矿、闪锌矿，偶见少量方铅矿与方黄铜矿和辉铜矿。脉石矿物有绿泥石、绢云母、白云母、透闪石、堇青石、绿帘石、角闪石、萤石、锰铝榴石、方解石、白云石等矿物。组成矿石的金属硫化物主要有三种组合类型：黄铜矿-闪锌矿-黄铁矿组合位于矿体中部；黄铁矿-磁黄铁矿-黄铜矿组合位于矿体之间过渡部分；磁黄铁矿矿石分布于矿体边部。

矿床的热液蚀变范围不大，有硅化、绢云母化、绿泥石化、透闪石化和堇青石化。前三种蚀变较强且普遍，后者仅局部可见。蚀变强度及范围与矿体厚度和矿石类型有关。

2.2.2　钼矿床

2.2.2.1　矿床工业类型

我国钼矿资源丰富，是优势矿种之一。特别是近年来我国钼矿勘查工作取得了重大突破，彻底改变了我国大陆原有的"南钨北钼"的分布格局，在多数省份均发现有大中型的钼矿床。我国钼矿床成因类型多样，但从工业利用角度讲，斑岩型矿床和矽卡岩型矿床占绝对主导地位。我国钼矿床的主要工业类型见表 2-7。

表 2-7 钼矿床主要工业类型与地质特征

矿床工业类型	成矿地质特征	常见金属矿物	矿体形状	规模及品位	伴生组分	矿床实例
斑岩型钼矿床	产于花岗岩及花岗斑岩体内部及其周围岩石中，矿化与硅化、钾化关系密切	以黄铁矿、辉钼矿、黄铜矿为主	层状、似层状、筒状、巨大透镜体状	中、大型至巨大型，品位偏低	Cu、W、Au、Ag、Re、Pb、Zn、Co、S	陕西金堆城钼矿、吉林大黑山钼矿、山西繁峙后峪钼矿
矽卡岩型钼矿床	产于花岗岩类岩体与碳酸盐围岩接触带，以及外接触带沿层发育	以黄铁矿、辉钼矿为主，次为黄铜矿、磁黄铁矿、黑钨矿、白钨矿、方铅矿、闪锌矿	透镜状、扁豆状、似层状囊状、筒状、脉状等	大、中、小均有，品位较富	Cu、W、Pb、Zn、Au、Re、S	辽宁杨家杖子钼矿、黑龙江五道岭钼矿、江苏句容铜山钼矿、湖南柿竹园钼矿
热液脉型钼矿床	产于各种岩石（侵入岩、喷出岩、变质岩、沉积岩）的断裂带中，倾斜常陡	以黄铁矿、辉钼矿为主，次为黄铜矿、磁黄铁矿、黑钨矿、斑铜矿、方铅矿、闪锌矿	脉状、复脉状、扁豆状	中、小型常见，品位中等	Cu、W、Pb、Re、S、Au、Ag	浙江青田石坪川钼矿、安徽铜牛井钼矿、广东五华白石嶂钼矿、陕西大石沟钼矿
沉积型钼矿床	砂岩型分为两种：（1）钼铜矿床；（2）钼铀矿床、黑色页岩型，类似沉积型镍矿	辉铜矿、黄铁矿、辉铜矿及含铀钼矿物，镍的硫化物等	层状、似层状、透镜状、扁豆状	中、小型，品位偏低	Cu、U、Ni、V、Pb、Zn、Co、Ge、Se	云南广通鹿子湾钼矿、贵州兴义大际山钼矿

2.2.2.2 钼矿床时空分布规律

在地质历史上，由于长期复杂的地质过程和成矿事件，使得钼可单独产出或与不同的金属元素组成不同的成矿元素组合或矿物组合，故钼成矿年龄较为复杂。得益于近年来辉钼矿 Re-Os 同位素精确测年技术体系的发展，诸多钼矿床的成矿年龄得到了精确厘定。我国钼矿床时空分布规律可以总结如下。

前寒武纪时期形成的钼矿较少，主要矿床类型为脉型和沉积型。该时期钼矿床除少量华南地区沉积型矿床外，主要为东秦岭古-新元古代脉型钼矿床等。

早寒武纪，中国南方广泛发育的寒武系黑色岩系镍钼钒等多金属矿床，一般成型的钼矿床很少，开发利用难度大，成因类型以沉积（变质）型为主。同时，在秦祁昆成矿域内大量分布有钼矿床（点），成因类型以热液脉型为主；此外，在中国北方内蒙古也存在此类型的矿床。寒武纪晚期，主要包括黑龙江多宝山、铜山斑岩型铜钼多金属矿以及新疆喀拉大湾钼铁矿；志留纪钼矿主要集中在东秦岭地区，内蒙古、广西等也有少量钼矿点分布。

华力西期的钼矿床往往规模不大，主要分布于中国西北部，少量分布在中国东北地区，矿床类型以斑岩型为主，其次为热液脉型、矽卡岩型和沉积（变质）型。

印支期我国的钼成矿作用是近年来才逐渐被认识和重视的，目前已发现的钼矿床主要分布在华北板块周缘和天山东段及北山地区，斑岩型、矽卡岩型、热液脉型等类型矿床均有产出；西南地区零星出露。此外，在南岭地区也有少量印支期钼矿床（点）发育。

燕山期是我国最主要的钼成矿期，该期形成的钼矿床不仅储量大（占全国钼查明资源量的75%以上），而且分布广泛，特别是在中国东部地区广泛发育，国内已查明的超大型矿床几乎均形成于此时期，此外还有众多的大中型钼矿床。矿床成因类型以斑岩型和矽卡岩型及其过渡类型为主，其次为热液脉型。

随着找矿勘查工作的深入，特别是冈底斯成矿带的发现，使得喜马拉雅期也成为我国重要的钼成矿期，钼矿床主要分布在中国西南部的冈底斯和三江成矿带中，不乏超大型、大中型钼矿床产出，成矿潜力巨大，矿床成因类型主要为斑岩型和矽卡岩型。

2.2.2.3 矿床实例

A 杨家杖子钼矿床

杨家杖子钼矿位于辽宁葫芦岛市杨家杖子镇，由岭前钼矿床、北松树卯钼矿床和新台门钼矿床等组成，是我国最早开发的大型矽卡岩型钼矿床。

矿区内地层自下而上依次为太古宇片麻岩、上元古界长城系大红峪组和蓟县系高于庄组、雾迷山组为白云质灰岩、燧石条带白云岩，青白口系景儿峪组为石灰岩、角砾状灰岩和石英砂岩，下古生界寒武—奥陶系为石灰岩、页岩，上古生界石炭—二叠系为陆相碎屑岩，中生界侏罗—白垩系为中酸性火山碎屑岩和熔岩也有零星分布。中寒武—中奥陶统灰岩与虹螺山粗粒花岗岩舌状体相接触，形成一个规模较大的矽卡岩体（图2-10）。

与钼矿化有关的岩体通常称为"舌状突出体"，它是由细粒似斑状花岗岩和花岗斑岩组成的复式岩体。细粒似斑状花岗岩在区域上多呈小岩体产于虹螺山岩基中，而矿区内则表现为从深部切割接触带侵入于矽卡岩体中，呈近似椭圆状岩株。

矿区中所见矽卡岩有简单的干矽卡岩和复杂的湿矽卡岩。这两种矽卡岩的矿物成分和成矿作用有明显差异，前者主要由石榴石和透辉石组成，热液阶段矿物不发育，除常见有磁铁矿和少量黄铁矿外，辉钼矿化很弱；后一种矽卡岩除石榴石、透辉石外，还发育有透闪石、阳起石、硅镁石、石英、金云母、绿帘石、绿泥石和方解石等，其中辉钼矿、黄铁矿、黄铜矿、方铅矿、闪锌矿等热液硫化物也较发育。

钼矿体形态呈似层状，产状与矽卡岩和地层相一致。矿体规模一般长300~800m，厚3~10m，延深200~350m。

辉钼矿在矿床中呈以下方式产出：（1）呈浸染状散布于矽卡岩的矿物粒间，或石榴石的裂纹中，片度一般为0.5~1.0mm。与之伴生脉石矿物极少，只在其边缘偶见少许绿泥石。（2）呈细脉状产出的有纯辉钼矿细脉、辉钼矿-石英细脉和含辉钼矿的方解石细脉。这些细矿脉宽0.1~0.5mm，局部构成细网脉。（3）呈结晶粗大的菊花状辉钼矿产出，片度5~7mm，常见于矿体的边缘，但数量较少。

围岩蚀变作用与围岩性质有关，矽卡岩的热液蚀变有黄铁矿化、绿泥石化、碳酸盐化

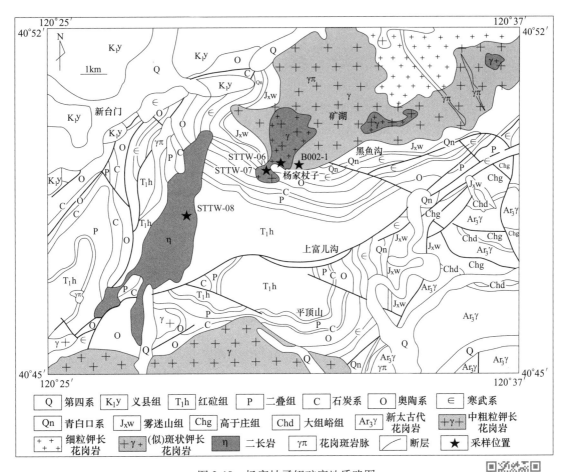

图 2-10 杨家杖子钼矿床地质略图

彩色原图

和硅化，其中硅化作用与矿化关系较密切。细粒似斑状花岗岩常呈绢云岩化和硅化，这些作用较强烈的地段，钼矿化也较强。

根据矿化特征和矿物组合，可将矿床的形成过程大体分为以下五个阶段：（1）早期矽卡岩阶段，形成石榴石和透辉石组成的无矿简单矽卡岩。（2）晚期矽卡岩阶段，在简单矽卡岩背景上的有利地段形成复杂矽卡岩，伴随有磁铁矿化和偶见的辉钼矿化。（3）石英辉钼矿阶段，是钼的主要矿化阶段，除生成辉钼矿外，还有少量黄铁矿、黄铜矿和闪锌矿。（4）铅锌多金属硫化物阶段，形成方铅矿、闪锌矿、黄铁矿、黄铜矿等。铅锌矿化与钼矿化在空间上相分离，前者一般分布在钼矿体外侧的石灰岩中。（5）碳酸盐阶段形成少量黄铁矿、方铅矿，而以方解石、玉髓的发育为特征。

B 金堆城钼矿床

该矿床地处陕西省华县境内，是我国著名的斑岩型钼矿山之一。

矿区内出露的地层主要为熊耳群中基性变质火山岩，其上部整合有高山河组石英岩。由于金堆城花岗斑岩岩株侵位的影响，熊耳群地层发生接触热变质，出现黑云母化和角岩化。前者分布于矿区斑岩体的西北部，后者发育于斑岩体的顶部和旁侧，是矿床的直接围岩（图 2-11）。

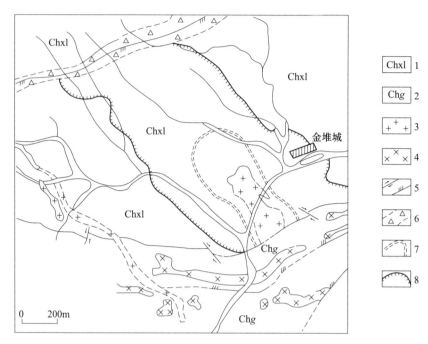

图 2-11　金堆城钼矿床地质略图

1—长城系熊耳群安山岩、安山玢岩夹凝灰岩及板岩；2—长城系高山河组石英砂岩夹碎屑岩；
3—钾长石花岗斑岩；4—辉绿岩；5—平移、逆断层；6—断裂破碎带；7—黑云母蚀变带；8—矿体边界

　　矿区内近东西向、北东东-北东向和北西向断裂发育。在中生代燕山期，近东西向构造带复活，伴有大规模的花岗岩体侵位，钼的成矿作用即与该构造-岩浆活动有关。

　　钼矿化发育于斑岩体及其外接触带的黑云母化和角石化的变质火山岩内。矿体由不同方向纵横交错的细网脉组成，细脉厚度一般为 0.2~0.5cm，个别厚达 1m。工业钼矿体在平面上呈近似椭圆形的扁豆体，最大的矿化深度约达 1000m。通常钼品位随深度的增加而降低，而花岗斑岩体上盘的矿石钼品位比下盘的高些。

　　根据矿物组合，矿床中的细脉大体上可分为：（1）黄铁矿-石英脉；（2）黄铁矿-钾长石-石英脉；（3）黄铁矿-辉钼矿-石英脉；（4）黄铁矿-辉钼矿-钾长石-石英脉；（5）白云母-萤石黄铁矿-辉钼矿-石英脉。此外，在矿体边部可见到充填裂隙的方解石脉或透镜体和方解石网脉。这两种脉的数量较少且不含辉钼矿。上述五种主要石英脉往往彼此穿切，甚至同一阶段和脉石矿物成分相同的矿脉也相互交切，这反映出成矿过程的长期性和多阶段性。

2.2.3　铅锌矿床

2.2.3.1　矿床工业类型

　　我国铅锌矿资源丰富，矿床类型齐全，分布地域广，而且伴生有贵金属、稀有金属和稀散元素，综合利用价值高。我国铅锌矿的主要工业类型及其地质特征见表 2-8。

2.2.3.2　铅锌矿床时空分布规律

　　我国的铅锌矿床从太古宙、元古宙、古生代、中生代，一直到新生代均有形成。不同地质时期形成的铅锌矿床类型和规模各不相同，其中燕山期是最重要的成矿期。

表 2-8 铅锌矿床主要工业类型与地质特征

矿床工业类型	成矿地质特征	常见金属矿物	矿体形状	规模及品位	伴生组分	矿床实例
碳酸盐岩型铅锌矿床	产于大理岩、白云岩、石灰岩、不纯灰岩中大致沿层产出	方铅矿、闪锌矿、黄铁矿,次要为黄铜矿、辉锑矿、辰砂、淡红银矿、菱铁矿等	层状、似层状、透镜状、囊状、巢状、脉状、瓜藤状等	大、中、小型均有,品位较高,一般 w(Pb+Zn)>8%	Ag、Au、Cu、S、Sb、Ga、In、Ge、Cd 等	广东凡口铅锌(银)矿、云南会泽矿厂铅锌矿、辽宁柴河铅锌矿、江苏栖霞山铅锌矿、辽宁青城子铅锌矿
泥岩-细碎屑岩型铅锌矿床	在泥岩、粉砂岩、含碳酸盐质岩石中大致沿层产出	以黄铁矿、方铅矿、闪锌矿为主,次为黄铜矿、黝铜矿、磁黄铁矿、毒砂、斜方硫锑铅矿及一些含银矿物	层状、似层状、透镜状等	大、中型为主,品位较高,w(Pb+Zn)>7%	Ag、Au、Cd、S、Ga、In、Ge、Cd 等	内蒙古东升庙铅锌矿、甘肃厂坝铅锌矿、李家沟铅锌矿、陕西铜洞山铅锌矿、银洞梁铅锌矿、河北高板河铅锌矿
矽卡岩型铅锌矿床	沿花岗岩类侵入体与碳酸盐岩接触带的内外或离开岩体沿围岩岩层产出	以黄铁矿、方铅矿、闪锌矿为主,次为黄铜矿、磁铁矿、黑钨矿、白钨矿、锡石、磁黄铁矿及其他一些银矿物	透镜状、扁豆状、囊状、似层状等	以中、小型为主,品位较高	Au、Ag、Cu、S、Sn、W、Ga、In、Tl、Cd、Ge 等	湖南水口山铅锌矿、黄沙坪铅锌矿、辽宁桓仁铅锌矿
海相火山岩型铅锌矿床	产于凝灰岩、熔岩、潜火山岩及与碎屑岩的互层带中,沿层产出	以方铅矿、闪锌矿为主,次为黄铁矿、黄铜矿、黝铜矿、磁黄铁矿及一些含银矿物	层状、似层状、透镜状、扁豆状	以大、中型为主,品位中等偏高	常与Au、Ag、Cu共伴生,另有S、Cd、Ge、Ga、In、Sn 等	甘肃白银厂小铁山铅锌矿、青海锡铁山铅锌矿、新疆可可塔勒铅锌矿、四川白玉呷村铅锌矿
砂、砾岩型铅锌矿床	产于红层中之浅色砂岩、砂砾岩、灰质角砾岩中,基本沿层产出	方铅矿、闪锌矿、黄铁矿、白铁矿、微量黄铁矿、磁黄铁矿、赤铁矿、硫镉矿等	层状、似层状、巨大透镜体状、扁豆状	大型为主直至超大型,品位偏高 w(Pb+Zn)>7%	S、Ag、Cd、Tl、Mo、Ge、Co、Sb、Bi 等	云南兰坪金顶铅锌矿
火烧云型铅锌矿床	产于碳酸盐岩系中	主要为菱锌矿、白铅矿,次为菱铁矿、菱锰矿	层状	规模大,品位高,w(Pb+Zn)>20%		新疆火烧云铅锌矿
各种围岩中的脉状铅锌(银)矿床	产于各种岩石(侵入岩、火山岩、变质岩、沉积岩)的断裂带的充填交代脉状矿床	方铅矿、闪锌矿、黄铁矿、白铁矿、磁黄铁矿、磁铁矿、赤铁矿、辉银矿、银金矿、自然银、硫锑银矿等	脉状、复脉状、扁豆状、透镜体状	大、中、小型均有,品位较高,w(Pb+Zn)>9%	Ag、Au、Cu、S、Sn、Cd、Ce、In、Sb、Bi 等	河北蔡家营铅锌矿、内蒙古甲乌拉铅锌(银)矿、湖南桃林铅锌(银)矿、云南白秧坪铅锌矿

太古宙铅锌成矿作用较弱。矿床多赋存于太古宙变质斜长角闪片麻岩中，属于变质海相火山岩型矿床和矽卡岩型矿床，如山西西榆皮铅锌矿床等。

元古宙时期，华北克拉通北缘中元古界渣尔泰群变质碎屑岩中铅锌矿床属于泥岩-细碎屑岩型矿床，河南的刘山岩和浙江西裘等铅锌矿床也形成于元古宙，属于海相火山岩型矿床。

加里东期铅锌矿床主要为海相火山岩型，代表性矿床如甘肃白银厂、青海锡铁山等矿床。

华力西期铅锌矿床主要类型为矽卡岩型、海相火山岩型等矿床，集中分布于秦岭、小兴安岭、新疆阿尔泰和云南省等地。

印支期铅锌矿床主要有海相火山岩型和脉状矿床，主要分布于三江和川滇黔地区，青海和广西亦有少量分布。

燕山期是我国重要的铅锌成矿时期，矿床类型有矽卡岩型、脉状和碎屑岩型矿床，广泛分布于我国东部地区。

喜马拉雅期铅锌矿床主要分布于冈底斯、三江地区、喀喇昆仑-唐古拉地区，矿床类型主要为砂（砾）岩型和脉状铅锌矿床。

2.2.3.3 矿床实例

A 青城子铅锌矿床

青城子铅锌矿床位于辽宁省凤城市青城子镇，由北砬子、喜鹊沟、本山、南山、麻泡、榛子沟、大地、甸南等矿段组成，矿体计有 200 多条，是我国北方著名的大型铅锌矿床之一（图 2-12）。

矿区内出露的地层主要为辽河群，约 70%的铅锌矿床（点）均赋存于此，尤其是大石桥岩组，它是主要的控矿地层；上元古界钓鱼台组在本区有所出露，不整合于中、下元古界地层之上，零星出现于矿区的东部和北部，其中也有少量石英铅锌矿脉产出。整个古生界地层在本区不发育或缺失。

本区岩浆活动强烈而频繁。矿区东部大顶子花岗岩可能是吕梁期侵入岩，矿区南部双顶斑状黑云母花岗岩可能属于海西期侵入岩，矿区北部新岭斑状花岗岩可能属于海西-印支期侵入体。另外矿区内有大量基性至酸性岩浆岩脉沿裂隙侵入于各种变质岩和岩浆岩体内。

矿区内构造发育。晚元古代以前的地壳运动使区内老地层发生倒转褶皱；此后海西-印支运动破坏了基底构造，使辽河群地层又一次发生褶皱和断裂，形成一系列东西向的背斜、向斜构造及北西、北东向的"X"断裂；燕山运动在本区也很强烈，形成一些东西向次级褶曲叠加在海西-印支期构造之上。几次大规模构造作用对青城子矿床的形成都产生重要影响。晚元古代以前的基底构造控制了整个矿床的空间展布规律，形成了围绕着东阳沟-东岭沟-麻泡沟倒转背斜分布的特征，海西-印支期的东西向褶皱及其"X"形两组断裂交叉部位成为矿区内主要控矿构造体系，控制着裂隙型矿体的产出。

矿区内绝大部分矿体都是产于辽河群中，矿体形态有：（1）层状、似层状矿体，分布于榛子沟、甸南、大地、东阳沟、头道沟等矿区，矿体产状与地层产状基本一致，主要产在浪子山岩组和大石桥岩组内不同岩性岩层的界面上。（2）沿层羽状矿体，分布于南山、

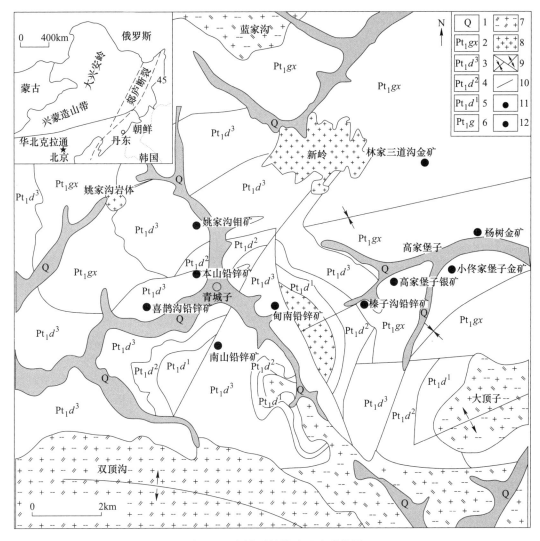

图 2-12　青城子铅锌矿区地质简图

1—第四系；2—辽河群盖县岩组片岩；3—大石桥岩组三段：厚-巨厚层白云石大理岩夹方解大理岩；
4—大石桥岩组二段：黑云片岩夹大理岩、透辉透闪变粒岩；5—大石桥岩组一段：条带状方解大理岩夹白云石大理岩；
6—高家峪组三段：碳质板岩、白云石透闪石岩、变粒岩；7—黑云母二长花岗岩；
8—花岗岩；9—挤压拉张构造；10—断层；11—铅锌矿床（点）；12—金银矿床（点）

喜鹊沟、大东沟、二道沟、北砬子等矿区，主要产于大石桥岩组大理岩与薄层变粒岩互层岩性段内。矿体赋存于断裂带的一侧，呈沿层羽毛状产出，单个矿体规模并不大，但往往是多层产出，成群出现。（3）裂隙充填大脉型矿体，分布于本山、麻泡、湾道沟等矿区，主要产在大石桥岩组厚层状大理岩中的断裂带内，受主干断裂及其上下盘次级羽状断裂中，在主干断裂带中的矿体规模较大，在支羽断裂中的矿体规模较小。

本矿床成矿过程是多期多阶段和多种成因复合的。早期成矿是成矿物质与辽河群岩层同生沉积，包括海相火山沉积而后又同受区域变质而初步富集，表现为与地层整合的规模大而品位相对较低的层状、似层状矿体；此后在海西-印支期，构造-岩浆活动、地下热水循环等促使早期成矿物质活化迁移富集而形成品位较高的脉状矿体。矿床工业类型属于碳酸盐岩型铅锌矿床。

    B   桓仁铅锌矿床

    桓仁铅锌矿位于辽宁桓仁县工棚甸子，是铅锌铜铁多金属矽卡岩型矿床。

    矿区内出露地层为震旦系石英岩-页岩、寒武系薄层-中厚层灰岩及砂页岩和晚侏罗系安山岩等，因受构造影响，各岩层产状不一（图2-13）。

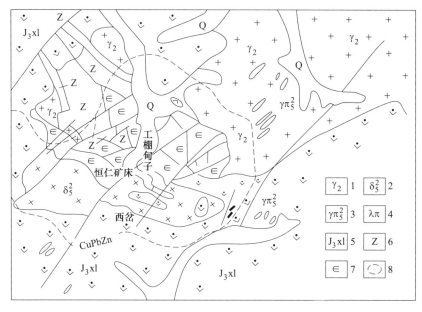

图 2-13   辽宁桓仁铅矿区地质略图

1—吕梁期花岗岩；2—闪长岩；3—花岗斑岩；4—流纹斑岩；5—上侏罗统流纹岩、安山岩及碎屑岩夹玄武岩；
6—震旦系砂页岩；7—寒武系碳酸岩；8—铜铅锌化探异常区

    矿区内构造异常复杂，吕梁期产生了 EW 向构造，并伴随有岩浆岩的侵入，奠定了区域构造格架；加里东期则表现为缓慢的升降运动，构造不发育；海西期构造变动较为强烈，表现为 NW 向断裂构造并伴随基性-超基性岩脉的侵入；燕山期构造活动最为强烈，主要表现为原 NE 向构造的复活及新 NE 向构造的形成，伴有大面积中酸性岩浆岩的侵入，为区内多金属矿产的形成提供了必要的条件。

    工棚甸子闪长岩体是桓仁矿床的有关岩体，是一个以闪长岩为主的中性杂岩体，呈东西走向产出，长约 8.5km、宽 0.35~2.1km，侵入寒武系碳酸岩层内。岩体与地层接触带发育有矽卡岩带。

    蚀变-成矿过程可分三期：早期简单矽卡岩化期，主要形成绿帘石、石榴石、透辉石等矽卡岩类矿物而无重要的金属矿化；晚期复杂矽卡岩化期，叠加在前期产物之上，产有阳起石、磁铁矿、赤铁矿、绿泥石、黄铁矿、毒砂、黄铜矿、闪锌矿、磁黄铁矿、方铅矿等；热液期，以方解石、石英、黄铁矿、黄铜矿、闪锌矿、方铅矿等产出为特征。矿石类型包括铅锌矿石、铜锌矿石、磁铁矿矿石等。

    本矿床属于矽卡岩型铅锌矿床。

2.2.4 钨矿床

2.2.4.1 矿床工业类型

钨在地壳中的丰度仅为 0.0013%，属于稀少元素，但我国却具有得天独厚的钨矿成矿地质条件，钨矿床类型齐全，分布广泛，伴生组分丰富，探明资源量世界第一。我国钨矿的主要工业类型见表 2-9。

表 2-9 钨矿床主要工业类型与地质特征

矿床工业类型	成矿地质特征	矿体形态	常见金属矿物	规模与品位	主要伴生组分	矿床实例
矽卡岩型钨矿床	产于花岗岩类岩体与碳酸盐岩或火山-沉积岩系接触带及其附近	似层状、透镜状、少量脉状	白钨矿，伴生辉钼矿、黄铜矿、方铅矿、闪锌矿、锡石及铍矿物	小、中、大型，有时为特大型；品位 0.2%~2.5%	Mo、Pb、Zn、Cu、Bi、Au、Ag、Sn	江西香炉山钨矿、朱溪钨矿、湖南瑶岗仙钨矿、大溶溪钨矿
蚀变花岗岩型钨矿床	产于燕山期似斑状黑云母花岗岩顶面凹陷或顶部凹陷斜坡内外接触带中，具钾长石化、云英岩化、绿泥石化	层状、似层状，小矿体条带状、透镜状，矿体可达数百个	白钨矿、黑钨矿、黄铜矿、辉钼矿、斑铜矿、闪锌矿	大型、特大型；平均品位 0.18%	Cu、Ag、Mo、Sn、Ga、Pb、P、S	江西大湖塘北区石门寺钨矿
斑岩型钨矿床	产于花岗石类岩体上部或顶部内外接触带中，具钾化、绢云母化、泥化、青磐岩化	透镜状、带状	白钨矿或黑钨矿，伴生辉钼矿、锡石、辉铋矿、闪锌矿、黄铁矿、方铅矿、方钴矿	小、中、大型；品位 0.2%~0.6%	Cu、Sn、Mo、Pb、Zn、Fe、S、Bi、Au、Ag	广东莲花山钨矿、江西阳储岭钨矿
云英岩型钨矿床	产于花岗岩类岩体上部及顶部硬砂岩、砂岩和页岩层中，花岗岩围岩中常见钾长石化和云英岩化	脉状、镶柱状、网脉矿化体	黑钨矿，伴生白钨矿、辉钼矿、锡石、辉铋矿、方铅矿、闪锌矿、黄铜矿、黄铁矿	小、中型；品位 0.2%~2.0%	Mo、Bi、Sn	江西九龙脑钨矿、湖南柿竹园钨矿
石英脉型钨矿床	产于花岗岩类岩体上部与围岩的内外接触带裂隙中，花岗岩具钾长石化、云英岩化，泥质岩具角岩化	脉状和脉带状	黑钨矿，有时为白钨矿，伴生锡石、辉钼矿、黄铁矿、辉铋矿、钽铌矿物、方铅矿、闪锌矿、绿柱石	小、中、大型；品位 0.2%~2.4%	Sn、Mo、Bi、Nb、Ta、Be	江西西华山钨矿、浒坑钨矿

矿床工业类型	成矿地质特征	矿体形态	常见金属矿物	规模与品位	主要伴生组分	矿床实例
硅质岩型钨矿床	产于沉积及火山-沉积岩的硅质岩中，有工业意义者为变质的类似物	层状、似层状、透镜状	含钨赤铁矿、钨酸铁矿（微细粒）、白钨矿，伴生菱铁矿、辉钼矿	小、中、大型；品位 0.2%~0.5%	Cu、Fe、S、Mo、Au、Ag、Bi	江西枫林钨矿
风化残坡积型钨矿床	产于第四系残坡积物中，主要岩矿成分为残余黏土及滚石，滚石大小不一，以云英岩化花岗岩为主	层状、似层状	白钨矿、少量黑钨矿及钨华	中、小型；品位 0.101%~0.148%	Fe、Sn	湖南省水源山钨矿、江西塔前钨矿

2.2.4.2 中国钨矿床时空分布规律

我国钨矿床遍及全国各地，钨的成矿时代从前寒武纪至中新生代，几乎出现于各个重要地质历史阶段，而燕山期为中国钨矿床最重要的成矿期。

我国已发现的最古老的钨矿床为元古宙的层状矽卡岩型钨矿或热液型钨矿，如湖南沃溪钨锑金矿。确切地说，该类型钨矿的含矿层是元古宙的，至今尚没有精确的钨成矿同位素年龄数据。

我国加里东期钨矿床数量不多，但矿床规模多为大型，主要发育于秦祁昆成矿带，矿床与加里东期花岗闪长岩有关，矿床类型主要是石英脉型、矽卡岩型、云英岩型矿床。

在华力西期，钨矿化的强度小于加里东期，区域范围小而零散，矿床规模多为中小型，矽卡岩型和石英岩脉型矿床均有分布。

我国印支期钨矿成矿强度亦很弱，分布地区和华力西期相似，如内蒙古大兴安岭地区、北山地区及滇东南等区。

燕山期（205~65Ma）是我国钨成矿最重要的时期，成矿强度之大，我国几乎所有大型钨矿都形成于该时期，探明资源量占我国全部钨矿资源量的84%，矿床类型包括石英脉型、矽卡岩型、斑岩型、花岗岩型等。该期钨矿的分布范围亦涵盖我国各个钨矿成矿区带。

喜马拉雅期钨成矿作用不强，主要分布在我国三江地区，矿床类型有石英脉型和斑岩型。

2.2.4.3 矿床实例

A 江西西华山钨矿床

西华山钨矿床位于江西省大余县城西北 9km 处，为大型黑钨矿床，并伴生可观的钼、铋、锡、铜、稀土等矿产。

矿区出露地层主要为寒武系浅变质岩以及沿河谷分布的第四系残坡积层。寒武系地层岩性复杂，产状变化较大，走向大致呈北东向，倾向北西或南东，倾角 60°~80°，可分为上、下岩性段。下岩性段主要为石英砂岩与千枚岩组成，分布于矿区南部和东南部地区；上岩性段主要为石英砂岩，分布于矿区西部（图 2-14）。

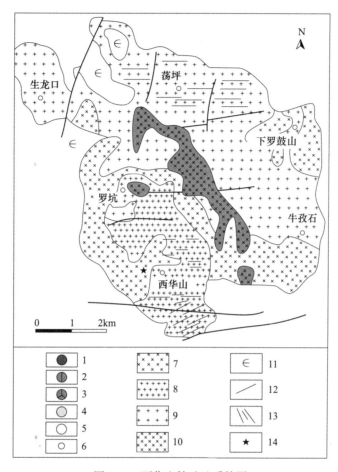

图 2-14　西华山钨矿地质简图

1—钨矿；2—钨锡铋钼矿；3—钨多金属矿；4—锡矿；5—大型矿床；
6—中型矿床；7—中粒斑状黑云母花岗岩；8—中粒二云母花岗岩；
9—细粒二云母花岗岩；10—细粒斑状花岗岩；11—寒武系地层；
12—断层；13—含钨石英脉；14—采样位置

矿区岩浆活动频繁而强烈，具多旋回岩浆活动特点。侵入岩体主要为西华山燕山期复式花岗岩岩株，早期为斑状中粒黑云母花岗岩与斑状细粒黑云母花岗岩；第二期为中粒黑云母花岗岩与细粒石榴子石-二云母花岗岩；第三期为花岗斑岩。

矿区共有矿脉 524 条，除少数分布于变质岩中外，绝大多数赋存在岩体之内，以第二次侵入的中粒黑云母花岗岩和第一次侵入的斑状黑云母花岗岩中最为发育。矿脉均成组成带集中分布，一般脉长 400~600m，脉宽 10~30cm，矿化深度多为 50~140m。矿石矿物主要为黑钨矿，其次为辉钼矿、锡石、辉铋矿、黄铜矿和方铅矿等。矿脉两侧围岩蚀变主要为云英岩化、钾长石化、硅化，局部有黄玉化、萤石化等。

矿床类型为石英脉型钨矿床。

B 湖南柿竹园钨矿床

柿竹园钨多金属矿床位于湖南省郴州市东南 25km，为超大型矿床。矿化以钨、锡、铋、钼为主，并伴生丰富的萤石、铜、铅、锌、硫、铁、金、银，以及铍、铌、钽等多种矿产。

柿竹园矿区内出露的地层主要有震旦系和泥盆系（图 2-15）。震旦系分布于矿区东侧，主要为石英砂岩、千枚岩、板岩等。泥盆系在矿区内只见中、上统。中统跳马涧组砂岩出露于矿区东南隅；棋梓桥组碳酸盐岩层分布在矿区东部野鸡尾一带。上统佘田桥组产于矿区中部，主要为灰岩、泥质条带状灰岩、泥灰岩夹粉砂岩、页岩，大部分已矽卡岩化，为主要容矿地层。

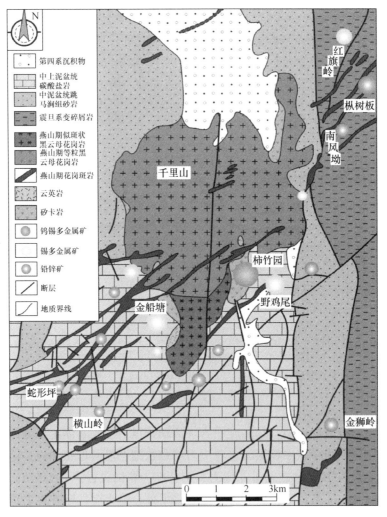

图 2-15 湖南千里山花岗岩体积周边矿床地质略图

彩色原图

矿区构造主要有野鸡尾-柿竹园背斜与柿竹园-太平里向斜，两者轴向均为北东 20°。断裂构造主要有四组，即北北东向、北东向、北西向、近东西向。

与成矿关系密切的为千里山花岗岩燕山期复式岩体，侵入泥盆统佘田桥组，具多阶段成岩成矿特征。岩体周围分布有东坡山、柿竹园、野鸡尾、金狮岭、大吉岭、金船塘、横山岭、玛瑙山、蛇形坪、水里湖、红旗岭等10余处钨锡铋钼及多金属矿床（点），其中柿竹园矿区是规模巨大的钨锡钼铋矿床，具有多型矿化叠加共生的成矿特征。矿床垂直分带明显，由上而下即从围岩往岩体依次形成网脉状大理岩型锡矿、矽卡岩型钨铋矿、云英岩网脉-矽卡岩型钨钼铋矿、云英岩型钨钼铋锡矿，构成Ⅰ、Ⅱ、Ⅲ、Ⅳ矿带，成为"四层楼"式垂直分带（图2-16）。

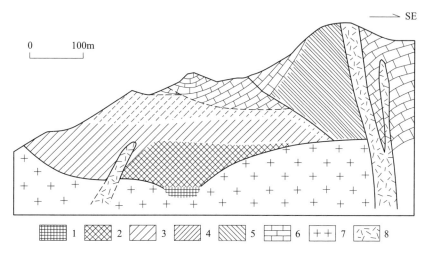

图2-16　柿竹园钨锡多金属矿地质剖面示意图

1—云英岩型 W-Mo-Bi 矿石；2—网脉状云英岩-矽卡岩复合型 W-Sn-Mo-Bi 矿石；3—矽卡岩型 W-Bi 矿石；
4—矽卡岩型 Bi 矿石；5—大理岩型 Sn 矿石；6—大理岩；7—千里山花岗岩；8—花岗斑岩

矿区围岩蚀变强烈，主要有矽卡岩化、硅化、云英岩化、萤石化、电气石化等。矿体中矿物种类繁多，已查明的矿物有143种，主要矿石矿物为白钨矿、黑钨矿、锡石、辉钼矿、辉铋矿、黝锡矿、方铅矿、闪锌矿、黄铜矿、黄铁矿、磁黄铁矿、毒砂、磁铁矿、自然铋等。矿石化学成分较复杂，有用元素有 W、Mo、Bi、Sn、S、F、Nb、Ta、Be、Ag、Au、Ga、Cd 等。

柿竹园钨多金属矿床为云英岩-矽卡岩复合型矿床。

2.2.5　镍矿床

2.2.5.1　矿床工业类型

我国镍矿资源比较丰富，但近年来资源形势不容乐观。一是我国镍的消耗大幅增加，镍矿自给率逐年下降；二是红土型镍矿开发技术发展很快，很多近赤道国家镍资源增长迅速。按照镍矿床成矿地质特征与工业利用途径，我国镍矿床工业类型可以划分为基性-超基性岩铜镍矿、热液脉状硫化镍-砷化镍矿、沉积型硫化镍矿及风化壳型镍矿四种类型（表2-10）。

2.2.5.2　镍矿床时空分布规律

我国镍矿床的形成时代从中-新元古代一直延续到新生代，但不同时代在强度上有差异；同样地，不同类型的镍矿床，其形成时代也是不一样的。在空间上，我国镍矿床分布

表 2-10 镍矿床主要工业类型与地质特征

矿床工业类型	成矿地质特征	常见金属矿物	矿体形状	规模及品位	伴生组分	矿床实例
基性-超基性岩铜镍矿床	产于基性-超基性岩岩体中	镍黄铁矿、紫硫镍铁矿、黄铜矿、方黄铜矿、磁黄铁矿等	似层状，不连续大透镜体状、大脉状	大、中、小型均有；品位一般小于1%	Pt族、Co、Au、Ag、Se、Te等	甘肃金川铜镍矿、吉林红旗岭铜镍矿、四川力马河铜镍矿、新疆喀拉通克铜镍矿
热液脉状硫化镍-砷化镍矿床	矿体产于中酸性岩体裂隙及与围岩-砂岩、页岩、灰岩、变质凝灰岩等的接触带	常见红砷镍矿、砷镍矿、辉镍矿、砷钴矿、黄铜矿、黄镍矿、针镍矿、闪锌矿、方铅矿、白铁矿、自然金、沥青铀矿等	脉状、网脉状、似层状透镜状、管状产出	中、小型；品位不稳定，由0.2%~10%不等	Cu、Ag、As、Bi、Co、Sb等	辽宁柜子哈达镍矿、万宝钵镍矿
沉积型硫化镍矿床	分布于黑色页岩中（$\in_1$等）沿层产出	黄铁矿、钼集合体、二硫镍矿、硫铁镍矿、辉砷镍矿、紫硫镍（铁）矿、褐铁矿、赤铁矿等	层状、透镜状、扁豆状	中、小型；品位0.2%~1.6%	Mo、Co、V、U、Pt族、Ag、Au等	湖南大浒镍矿
风化壳型镍矿床（硅酸盐型）	产于超基性岩风化残坡积层中	锌高岭石、镍绿泥石、暗镍蛇纹石、蒙脱石及铁锰的氧化物和氢氧化物	层状、似层状、巢状	大、中、小型均有；品位较低，0.8%~2%	Co、Fe等	云南墨江镍矿（硅酸镍型）

相对集中，往往具有成群分布的特征，但不同地区在疏密上有区别；从地理位置看，在我国北方和南方均有分布，北方地区相对南方更为发育；在大地构造位置上，多数矿床均产在造山带或克拉通边缘等相对活动的构造单元。

中元古代长城系时期镍矿可能是我国目前已发现的形成时代最早的镍矿床，分布较为零星；新元古代时期代表性矿床有甘肃金川、陕西煎茶岭、四川冷水箐等矿床。中-新元古代是镍矿床形成的一个高峰期，矿床类型全为基性-超基性岩型镍矿床，主要分布在华北板块和扬子板块边缘，与大陆边缘裂解作用有关。

早古生代寒武纪是我国海相沉积型镍矿床的形成时期，在扬子地台南部贵州、湖南等地牛蹄塘组黑色页岩中普遍发育有镍钼钒矿床，形成环境为碳酸盐台地相。从矿床类型上看，风化壳型镍矿床在早寒武世时期仅在青海拉脊山地区发育；奥陶纪为镍矿的静默期，我国在该时期未发现有工业矿床产出；志留纪时期主要产有超基性岩型镍矿床，主要分布在祁连造山带。

晚古生代时期是我国镍矿床形成的另一个高峰期，主要为基性-超基性岩型镍矿床，与造山带环境和大火成岩省环境密切相关，主要分布在天山造山带、兴蒙-吉黑造山带、秦祁昆造山带以及峨眉山地区。

中生代时期我国镍矿床均形成于造山带环境中，主要分布在吉黑造山带和冈底斯造山带，多为基性-超基性岩型镍矿床，如吉林红旗岭铜镍矿床。

新生代为风化壳型镍矿床形成的主要时期。除黑龙江大金顶子矿床外，其他矿床均位于纬度较低的南方地区。

2.2.5.3 矿床实例

A 金川铜镍硫化物矿床

金川铜镍矿位于甘肃省金昌市境内，是一个特大型的基性-超基性岩型铜镍矿床。另外，该矿床也是我国铂族金属和钴金属的重要来源。

金川铜镍矿的含矿岩体呈北西向展布，全长6km，厚数十米至三百余米，倾斜延伸数百至千米以上，呈岩墙状产出。受北东东向扭性断层的影响，岩体被分割为四段，由西向东依序称为Ⅲ、Ⅰ、Ⅱ、Ⅳ型矿区，其中以Ⅱ型矿区岩体最长，约3km；次为Ⅰ、Ⅳ区岩体，各长1km，Ⅲ区岩体最短，仅数百米（图2-17）。岩体形态受断裂构造性质的控制，以扭性为主的地段，岩体向下延伸较大，呈板状；以张性为主地段延伸较小，呈楔形、漏斗形。前者分异程度差，后者分异好。

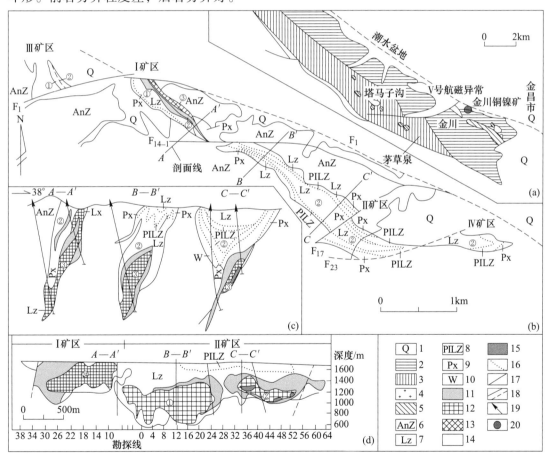

图 2-17 金川铜镍矿位置（a）、矿区地质图（b）、矿床剖面图（c）（d）

1—第四系；2—龙首山群白家嘴子组；3—龙首山群塔马子沟组；4—花岗岩；5—镁铁超镁铁侵入体；6—前震旦系；

7—二辉橄榄岩；8—斜长二辉橄榄岩；9—橄榄二辉岩；10—二辉岩；11—浸染状矿体；12—网脉状结构富矿；

13—氧化矿；14—接触交代型矿体；15—块状硫化矿；16—岩浆岩相接触；17—分期接触带；

18—实测和推测断层；19—钻孔；20—金川铜镍矿

白家嘴子含镍超基性岩体为复式侵入体，不同期次岩浆形成的岩石粒度有明显差异，并且各自形成一定的岩相。岩体岩石平均化学成分相当于二辉橄榄岩。该矿床的工业矿体按成因分为岩浆就地熔离、岩浆深部熔离-贯入、晚期贯入和接触交代四种类型，其中工业意义最大的是深部熔离-贯入矿体，规模巨大，厚数十米至百余米，长数百米至上千米；次之是熔离矿体，长数米至数百米，厚一米至数十米。从就地熔离矿体到接触交代矿体，金属氧化物和硫化物中的镍矿物相对含量依次减少，而磁黄铁矿和铜矿物含量依次增多。

B 红旗岭矿床

红旗岭镍矿床位于吉林省磐石县红旗岭镇，是个大型镍矿床。该矿成矿岩体受辉发河深断裂北西向次级断裂的控制，不整合侵入于呼兰群黑云母片麻岩、花岗片麻岩、角闪岩、大理岩层中，侵入时代属于海西期。整个岩体长750m，厚18~40m，最大延深420m。成矿岩体主要由顽辉石岩组成，约占岩体体积的96%，边部存在少量苏长岩，可能是岩浆同化围岩形成的。另外，在岩体中段近下盘位置有后期橄榄岩脉。

岩体绝大部分都是矿体，故两者的规模、形态、产状一致（图2-18）。矿体长750m，

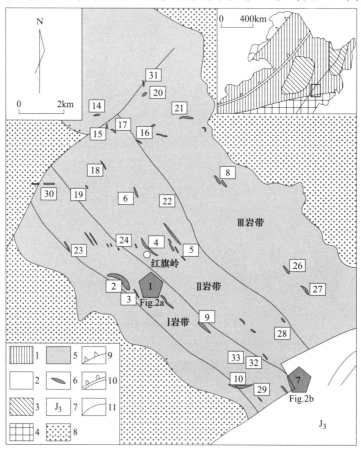

图 2-18　红旗岭铜镍矿区地质简图

1—新生代（喜马拉雅期）；2—晚古生代（海西期）；3—早古生代（加里东期）；4—前寒武纪陆块；
5—上古生界呼兰群角闪黝帘片麻岩；6—镁铁质-超镁铁质岩体；7—上侏罗统火山碎屑岩；8—中生代花岗岩；
9—古俯冲消减带；10—晚古生代缝合线；11—断裂

厚 14.5m，埋深 510m，主要由海绵晶铁状和反斑海绵晶铁状及少量浸染状矿石组成。各类矿石的金属矿物组合主要为磁黄铁矿、镍黄铁矿（少量紫硫镍铁矿）、黄铜矿。矿床伴生成矿元素有铜、钴、硒、碲、银等，铂族元素量细微。

矿床地质特征表明，只有经充分熔离形成的富含硫化矿液的岩浆直接侵入，方可形成具有富矿的岩体。矿床主体是一次贯入形成的，因此矿床属于深熔-单式贯入式超基性岩矿床。

2.3 贵金属矿床

2.3.1 金矿床

2.3.1.1 矿床工业类型

贵金属资源在国民经济中占有重要的地位，我国曾连续多年黄金产量世界第一，但事实上我国金矿资源极为有限。按照我国金矿成矿地质背景，参考其矿体特征、成矿作用及工业利用价值，我国岩金矿床的工业类型见表 2-11。

表 2-11 岩金矿床工业类型简表

矿床工业类型		成矿地质特征	常见金属矿物	矿体形态	矿体规模及品位	伴生组分	矿床实例
破碎带蚀变岩型矿床（焦家式）		形成于变质基底隆起区，以中酸性岩浆岩、混合岩、变质岩为主。受再生花岗质岩体与胶东群接触带控制，矿化发育在主断裂带下盘的角砾岩、碎裂岩、碎裂状花岗岩中	黄铁矿、黄铜矿、方铅矿、闪锌矿、磁黄铁矿，少量的银金矿、自然金、自然银、白铁矿、斑铜矿、辉铜矿、黝铜矿、斜方辉钴铋矿、锆石、铁矿	脉带形	小到特大型	Ag	山东焦家金矿、新城金矿、三山岛金矿
含金石英脉型矿床	石英单脉型矿床	以五龙金矿为代表，赋存在吕梁期黑云母花岗片麻岩发育区，含金石英脉与构造关系密切，处于两组构造的复合处	黄铁矿、白钨矿、毒砂、磁黄铁矿、辉铋矿、自然金、黄铜矿、闪锌矿、胶状黄铁矿	脉状、扁豆状、细脉状	小到大型；金品位平均为 10.14g/t		辽宁丹东五龙金矿
	石英网脉及复脉带型矿床	复脉带以金厂峪金矿为典型矿床，产于太古宙遵化群中，赋矿围岩为斜长角闪岩经韧性剪切作用形成的蚀变千糜岩	黄铁矿，少量的黄铜矿、方铜矿、闪锌矿、磁铁矿、辉钼矿、辉铋矿、辉银矿等，以及褐铁矿、孔雀石、铜蓝	脉状、不规则脉状和透镜状	小到大型；金品位为 1~21.4g/t	Mo	河北金厂峪金矿

矿床工业类型		成矿地质特征	常见金属矿物	矿体形态	矿体规模及品位	伴生组分	矿床实例
含金石英脉型矿床	石英硅化钾化蚀变岩型矿床（东坪式）	产于中、高级变质岩地区，岩性为斜长角闪岩、片麻岩、麻粒岩、变粒岩，区域性深断裂及派生的次级断裂控制含矿地质体的分布，矿体产于偏碱性杂岩体及其外接触带，由石英脉和硅化、钾化蚀变岩组成	黄铁矿，次为方铅矿、磁铁矿、黄铜矿，少量的闪锌矿、碲铅矿以及褐铁矿、赤铁矿、斑铜矿、辉铜矿、铜蓝、铅矾氧化矿物	脉状、透镜状	中到特大型；金品位平均为 7.25g/t	Sb	河北东坪金矿、内蒙古哈达门金矿、河北后沟金矿
斑岩型矿床（团结沟式）		与中酸性、酸性及碱性次火山岩有关。金矿体产于花岗闪长斑岩体顶部及接触带附近	黄铁矿、白铁矿、辉锑矿、自然金、黄铜矿、辰砂、雄黄、雌黄	层状、脉状、扁豆状	大到特大型；金品位为 2~10g/t	Ag、Cu、S	黑龙江团结沟金矿
矽卡岩型矿床		中酸性小侵入体与灰岩、火山凝灰岩的接触带。围岩多含石榴子石、钙铁辉石、绿帘石矽卡岩	磁铁矿、黄铜矿、黄铁矿、赤铁矿、斑铜矿、银金矿	透镜状、似层状、巢状、串珠状	中到大型；金品位为 2~200g/t；铜品位为 1%~4%	Fe、Cu、Pb、Zn、Bi	华铜金矿、沂南金矿、鸡冠嘴金矿、老柞山金矿
角砾岩型矿床		角砾岩体多产于太古宙和元古宙的变质岩中，原岩为中基性火山岩。岩体成群成带分布且受构造控制，岩性为多铁的硅铝质岩石。金矿化分布在岩体内的角砾周边及裂隙发育地段，与胶结物密切相关	黄铁矿，次为黄铜矿、方铅矿、自然金，少量闪锌矿、辉铋矿、铜蓝、斑铜矿、辉钼矿	似层状、透镜状	中到大型；金品位为 1~45.85g/t	Ag、Cu、S	河南祁雨沟金矿、陕西双王金矿
硅质岩层中的含金铁建造型矿床（东风山式）		位于地台隆起的边缘拗陷区。含矿地质体产于太古宙到元古宙的条带状含铁硅质岩层中	磁铁矿、磁黄铁矿、黄铁矿、毒砂、钛铁矿，少量自然金、辉钴矿、黄铜矿、方铅矿、闪锌矿	似层状、扁豆状	小到中型；金品位为 5~20g/t，最高为 160g/t	Co、As	黑龙江东风山金矿
含金火山岩型矿床		主要产于中新生代火山带及火山盆地。矿体由含金方解石石英脉组成，充填于火山口附近的环形放射状裂隙中，或火山管道、火山口相喷出岩中	黄铁矿、黄铜矿、黝铜矿、闪锌矿、辉银矿、银金矿、金银矿、金碲矿	脉状	小型，金品位为 5.54~7.73g/t		吉林刺猬沟金矿

矿床工业类型	成矿地质特征	常见金属矿物	矿体形态	矿体规模及品位	伴生组分	矿床实例
微细粒浸染型矿床	分布于显生宙造山带，地层为上古生界到中生界，主要含金层位为中三叠统，由碎屑岩构成的沉积岩系。金及硫化物呈浸染状分布其中	黄铁矿、白铁矿、毒砂、含砷黄铁矿、辉锑矿、自然金、雄黄	层状、似层状、透镜状	中型	Sb、Hg	贵州丫他金矿、板其金矿

2.3.1.2 金矿床时空分布规律

我国岩金矿床可分为五个主要成矿期，即新太古-古元古代、中-新元古代、古生代、中生代和新生代成矿期。

新太古-古元古代成矿期是我国岩金矿床比较重要的成矿期之一，该时期形成的金矿床主要分布于华北克拉通及其北部边缘地区。与世界上其他几个产金的太古宙克拉通一样，金矿床皆以太古宙绿岩建造为原始矿源层。

总体来讲，中-新元古代成矿期金矿化较弱，分布不广，在我国北方地区主要是产于吉-黑地区硅质岩层中的含金铁建造型金矿床。另外，在我国南方地区亦有少量出露。

古生代成矿期是我国岩金矿床比较重要的成矿期之一。加里东成矿期金矿床主要产于祁连山地区和华南武夷-云开地区，前者赋矿地层为下古生界浅变质火山岩系，成矿作用与超基性岩浆系列和偏碱性玄武岩浆系列有关，而后者成矿作用与加里东期壳幔质混熔型花岗岩类有关。华力西成矿期金矿床分布比较广泛，主要产于我国北部的华北克拉通北缘中亚造山带环境。古生代晚期，塔里木-华北板块与西伯利亚板块碰撞，形成了绵延数千千米的近东西向天山-蒙南-吉南华力西构造岩浆带，为形成该期金矿床提供了最根本的地质条件。成矿作用主要与华力西期幔源或壳幔混源基性-中酸性火山-侵入作用有关。

中生代成矿期是我国岩金矿床最为重要的成矿期。该成矿期金矿分布十分广泛，主要分布于我国东部滨西太平洋成矿域范围内，包括吉黑、华北克拉通、秦岭、东昆仑、华南褶和东南沿海等地。在我国东部，从晚印支期开始，由于太平洋板块向亚洲大陆俯冲，在弧后的亚洲大陆东部形成了一个规模巨大的大陆活动带。受此影响，我国东部大陆燕山断块运动十分强烈，北东向断裂构造发育，岩浆活动频繁而强烈，出现了一系列构造岩浆活化区（带），并形成了众多的与基性、中酸性-酸性岩浆火山-侵入作用有关的金矿床，从而形成了多种类型金矿，尤其发育破碎带蚀变岩型、石英脉型和微细浸染型金矿。

新生代金成矿期可分成两部分。一部分属滨西太平洋成矿域，即主要分布于中国东南沿海及台湾地区，表现为新生代第三纪，由于太平洋板块向亚洲板块继续俯冲，沿西太平洋形成了世界上最大的岛弧火山活动带。受其影响，我国大陆东南缘及台湾地区中酸性火山活动强烈，形成了与之有关的以火山岩型为主的金矿床。另一部分则属于特提斯成矿域，即主要分布于我国西南边缘的三江地区。在新特提斯期，我国西南边缘地区由于印度板块对亚洲板块的碰撞挤压，形成了一条规模巨大的北西向构造岩浆活化带，其间岩浆活动强烈，北西向断裂构造发育，形成了一系列与超基性-酸性岩浆火山-侵入作用有关的金矿床，如老王寨、金厂、扎村、玉龙、多霞松多等矿床。

2.3.1.3 矿床实例

A 玲珑金矿床

玲珑金矿田位于胶东地区，北自后地，南至台上，西起欧家夼，东至九曲蒋家，可分成九曲、玲珑-大开头双顶、108、东风、欧家夼、破头青等矿段（图2-19）。

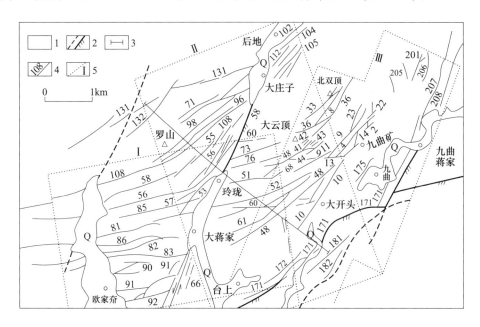

图 2-19 玲珑金矿区地质简图

1—玲珑似片麻状黑云母花岗岩；2—主干断裂及推测断裂；3—剖面位置；4—矿脉及编号；5—矿化富集带范围及编号；
Ⅰ—欧家夼-西山 NEE 向构造蚀变金矿化带；Ⅱ—破头青-大开头-大云顶 NE 向构造蚀变金矿化带；
Ⅲ—九曲-北双顶-阜山 NNE 向构造蚀变金矿化带；Q—第四系

区内出露地层主要为太古宇-古元古界胶东群和粉子山群，其中胶东群蓬夼组出露部位同本矿区金矿床的空间分布一致，由一套海底喷发的中基性火山岩夹少量泥质和碳酸盐经变质而成。

玲珑花岗岩为本区主要岩体，次为郭家岭花岗闪长岩，呈岩基或岩株状产出。区内主要有两个构造体系，即东西向构造带和北东向构造带，后者与金矿化关系密切，矿体、矿化带主要产于构造蚀变带中。

围岩蚀变主要类型有绢云母化、硅化、黄铁矿化、碳酸盐化等，局部有绿泥石化。上述几种蚀变分布广，变化大，蚀变作用复杂，延续时间较长，构成了典型的黄铁绢英岩化蚀变和明显的分带现象。

矿田范围内由数百条大小不等的含金石英脉及含金蚀变带组成，其形态以玲珑断裂为界分东西两个脉带。金矿化有利部位为控矿构造膨大部位、由陡变缓部位、两组断裂交汇部位、矿脉分支复合部位等，矿体形态多呈透镜状、扁豆状、脉状、不规则状。矿体有膨缩、尖灭再现、分支复合，并多呈雁行状、"人"字形和不规则状排列。

玲珑金矿属于含金石英脉型金矿床。

B 焦家金矿床

焦家金矿床位于胶东地区掖县境内。该矿床矿化作用比较特殊，其矿体是构造破碎带内达到工业要求的蚀变岩体。该矿床于 20 世纪 60 年代初发现，经系统勘查验证后，1977 年被命名为"焦家式"金矿，作为破碎带蚀变岩型金矿床的典型代表。

焦家金矿成矿地质背景与玲珑金矿较为相似。矿区内出露地层简单，第四系松散沉积物覆盖于胶东群之上。矿床由玲珑黑云母花岗岩（为主）和郭家岭花岗闪长岩经构造破碎和含金热液交代蚀变而形成。破碎蚀变带最长可达 2000m，最宽 200m（图 2-20）。

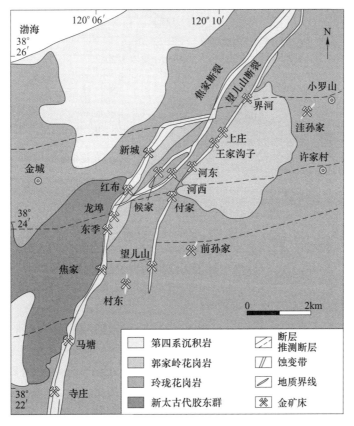

图 2-20 焦家金矿田地质简图

彩色原图

焦家矿床总体呈长数千米，宽约 4m 的含金蚀变带，产于玲珑岩体与胶东群之断层接触带中，矿体受断裂带控制（图 2-21）。该矿床以 1 号矿体最大，矿体长 1200m，厚 0.35～15.44m，走向北东，倾向北西，延深超过 800m。矿化围岩为黄铁绢英岩、绢英岩质碎裂岩，金矿石品位 3.07～52.59g/t。矿石矿物主要为银金矿、黄铁矿；少量自然金及铅、锌、铜的硫化物。脉石矿物主要为石英和绢云母。

矿区内围岩蚀变有红化（由斜长石、微斜长石中三价铁斑点或赤铁矿弥散造成，过去曾被称为钾化）、硅化、绢云母化、黄铁矿化和碳酸盐化。

该矿床属于典型的破碎带蚀变岩型金矿床。

C 河台金矿床

河台金矿床位于广东省高要县境内。它的发现，为华南地区前泥盆纪地层特别是混合

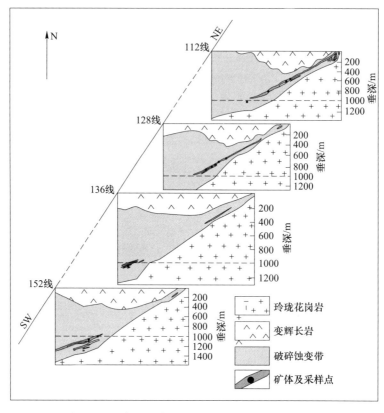

图 2-21 焦家金矿床 112-128-136-152 勘探线剖面图

彩色原图

岩化变质岩系中寻找同类矿床提供了范例。

河台金矿区位于吴川-四会断裂带与那蓬-悦城断裂带的交汇部位。矿区出露地层主要由震旦系片岩、变粒岩、片麻岩、混合花岗岩组成，南侧为奥陶系浅变质的复理石建造。两者呈断层接触，含金千糜岩带赋存于断层北侧的混合岩化岩石中（图 2-22）。

千糜岩带大致与断裂带平行，走向北东，倾向北西，形成一条长 30km，宽 1500~2500m 的岩带群。单条千糜岩呈条带状、似层状、透镜状，长数十米至两千米，宽数十厘米，呈斜列尖灭侧现，以片岩中规模最大（图 2-23）。矿体或矿化体即蚀变的千糜岩，两者无明显界线，矿体圈定需依据化学检验数据。千糜岩带在横剖面上略具对称分带性。

矿石物质成分简单，主要金属矿物有自然金、黄铜矿、黄铁矿、菱铁矿等，次要的有磁黄铁矿、毒砂、方铅矿和闪锌矿。主要非金属矿物有石英、绢云母，次要的有长石、白云石、黑云母等。自然金呈不规则粒状、树枝状、圆粒状次之，充填或包裹于石英微粒间。自然金的粒度以小于 0.01mm 者为主，约占 1/3。矿石品位达 10g/t。按矿石结构构造类型可分为显微浸染状硅化千糜岩型和显微浸染-硫化物网脉状硅化型两种金矿石，属低硫矿石。

矿区主要围岩蚀变有硅化、绿泥石化、绢云母化和菱铁矿化等。硅化与金矿化关系极为密切，两者同步消长。矿床成因应属与韧性剪切作用有关的复脉带型金矿床。

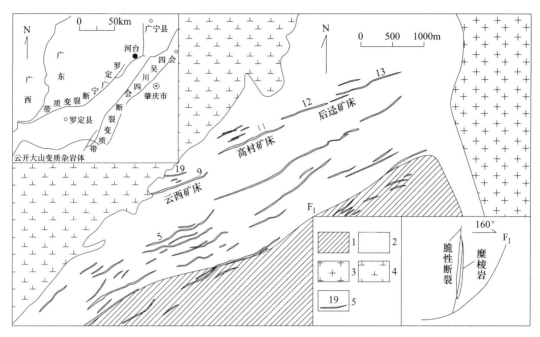

图 2-22 河台金矿区地质简图

1—奥陶系薄层浅变质砂岩、粉砂岩及薄层板岩；2—震旦系局部混合岩化的石英云母片岩、石英岩；
3—巨斑状黑云母二长花岗岩；4—黑云母斜长花岗岩；5—糜棱岩化带及其编号

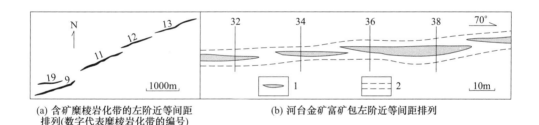

(a) 含矿糜棱岩化带的左阶近等间距
排列(数字代表糜棱岩化带的编号)

(b) 河台金矿富矿包左阶近等间距排列

图 2-23 含矿糜棱岩及富矿体的近等距性分布

2.3.2 银矿床

2.3.2.1 矿床工业类型

我国银矿资源较为丰富，成矿地质条件优越，主要以共伴生资源为主，独立型银矿相对较少。空间上银矿床分布广泛，成因类型多样。参照自然资源部最近颁发的勘查规范，我国银矿床主要工业类型见表2-12。

2.3.2.2 银矿床时空分布规律

按我国地质历史演化阶段和区域成矿作用的特点，可将全国银矿床的成矿时代划分为太古宙、古中元古代、新元古代、早古生代、晚古生代、中生代、新生代七个银矿成矿时代，其中最主要成矿时代是中生代，该时期形成的银矿资源量占全国银矿总资源量的68%，其次是晚古生代，占16%。其余时代依次为新生代（6%）、元古宙（5%）、早古生

表 2-12　银矿床主要工业类型与地质特征

矿床工业类型	成矿地质特征	常见金属矿物	矿体形状	规模及品位	伴生组分	矿床实例
碳酸盐岩型银（铅锌）矿床	产于大理岩、白云岩、灰岩，不纯灰岩，白云质灰岩中，大致沿层产出	方铅矿、闪锌矿、黄铁矿、黄铜矿、自然银、辉银矿、银黝铜矿、黑硫银锡矿、脆银矿等	层状、似层状、透镜状、脉状、囊状等	大、中、小型均有；品位贫富兼有	Pb、Zn、Cu、S、Ga、In、Ge、Cd、Sb 等	广东凡口铅锌（银）矿、辽宁八家子铅锌（银）矿
泥岩-碎屑岩型银矿床	产于含炭质黑色页岩、泥岩夹薄层泥灰岩、白云岩之岩层中，大致沿层产出	黄铁矿、辉硒银矿、硒银矿、硫银锗矿、辉银矿、自然银、辉锑矿	层状、似层状、脉状、透镜状、扁豆体状	大、中、小型均有；品位贫—中等	Sb、V、Se、Ge、Au、铂族	湖北白果园银矿、广东梅县嵩溪银矿
海相火山岩、火山-沉积岩型银矿床	产于凝灰岩、熔岩及与碎屑岩互层带中，基本上沿层产出	黄铁矿、方铅矿、闪锌矿、黄铜矿、辉银矿、螺硫银矿、辉铜银矿、金银矿、自然银等	层状、似层状、透镜状、扁豆体状	大、中、小均有；品位较高	Cu、Pb、Zn、Au、S、Sb、Ge、Ga、In、Sn 等	甘肃小铁山银矿、青海锡铁山银矿、四川白玉呷村银矿
千枚岩、片岩型银矿床	产于炭质绢云石英片岩，含炭绢云千枚岩，绢云石英片岩中，沿层或层间破碎带产出	方铅矿、闪锌矿、黄铜矿、黄铁矿、辉银矿、自然银、螺硫银矿、银黝铜矿、硫锑铜银矿	层状、似层状、透镜状、扁豆状	大、中型为主；品位较高	Pb、Zn、Cu、S、Cd、Au	河南破山银矿、陕西银洞子银矿、辽宁高家堡子银矿
陆相火山，次火山岩型银矿床	产于火山岩或次火山岩中的断裂、裂隙带或斑岩体接触带外侧围岩中	黄铁矿、辉银矿、螺硫银矿、深红银矿、淡红银矿、硫锑银矿、硫铋银矿、金银矿、自然银、角银矿，次为方铅矿、闪锌矿等	脉状、不规则似层状，透镜状等	大、中、小型均有；品位贫—富均有	Pb、Zn、Sb、Sn、Hg、Bi、Te、Se、Au 等	内蒙古额仁陶勒盖银矿、查干布拉根银矿，浙江大岭口银矿，江西银露岭银矿、鲍家银矿
脉状银矿床（与铅锌矿工业类型相同）	产于各种围岩构造破碎带中的脉状银（铅锌）矿	黄铁矿、辉银矿、自然银、硫铜银矿、硫锑铜银矿、方铅矿、闪锌矿、黄铜矿、磁铁矿、赤铁矿、菱锰矿等	脉状、复脉状、不规则似层状透镜状	大、中、小型均有；品位较高	Au、Cu、Pb、Zn、Sn、Sb、Cd、In、Ge、Se 等	内蒙古赤峰官地银矿、江西虎家尖银矿、安徽鸡冠石银矿、湖南桃林银矿

代（4%）、太古宙（0.26%），中生代和晚古生代是我国银矿成矿的重要时代，已探明的资源量占全国银矿探明总储量的84.03%。

太古宙银矿床仅在桐柏-大别山和秦岭两个矿化富集区中出现，代表性矿床有洛宁嵩坪沟单银矿床和河南灵宝东闯金矿中的含银矿床；元古宙银矿床主要在三江南段成矿带形成，代表性矿床是云南东川的汤丹、因民等铜矿床中的含银矿床。早古生代银矿床出现在赣东北-武夷山、西南三江、桐柏-大别、秦岭、祁连等银矿化富集区，代表性矿床有小铁山（共生）、白银厂（含银）、锡铁山（含银）、黑龙江多宝山等银矿床；晚古生代代表性矿床有河南破山银矿床；中生代银矿床广泛分布于我国各个矿集区，典型矿床有南丹大厂、巴力-龙头山100号、广西凤凰山等；新生代代表性银矿床主要有兰坪金顶（含银）、云南鲁甸乐马厂（单银）和青海铜峪沟（含银）、广东富湾、新榕等矿床。

我国银元素的富集强度和成矿作用由太古宙→元古宙→早古生代→晚古生代→中生代→新生代逐步加强，探明资源量逐渐增加，矿化富集的空间位置由我国的中部（秦祁昆银矿化成矿域）向南北扩展至西北（晚古生代为主）和华北（晚古生代银矿化富集较强）、南岭和东南沿海地区（中生代达到高潮）及西南地区（新生代达到高潮）；时代老者（前中生代）银矿化主要在西部富集，中生代以后在中东部和西南部富集。

2.3.2.3 矿床实例

A 银洞沟银矿床

银洞沟银矿位于竹山县北部鄂陕交界处，是以银为主、伴生金的大型贵金属矿床。

矿床的直接围岩是古元古界武当山群中的银洞沟组，由变石英角斑岩质凝灰岩、钾长石英角斑岩组成，向上出现正常沉积岩夹层，如粉砂岩、变粉砂质页岩及白云岩透镜体与变石英角斑岩质凝灰岩、火山角砾集块岩等呈韵律互层。

银矿体呈层状产在银洞沟组下部变石英角斑质凝灰岩中，产状与围岩整合，为单一银矿体（图2-24）；底部的变钾长石英角斑岩中产铅锌矿层，显示出银及铅锌具有不同岩性控制的特点。矿石为细脉浸染型，由背斜构造轴部的片-劈理控制，但不超过银洞沟组的范围。

矿区主要蚀变是硅化，此外尚有黄铁矿化及铁白云石化。银矿石由辉银矿、螺状硫银矿、自然银、金银矿组成，伴有次要的黄铁矿、黄铜矿、方铅矿及闪锌矿。

B 河南破山银矿床

破山银矿位于河南桐柏县城北24km处。该矿银品位较高，规模较大，矿床共圈出13个矿体，其中1号矿体最大，延长1900m，最大延深530m，平均厚5.38m。

矿区出露地层为新元古界的歪头山组，由一套火山-沉积岩组成，银矿体主要产于这个岩组上部第二段的碳质绢云石英片岩中，矿体呈透镜状、似层状，顺层分布，与地层产状基本一致（图2-25）。矿石矿物主要产于细小石英脉及少数石英方解石脉，或变余微细层理分布的微粒含银硫化物，以及斑点状石英团块中。在变粒岩中的银矿化一般为浸染状，自然银常赋存在片理裂隙的小晶洞中，矿石中金属矿物颗粒很细，主要为自然银、黄铁矿、方铅矿、闪锌矿、黄铜矿及多种银矿物。虽然有色金属含量较低，但在回收银时，铅、锌、硫、镉、金等均可综合利用，经济效益较好。

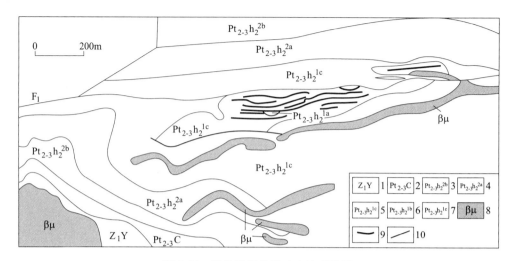

图 2-24　湖北银洞沟银矿床地质简图

1—耀岭河组变粗面质火山岩、变含砾粉砂质黏土岩、变含砾凝灰岩；2—武当岩群变沉积岩组变含碳泥质粉砂岩、

凝灰质粉砂岩等；3—武当岩群变火山岩组变石英角斑质凝灰岩、晶屑凝灰岩；4—武当岩群变火山岩组变石英角

斑质含砾凝灰岩；5—武当岩群变火山岩组变泥质粉砂岩、凝灰质粉砂岩夹白云岩透镜体；

6—武当岩群变火山岩组变石英砂岩夹石英角斑质火山岩；7—武当岩群

变火山岩组变钾质石英角斑岩；8—变辉绿岩；9—银金矿体；10—断层

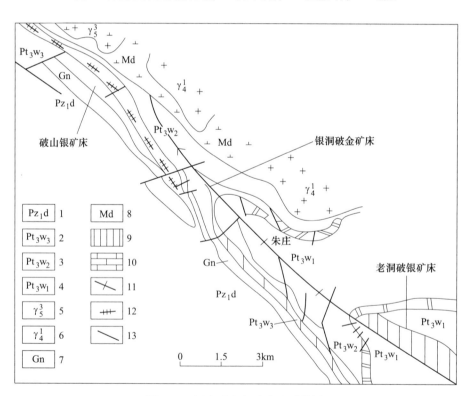

图 2-25　河南破山银矿床地质简图

1—下古生界大栗树组；2—上元古界歪头山组上部；3—歪头山组中部；4—歪头山组下部；

5—燕山晚期似斑状花岗岩；6—海西早期黑云斜长花岗岩；7—构造片麻岩；8—混染带（石英闪长岩）；

9—下含矿层；10—大理岩；11—背斜轴；12—挤压破碎带；13—断层

2.3.3 铂族矿床

2.3.3.1 矿床工业类型

铂族金属包括铂（Pt）、钯（Pd）、锇（Os）、铱（Ir）、钌（Ru）、铑（Rh）六种金属。铂族金属以其特殊性能和资源珍稀而著称，与金、银合称"贵金属"，被广泛应用于现代工业和尖端技术中。

我国铂族金属矿床分布集中，矿石品位低，矿床类型多样，但绝大部分储量集中于共生或伴生矿。铂族金属矿床类型主要为岩浆熔离型和热液再造型以及矽卡岩型和斑岩型金属矿床中共伴生而成。由于独立型矿床极为少见，对铂族矿床的工业类型及其时空分布难以单独总结，共伴生的矿床类型详见《共伴生金属矿产地质储量管理工作》一节。

2.3.3.2 矿床实例

A 金川含铂铜镍矿床

金川铜镍硫化物矿床是我国第一大镍矿床，同时也是我国镍、铜、铂族（PGE）最主要的生产基地。铂族元素的富集应该与硫化物的熔离和分离结晶程度有关。

金川铜镍硫化物矿田中，含铂的硫化铜镍矿化主要产于岩体下部及近底部的二辉橄榄岩岩相带中。矿体可分为岩体近底部的海绵陨铁构造的富矿体、岩体中部及富矿体边部的稀疏浸染状构造的贫矿体、脉状贯入式富矿体，以及岩体边部接触交代矿体。主矿体似层状或透镜状，含铂富集体长几十米至几百米，厚一米至几十米。

富矿体中铂族元素呈铂、钯的砷-碲-铋矿物，贫矿体中则呈铂、钯的砷-锑-锡矿物。铂主要以砷铂矿产出，粒径多为 0.076~0.5mm，个别达 1mm。钯主要呈碲-锑-铋的化合物，粒径多在 0.076mm 以下。

铂钯富集体多呈透镜状，所在部位的岩相基性程度较高。一般贫铂的铜镍矿石中，铜矿物近 90% 为黄铜矿；铂钯富集体中，黄铜矿数量降至 50% 左右，方黄铜矿增多，并有少量墨铜矿。铂钯富集体的矿石中金、银、碲、铋含量明显增高。

锇、钌、铱、铑未见有明显的富集。在贯入式的富磁黄铁矿、镍黄铁矿的致密块状矿石中，此四种元素的含量相对较其他类别的矿石高。

B 五星铂族矿床

五星铂族矿床位于黑龙江省鸡东县。含矿岩体呈北东向延伸，侵位于早二叠世的浅变质岩中。岩体中部被后期辉长闪长岩切割成两部分，西部岩体出露长 2km，最宽处 1.6km；东部岩体长 1.8km，为南倾 50° 的不规则单斜岩体（图 2-26）。下部岩相以含橄单辉橄榄岩为主，中部岩相以透辉岩为主，上部岩相以含闪单辉岩及角闪单辉岩为主。

铂族矿化主要产于岩体中部的透辉岩岩相中，产状与岩相一致。矿化的特点是含矿组分分异显著，含矿带内铂-钯与铜-镍-钴富集的空间不完全重合，呈一组相互平行的铜-铂钯、镍、钴似层状矿体。铂的品位 0.289g/t，钯品位 0.49g/t；总体看铂钯的品位随铜镍硫化物的减少而升高：稠密浸染状矿石、中等浸染状矿石、稀疏浸染状矿石与星点浸染状矿石的铂含量分别为 1.5g/t、2.9g/t、20g/t 与 120g/t。铂与铜、镍的相关系数分别为 0.26 和 0.38；钯与铜、镍的相关系数分别为 0.27 和 0.26。Pt：Pd 值为 1：1.6。已发现

26 种铂族矿物，以砷铂矿、锑钯矿系列的矿物为主，有砷铂矿、立方锑钯矿、等轴砷锑钯矿及少量亮碲锑钯矿、等轴锑钯矿、自然铂及六方钯矿等产出。

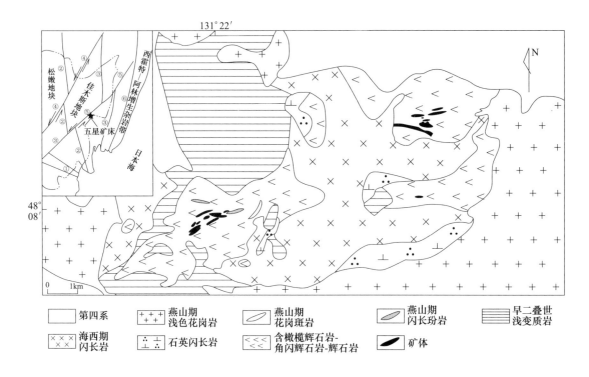

图 2-26   黑龙江五星铜镍-铂钯矿区地质简图

①—西拉木伦-长春-延吉缝合带；②—牡丹江缝合带；③—通江-月季山缝合带；

④—佳木斯-伊通断裂；⑤—敦（化）-密（山）断裂；⑥—西霍特-阿林中央断裂

2.4   "三稀"金属矿床

2.4.1   稀有金属矿床

2.4.1.1   矿床工业类型

稀有金属主要包括锂、铍、铷、铯、铌、钽、锆、铪等，特别是近年来新能源的快速发展，加上高新科技对稀有金属的需求日益剧增，稀有金属矿产已得到了世界各国的重视，并被命名为"关键金属"。

我国稀有矿产资源较为丰富，但各矿种间分布不平衡。从工业利用角度看，国内很多稀有金属矿产开发难度较大。由于涉及到多个矿种，系统总结稀有金属矿床类型难度较大。按照我国最新的勘查规范，中国稀有金属矿床主要工业类型见表 2-13。

2.4.1.2   稀有金属矿床主要特点

由于稀有金属涉及矿种较多，系统总结国内稀有金属矿床资源的时间或空间分布规律存在较大困难。这里仅从总体上对我国稀有金属矿产资源的主要特点进行简述。

表 2-13　我国稀有金属矿床主要工业类型与地质特征

矿床工业类型	成矿地质特征	矿体形态	稀有金属矿物及主要共伴生矿物	规模及品位（质量分数）	伴（共）生组分	矿床实例
钠长石-锂云母花岗岩型钽、铌、锂、铷、铯矿床	矿床产于燕山中晚期花岗岩侵入体内，矿体赋存于侵入体顶部，围岩有早期岩浆岩类或沉积变质岩类，含矿岩体富含钠长石、锂云母，在空间上具有明显的垂直分带现象，自上而下可分为五带：1. 似伟晶岩带，一般含矿品位低；2. 富钠长石、锂云母花岗岩带，为工业矿体；3. 中钠长石、锂云母花岗岩带，为低品位矿；4. 少钠长石、锂白云母花岗岩带；5. 中粒二云母花岗岩带	似层状、透镜状	锰铌钽铁矿、细晶石、含钽锡石、锂云母、富铪锆石、含铯石榴子石、少量绿柱石、锡石、磷铁锰矿、萤石、黄玉	矿床规模属特大型或大型。Ta_2O_5：0.0110%～0.0148%；Nb_2O_5：0.0064%～0.0094%；Li_2O：0.337%～0.928%；Rb_2O：0.2045%～0.2937%；Cs_2O：0.0213%～0.0761%；BeO：0.038%	共生 Li、Rb、Cs；伴生 Be、Zr、Hf	江西宜春 414 钽铌矿床
钠长石、铁锂云母花岗岩型钽铌矿床	含矿花岗岩体为隐伏花岗岩体，呈岩钟状产出，全岩钽铌矿化。在空间上具有明显的垂直分带现象，从上到下可划分为：1. 伟晶岩带；2. 钾长石化花岗岩带；3. 钾长石化（钠长石化）云英岩化花岗岩带；4. 弱钠长石化花岗岩带；5. 中钠长石化花岗岩带；6. 强钠长石化花岗岩带；7. 中细粒正长花岗岩带	钟状	铌铁矿、钽铁矿、铌钽铁矿、钽铌铁矿、铀细晶石、铁锂云母、黑钨矿、锡石	特大型规模。云英岩化花岗岩型矿体平均品位：Ta_2O_5：0.015%；Nb_2O_5：0.017%；Rb_2O：0.247%；Li_2O：0.484%。钠长石化花岗岩型矿体平均品位：Ta_2O_5：0.014%；Nb_2O_5：0.021%；Rb_2O：0.207%；Li_2O：0.174%	伴生：Li、Rb	江西横峰松树岗钨锡铌钽多金属矿床
	含矿花岗岩体呈小岩瘤、岩株状产出，属于黑磷云母花岗岩，顶部富含钠长石和铁锂云母。垂直剖面上，从上到下，可划分为似伟晶岩、云英岩带；富钠长石、铁锂云母花岗岩带；钠长石、铁锂云母花岗岩带；少钠长石、铁锂云母-黑鳞云母花岗岩带，本类型矿床锂、铷、铯含量较前类型低，并伴随有稀土矿物出现	透镜状、扁豆状	铌钽铁矿、富铪锆石、锡石、钍石，其次钽铌铁矿、细晶石、磷钇矿、白钨矿、黑钨矿、独居石	中、小型规模。Ta_2O_5：0.016%～0.0198%；Nb_2O_5：0.0089%～0.0119%；	伴生：Li、Rb、Cs、Zr、Hf	江西石城姜坑里铌钽矿床

矿床工业类型	成矿地质特征	矿体形态	稀有金属矿物及主要共伴生矿物	规模及品位（质量分数）	伴（共）生组分	矿床实例
钠长石、白云母花岗岩型钽、铌矿床	白云母花岗岩分布于岩体顶部，向下演化为二云母花岗岩、黑云母花岗岩，赋矿岩体具有钠长石化、黄玉化、云英岩化特征，以富钠长石、白云母花岗岩含矿最富，或者以富钠长石化、黄玉化含矿较富。本类型锂、铷、铯含量低，钨或锡矿化较强，均可综合回收	形态简单，以透镜状、扁豆状为主	细晶石、铌钽锰矿、钽铁矿、钛钽铌矿、黑钨矿、白钨矿、锡石，有的矿区有易解石、硅铍石、绿柱石	中型规模。Ta_2O: 0.01%~0.02%；Nb_2O_5: 0.008%~0.02%；Sn: 0.04%~0.3%；WO_3: 0.203%	共生：W、Sn、Be	广西恭城栗木钽铌矿床、江西大吉山钽铌矿床
钠长石、锂白云母花岗岩型钽、铌、稀土矿床	含矿岩体为钠长石、锂白云母细粒花岗岩，自上而下，分为似伟晶岩、云英岩；富钠长石、锂白云母花岗岩；钠长石、锂白云母花岗岩；少钠长石、白云母花岗岩。以富钠长石、锂白云母花岗岩矿化最强，矿种最复杂，铌、钽、稀土、锡等含量较高	矿体形态简单，以透镜状为主	铌钽矿物：黄钇钽矿、钇钽矿、铌钽铁矿、细晶石、褐钇铌矿、含钽锡石、含铌、钽、黑钨矿等；稀土矿物：氟碳钙钇矿、硅铍钇矿、磷钇矿、独居石、钍石以及富铪锆石	中小型规模。Ta_2O_5: 0.0066%~0.013%；Nb_2O_5: 0.0021%~0.0027%；RE_2O_5: 0.0121%~0.0459%；Sn: 0.033%~0.0565%	伴生：Zr、Hf、Li、Rb、Cs	江西牛岭坳钽（铌）-稀土矿床
钠长石、黑磷云母花岗岩型铌铁矿床	一般含矿岩体具有垂直分带特征，自上而下，呈现富钠长石、黑磷云母花岗岩带；钠长石、黑磷云母花岗岩带；微斜长石、黑云母花岗岩带，矿体主要赋存在富钠长石、黑磷云母花岗岩中，以铌矿为主，伴生稀土矿物	矿体形态简单，主要为透镜状、扁豆状	铌铁矿，少量铌钽铁矿，伴生褐钇铌矿、磷钇矿、烧绿石、钍石、含铪锆石，独居石	中小型规模。Nb_2O_5: 0.0086%~0.0122%；Ta_2O_5: 0.0037%~0.0076%	伴生：Zr、Hf、Y、Th	江西会昌旱叫山钽铌矿床、江西葛源灵山铌矿床、广东博罗525铌矿床
钠长石、钠闪石、花岗岩型铌、稀土矿床	含矿岩体富含钠的深色矿物：钠闪石、霓辉石、霓石等，矿床产于钠闪石、钠长石花岗侵入体的顶部，岩体侵入于中侏罗统火山碎屑岩及火山熔岩内，呈岩株状产出，钠长石自上向下逐渐减少，稀有金属矿化逐渐减弱	形态简单呈似层状、透镜状	稀有金属矿物：铌铁矿、烧绿石、锆石、硅铍钇矿；稀土矿物：氟碳铈矿、铈铀钛铁矿、独居石、日光榴石、黑稀金矿、钍石	特大型铌、稀土矿床，品位中等	伴生：Zr、稀土	八零一稀有金属矿床

矿床工业类型	成矿地质特征	矿体形态	稀有金属矿物及主要共伴生矿物	（质量分数）规模及品位	伴（共）生组分	矿床实例
碱性岩-碳酸岩铌、稀土矿床	矿床由碳酸岩类杂岩体与碱性长石类杂岩体组成，岩体侵入于下震旦统耀岭河群-下志留统梅子垭组，其中碳酸岩类杂岩体，包括黑云母碳酸岩，含碳质方解石碳酸岩、铁白云石碳酸岩。碱性岩杂岩体：包括正长岩、混杂正长岩、正长斑岩、混杂钠质正长斑岩等，呈中细粒花岗变晶，变余斑状结构	形态简单，呈透镜状、脉状	稀有金属矿物：铌金红石、烧绿石、铌铁矿、锆石；稀土矿物：独居石、氟碳铈矿、氟碳钙铈矿、褐帘石	大型铌、稀土矿床。Nb_2O_5：0.068%~0.152%；RE_2O_3：0.174%~2.120%	伴生：Zr、Ta、Sr	湖北竹山庙垭铌-稀土矿床
花岗伟晶岩型钽、铌、锂、铷、铯、铍矿床	伟晶岩脉总体走向长度2000m，沿倾向长1500m，由岩钟状及缓倾斜脉状体两部分构成。脉体内部可划分不同结构带，不同结构带含不同的稀有金属组分，岩钟状体由外向内可划分为九带： 1. 文象变文象结构中粗粒伟晶岩带； 2. 细粒钠长石带主要含铍矿带； 3. 块体微斜长石带； 4. 石英-白云母带含铍矿带； 5. 叶钠长石-锂辉石带含铍、钽铌的锂矿带； 6. 石英-锂辉石带含铍、钽铌的锂矿带； 7. 白云母-薄片钠长石带含锂、铍的钽铌矿带； 8. 锂云母-薄片钠长石带（透镜体）含钽铌的锂矿带； 9. 块体石英带（核）	矿体分为岩钟状体与缓倾斜脉状体两部分。岩钟状部分形态复杂，缓倾斜脉状体部分形态较简单，厚度稳定	主要矿物：绿柱石、金绿宝石、硅铍石、羟硅铍石、锂辉石、锂云母、磷锂铝石、磷锰锂矿、锂绿泥石、铌钽铁矿-钽铁矿族、细晶石族、锑钇矿族、铌钇矿族、铯榴石	大型规模，含矿品位变化大，不同的岩相带常含不同的稀有金属组分。平均品位：BeO：0.186%；Li_2O：1.40%；Nb_2O_5：0.0210%；Ta_2O_5：0.0314%	伴生：Rb、Cs、宝石、玉石、彩石	新疆富蕴县可可托海3号脉钽铌多金属矿床

续表 2-13

矿床工业类型	成矿地质特征	矿体形态	稀有金属矿物及主要共伴生矿物	（质量分数）规模及品位	伴（共）生组分	矿床实例
花岗伟晶岩型钽、铌、锂、铷、铯、铍矿床	花岗伟晶岩矿床，常由数条至数十条伟晶岩脉组成，大小差异悬殊，长数十米至数百米，少数达千米以上，宽几米至数十米，少数达数百米以上。由斜长石、微斜长石、钠长石、石英、黑云母、白云母等矿物组成，按矿物组合特征可分为以下几种： 1. 斜长石-微斜长石型花岗伟晶岩，含铍或稀土； 2. 微斜长石-钠长石型花岗伟晶岩脉，含铍、铌、钽； 3. 钠长石型伟晶岩脉，常含钽、铌、锂、铍、铷、铯、锆、铪； 4. 锂辉石-钠长石型花岗伟晶岩脉，含锂、钽、铌、铍、铯、铷、锆、铪	矿体形态复杂，有脉状、透镜状、巢状、舌状及不规则状、串珠状、网状等	主要矿物：锂辉石、锂云母、锂磷铝石、磷锰锂矿、透锂长石、铯榴石、绿柱石、金绿宝石、锆石、富铪锆石、铌钽铁矿-钽铁矿、锰铌铁矿、锰钽矿、重钽矿、细晶石等； 次要矿物：锡石、钨锰铁矿、多色电气石等	中、小型规模，含矿品位变化大，不同的岩相带常含不同的稀有金属组分，以薄片状钠长石-锂云母带含矿品位最富。 平均品位： Li_2O：2.57%； Rb_2O：0.91%； Cs_2O：0.20%； Nb_2O_5：0.0183%； Ta_2O_5：0.0176%； BeO：0.145%	伴生：Zr、Hf、宝石、玉石、彩石	湖北幕阜山稀有金属矿床、福建南平西坑钽铌矿床、四川康定甲基卡锂矿床
碱性伟晶岩型铌-钍铀矿床	碱性伟晶岩多产于大理岩、白云岩内或其接触处，常成群、成组产出。一般规模小，长几十米至百米，宽几米至几十米。内部由不同的矿物组合形成的相带构造。组成伟晶岩脉的主要矿物：微斜长石、条纹长石、钠长石、钠更长石、金云母、钠闪石、霓辉石、霞石等	矿体形态复杂，有脉状、透镜状、串珠状、囊状、浑圆状、网状	锆石、烧绿石、异性石、钍石、铀钍石	中、小型规模，品位变化大	伴生：Th、U	新疆拜城铌钽矿床、四川会理锂矿
含铍条纹岩矿床	矿体赋存于花岗岩侵入体的内外接触带的白云岩、大理岩的断裂带内及侵入体顶部凹陷处，由氟硼镁石-电气石-萤石组合呈含铍条纹岩，以密集的小脉、细脉、微脉、形成似条带状-条纹状产出。矿体长数百米至数千米，宽数十米至数百米	矿体呈复杂的脉体产出及不规则的团块状	主要铍矿物：金绿宝石、塔非石、香花石、硅铍石、日光榴石、双晶石、钽铍石	大型规模，品位富，BeO：0.062%~0.6%；矿物粒度小，选矿成本高	伴生：Sn	湖南香花岭铍矿床

矿床工业类型	成矿地质特征	矿体形态	稀有金属矿物及主要共伴生矿物	（质量分数）规模及品位	伴（共）生组分	矿床实例
云英岩型铍矿床	矿体主要产于花岗岩中或火山岩中，铍矿物赋存于石英、白云母或黑磷云母组成的云英岩中，长数十米至数百米，宽数十厘米至数米	矿体呈脉状、板状、不规则巢状产出	绿柱石、硅铍石	小型规模，BeO品位较高，可手选	伴生：W、Mo	广东惠阳杓麻山铍矿床、江西星子枭木山铍矿床
石英脉型矿床	矿脉产于变质砂岩、粉砂岩、花岗岩中，矿脉成组成带产出，长数十米至数百米，绿柱石常与黑钨矿、锡石共生，分布不均匀，个别矿脉的局部地段较富	脉状	绿柱石	小型规模，BeO品位变化大，可供手选	共生：黑钨矿、锡石	江西荡平画眉坳铍矿床
白云鄂博型铌、稀土矿床	矿床产于前寒武系白云鄂博群的白云岩、板岩及石英岩带中，铌、稀土分布于铁矿体、白云岩及板岩中，主要的工业矿石类型有：磁铁矿石型铌-稀土矿石，白云岩型铌-稀土矿石，板岩型铌-稀土矿石	形态简单，矿体呈厚大的层状、似层状产出，与地层产状基本一致	稀有金属矿物：铌铁矿、黄绿石、易解石、钛易解石、铌铁金红石、铌铅矿、包头矿；稀土矿物：氟碳铈矿、独居石、黄河矿、氟碳钙铈矿、褐铈铌矿、硅钛铈矿、铈磷灰石、褐帘石	特大型规模，磁铁矿石型：Nb_2O_5 平均 0.126%～0.141%；RE_2O_3 平均 5.71%～6.19%；白云岩矿石：Nb_2O_5 平均 0.126%～1.51%；RE_2O_3 平均 2.3%～3.18%；板岩矿石：Nb_2O_5 平均 0.11%～0.153%；RE_2O_3 平均 0.80%～2.1%	共生：铁矿、稀土	内蒙古白云鄂博铌-稀土矿床
风化壳型铌铁矿床	矿床是钠长石化花岗岩经风化作用形成，原岩中细粒钠长石花岗岩含矿性较好，风化形成的矿石类型有全风化和半风化两类，从上到下呈似层状叠置，厚度 10～20m	矿体形态简单，有似层状、等轴状、长条状	铌铁矿、锆石、含铪锆石	中小型规模：铌铁矿，品位为 330～425g/m³	伴生：锆石	广东博罗524、525铌矿床

（1）矿产资源分布高度集中，如矿石锂主要分布在四川、江西、湖南、新疆四省区，占全国锂资源量的近九成；卤水锂主要分布在青海柴达木盆地盐湖发育区和湖北潜江凹陷油田内，其中柴达木盆地盐湖区占全国卤水锂资源量的八成左右；铍矿集中分布在新疆、内蒙古、四川、云南四省区，占全国铍储量的近九成；铌矿分布更是高度集中，内蒙古和湖北两省区的铌资源量占全国探明铌资源量的 95%±；钽矿主要分布在江西、内蒙古、广东三省区，占全国钽储量的近七成。由此可见，稀有金属矿床往往集中分布于某少数几个大型、特大型矿床（田）中。

（2）单一矿床少，共伴生矿床多，综合利用价值大。我国大部分稀有金属矿床是综合型矿床，以共伴生矿床为主。

（3）品位低、储量大。除少数矿床或矿段、矿体品位较高外，我国大多数稀有金属矿床品位低，国内制定的矿产工业指标也较低，故以低品位指标计算的资源量很大，但工业利用的难度很高。

2.4.1.3 矿床实例

A 新疆可可托海锂铍铌钽矿床

可可托海矿区位于新疆富蕴县可可托海镇，是驰名国内外的大型稀有金属花岗伟晶岩矿床，富含锂、铷、铯、铍、铌、钽等，是我国开发最早的稀有金属矿产资源基地。

可可托海矿区内出露的地层主要有泥盆系黑云母石英片岩、二云母石英片岩、十字石黑云母石英片岩及变粒岩等，呈残丘状分布于矿床的南部；第四系残坡积及河流冲积物在矿区内分布广泛。岩浆岩为海西期侵入的辉长岩及片麻状黑云母斜长花岗岩，脉岩有花岗伟晶岩脉、细晶岩脉等（图 2-27）。矿区主要构造方向为北西向，控制片理、片麻理、岩体及岩脉的走向，矿区内已发现花岗伟晶岩脉 25 条，其中 3 号脉最大，同时也是最典型的稀有金属伟晶岩脉，闻名国内外。

3 号脉是分带性好、规模巨大的锂辉石-钠长石型花岗伟晶岩脉，富含锂、铍、铌、钽、铷、铯等多种稀有金属。脉体顶部出露于地表，其余均隐伏地下，探明脉长 2250m，宽 1500m，厚 20~60m，平均厚度 40m，呈阶梯状向西渐次倾斜，倾角 10°~15°（图 2-28）。

3 号伟晶岩脉中主要矿石矿物有锂辉石、锂云母、绿柱石、铌铁矿、钽铁矿、细晶石、铯榴石等。矿床锂、铍、铌、钽平均品位：Li_2O 为 0.9824%，BeO 为 0.051%，Nb_2O_5 为 0.0056%，Ta_2O_5 为 0.0245%。伟晶岩的围岩蚀变主要有黑鳞云母化、锂白云母化、锂蓝闪石化和萤石化等。矿床类型为花岗伟晶岩型稀有金属矿床。

B 江西宜春钽铌矿床

宜春钽铌矿床（又名 414 矿）位于江西省宜春市东南 20km 处，矿床由银子岭、工人村、朱楼冲 3 个区段组成，是以钽为主的特大型稀有金属矿床，累计探明储量：钽（Ta_2O_5）1.85 万吨、铌（Nb_2O_5）1.49 万吨、矿石锂（Li_2O）75.22 万吨、铷（Rb_2O）40.17 万吨、铯（Cs_2O）5.43 万吨。

宜春铌钽矿床区出露地层主要有震旦系老虎塘组浅变质岩及第四系残积、冲积层。矿区构造主要有银子岭背斜及其次级向斜和北东、北西、北东东、北北东 4 组断裂（图 2-29）。

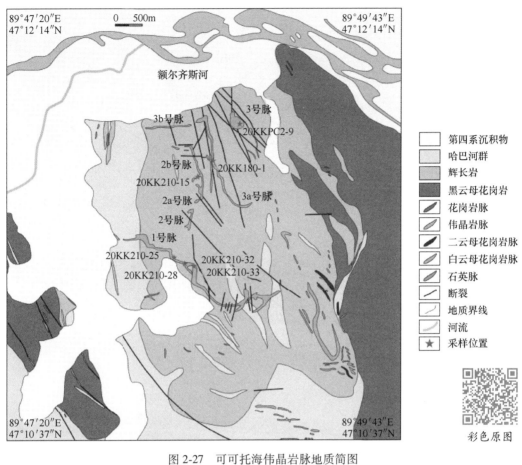

图 2-27　可可托海伟晶岩脉地质简图

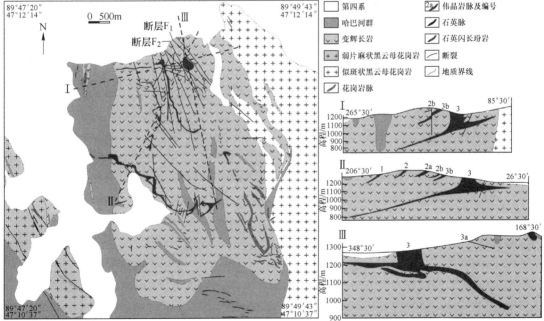

图 2-28　可可托海 3 号脉矿区地质简图

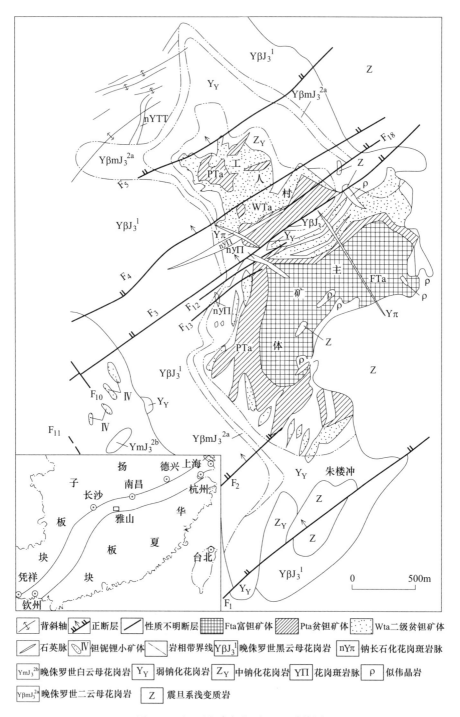

图 2-29　江西宜春铌钽矿区地质简图

区内岩浆活动频繁，侵入期次甚多。与成矿有关的岩体为燕山早期第二阶段第三次侵入形成的雅山花岗岩复式岩体，而钽铌锂矿主要赋存在细粒白云母花岗岩相中。

主矿体南北长 1700m，东西平均宽 644m，矿体平均厚度约 60m。矿体形态简单，呈似层状。富矿体居于岩体上部,长 1300m,平均宽 551m,最宽达 900m,平均厚度 30.1m;贫矿体位于富矿体的下部和边部,长 1500m,平均宽度约 572m,平均厚度 36.2m。

稀有金属矿石类型包括原生钽铌矿和残坡积型砂矿两种,其中原生矿约占全区储量的99.2%,赋存于钠长石化、锂云母化的花岗岩中,矿石品级分为富矿体,含 $Ta_2O_5 >$ 0.01%;贫矿体含 Ta_2O_5 0.008%~0.01%,二级贫矿体含 $Ta_2O_5 <$ 0.008%~0.001%。矿床主要矿石矿物有细晶石、富锰铌钽铁矿、含钽锡石、锂云母、铯榴石及绿柱石等。本区花岗岩有明显的变质交代作用,钠长石化、锂云母化强烈而普遍,还有黄玉化、云英岩化、白云母化等。矿床有明显的垂直分带现象。矿床类型属钠长石-锂云母花岗岩型稀有金属矿床。对矿床成因的认识有岩浆晚期分异成因和花岗岩化过程中碱质交代作用成因两种观点。

C 四川甲基卡锂矿床

甲基卡锂矿床位于四川省西部康定、雅江、道孚三县交界处,是我国特大型锂矿,探明氧化锂储量 92 万吨,共生的氧化铍储量也达到大型矿床规模,矿石锂储量居全国之首。

矿区内出露地层为三叠系西康群砂页岩,经区域变质和接触变质后形成黑云母石英片岩、二云母石英片岩和红柱石、十字石石英片岩等中浅变质岩系。印支期含锂二云母花岗岩株沿甲基卡短轴背斜侵入,围绕花岗岩内外接触带派生出一系列花岗伟晶岩脉,其中已查明含锂、铍、钽伟晶岩脉一百余条。矿脉多呈脉状、不规则脉状或透镜状产出,一般长100~300m,厚 3~20m,延深 25~300m,其中规模大的 134 号脉长 987m、宽 35~370m、厚 48.96m、埋深 200m。矿脉除锂辉石外,尚有绿柱石、铌钽铁矿和锡石等(图 2-30)。

甲基卡矿床属于花岗伟晶岩型稀有金属矿床。

2.4.2 稀土金属矿床

2.4.2.1 矿床工业类型

总体上,我国稀土资源丰富、资源储量巨大,探明稀土氧化物资源量以及稀土生产能力均居世界前列,是我国的优势矿种。世界上稀土矿产资源比较丰富,成因类型囊括了岩浆型、沉积型和变质型等各种类型。从工业利用角度来讲,我国稀土矿床工业类型见表 2-14。

2.4.2.2 稀土矿床时空分布规律

我国的稀土矿床具有"一老一新"的时代特色,"老"指中新元古代成矿,"新"指中新生代成矿。

在太古宙及古元古代很少见到独立的稀土矿床。中、新元古代地壳块体相对稳定,断裂发育,沿断裂的火山活动十分强烈,伴有酸性岩、碱性岩产出,有的直接成为含矿岩体,故中新元古代是稀土成矿的最重要时期,也是富含稀土的火山岩熔浆-溶液强烈喷发时期,世界范围内都是稀土重要的成矿期,我国的白云鄂博即形成于中元古代。值得注意的是,除了中元古代之外,新元古代也有类似的形成于古陆边缘裂谷环境、与海相火山-沉积作用有关的铁-稀土建造形成,如云南的迤纳厂稀土矿床和福建的洋墩稀土矿床等。

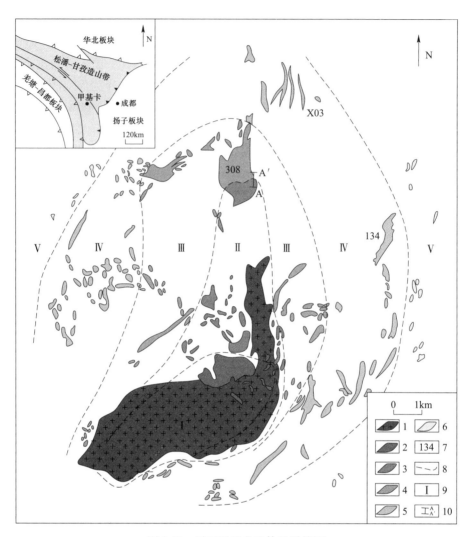

图 2-30 川西甲基卡矿体地质简图

1—二云母花岗岩；2—微斜长石型伟晶岩；3—微斜长石-钠长石型伟晶岩；

4—钠长石型伟晶岩；5—钠长石-锂辉石型伟晶岩；6—钠长石-锂（白）

云母型伟晶岩；7—伟晶岩脉编号；8—类型分带线；9—类型分带编号：

Ⅰ—微斜长石带，Ⅱ—微斜长石-钠长石带，Ⅲ—钠长石带，

Ⅳ—锂辉石带，Ⅴ—钠长石-锂（白）云母带；10—实测剖面位置

彩色原图

表 2-14 中国稀土矿床主要工业类型与地质特征

	矿床工业类型	成矿地质特征	常见矿石矿物	矿体形状	规模及品位	伴生组分	矿床实例
原生稀土矿床	铁铌稀土型矿床	产于中元古界浅海相浅变质岩中	磁铁矿、赤铁矿、铌铁矿、易解石、独居石、氟碳铈矿等	层状、似层状、透镜状	超大型；品位 $w(\mathrm{REO})$ 为 $0.6\% \sim 8\%$	Fe、Nb	白云鄂博铁铌稀土矿床

矿床工业类型		成矿地质特征	常见矿石矿物	矿体形状	规模及品位	伴生组分	矿床实例
原生稀土矿床	碱性岩-热液（脉）型稀土矿床	与碱性岩、碱性花岗岩密切相关，产于侵入体内外接触带或岩脉内	氟碳铈矿、氟碳盖铈矿、独居石等	脉状、细脉状、细脉浸染状	大-中型；品位 $w(REO)$ 为 1.55%~4.92%		郗山稀土矿床，牦牛坪稀土矿床
	碱性岩-碳酸岩型铌稀土矿床	产于碱性岩-碳酸岩杂岩体中	铌铁矿、独居石、氟碳铈矿、氟碳钙铈矿等	脉状	规模不一；品位 $w(REO)$ 为 1.25%~2.77%	Nb	庙垭铌稀土矿床
风化壳离子吸附型稀土矿床	花岗岩风化壳离子吸附型稀土矿床	从富 ΣCe—富 ΣY 都有，规模大，品位低，分布广，易采选，是主要的工业类型					江西龙南、江西定南、广东乳源、广西贺州稀土矿床
	混合岩风化壳离子吸附型稀土矿床	该类矿床与花岗岩风化壳离子吸附型稀土矿床类似，仅原岩成因有差异。以 ΣCe 为主，品位变化常不均匀。稀土元素大多来自黑云母、斜长石或钾长石中的类质同象物，因而 ΣCe 常大于 ΣY，且 Eu 可能出现不同程度的富集					江西安远稀土矿床
	火山岩风化壳离子吸附型稀土矿床	以 ΣCe 为主，规模大，品位低，易采选，与陆相火山岩（带）有关					江西寻乌稀土矿床
	浅变质岩风化壳离子吸附型稀土矿床	以 ΣCe 为主，规模较大，品位低，易采选，与元古宙海底火山沉积的浅变质粉砂岩及变质沉凝灰岩等有关					江西宁都稀土矿床

新生代在地质历史中十分短暂，不过短短的 65Ma，但却是我国稀土成矿的重要时期。国内知名的大型稀土矿床，绝大多数是在此时形成。除了如四川冕宁牦牛坪、德昌大陆槽原生矿床等"硬岩"稀土矿床外，我国长江以南地区形成了大量的风化壳离子吸附型稀土矿床，该类型矿床往往富集"中-重稀土元素"，稀土资源量大，矿石易采选，经济价值高，需要高度重视该类型矿床的找矿与开发。

2.4.2.3 矿床实例

A 白云鄂博铁、铌、稀土矿床

白云鄂博矿区位于内蒙古包头市白云鄂博区内，由主矿、东矿、西矿、东介勒格勒和都拉哈拉等五个矿段组成（图 2-31）。探明稀土、铌矿资源均为世界罕见的超大型，铁矿也达到大型以上规模，并伴生多种有益组分，综合利用价值巨大。

白云鄂博矿区出露地层主要为中元古代下白云鄂博群地层，岩性主要为浅色石英岩、板岩、灰岩和白云岩组成的一套准复理石沉积建造。矿区内构造主要为近东西向的宽沟背斜和白云鄂博向斜组成。矿区侵入岩以海西期花岗岩类为主，分布于矿床南北，其次是辉长岩类、闪长岩类等。

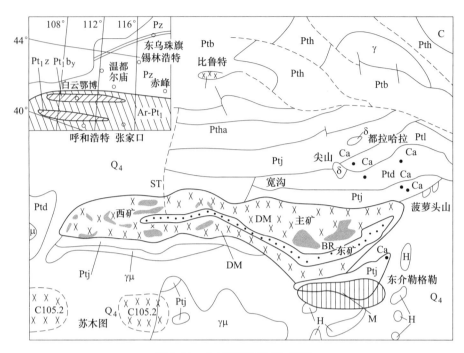

图 2-31　白云鄂博矿区地质图

Q₄—第四系；Pt₁by—白云鄂博裂谷的白云鄂博群；Ptd—都拉哈拉组；Ptj—尖山组；
Ptha—哈拉霍特组；Ptb—比鲁特组；Ptby—白音宝拉格组；Pth—呼吉尔图组；
H—白云鄂博群中未分地层；Pt₂zl—渣尔泰裂谷的渣尔泰群；Ar-Pt—太古宙-早元古代色尔腾山群；
DM—赋矿白云石碳酸岩体；ST—玄武岩+粗面岩；BR—黑云母岩；Ca—碳酸盐墙+碱性基性岩墙露头；
Σ—比鲁特超基性岩；γμ—花岗片麻岩；γ—花岗岩；C105.2—苏木图隐伏白云石碳酸岩体；M—高磁异常区

对稀土和铌而言，白云岩是矿区内主要含矿层，白云岩即矿体。矿区内各矿段矿化作用表现出一定差异性，主矿段、东矿段和西矿段不仅是铁矿体，同时伴生有工业价值的稀土和铌等稀有金属矿产；东介勒格勒和都拉哈拉矿段则主要是铌-稀土矿。

各矿段的主要矿体规模如下：

（1）主矿段位于白云鄂博向斜的北翼，矿体赋存于白云岩与板岩之间，矿体产状与围岩一致。矿体上盘围岩为黑色板岩蚀变而成黑云母岩，下盘为萤石化、钠闪石化白云岩。除了铁矿资源外，稀土资源量占全矿区总量近三成，铌资源量占全矿区总量的 20%。

（2）东矿段位于主矿段之东，矿体产状与围岩一致。矿体上盘围岩为白云岩和板岩，下盘为白云岩。铁矿体呈帚状，西窄东宽。稀土储量占全矿区总量的 20%，铌储量占全矿区总量的 11%。

主、东矿段的主要稀土-稀有元素矿物有独居石、氟碳铈矿、氟碳钙铈矿、黄河矿、铌铁矿、易解石、烧绿石等。此外，在主、东矿段境界外的下盘稀土品位 RE_2O_3 3.55%，为较好的稀土资源。

（3）西矿段位于主矿以西，由十多个大小不等的铁矿体组成，主要分布于白云鄂博向斜两翼的白云岩中。矿段中见黑云母化、金云母化、钠闪石化和铁白云石化，稀土、铌矿化与其伴生，整体矿化较主、东两个矿段稍弱。稀土资源量在全矿区总量占比较小，但铌资源量占全矿区总量的 40% 以上。

（4）东介勒格勒矿段位于东矿段之南 1km 处，属白云鄂博向斜南翼，由八个小铁矿体和十余个铌矿体组成。铌、稀土多分布在白云岩中。

（5）都拉哈拉铌-稀土矿段位于东矿段以东，与东矿段矿体下盘的白云岩相连。本矿段铁矿化不发育，铌、稀土矿化集中于各种蚀变白云岩和金云母透辉石矽卡岩中，形成独立的铌-稀土矿体。

白云鄂博矿床物质成分极为复杂，已查明有 70 余种元素，170 多种矿物。其中铌、稀土、钛、锆、钍及铁的矿物共近 60 种。矿区内的主要矿石类型有块状铌稀土铁矿石、条带状铌稀土铁矿石、霓石型铌稀土铁矿石、钠闪石型铌稀土铁矿石、白云石型铌稀土铁矿石、黑云母型铌稀土铁矿石、霓石型铌稀土矿石、白云石型铌稀土矿石和透辉石型铌矿石。

白云鄂博矿床的成因较为复杂，但规模巨大、共伴生组分多、经济价值大，从工业类型来看也是独特的，故亦将该铁-铌-稀土型矿床称之为"白云鄂博式"稀土矿床。

B 四川牦牛坪稀土矿床

牦牛坪稀土矿床位于四川冕宁县，为大型稀土矿床。矿区出露的地层仅有泥盆纪的泥砂碎屑岩、碳酸盐岩和第四纪的洪积、坡积物。构造以 NNE 向断裂为主，主要有南河断裂、哈哈断裂、马头山断裂等，控制着含矿杂岩体的产出和矿带的展布，次级断裂、节理直接控制矿体的产出（图 2-32）。

区域内岩浆岩主要有碱长花岗岩、英碱正长岩、流纹岩、碱性花岗斑岩以及云煌岩。矿区内碱长花岗岩属冕宁碱长花岗岩基的一部分，为矿区分布最广的侵入岩；英碱正长岩既是伟晶状氟碳铈矿-霓辉石-萤石-重晶石矿脉等矿体的围岩，本身又常构成氟碳铈矿细脉-浸染型稀土矿石；流纹岩主要分布于矿区东部，与碱长花岗岩和英碱正长岩直接接触，见有微弱稀土矿化；碱性花岗斑岩呈岩脉赋存在英碱正长岩内；云煌岩仅见于碱长花岗岩和流纹岩中。

稀土矿脉走向北北东，复杂脉状及网脉状稀土细脉组成矿带，探明矿体近百个。矿体一般长 200 ~ 700m，厚 5 ~ 30m，倾斜延深数十米至四百余米，稀土氧化物含量 1.07%~5.77%。

按含稀土矿物种类划分，矿石类型可分为氟碳铈矿型、硅钛铈矿-氟碳铈矿型和氟碳钙铈矿-氟碳铈矿型，工业利用的主要是氟碳铈矿型矿石。

牦牛坪矿床形成于喜马拉雅期，是迄今为止我国已知时代最年青的内生稀土矿床。矿床属于碱性岩-热液（脉）型稀土矿床。

C 江西七〇一重稀土矿

七〇一重稀土矿床位于江西省南部，因在 1971 年解决了该矿床稀土的赋存状态，并初步肯定了矿床的工业价值而将矿区定名为"七〇一矿"。该矿床为大型重稀土矿床。

七〇一重稀土属淋积型矿床，成矿母岩为花岗岩，岩体近似椭圆形，由中粒白云母钾长石-碱性长石花岗岩和中粒黑云母钾长石花岗岩组成。岩体属燕山晚期产物，内含氟碳钙钇矿、磷钇矿、独居石及砷钇矿、氟碳钙铈矿等稀土矿物，为风化淋滤-离子吸附成矿作用提供了物质基础。

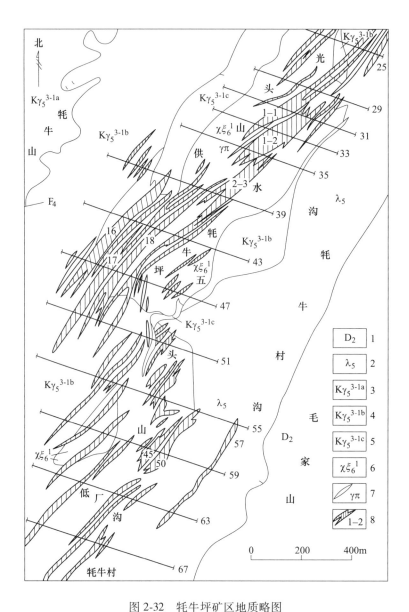

图 2-32　牦牛坪矿区地质略图

1—泥盆系中统；2—流纹岩；3—紫红色碱长花岗岩；4—浅灰色碱长花岗岩；

5—文象碱长花岗岩；6—英碱正长岩；7—碱性花岗斑岩；8—矿体及编号

　　风化淋积型矿体大部分裸露地表，只有少数地段被残坡积层覆盖。矿体规模随剥蚀和侵蚀的强度而变化，具有山顶和山脊厚、山腰次之、山脚较薄的普遍规律。矿区内矿体厚度多在十米左右，矿化连续、均匀，稀土氧化物品位比原岩高出近 3 倍。

　　矿体以富集重稀土元素为特征，易采，矿石选冶性能良好，为后来我国南方广大地区的风化壳离子吸附型稀土矿床的勘查、开发与评价提供了参考经验。

　　江西七〇一稀土矿床属花岗岩风化壳离子吸附型稀土矿床。

2.4.3 稀散金属矿床

2.4.3.1 概述

稀散金属通常是指由镓（Ga）、铟（In）、铊（Tl）、锗（Ge）、硒（Se）、镉（Cd）、碲（Te）和铼（Re）八个元素组成的一组化学元素。稀散金属具有极为重要的用途，稀散金属性能独特，其与有色金属组成的一系列化合物半导体、电子光学材料、特殊合金、新型功能材料及有机金属化合物等，可广泛用于当代通信技术、电子计算机、宇航开发、医药卫生、感光材料、光电材料、能源材料和催化剂材料等。

由于稀散元素合金的特殊性质，近年来世界各国均非常重视稀散元素矿产的勘查与生产（表2-15）。

表2-15 世界稀散元素的主要生产国

元素	主要生产国家
Ga	法国、哈萨克斯坦、俄罗斯、中国、加拿大
Ge	俄罗斯、比利时、英国、中国等46个国家
Se	比利时、日本、加拿大、德国、智利、菲律宾、芬兰、瑞典、赞比亚
Cd	美国、中国、日本、加拿大、澳大利亚、比利时、墨西哥、哈萨克斯坦、俄罗斯
In	加拿大、俄罗斯、中国、法国、日本、比利时、意大利
Te	加拿大、秘鲁、日本、墨西哥、英国、菲律宾
Re	美国、智利、德国、亚美尼亚、哈萨克斯坦、俄罗斯、荷兰
Tl	墨西哥、比利时、加拿大、德国等

2.4.3.2 我国稀散元素矿床现状

八个稀散元素的物理和化学性质极为相似，之所以被称为稀散金属是因为它们在地壳中平均含量较低，地壳丰度在 $10^{-6} \sim 10^{-9}$ 级别，常以类质同象或分散状态伴生在其他矿物之中，难以形成独立的具有单独开采价值的稀散金属矿床，往往只能随主金属矿床开采、选冶时加以综合回收利用。如闪锌矿一般都富含锗、镓、铟等，黄铜矿、黝铜矿和硫砷铜矿经常富含铊、硒及碲，辉钼矿和斑铜矿常富含铼，黄铁矿常富含铊、镓、硒、碲等元素，而镓主要富集在铝土矿中。

我国是稀散元素金属的主要生产国之一，矿产资源较为丰富，迄今为止在我国大部分省份内均有规模不等的稀散元素矿产分布，但稀散元素矿产分布的区域却较为集中，被形象地称谓稀散元素"不稀散"。据不完全统计，锗有80%以上的储量分在广东、云南、吉林、四川、山西等5省，主要赋存在铅锌矿、铜矿和煤矿中；镓的储量82%集中于山西、河南、广西、贵州，主要伴生在铝土矿床内；铟集中分布在云南、广西、内蒙古、青海等四省区的铅锌矿床和铜多金属矿床中，占全国铟总储量的87%；铼几乎全部伴生于钼矿床中，集中分布在陕西金堆城钼矿、河南栾川钼矿、吉林大黑山钼矿、黑龙江多宝山铜（钼）矿等矿床中，合计占全国铼总储量的近90%；铊的分布更是集中，90%以上的储量富集在云南兰坪金顶铅锌矿床，近年来在贵州发现了大型的独立型铊矿床，在一定程度上改变了矿产分布形势；碲主要伴生在广东大宝山多金属硫化物矿床、江西城门山铜矿床和甘肃金川铜镍矿床，合计占全国碲总储量的 94%，但最近在四川石棉县大水沟发现一处独立碲矿床；只有镉、硒分布较分散，许多矿床伴生镉、硒元素。

2.4.3.3 矿床实例

A 贵州滥木厂铊矿床

滥木厂铊-金矿床位于贵州黔西南地区，区域上出露地层主要为上古生界、中生界和新生界，其中三叠系发育良好且分布广泛，在西北部岩性表现为以龙头山层序为代表的一套海相（台地相）碳酸盐岩，而南东部则形成了以赖子山层序为代表的台盆相的赋金层序，构成了该区域最为特色的沉积地层，是区域内主要的赋金层序，形成了我国特色的"（类）卡林"型金矿床；二叠系地层次之，泥盆系、石炭系地层仅在个别背斜或穹窿的核部出露，泥盆系至二叠系地层显示了浅海陆棚台、盆相交替的沉积特色（图 2-33）。

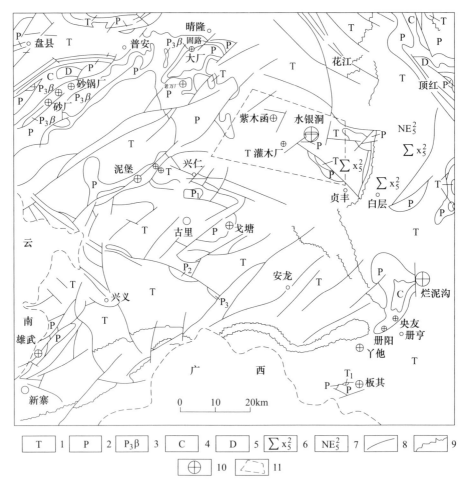

图 2-33 黔西南地区地质简图

1—三叠系；2—二叠系；3—峨眉山玄武岩；4—石炭系；5—泥盆系；6—燕山期偏碱性超基性岩类；
7—燕山期基性碱性岩类；8—断层；9—岩相变化线；10—金矿床（点）；11—弱应变域

滥木厂铊矿的赋矿围岩主要为一套碎屑岩，矿体主要赋存在上二叠系龙潭组、长兴组和大隆组地层中，矿体总体受构造和地层等多重控制，总体呈层控型矿床。矿床是以铊为主、伴生金、汞的多金属矿床。

a 铊矿体特征

滥木厂铊矿主要赋存在背斜轴部二叠系上统龙潭组二段砂岩和黏土岩中，次为产于背斜褶皱转折端的长兴组、大隆组黏土岩及砂岩中矿，矿体相对较小，产状与围岩一致，矿体呈层状、似层状、扁豆状、透镜状、马尾状，矿体多达十余层，呈明显的层控特征。

铊矿与汞矿赋存地层和岩性相似，铊矿大部分赋存于汞矿中，但并非一一对应。大部分汞矿中都含有铊矿，但是铊矿体并非都是汞矿体。热液蚀变有硅化、黄铁矿化、毒砂化、雄（雌）黄化、高岭土化、滑石化、方解石化等（图2-34）。

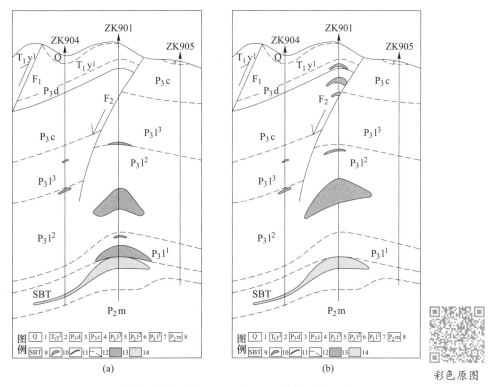

图 2-34 贵州西南部滥木厂地区金-汞-铊矿体赋存示意图

（a）汞/金矿体；（b）铊/金矿体

1—第四系；2—夜郎组一段；3—大隆组；4—长兴组；5—龙潭组三段；6—龙潭组二段；7—龙潭组一段；
8—茅口组；9—构造蚀变体；10—逆断层；11—正断层；12—假整合地层及界限；13—汞矿体；14—金矿体

b 汞矿体特征

滥木厂汞矿体主要受到滥木厂背斜褶皱控制，次要受 F_1、F_2 断裂控制，主要矿体赋存于张性裂隙较为发育的背斜轴部二叠系上统龙潭组一段底部黏土岩和龙潭组二段砂岩、含砾砂岩中；矿体相对较小，呈层状、似层状、扁豆状、透镜状、鞍状产出，产状与围岩一致，为层控型矿床。热液蚀变主要有硅化、黄铁矿化、毒砂化、雄（雌）黄化、高岭土化、滑石化；次为重晶石化和方解石化等。

c 金矿体特征

金矿体主要受滥木厂背斜褶皱控制，矿体主要赋存于二叠系中统茅口组与上统龙潭组三段不整合界面间的构造蚀变体（SBT）中，次为产于二叠系上统龙潭组下部的钙质砂岩中和龙潭组二段近底部的生物碎屑灰岩中，为层控型隐伏矿床。矿体呈层状、似层状产出，产状与岩层产状一致。

金矿体相关的蚀变类型有硅化、黄铁矿化、毒砂化、白云石化；次有高岭石化、辰砂化、萤石化、雄（雌）黄化等，金矿体与硅化、黄铁矿化、毒砂化、白云石化关系较为密切。容矿岩石有强硅化角砾状灰岩、硅化角砾状黏土岩和钙质砂岩。

滥木厂铊矿具有成矿温度低（形成温度多在 200℃ 以下）、黄铁矿-白铁矿-雄黄-雌黄-辰砂-重晶石矿物组合、硅化-黄铁矿化-砷化-重晶石化为主的围岩蚀变、矿石中砷-硫-碳含量高等特点，说明矿床形成温度低；此外区域范围内卡林型金矿广泛分布，故认为该矿床为浅成低温热液矿床。

B　四川大水沟碲矿床

大水沟碲矿床位于四川省石棉县大水沟，是我国发现的首例独立碲矿床。

大水沟碲矿床位于大水沟构造岩片中，该构造岩片受草科断裂和磨西断裂所夹持呈长轴走向北北东的菱形块体。矿区内出露地层仅有三叠纪大理岩和变玄武岩（图 2-35）。

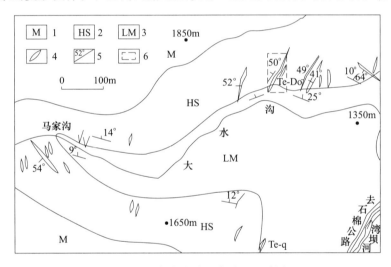

图 2-35　大水沟碲矿床矿区地质图

1—上大理岩段；2—变玄武岩；3—下大理岩段；4—磁黄铁矿脉；5—破碎带产状；
6—已开采碲矿脉及范围；Te-Do—白云石脉型碲矿脉；Te-q—石英脉型碲矿脉

目前矿区共发现的十余条矿脉均产于变玄武岩层内，充填于北东向构造裂隙中，当矿脉延伸到火山岩与大理岩界面时即尖灭。

碲矿脉大致平行排列，走向北东 5°～30°，倾向北西 275°～300°，倾角 40°～65°，在主矿脉旁侧常有与之呈"人"字形的次级矿脉。

矿石结构包括结晶结构、交代结构、固溶体分离结构及显微结构。矿床成矿以热液充填方式为主，故常见的矿石构造有块状构造、网脉状构造、浸染状构造和角砾状构造等。矿石中的主要矿石矿物有辉碲铋矿、楚碲铋矿、磁黄铁矿和黄铁矿等，矿石类型有黄铁矿-磁黄铁矿矿石（硫铜矿石）和辉碲铋矿矿石（碲矿石），前者是以采硫和铜为主，并伴生碲、金、银、锌等，可综合回收。后者是大水沟矿区碲和铋的主要矿石，伴有 Au、Ag、

Se 和 Cu 的矿化。

矿脉两侧的围岩蚀变十分发育，主要有碳酸盐化、硅化、黑云母化、白云母化、赤铁矿化、绿泥石化、绿帘石化、钠-奥长石化和石英电气石化。

大水沟碲矿应为浅成低温热液矿床。

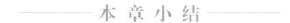

本 章 小 结

矿床是地壳中由地质作用形成的，其质和量在当前经济技术条件下能被开采利用的综合地质体。按矿产性质及其主要工业用途可分为金属、非金属、可燃有机矿产和地下水资源四类，其中金属矿床主要包括黑色金属、有色金属、贵金属和三稀金属矿床等。

矿床成因类型是工业类型划分的基础；另外，不同成因类型的金属矿床往往产于不同的地质构造环境，具有较为明显的时空分布规律，同时在一定程度上决定了矿床的规模和开采技术条件。

习　　题

1. 我国铁矿床主要成因类型有哪些？
2. 我国铁矿床的时空分布规律有哪些？
3. 我国锰矿的工业类型有哪些？
4. 简述我国铜矿床的主要工业类型。
5. 简述我国钼矿床的时间分布规律。
6. 简述我国钨矿床的主要工业类型。
7. 简述我国金矿床的主要工业类型。
8. 简述我国稀有金属矿床的特点。
9. 简述我国稀土金属矿床的主要工业类型与地质特征。

3 金属矿产勘查

本章课件

本章提要

矿产地质勘查包括普查、详查、勘探、基建勘探和生产勘探五个阶段,其中前面三个阶段属于地质勘查范畴,而后两个阶段属于矿山地质范畴。因此,矿山地质工作是在地质勘查基础上进行的,是地质勘查工作的深入。为了更好地理解矿山地质阶段的勘查工作,需要理解和掌握地质勘查阶段的主要工作,包括矿产勘查阶段划分、矿床勘查类型、矿产勘查技术手段、勘查工程总体布置形式、勘查工程间距及勘查程度等。

矿山地质工作处于矿山基建及开发阶段,属于矿产勘查的特殊阶段。矿山地质工作往往是在矿产地质勘查基础上进行的,既要遵循各矿产勘查阶段已布置完成的勘查工程,又要达到进一步揭露矿体、服务矿山生产的目的。因此,有必要了解矿产勘查的一些基本知识。

3.1 矿产勘查概论

矿产资源是人类赖以生存和发展的物质基础。据统计,人类活动所需 90% 以上的能源和超过 80% 的工业原料都来源于矿产资源。可以预期,未来人类生产生活所需的矿产资源将会持续增加,矿产资源的消耗也会不断加剧,与之相对的是全球规模大、埋藏浅,地表标志明显的矿产资源已基本查明,因此找矿的难度也越来越大,这就对矿产勘查工作提出了更高的要求。矿物原料供求的矛盾始终存在,并且会越来越尖锐,矿产勘查工作的重要性已引起世界各国的高度重视。

所谓矿产勘查,是指在区域地质调查的基础上,根据国民经济和社会发展的需要,运用地质科学理论,使用多种勘查技术手段和方法对矿床地质和矿产资源所进行的系统调查研究。矿产勘查具有生产劳动和科学研究的双重性质,按照目前我国勘查规范包括了矿产普查、矿产详查和矿床勘探三个阶段,是它们的总称。

矿产勘查的目的,是为了发现和评价可供进一步勘查或开采的矿床(体),为勘查或开采决策提供相关地质信息,最终为矿山建设设计提供必需的地质资料,以降低矿床勘查开采的投资风险,实现经济、社会及生态环境综合效益的最佳化。

3.2 矿产勘查阶段划分

矿产勘查工作是分阶段的,除了规避勘查风险的考虑外,矿产勘查活动本身也是一个循序渐进的过程。按照我国最新的《固体矿产地质勘查规范总则》(GB/T 13908—2020),按照工作程度由低到高,勘查工作划分为普查、详查和勘探三个阶段。一般应按阶段循序渐进地进行,即使合并或者跨阶段提交勘查成果,也应分阶段实施。

（1）普查：在区域地质调查与研究的基础上，通过有效的勘查手段，寻找、检查、验证、追索矿化线索，发现矿（化）体，并通过稀疏取样工程控制和测试、实验研究，初步查明矿体（床）地质特征以及矿石加工选冶技术性能，初步了解开采技术条件；开展概略研究，估算推断资源量，作出是否有必要转入详查的评价，并提出可供详查的范围。

（2）详查：在普查基础上，通过有效勘查手段、系统取样工程控制和测试、实验研究，基本查明矿体地质特征、矿山加工选冶技术性能以及开采技术条件，为矿区（井田）规划、勘探区确定等提供地质依据；开展概略研究，估算推断资源量和控制资源量，作出是否有必要转入勘探的评价，并提出可供勘探的范围；也可开展预可行性研究或可行性研究，估算可信储量。

（3）勘探：在详查基础上，通过有效勘查技术手段、加密取样工程控制和测试、深入实验研究，详细查明矿床地质特征、矿石加工选冶技术性能以及开采技术条件，为矿山建设设计确定矿山（井田）生产规模、产品方案、开采方式、开拓方案、矿石加工选冶工艺，以及矿山总体布置等提供必需的地质资料；开展概略研究，估算推断、控制、探明资源量，也可开展预可行性研究或可行性研究，估算可信、证实储量。

3.3 矿产勘查类型

自然界中产出的矿体是多种多样的，其勘查的难易程度也是不一样的。为了合理地选择勘查技术手段，确定合理的勘查研究程度及勘查工程的合理布置，非常有必要对其勘查难易程度进行归纳与总结。

所谓的矿产勘查类型，指的是在矿体地质研究和对以往矿床勘查经验总结的基础上，按照矿床的主要地质特点及其对勘查工作的影响（即勘查的难易程度），将特点相似的矿床加以理论综合与概括而划分的类型。

矿床勘查类型应遵循以下几个原则：

（1）依法勘查、绿色勘查、综合勘查，合理利用和保护矿产资源；

（2）技术可行、经济合理、环境允许；

（3）从矿产资源赋存实际出发，以满足勘查工作程度需要、达到勘查目的为准则，正确处理手段与目的、局部与整体、需要与可能的关系；

（4）遵循地质找矿规律，循序渐进；

（5）边勘查、边研究、边优化设计，特别是在新矿床勘探初期可运用类比推理的方法，按其所归属的勘探类型，初步确定应采用的勘探方法，随着勘探工作的深入开展和新的资料信息的不断积累，重新深化认识和修正其原来所属勘探类型，避免因原来类比推断的不正确而造成勘探不足（原勘探类别过低时）或勘探过度（原勘探类型过高时）的错误，给勘探工作带来不应有的损失。

矿床勘查类型划分的依据主要有矿体规模、主要矿体形态及内部结构、矿床构造影响程度、主矿体厚度稳定程度和有用组分分布均匀程度等五个主要地质因素来确定。

（1）矿体规模。矿体规模大小是影响矿产勘查类型最主要的因素。一般情况下，矿体规模越大、形态越简单，越容易进行勘查；反之勘查难度越大。形态简单的矿体采用较稀的勘查工程即可控制，而规模小、形态复杂的矿体则需要采用较密的勘查工程才能控制。

注意"矿床规模"和"矿体规模"间的异同。矿床规模往往指的是矿床中有用组分资源量的大小，侧重其经济意义；而矿体规模侧重于矿体的空间大小及展布，对其几何意义的指示意义更大些。

（2）矿体中有用组分分布的均匀程度。有用组分包括了有用元素（往往针对金属矿床而言）、有用矿物（多数非金属矿床往往是以有用矿物来界定的）及其特殊物理性质等。对于多数金属矿床而言，有用组分分布的均匀程度即矿石品位的变化程度，常用品位变化系数来表示。不同类型矿床对品位变化系数的要求是不一样的，可根据主元素或主要有用矿物变化系数划分为均匀、较均匀和不均匀三种，具体参见各类型矿产勘查规范。

（3）主矿体形态和内部结构复杂程度。矿体形态简单、产状变化小的矿体比较容易勘查，而形态复杂、产状变化大的矿体则勘查难度大。此外，矿体的产状还会对矿产方法选择及工程间距的确定有影响。

按照主要矿体形态及其内部结构特征，往往将矿体形态变化划分为简单、较简单和复杂三类。

（4）主矿体厚度稳定程度。矿体厚度变化程度往往用厚度变化系数来表示。不同矿种、不同成因类型矿产资源对矿体厚度变化敏感程度也是不同的。一般地，矿体厚度稳定程度大致分为稳定、较稳定和不稳定三种。

（5）矿体受构造或脉岩的影响程度。矿区地质构造或脉岩影响矿体的形态和产状，特别是成矿后的地质构造对矿体空间连续性影响很大，往往使得矿产勘查难度增加。在勘查类型划分过程中，往往将构造或脉岩影响程度划分为影响小、影响中等和影响大三类。表 3-1 为铁矿床勘查类型划分实例。表 3-2 为岩金矿床勘查类型划分实例。

表 3-1　铁矿床勘查类型划分实例

矿床名称	确定勘查类型的主要地质因素				
	矿体规模	矿体形态和内部结构复杂程度	构造（或脉体穿插）对矿体的破坏程度	矿体有用组分分布均匀程度	矿体厚度稳定程度
南芬铁矿:沉积变质型（鞍山式），12.89 亿吨，$w(TFe)$ 为 31.82%	主矿层（第三层矿）:占矿床总储量的 82%。长 3400m，矿层厚 6.09 ~ 156.92m，平均厚 87.88m，从地表向下垂深大于 1145m	厚、大、稳定、规则的层状矿体	呈单斜产出，沿走向、倾向均呈舒缓波状起伏。矿体西北段顶部被断层 F_1 切割，在详勘地段矿体中断层少	矿石以磁铁石英岩为主，呈条带状构造，矿化连续，品位分布均匀	由地表至约 200m，高差大于 500m，平均厚度变化为：92m ~ 88m ~ 94m
	大型（类型系数 0.60）	简单（类型系数 0.90）	简单（类型系数 0.80）	均匀（类型系数 0.27）	稳定（类型系数 0.27）
袁家村铁矿:沉积变质型（难选冶），12.19 亿吨，$w(TFe)$ 为 32.37%	I 号矿体累计探明储量 22064.1 万吨，占矿床全部探明储量的 18.05%。长 1375m，延深大于 1200m，平均厚 84.7m	矿体一般呈层状、似层状。I 号矿体厚度大、稳定，亦呈层状产出	矿体呈层状，走向近 SN，南部有所扭曲，呈极弱的"S"形构造，构造简单	品位变化系数 $V = 11.75\%$	厚度变化系数为 $V = 25.7\% ~ 52.4\%$
	大型（类型系数 0.60）	简单（类型系数 0.90）	简单（类型系数 0.85）	均匀（类型系数 0.28）	稳定（类型系数 0.21）

矿床名称	确定勘查类型的主要地质因素				
	矿体规模	矿体形态和内部结构复杂程度	构造（或脉体穿插）对矿体的破坏程度	矿体有用组分分布均匀程度	矿体厚度稳定程度
攀枝花铁矿：岩浆晚期分异型（攀枝花式），10.8亿吨，$w(TFe)$为33.23%	由Ⅰ～Ⅱ矿带组成上部含矿层，Ⅳ～Ⅸ矿带组成下部含矿层（为主要勘探及开采对象）。其中，Ⅷ号矿带为主矿体（带）。矿体长800～1730m，垂深已分别控制340～650m	单矿体形态与层状辉长岩韵律层多保持一致，呈似层状产出	矿体的总体走向20°～40°，倾向北西，倾角30°～60°。断层发育，主要有NE向逆断层、SN向和NW向横断层三组，均对矿体有一定程度的破坏	主矿种元素Fe分布均匀、但共伴生元素多而复杂（计12种可综合利用元素）。主要矿体TFe品位变化系数$V=$1.41%～28.45%	平均厚度24.63～55.67m，厚度变化系数$V=$32.45%～52.81%
	大型（类型系数0.60）	简单到中等（类型系数0.70）	中等（类型系数0.50）	均匀（类型系数0.20）	稳定（类型系数0.21）

矿床名称	勘查实况		套用本规范		
	勘查类型与工程间距	探采对比	勘查类型确定依据	勘查类型	工程间距
南芬铁矿：沉积变质型（鞍山式），12.89亿吨，$w(TFe)$为31.82%	1952～1976年勘探，第Ⅰ勘探类型。A级：200m×200m；B级：(200～230m)×(200～260m)；C级：(200～350m)×(200～400m)	1976年已采12个露采平台，探采资料对比：面积重合率89%，平均品位绝对误差$w(TFe)$约为1.43%，储量平均相对误差约-3.16%	矿体规模超大型、矿体形态和构造均简单、矿石有用组分分布均匀，厚度稳定。按本规范勘查类型确定的方法，计算各因素类型系数之和等于2.84，应定为第Ⅰ勘查类型	Ⅰ	探明的：200m×200m；控制的：400m×(200～400m)

矿床名称	勘查实况		套用本规范		
	勘查类型与工程间距	探采对比	勘查类型确定依据	勘查类型	工程间距
袁家村铁矿:沉积变质型(难选冶),12.19亿吨,w(TFe)为32.37%	20世纪80年代勘探,受选矿影响呆滞27年。以主矿体确定为第Ⅰ勘探类型。B级:200m×200m;C级:400m×200m;2012年生产勘探:100m×100m	采用1980年和2016年不同时期地质剖面进行探采对比,矿体面积重合率大部分在90%以上,储量最大相对误差0.725%	矿体规模超大型、矿体形态和构造均简单、矿石有用组分分布均匀,厚度稳定。按本规范勘查类型确定的方法,计算各因素类型系数之和等于2.84,应定为第Ⅰ勘查类型	Ⅰ	探明的:200m×200m;控制的:400m×(200~400m)
攀枝花铁矿:岩浆晚期分异型(攀枝花式),10.8亿吨,w(TFe)为33.23%	1955~1958年详查,1965年补勘,第Ⅰ~Ⅱ勘探类型。A级:100m×(50~60m);B级:100m×(100~120m);C级:200m×(100~120m)	稀空200m×100m与A2对比:品位差0.35%,储量差4.85%。已采地段与A2级对比(标高15m),5个台阶储量相对误差为1.07%、1.92%、3.31%、3.75%、13.08%。	矿体规模大型、形态简单、构造中等、主元素分布均匀,厚度稳定。按本规范勘查类型确定的方法,计算各因素类型系数之和等于2.21,应定为第Ⅱ勘查类型	Ⅱ	探明的:100m×(50~100)m;控制的:200m×(100~200m)

表 3-2 岩金矿床勘查类型划分实例

矿床名称	矿体规模	矿体形态和内部结构复杂程度	构造对矿体的破坏程度	矿体有用组分分布均匀程度	矿体厚度稳定程度	勘探类型
山东焦家金矿床1号矿体、山东新城金矿床、陕西双王金矿床KT8矿体	规模大	形态简单,厚度稳定	程度小	分布均匀的大脉体、大透镜体、大矿柱	稳定	Ⅰ简单型

矿床名称	矿体规模	矿体形态和内部结构复杂程度	构造对矿体的破坏程度	矿体有用组分分布均匀程度	矿体厚度稳定程度	勘探类型
河北金厂峪金矿床Ⅱ-5号脉体群、河南文峪金矿床	规模中等	产状变化中等，厚度较稳定	程度中等	分布较均匀的脉体、透镜体、矿柱、矿囊	较稳定	Ⅱ 中等型
河北金厂峪金矿床Ⅱ-2号脉、山东九曲金矿床4号脉、广西古袍金矿床志隆1号脉	规模小	形态复杂，厚度不稳定	程度大	分布不均匀的脉状体、小脉状体、小矿柱、小矿囊	不稳定	Ⅲ 复杂型

第Ⅰ勘探类型（简单型）。矿体规模大，形态简单，厚度稳定，构造、脉岩影响程度小，主要有用组分分布均匀的层状-似层状、板状-似板状的大脉体、大透镜体、大矿柱。属于该类型的矿床有山东焦家金矿床1号矿体、山东新城金矿床、陕西双王金矿床 KT8 矿体。

第Ⅱ勘探类型（中等型）。矿体规模中等，产状变化中等，厚度较稳定，构造、脉岩影响程度中等，破坏不大，主要有用组分分布较均匀的脉体、透镜体、矿柱、矿囊，属于该类型的矿床有河北金厂峪金矿床Ⅱ-5号脉体群、河南文峪金矿床。

第Ⅲ勘探类型（复杂型），矿体规模小，形态复杂，厚度不稳定，构造、脉岩影响大，主要有用组分分布不均匀的脉状体、小脉状体、小矿柱、小矿囊。属于该类型的矿床有河北金厂峪金矿床Ⅱ-2号脉、山东九曲金矿床4号脉、广西古袍金矿床志隆1号脉等。

3.4 矿产勘查技术手段

勘查技术手段，是指那些在矿床勘查活动中，能够直接或间接获取工作区有关矿产的形成与分布的信息措施和技术手段的总称。这些技术方法，在矿产勘查活动中具有极其重要的作用。

勘查技术手段所获取的各种直接或间接信息是进行勘查决策的基础资料。矿产勘查是在不确定条件下采取决策的过程，矿产勘查的每一个阶段都将为后续阶段的勘查活动提供可供利用的信息，通过各种有效方法逐步筛选、逼近矿（化）体的过程，可以最大程度地降低勘查活动的风险，提高勘查效率。

根据矿产勘查技术方法的原理，可以将常用的勘查技术手段划分为：地质测量法、重砂测量法、地球化学方法、地球物理方法、遥感测量法以及探矿工程方法。

3.4.1 地质填图法

在区域地质调查的基础上，通过填制各种不同比例尺的地质图件，按各勘查阶段要求，研究勘查区内地层、岩石（沉积岩、岩浆岩。变质岩）、构造、蚀变带、矿（化）体、主要含矿建造等其他各种地质体的分布及特征，研究勘查区内水文地质、工程地质、环境地质等开采技术条件，为矿产勘查提供基础资料。

填图比例尺的选择应以矿床的矿体规模、形态复杂程度以及各勘查阶段的要求为依据。普查阶段一般为1：25000～1：2000，地形地质图可以为简测图；详查阶段一般为1：10000～1：2000，勘探阶段一般为1：10000～1：2000，不同矿种必要时可适当放大或缩小，但详查、勘探阶段的地形地质图应为正测图。不同比例尺的地质填图工作应符合有关勘查规范、规程中相应比例尺草测、简测和正测的精度要求。勘探阶段地质填图还应结合矿山建设设计要求，为工业广场和尾矿堆放场的选址提供依据。

在地质填图前，应选定并实测1～2条基本穿越全区地质体的地质剖面，在研究实测地质剖面的地层、岩体（包括围岩）、构造和矿（化）体基本特征和野外踏勘的基础上，根据各地质体的复杂程度，再确定实测剖面的数量以对比确定填图单位，厘定测区地层层序、岩相分带、变质相系及构造框架等，研究总结各地质体及测区地史演化、岩浆侵位、变形变质等特征，统一地层层序，统一填图单位，统一野外岩石、矿石定名，统一对剖面测制的要求，统一图式图例等。浅覆盖区可先行开展地质填图，在基本查明地层、构造和岩浆岩空间分布的基础上，再开展实测地质剖面工作。

地质填图的具体内容，随研究区出露地质情况不同而有所差异，沉积岩区、侵入岩区、火成岩区、变质岩区、第四纪覆盖区侧重点各不相同，但对区内已知矿产资源种类、分布及潜在价值均应进行了解，调查勘查区内矿山地质开采历史及现状，调查采空区范围，收集相关开采资料；对新发现的矿化、蚀变现象进行观察记录，采集必要的测试样品。

填图过程中，应根据填图比例尺大小、构造复杂程度、基岩出露情况、自然地理条件等因素确定地质观测点密度及数量。勘查区内存在大面积第四系的区域可适当放稀，但应以有效控制勘查区的地质界线、构造界线和地表矿（化）体的分布等信息为准。表3-3为正测地质观测点密度表。

表3-3　正测地质观测点密度表

填图比例尺	点距/m	地质观测点个数/个·km⁻²			备　注
		构造简单	构造中等	构造复杂	
1：10000	100～200	40～60	60～80	>80	探槽长每20m可折合1个点
1：5000	50～100	80～120	120～150	>150	
1：5000	20～50	160～240	240～300	>300	探槽长每10m可折合1个点
1：1000	10～25	320～480	480～600	>600	
1：500	5～10	500～600	600～1000	>2000	

若经试验结果表明物探、化探等方法能有效地圈定某些地质界线或矿体时，地质观测点的数量可酌情缩减10%～30%，但不允许用物探、化探等工作成果完全代替地质观测点和工程揭露。

矿区填图比例尺较小时（1：25000～1：10000），矿体边界用仪器法定测；填图比例尺较大（1∶5000~1∶1000）或大型沉积矿床的1∶10000比例尺地质填图，重要地质点均用仪器法精确测定，其他地质点可用手持GPS定位。

地质体标定精度：根据不同比例尺要求，图面上不小于1mm的地质体均应表示。当矿（化）体和重要的地质体较小时，可放大至1mm表示。

地质填图的最终成果，要提交实测剖面小结、地质填图工作总结、实测地质剖面图、矿区综合地层柱状图、矿区地形地质图、实际材料图（均为过渡性图件，待补充探矿工程及物探、化探等其他工作成果）、记录手簿、各类数据表格及数据库等。

3.4.2 重砂测量法

重砂法是一种具有悠久历史的找矿方法，我国人民远在公元前两千年就用以寻找砂金。由于重砂法应用简便、经济而有效，因此现今仍是一种重要的找矿方法。重砂法主要适用于物理化学性质相对稳定的金属、非金属等固体矿产的寻找工作，如自然金、自然铂、黑钨矿、白钨矿、锡石、辰砂、钛铁矿、金红石、铬铁矿、钽铁矿、铌铁矿、绿柱石、锆石、独居石、磷钇矿等金属、贵金属和稀有-稀土金属矿产以及金刚石、刚玉、黄玉、磷灰石等非金属矿产。

矿源母体因表生风化作用改造而不断地受到破坏，化学性质不稳定的矿物由于风化而分解，而相对稳定的矿物则成单矿物颗粒或矿物碎屑得以保留而成为砂矿物，当砂矿物比重大于3时则称为重砂矿物。

重砂测量法是以各种疏松沉积物中的自然重砂矿物为主要研究对象，以解决与有用重砂矿物有关的矿产及地质问题为主要内容，以重砂矿取样为主要手段，以追索寻找砂矿和原生矿为主要目的的一种地质找矿方法。

矿源母体暴露于地表后，经物理风化作用形成碎屑物质。这些重砂矿物除少部分保留在原地外，大部分在重力及地表水流的作用下，以机械搬运的方式沿地形坡度迁移到坡积层，形成重砂矿物的相对高含量带，并与原地残积层中的高含量带一起构成重砂矿物的机械分散晕。有些矿物颗粒进一步迁移到沟谷水系中，由于水流的搬运和沉积作用使之在冲积层中富集为相对高含量带，构成所谓的机械分散流。图3-1为矿床次生分散示意图。

图 3-1　矿床次生分散示意图

1—机械分散晕；2—残、坡积重砂矿物分散晕；3—生物晕；4—分散流；5—气晕；6—矿体

重砂机械分散晕（流）的形成，是矿源母体遭受风化剥蚀的结果，重砂矿物经历了搬运、分选、沉积等综合作用，其分布范围较矿源母体大得多，故成为较易发现的重要找矿标志，经推本溯源，就可找到原生矿体。

重砂法除了可单独用于找矿外，更多的是在区域矿产普查工作中配合地质填图工作和物探、化探、遥感等不同的找矿方法一起共同使用进行综合性的找矿工作。

重砂法按采样对象的不同可分为自然重砂法和人工重砂法两种。后者是直接从基岩及某些新鲜岩石或风化壳采取样品，以人工方法将样品破碎，从而获取其中的重砂矿物进行研究。人工重砂法代表了重砂法的发展方向。

3.4.3 地球物理测量法

地球物理找矿方法（又称地球物理探矿方法，简称物探）是通过研究地球物理场或某些物理现象，如地磁场、地电场、重力场等，以推测、确定欲调查的地质体的物性特征及其与周围地质体之间的物性差异，进而推断调查对象的地质属性，结合地质资料分析，实现发现矿床（体）的目的。

物探方法的适用面非常广泛，几乎可应用于所有的金属、非金属、煤、油气地下水等矿产资源的勘查工作中。与其他找矿方法相比，物探方法的一大特长是能有效、经济地寻找隐伏矿体和盲矿体、追索矿体的地下延伸、圈定矿体的空间位置等。在大多数情况下，物探方法并不能直接进行找矿，仅能提供间接的成矿信息供勘查人员分析、参考，但在某些特殊的情况下，如在地质研究程度较高的地区用磁法寻找磁铁矿床，用放射性测量找寻放射性矿床时，可以作为直接的找矿手段进行此类矿产的勘查工作，甚至进行储量估算工作。

物探工作具有自己的特点：（1）必须实行两个转化才能完成找矿任务。先将地质问题转化成地球物理探矿的问题，才能使用物探方法去观测。在观测取得数据之后（所得异常），只能推断具有某种或某几种物理性质的地质体，然后通过综合研究，并根据地质体与物理现象间存在的特定关系，把物探的结果转化为地质的语言和图示，从而去推断矿产的埋藏情况以及与成矿有关的地质问题，最后通过探矿工作的验证，肯定其地质效果；（2）物探异常具有多解性。产生物探异常现象的原因，往往是多种多样的。由于不同的地质体可以有相同的物理场，故造成物探异常推断的多解性。所以工作中采用单一的物探方法，往往不易得到较肯定的地质结论。一般情况应合理地综合运用几种物探方法，并与地质研究紧密结合，才能得到较为肯定的结论；（3）每种物探方法都有要求严格的应用条件和使用范围。因为矿床地质、地球物理特征及自然地理条件因地而异，影响物探方法的有效性。表3-4为主要的地球物理方法及其适用范围。

表3-4　主要的地球物理方法及其适用范围

方法种类	优缺点	应用条件	应用范围及地质效果
放射性测量法	方法简便效率高	有放射性	探测对象主要为寻找放射性矿床和与放射性有关的矿床，以及配合其他方法进行地质填图、圈定某些岩体等；对放射性矿床能直接找矿

方法种类		优缺点	应用条件	应用范围及地质效果
磁法 （磁力测量）		效率高、成本低、效果好、航空磁测在短期内能进行大面积测量	探测对象应略具磁性或显著的磁性差异	主要用于找磁铁矿和铜、铅、锌、铬、镍、铝土矿、金刚石、石棉、硼矿床，圈定基性超基性岩体进行大地构造分区、地质填图、成矿区划分的研究及水文地质勘测，如南京市梅山铁矿的发现；北京市沙厂铁矿远景的扩大；甘肃省某铜矿、西藏某铬矿床、辽宁省某硼矿床应用此法找矿，地质效果显著
自然电场法		装备简便，测量仪器简单，轻便快速、成本低	探测对象是能形成天然电场的硫化物矿体或低阻地质体	用于进行大面积快速普查硫化物金属矿床、石墨矿床；水文地质、工程地质调查；黄铁矿化、石墨化岩石分布区的地质填图，如辽宁省红透山铜矿、陕西省小河口铜矿及寻找黄铁矿矿床方面，应用此法地质效果显著
中间梯度法 （电阻率法）			探测对象应为电阻率较高的地质体	主要用于找陡立、高阻的脉状地质体，如寻找和追索陡立高阻的含矿石英脉、伟晶岩脉及铬铁矿、赤铁矿等效果良好，而对陡立低阻的地质体如低阻流化多金属矿则无效
中间梯度法 （激发极化法）		不论其电阻率与围岩差异如何均有明显反映，对其他电法难以找寻的对象应用它更能发挥其独特的优点	在寻找硫化矿时石墨和黄铁矿化是主要的干扰因素应尽量回避	主要用于寻找良导金属矿和浸染状金属矿床，尤其是用于那些电阻率与围岩没有明显差异的金属矿床和浸染状矿体效果良好，如某地产在石英脉中的铅锌矿床及河北省延庆某铜矿地质效果显著
电剖面法按装置的不同分为联合剖面法、对称四极剖面法、偶极剖面法	联合剖面法			在普查勘探金属和非金属矿产及进行水文地质、工程地质调查中应用相当广泛，并在许多地区取得了良好的地质效果
		其装置不易移动，工作效率低	探测对象应为陡立较薄的良导体	主要用于详查和勘探阶段，是寻找和追索陡立而薄的良导体的有效方法，如某铜镍矿床应用效果良好；当矿脉与围岩的导电性无明显差别时，利用极化率曲线也能取得好效果
	对称四极剖面法	对金属矿床不如中间梯度和联合剖面法异常明显		主要用于地质填图，研究覆盖层下基岩起伏和对水文、工程地质提供有关疏松层中的电性不均匀分布特征，以及疏松层下的地质构造等；如某地用它圈定古河道取得良好的效果
	偶极剖面法	主要缺点在一个矿体可出现两个异常，使曲线变得复杂		一般在各种金属矿上的异常反映都相当明显，也能有效地用于地质填图划分岩石的分界面。在金属矿区，当围岩电阻率很低、电磁感应明显，且开展交流激电法普查找矿时往往采用。如我国某铜矿床用此法找到了纵向叠加的透镜状铜矿体

续表 3-4

方法种类	优缺点	应用条件	应用范围及地质效果
电测深法	可以了解地质断面随深度的变化，求得观测点各电性层的厚度	探测对象应为产状较平缓电阻率不同的地质体，且地形起伏不大	电阻率电测深用于成层岩石的地区，如解决比较平缓的不同电阻率地层的分布，勘查油、气田和煤田地质构造，以及用于水文地质工程地质调查中。它在金属矿区侧重解决覆盖层下基岩深度变化、表土厚度等，为间接找矿；而激发极化电测深主要用于金属矿区的详查工作，借以确定矿体顶部埋深及了解矿体的空间赋存情况等，如个旧锡矿采用此法研究花岗岩体顶面起伏，进行矿产预测起到了良好找矿效果

资料来源：找矿勘探地质学，侯德义等，1984。

物探工作需要具备一定的前提条件才能达到预期的目的，主要体现在：（1）物性差异：被调查研究的地质体与周围地质体之间，要有某种物理性质上的差异；（2）被调查的地质体要具有一定的规模和合适的深度，用现有的技术方法能发现它所引起的异常。若规模很小、埋藏又深的矿体，则不易发现其异常。有时虽地质体埋藏较深，但规模很大，也可能发现异常；（3）能区分异常，即从各种干扰因素的异常中，区分所调查的地质体的异常。

3.4.4 地球化学测量法

地球化学找矿方法（又称地球化学探矿法，简称化探）是以地球化学和矿床学为理论基础，以地球化学分散晕（流）为主要研究对象，通过调查有关元素在地壳中的分布、分散及集中的规律达到发现矿床或矿体的目的。

地球化学找矿法于 20 世纪 30 年代在苏联首先使用，后传到美洲等地。地球化学找矿法可找寻的矿产涉及金属、非金属、油气等众多的矿种及不同的矿床类型，地球化学方法本身也从单一的土壤测量发展为分散流、岩石地球化学测量、水化学、气体测量等，方法的应用途径也从单一的地面发展到空中、地下、水中等，具体各种化探方法的种类及应用见表 3-5。

表 3-5 主要的地球化学方法及其适用范围

方法	研究寻找的矿种	采样对象	应用范围	应用效果和实例
岩石测量法（原生晕）	铜、铅、锌、锡、钨、钼、汞、锑、金、银、铬、镍、铀、铌、钽、锂等。铁、非金属开展了试验	岩石、古废石堆、断裂碎屑物等	区域地质测量、矿产普查、含矿区评价、矿床勘探、矿山开采	研究地球化学省、指导探矿工作掘进、找寻盲矿体或追索矿体、评价地质体的含矿性均取得良好效果，如青城子铅矿

方法	研究寻找的矿种	采样对象	应用范围	应用效果和实例
土壤测量法	能寻找的矿种较多，对有色和稀有金属铜、铅、锌、砷、锑、汞、钨、锡、钼、镍、钴和贵金属金、银、黑色金属铬、锰、钒及某些非金属（磷）等矿种均可采用	残坡积层土壤、矿帽	矿产普查、含矿区普查都广泛应用。配合 1:20 万、1:5 万、1:1 万、1:2000 地质填图进行	寻找松散层覆盖下的矿体是一种有效的方法，有时寻找盲矿体也有效。广西某队应用此法发现一个大型钼钒矿床
水系沉积物测量（分散流）	铜、铅、锌、钨、锡、钼、汞锑、金、银、铬、镍、钴、锂、铯、磷等，也可寻找铌、钽、铍等稀有金属矿床	水系沉积物、淤泥等	配合 1:20 万～1:2.5 万区域地质填图或进行区域化探。方法简单、效率高，是目前区域化探的主要方法	近年来应用于区域地质填图和矿区外围找矿，取得显著成绩。广东河台金矿就是用此法发现的
水化学测量法（水化学）	迄今仅限于寻找硫化物多金属矿床。如铜、铅、锌、钼、镍、钴、汞、盐类矿床、石油天然气及铀矿床	水（泉水、地下水、井水等）	在气候比较潮湿，地下水露头条件良好，水文网密度大，而水量小的地区最适用	能指示埋藏较深的盲矿床，在切割强烈的山区，找矿深度可达 200m。如在江西省钾盐矿床普查中起了特别重要的作用
生物测量	含铜、铅、锌、钴、钼、镍、钒、铀、锶、钡等元素的矿床	以草本植物或木本植物的叶为主	适用于大比例尺普查找矿	能发现的矿化深度较大，在特别有利的条件下能发现深50m 的矿体
气体测量	寻找石油、天然气、放射性元素矿床及含挥发性组分的各类矿床如汞、金、铜及铅、锌、锑、铋、钛、铀、钾盐、硝酸盐等矿床	地面空气、土壤中气体、空气中微尘	地面空气测量对大、中比例尺普查找矿均可采用，土壤中气体测量在含矿区找矿可广泛采用	地面空气测量对大、中比例尺普查找矿能反映出矿床或矿带。壤中气体测量能圈出矿体大致位置，如白银厂黄铁矿型铜矿

资料来源：找矿勘探地质学，侯德义等，1984。

由于成矿元素的原生晕和次生晕的规模比矿体大得多，因而可以给找矿提供较大的目标。并且由于成矿元素分散的介质种类很多以及迁移的距离可以很大，因此通过地球化学晕的研究能发现难识别、新类型的矿床和埋藏很深的矿体。例如水化学法找矿深度可达几百米，所以地球化学测量法对寻找隐伏矿床或盲矿体非常有效。

3.4.5 遥感地质学方法

遥感找矿是以电磁波理论为基础的。任何一个内生金属矿床，都是成矿岩体，成矿热液作用于成矿围岩及在特定的物理、化学因素作用和导矿构造的控制下，成矿物质储集于较为封闭的并在一定的几何空间内形成的。含矿物质、导矿和容矿构造与成矿元素的运移和沉积是成矿的重要条件，由此而形成的地球化学晕和地球物理异常场是成矿过程中的必然产物，具有较强的光谱敏感性，在遥感图像上以色、线、环的组合形式显示出遥感异常来。

遥感找矿就是充分发挥遥感图像宏观真实的特点，在大面积内寻找矿化集中区，将图像上的色、线、环与矿田构造的基本要素（成矿岩体、控矿断裂、围岩蚀变）相结合，建立遥感矿田构造模式。应用这种找矿模式标志，可直接在遥感影像上识别矿田构造，预测新的矿产地。

经过几十年的国内外研究与应用，遥感找矿方法被证明是一种有效方法，特别是近年来国内外快速发展的高分辨率（高空间分辨率、高光谱分辨率）卫星数据获取的快速、便捷、经济获取，在地表出露良好地区可完成遥感矿物填图，必将引起传统找矿方法的一次变革。

3.4.6 探矿工程方法

在找矿工作中，工程技术手段主要用来验证有关的地质认识，揭露、追索矿体或与成矿有关的地质体，调查矿体的产出特征以及进行必要的矿产取样等。探矿工程主要包括坑道工程和钻探工程，而坑道还可分为水平坑道工程、垂直坑道工程和倾斜坑道工程。

3.4.6.1 水平坑道

水平勘探坑道指沿近似水平方向掘进的地下坑道。按其作用和空间位置的不同，分为平硐、石门、沿脉和穿脉等。

（1）平硐。平硐是直接通往地面的水平坑道。多掘进于地形较陡的矿区，其位置可与矿体走向平行或相交。作为通往地面的主要坑道，平硐横截面积比其他水平坑道大。坑道内布置有轨道、人行道、排水沟以及通风、供水、供电和供气等管道和线路。为了便于排水和运输，平硐通常保持3%~7%向硐口倾斜的坡度。

（2）石门。石门是在岩石内掘进的一种水平坑道。与矿体走向相交或垂直于矿体走向，主要是在围岩内向矿体掘进的水平坑道，与穿脉或沿脉相通起联络作用，无直接探矿意义。

（3）穿脉。穿脉是从沿脉或石门向矿体掘进的、与地面无直接出口的一种水平坑道。要求垂直矿体走向掘进，以了解矿体及其顶、底板围岩在厚度方向的变化。穿脉是取得地质资料和样品的主要坑道。

因此，对穿脉的方向、规格、间隔、深度以及取样工作面的平整等都有较严格的要求。是在矿体内掘进的水平坑道，是主探矿水平巷道之一。

（4）沿脉。无地面直接出口，在矿体内沿矿体走向掘进的水平坑道，又称脉内沿脉，主探矿巷道之一。沿脉是沿矿体走向掘进并与地面不直接相通的一种水平坑道，沿脉多布置于矿体内或在矿体与围岩接触带，在破碎矿体或含有放射性、有害矿物时，常在脉外掘进沿脉坑道。

（5）石巷。无地面直接出口，为平行矿体走向一般在矿体下盘围岩内掘进的水平坑道，又称脉外沿脉，无探矿作用。

（6）盲中段辅穿。在天井或上山中开口，沿矿体厚度方向掘进的水平探矿穿脉。

3.4.6.2　垂直坑道

垂直勘探坑道沿铅直方向掘进的坑道，包括竖井、天井、盲井。

（1）竖井。竖井是从地面掘进的垂直坑道，用于矿体倾角较陡、埋藏较深，而地形平缓，不宜采用斜井和平硐的矿区，其作用与平硐、斜井类同。竖井多布置在矿体下盘的围岩中，利用在井下掘进的石门、沿脉、穿脉、天井、盲井进行勘探。竖井是具有直接地面出口的大型铅直坑道，为控制性主体基建工程，无探矿作用。

（2）暗井。无直接地面出口，在水平巷道内，由上向下开凿的铅直坑道，为探矿工程之一。

（3）天井。无直接地面出口，由下向上开凿的铅直或陡倾斜坑道，分为揭露矿体的探矿天井与无探矿作用的联络、溜矿、通风天井。

自地下水平坑道向上方掘进的垂直坑道，与上部水平坑道相通的称为天井。与上部坑道不相通的称为盲天井。从水平坑道向下掘进的独头垂直坑道称为盲井。这类坑道多用于了解矿体沿倾斜方向的变化情况，也有掘进在围岩之中，作为通风、提升之用。在勘探工作中天井只在矿体变化很大时才被采用。

3.4.6.3　倾斜坑道

倾斜勘探坑道与水平面斜交或沿矿体倾斜方向掘进的地下坑道，包括斜井、上山、下山。斜井是从地面沿矿体或围岩掘进的倾斜坑道。用于地形和矿体倾斜较急，不宜采用平硐，而又必须利用坑道来查明地表以下的矿体产状和矿石质量以及采取选矿加工样品的矿区。斜井倾角一般不超过35°（即小于岩矿石的安息角）。

（1）斜井。具有直接地面出口的大型倾斜坑道，为控制性主体基建工程。其中在矿体下盘围岩中掘进者，无探矿作用。

（2）上山。无直接地面出口，由下向上开凿的缓倾斜坑道。脉内上山具探矿作用。

（3）下山。无直接地面出口，由上向下开凿的缓倾斜坑道。

3.4.6.4　钻探

（1）钻探是一种依靠钻具回转切割或冲击钻切岩石的动力机械手段，是揭露、追索和圈定深部矿体、评价矿床经济价值的主要勘查技术手段之一，多用于物化探异常与矿点的检查验证评价及矿床详查、勘探阶段。

钻探按其钻进原理有冲击、回转钻之分，按钻进取心与否分为无岩心与取岩心（粉）钻进等。在固体矿产勘查中，尤以岩心钻探最为常用。

钻探和坑探相比，具有效率高、操作简便、较为经济的优点；和物化探相比则较之准确可靠。

（2）坑内钻在生产勘探阶段广泛用于探矿、探水、探构造，比坑探更具快速、方便、安全、成本低等优点。

3.4.6.5　地表坑道工程

（1）剥土。剥土是用来剥离、清除矿体及其围岩上浮土层的一种工程。剥土工程无一定的形状，一般在浮土层不超过 0.5~1m 时应用，其剥离面积大小及深度应据具体情况而定。剥土工程主要用于追索固体矿产矿体边界及其他地质界线、确定矿体厚度、采集样品等。

（2）探槽。探槽是从地表向下挖掘的一种槽形坑道，其横断面通常为倒梯形，槽的深度一般不超过 3~5m。探槽的断面规格视浮土性质及探槽深度而定。探槽一般要求垂直矿体走向布置，挖掘深度应尽可能揭露出基岩。探槽是揭露、追索和圈定残坡积覆盖层下地表矿体及其他地质界线的主要技术手段。

3.5　矿产勘查系统

为了提高矿产勘查效率以及矿体圈定的需要，勘查工程应遵循一定的布置形式。

勘查工程布置应遵循一定的原则：（1）按一定间距系统而有规律地布置；（2）尽量垂直矿体的走向（平均走向或主要构造线的走向）；（3）由已知到未知，由地表到地下，由稀到密；（4）坑探工程要尽量考虑开采的应用。

目前所采用的勘查工程的总体布置形式有四种形式：

（1）勘探线：一组勘探工程从地表到地下按一定间距布置在与矿体走向基本垂直的铅垂剖面内，并在不同深度揭露和追索矿体。

该方法要求在一个勘探剖面可以是同一工程（如钻孔），在多数情况下是各种勘查工程手段的综合应用，所有工程都必须保证在同一个剖面内；应使勘探线的延长方向与矿体的走向或平均走向垂直。一般情况下一个矿体或矿带的勘探线应相互平行。

勘探线方法是勘探工程布置的一种最基本的形式，比较适用于两个方向（走向及倾向）延长，产状中等至陡倾斜的层状、似层状、透镜状及脉状矿体。

它一般不受地形及工程种类的影响，各线工程的位置可根据地质和地形情况灵活布置，因此应用最为广泛。

（2）勘探网：勘探工程布置在两组不同方向的勘探线的交点上，构成网状工程的总体布置方案，其特点是可以依据工程资料编制二组至四组不同方向的剖面图。图 3-2 为勘查线剖面示意图。

采用勘探网布置形式时，要求所有的工程都必须严格地布置在网格的交点上，工程必须垂直的（钻孔和浅井）。

勘探网类型有正方形、长方形、菱形、三角形等，各具有自己的适用条件。

该布置形式适用于地形起伏不大、无明显走向倾向的等向延长矿体，如产状呈水平或缓倾斜的层状、似层状以及无明显边界的大型网脉状矿体。勘探网方法一般可获得两组到四组不同方向较高精度的垂直剖面，故其可提高勘探程度，并为完善与优化采矿工程布置提供基础。但在实际应用过程中，由于勘探网适用条件限制较多，在金属矿床勘探中远不如勘探线方式应用广泛。图 3-3 为勘探网基本类型。

（3）水平勘查：当主要采用水平坑探工程及坑内水平钻，勘探产状为陡倾斜矿体或地形切割有利的矿床时，要求各工程沿不同标高水平（中段）揭露矿体，以获得一系列不同标高水平的勘探断面，这种勘探工程布置形式叫作水平勘探。图 3-4 为水平勘探示意图。

该方法尤其适用于陡倾斜的层状、脉状透镜状、筒状和柱状矿体，如隐爆角砾岩筒中产出的金刚石矿体等。

（4）灵活布置工程：一般情况下，矿体参数的预测是比较困难的，在这种情况下要求

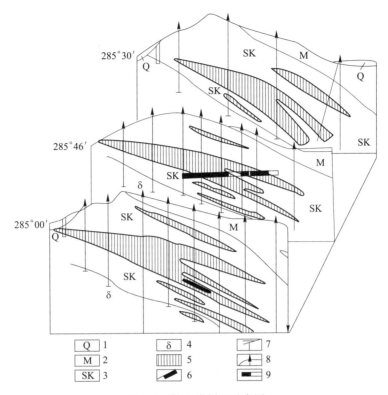

图 3-2 勘查线剖面示意图

1—第四系；2—震旦系变质灰岩；3—矽卡岩；4—闪长岩；5—矿体；6—探槽；
7—浅井；8—钻孔；9—用于验证的坑道

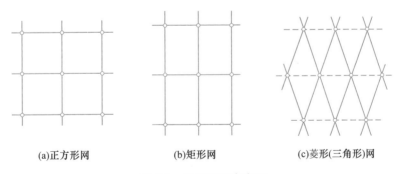

(a)正方形网   (b)矩形网   (c)菱形(三角形)网

图 3-3 勘探网基本类型

按等距规则布置工程是正确的。但是，也应当看到，当前地质勘查技术方法不断改进和发展，先进技术不断采用和提高，特别是数学手段定量研究矿体变化性的应用，在一定条件下，人们预测矿体的变化有了可能，因此，根据实际需要而灵活布置工程今后应当给予足够的重视。

从概率的角度看，当人们所要勘查的矿床的信息（各种矿体参数）了解的先验概率很小时，采用规则勘查网布置工程获得信息的概率要大。反之，当加强了地质规律研究，对矿床变化规律有了一定的认识，就不一定要用规则的勘查网，可以有目的地、有根据地、有的放矢地布置工程。

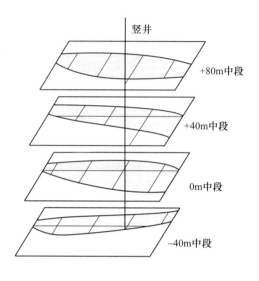

图 3-4 水平勘探示意图

3.6 矿产勘查工程间距

勘探工程间距通常是指沿矿体走向和倾斜方向相邻工程截矿点之间的实际距离。

勘探工程沿矿体走向的间距系指水平距，也指勘探线之间的距离；勘探工程沿矿体倾向的间距，一般是指工程穿过矿体底板的斜距（薄矿体）或穿过矿体中心线（厚矿体）的斜距；当矿体为陡倾斜而用坑道勘探时，以相邻标高（不同水平）坑道的垂直距离（又称中段高度）与中段平面上穿脉间的距离乘积表示。

勘查工程间距的确定需要考虑技术和经济双重因素，应该遵循的基本原则如下：（1）以勘查类型为基础，勘查类型简单的工程间距相对稀疏，复杂的则相对密集，不漏掉工业矿体；（2）相邻勘查类型及控制程度之间的勘查工程间距原则上为整数级关系；（3）勘查工程间距可有一定的变化范围，以适应同一勘查类型的不同矿床，或同一矿床的不同矿段（矿体）的实际变化差异；（4）由稀到密、先稀后密的次序进行，不断地调整。

确定勘查工程间距的方法有两类：验证方法和分析方法。其中，验证方法有类比法、加密法、稀空法和探采资料对比法；分析方法有根据变化系数及给定精度确定合理网度或根据参数的方差及给定的精度要求确定勘查网密度。

勘查工程间距不可能在勘探设计时就能完全确定下来，而只能在勘查过程中逐步调整，也就是说工程间距的最优化是一个动态过程。如勘查初期用模拟法确定的勘探网度，那只是对被勘查矿床在有限资料分析研究基础上与类似矿床（普查阶段可以参考勘查规范）对比后确定的，不一定就是最优的工程间距。随着勘查工作的不断开展，有关矿床及矿体的特征值不断被更新，在新资料基础上对原有勘查工程间距就非常有必要进行适当调整，使之趋近于或达到最佳勘查间距。表 3-6 为岩金矿床勘查工程基本间距参考表。表3-7 为铁矿床勘查工程基本间距参考表。

表 3-6 岩金矿床勘查工程基本间距参考表

勘探类型	控制资源量工程间距/m			
	坑探		钻探	
	穿脉	沿脉	走向	倾斜
Ⅰ	80~160	80~160	80~160	80~160
Ⅱ	40~80	40~80	40~80	40~80
Ⅲ	20~40	20~40	20~40	20~40

注：1. 间距是指沿矿体走向和倾斜方向的实际距离。

2. 各类型对应的工程间距作为参考，实际工作中可按矿床实际适当调整。

3. 探求探明资源量的工程间距，可以缩小至控制资源量工程间距的1/2；探求推断资源量时，可以放大到控制资源量工程间距的2~3倍。

4. 对极复杂矿床。用上表的工程间距，无法探求相应控制程度要求的储量时，只能在矿山开采时边采边探。

5. 当矿体在不同地段或不同方向变化程度不同时，工程间距应做相应的调整。

表 3-7 铁矿床勘查工程基本间距参考表

勘查类型	基本工程间距/m	
	沿走向	沿倾向
Ⅰ	400	200~400
Ⅱ	200	100~200
Ⅲ	100	50~100

3.7 矿产勘查程度

勘查控制研究的重点是主要矿体，即作为未来矿山主要开采对象的一个或多个矿体。勘查阶段一般根据矿体的资源量规模确定主要矿体，将资源量（一般为主矿产，必要时考虑共生矿产）从大到小累计超过勘查区总资源量60%~70%的一个或多个矿体确定为主要矿体。

勘查过程中应合理确定勘查类型，以正确选择勘查方法和手段，合理确定勘查工程间距和部署勘查工程，对矿床进行有效控制，对矿体的连续性进行有效查定。

普查阶段矿体的基本特征尚未查清，不需要划分勘查类型；详查阶段应根据影响勘查类型的主要地质因素确定勘查类型；勘探阶段应根据影响勘查类型的主要地质因素的变化情况验证勘查类型。

勘查类型一般根据矿体规模的大小、形态和内部结构复杂程度、厚度稳定程度、矿石有用组分分布的均匀程度、构造复杂程度等主要地质因素划分为简单类型（Ⅰ类型）、中等类型（Ⅱ类型）、复杂类型（Ⅲ类型）三种类型。各分矿种（组）规范应根据矿种（组）自身特点，合理确定影响勘查类型划分的主要地质因素，合理划分勘查类型，合理确定各类型的条件。

确定勘查类型时，应根据各矿体的地质特征确定各矿体的勘查类型，根据主要矿体的特征和空间相互关系确定矿床勘查类型。主要矿体的勘查类型不同，且上下叠置无法分别部署工程的，应以其中复杂的矿体勘查类型为矿床勘查类型。对于规模巨大且不同地段勘查难易程度相差较大的矿床（体），可分段确定勘查类型。

应根据勘查类型合理确定勘查工程间距。不同矿种、不同勘查类型矿床，圈定控制资源量的勘查工程间距为基本工程间距，其参考值由各矿种（组）规范具体规定。探明的、推断的地质可靠程度的勘查工程间距，一般分别在基本工程间距的基础上加密和放稀1倍，但不限于1倍，以满足相应勘查研究程度要求为准则。原则上某一矿体确定为某种勘查类型（Ⅲ类型除外），应能以相应勘查类型的基本勘查工程间距连续布置3条及以上勘查线且每条线上有连续3个及以上工程见矿。实际勘查过程中，应在详查和勘探阶段，通过类比、地质统计学分析、工程验证等方法，论证工程间距的合理性，并视情况进行合理调整。当矿体沿走向或倾向的变化不一致时，工程间距应适应其变化；矿体出露地表时，地表工程间距宜适当加密，以深入研究成矿控矿规律，指导深部勘查。

在合理确定勘查类型和勘查工程间距的基础上，根据矿体地质特征和矿山建设的需要、地形地貌、物探化探条件和生态环境保护要求，选择适当、有效、对生态环境影响小的勘查方法和手段，按矿床勘查类型和相应工程间距部署勘查工程，对矿床进行整体控制；视具体情况调整局部勘查工程间距，加强矿体局部（如矿体变化较大的地段）和次要矿体的控制（如可随主矿体顺路开采或过路开采的小矿体等）。

矿产勘查工作应科学合理地确定勘查深度。深部有矿化潜力时，一般勘查至相应矿种的通行勘查深度；矿床开采内外部条件好时或者老矿山边、深部，勘查深度可适当增加，具体由分矿种（组）规范规定。鼓励有类比条件的，通过类比确定勘查深度，不具备类比条件的，通过论证确定勘查深度。勘查深部矿体应适当加强开采技术条件研究。

各勘查阶段均应对矿床进行综合勘查综合评价。详查和勘探阶段，对于资源量规模达到中型及以上的共生矿产，应与主矿产统筹考虑，并按该共生矿产的勘查规范进行相应评价，一般详查阶段对共生矿产的勘查工作程度应达到相应矿产勘查规范规定的详查程度要求，勘探阶段视具体情况确定；对资源量规模为小型的共生矿产，视控制主矿产的工程对其伴随控制情况和需要进行控制，并按该共生矿产的勘查规范进行评价。对伴生矿产一般利用控制主要矿产的工程进行控制，对达到综合评价参考指标且在当前技术经济条件下能够回收利用的伴生矿产，应研究提出综合回收利用方案；对虽未达到综合评价参考指标或未列入综合评价参考指标，但可在矿石选冶过程中单独出产品，或可在某一产品中富集达到计价标准的伴生矿产，应能研究提出综合回收利用途径，并进行相应的评价。表3-8为铜、铅、锌、银、镍、钼矿床各勘查阶段探求的资源量及其比例的一般要求。

表 3-8　铜、铅、锌、银、镍、钼矿床各勘查阶段探求的资源量及其比例的一般要求

复杂程度		一般			复杂	
资源量规模		大、中型		小型	大、中型	小型
普查	探求资源量类型	推断资源量				
详查	探求资源量类型	控制+推断资源量			推断资源量	
	占比最低要求/%	控制资源量 30				
勘探	探求资源量类型	探明+控制+推断资源量			不要求达到勘探程度才能作为矿山建设设计的依据	
	占比最低要求/%	探明资源量　10	探明+控制资源量　50	推断资源量		
供矿山建设设计的小型矿床	探求资源量类型		控制+推断资源量			
	占比最低要求/%		控制资源量　50	推断资源量	控制资源量　50	推断资源量	推断资源量

注：1. 勘探阶段、供矿山建设设计的小型和复杂矿床，鼓励按照"保证首采区还本付息、矿山建设风险可控"的原则，通过论证合理确定各级资源量的比例。

2. 复杂矿床是指Ⅲ勘查类型矿床中，在基本工程间距基础上加密后仍难以探求探明资源或用基本工程间距仍难以探求控制资源量的矿床。

3. 复杂的小型矿床，只能探求推断资源量，供矿山生产阶段边探边采。

课程思政：

黄大年，国际知名地球物理学家、战略科学家，擅长"给地球做 CT"。在祖国最需要的时候，他秉持科技报国的理想全职回国，他把国家需要视为毕生追求，把服务国家看作自己最好的归宿，直到生命的最后一刻。他回国前研发的高科技整装技术装备，能在快速移动条件下探测地下和水下隐伏目标，广泛应用于油气和矿产资源勘探，尤其潜艇攻防和穿透侦察等军民两用技术领域。他带领团队成功研制出的航空重力梯度仪系统，能精确探测位于国界和交战区地下隧道以及隐藏在民用建筑物地下的军事设施。

日前，习近平总书记对黄大年同志先进事迹作出重要指示，高度评价他的突出贡献和崇高精神，发出了向黄大年同志学习的号召。习近平总书记说："我们要以黄大年同志为榜样，学习他心有大我、至诚报国的爱国情怀，学习他教书育人、敢为人先的敬业精神，学习他淡泊名利、甘于奉献的高尚情操，把爱国之情、报国之志融入祖国改革发展的伟大事业之中、融入人民创造历史的伟大奋斗之中，从自己做起，从本职岗位做起，为实现'两个一百年'奋斗目标、实现中华民族伟大复兴的中国梦贡献智慧和力量。"我们要以黄大年教授为榜样，学习他心有大我、至诚报国的爱国情怀，从本职岗位做起，热爱矿山地质事业，为行业发展作出贡献。

目前，我国航天遥感技术取得了辉煌的成就，从嫦娥系列到天宫系列再到祝融号火星探测器，以及最近几年我国"高分"系列光学-雷达卫星，使我国高分辨率遥感对地观测技术迅速达到国际先进水平。

————— 本 章 小 结 —————

金属矿床的勘探包括地质勘探、基建勘探、生产勘探和补充勘探几个环节，其中地质勘探是矿产勘查的早期阶段。金属矿产勘查是在矿山建设之前，由地质勘查部门组织实施的勘查活动，主要包括普查、详查和勘探三个阶段；勘查技术手段主要包括地质填图法、重砂测量法、地球物理测量法、地球化学测量法、遥感地质学方法和探矿工程方法。在不同的勘查阶段，根据矿床地质特征选择合适的勘查技术手段、按照矿产勘查类型确定合理的勘查工程间距，依据不同矿体形态布置勘查系统，完成对矿体的地质勘查工作。

习　　题

1. 我国现行固体矿产勘查规范中，对矿产勘查阶段是如何划分的？各勘查阶段的主要任务是什么？

2. 矿产勘查类型划分的依据有哪些？

3. 矿产勘查活动中，常用的矿产勘查技术手段有哪些？

4. 矿产勘查过程中，常用的勘查工程总体布置形式有哪些？

5. 正方形勘探网常用于何种成因矿床的勘查？

6. 不同勘查阶段中，常见有色金属矿床探求资源量比例的一般要求是怎样的？

4 金属矿山建设阶段的地质工作

本章提要

金属矿山建设是矿山生产的工程基础，这个阶段的地质工作除了为工程建设和矿山设计服务之外，也进行资源的调查、增储和储量升级。具体包括金属矿山建设阶段地质工作的主要任务与特点、金属矿山建设前期的地质工作、金属矿山设计阶段的地质工作、金属矿山基建施工阶段地质工作。

金属矿山建设之前，地质工作由于主、客观条件的限制，往往会遗留一些问题，需要在金属矿山建设阶段的设计地质工作和基建地质工作中加以解决。这一阶段地质工作质量的好坏，关系到金属矿山建设和金属矿山生产能否正常进行，而且其中不少工作的原则、方法、要求等均受未来矿山生产的需求所制约，或大体与矿山生产过程中的地质工作相一致。所以金属矿山建设阶段的地质工作属于矿山地质工作范畴，是矿山地质工作的一个重要组成部分。

4.1 矿山建设阶段地质工作的主要任务与特点

4.1.1 矿山建设阶段地质工作的主要任务

（1）进行新矿区或生产矿山新矿段（或外围）的资源调查：了解矿区（段）基本地质特征、资源状况及其远景、地质工作的部署与计划，为矿山建设规划提供地质信息。

（2）参加矿山规划：分析矿区地质条件和矿化特征，进行资源评价。对于生产矿山，还应了解老采区的储量保有情况和资源远景。

（3）参加矿区经济评价、制图与储量核算：在编制项目建议书、可行性研究工作中，参加矿区经济评价工作，为配合矿山重大方案的比较论证进行地质图件的加工制作和储量的概算工作。

（4）进行地质设计工作：包括进行基建勘探设计，确定生产勘探设计原则和方法，以及矿山地质测量专业定员、装备和相应设施的设计。

（5）为使地质勘探资料能尽量满足建设需要，与地质勘探部门密切协作：如进行勘探部署、设计与矿山设计建设的协调，工业指标的论证，参加矿区水文地质、工程地质工作的试验或成果的评价，参加选矿试料采样设计的编制与施工服务，参加对地质勘探总结报告的评议与审查等。

（6）基建探矿和矿山建设中的现场服务工作：包括施工或试生产过程中的设计修改与地质问题的处理，参加研究基建探矿报告书编写，进行专业设计总结及矿山投产后的回访工作，此外，还有有关设计地质方面的技术咨询工作。

4.1.2　矿山建设阶段地质工作的特点

矿山建设阶段的地质工作是由地质勘探阶段过渡到生产阶段中的一个重要环节。它与地质勘探阶段的地质工作相比，具有如下特点：

（1）针对性：本阶段的地质工作，大多是针对原地质工作遗留的，而矿山建设又必须解决的问题而开展的工作。如为了合理确定露天矿境界或井下通风井位置，需对某些地段矿体的边界进行进一步的追索和圈定；又如当所确定的首采地段控制程度不够或"三带"界限不清，需补加勘探工程，提高其控制程度和地质研究程度等。

（2）继承性：矿山建设阶段的地质工作，是在地质勘探工作基础上进行的，不可能脱离已有的历史事实，基建探矿是地质勘探工作的继续和局部补充。其探矿方法和工程布置，必须受原勘探工程体系的制约。在基建探矿工程的布置上，要结合原工程体系，充分利用已有勘探工程，以减少基建探矿工程量。地质资料的使用与加工，必须以原地质勘探总结报告为依据；一切有价值的地质资料均需继承，并予以进一步验证、补充、修改，使之更加客观和完善。

（3）生产性：在矿山建设阶段，由于进行了可行性研究或设计工作，对矿山规模、产品方案、开采方式、采矿方法、开拓运输、矿井通风方式、厂址、选矿流程等重大方案，已有了一个初步设想或已经确定，地质工作的目的更加明确和具体。此阶段地质工作的深度和要求，是以能否满足矿山建设和生产需求为准则。如高级别储量的数量和分布是根据矿山规模、矿山投产时对"三级矿量"的需要和首采地段的位置而确定的。同时，本阶段有条件使探矿工程与矿山基建、生产井巷工程相结合，充分利用已确定的各类矿山巷道起探矿作用；另一方面，所设计的各类探矿工程又要尽量为矿山生产所利用，在总体上形成统一系统。

4.2　矿山建设前期的地质工作

4.2.1　矿山建设程序与建设前期地质工作的内容

金属矿山开发建设是在国家发展规划的指导下，根据区域性规划（各省自治区（市）的规划）、行业规划或矿区规划的基础上进行的。因此地质勘探部门应提前一定时间，向计划部门提供区域或矿区的地质资源勘查依据和勘查工作计划，或地质勘探报告和地质资料。由计划部门和工业部门制定区域或矿区的中、长期矿山发展规划和矿山建设规划。所以矿山建设是矿管部门、地质部门和工业部门在国家规划的指导下，共同协商、论证，按地质工作程度、矿区的外部建设条件、矿区资源条件和开采技术条件等进行评价分析，进行矿点建设"排队"和提出矿山建设规划的建议。根据矿点或矿区地质勘查工作进展情况和所获得地质成果，矿山建设单位开始资源调查和矿山建设前期的矿山地质工作。

4.2.1.1　矿山建设的一般程序

我国目前矿山建设一般遵循如下程序：

（1）矿山开发利用方案：在国家相关矿产资源长期规划和区域性矿产资源发展规划的基础上，根据资源开发优化配置和产业结构的要求，经过调查、预测和分析，编写矿山开发利用方案。

（2）项目预可行性研究（初步可行性研究）和项目建议书：项目预可行性研究是对资源调查预测分析，项目建议书是在项目预可行性研究的基础提出来的，并对项目建设条件和建设的必要性进行阐述，提出项目建设轮廓的设想、建设的可行性和有关建议。依据的基础一般是地质详查报告。

（3）可行性研究和设计任务书：在项目建议书批准的基础上，纳入国家或区域或行业建设前期准备工作计划，开始组织可行性研究。可行性研究的主要任务是对项目在技术、工程、经济和外部条件作全面论证，并对生产规模、生产能力、产品方案、投资来源和经济效益作多方面比较，最终推荐最佳方案。在可行性研究的基础上编制设计任务书。设计任务书一般由项目批准部门下达，一般应明确建设规模、生产能力、产品方案、主要工艺、投资来源和投资额、产品销售和建设期限等。一般所依据的基础是地质勘探报告，部分中小型金属矿山也可以是详查报告（或主管部门认可的地质资料）。

（4）初步设计：是项目决策后根据设计任务书和有关基础资料，对矿山开发作具体实施方案设计。初步设计应做到内容完整并达到一定深度。是指导施工图设计的依据，同时要满足项目投资预算、招标承包、材料和设备订货、土地征用和施工准备的要求，初步设计要贯彻国家的方针政策。初步设计的基础是地质勘探报告。

（5）矿山基本建设和施工图设计阶段：初步设计经审查批准后，列入年度基本建设计划，进行施工图设计和基建施工，正式开始基本建设。依据的基础是矿山开采初步设计和施工图设计。

（6）矿山生产时期：完成设计文件规定的建设内容，经投料试车，形成合格的生产能力。经竣工验收后，矿山正式进入生产时期。

4.2.1.2 矿山建设前期工作内容

矿山建设前期是指根据矿点或矿区的地质工作成果，可以进行资源调查，列入建设矿山规划，以及直到进一步开展可行性研究为止的矿山建设前调研、规划和可行性研究称矿山建设前期工作。因此，矿山建设前期工作内容包括：矿山资源调查和编制矿山规划、矿山预测初步可行性研究和编制项目建议书，以及可行性研究和编制设计任务书等三个主要方面的内容。

4.2.1.3 矿山建设前期几项主要的地质工作

矿山建设开始于矿山建设前期工作，矿山地质工作也开始于矿山建设前期工作之中。矿区地质勘查工作和勘查成果，工业指标论证和下达按照《矿床工业指标论证技术要求》（DZ/T 0339—2020）要求开展工业指标论证。由于勘探和设计是两个不同阶段，因此勘探工作、地质资料、综合图件、储量计算等，均不可能按矿山设计要求进行，有些成果不能被矿山设计直接利用。因此，在设计工作开展之前，必须按相关要求，对地质成果从设计角度加深分析、研究和认识，对地质资料按设计要求进行编制，还必须从矿山建设和矿山生产角度出发，对地质勘探工作和勘探成果在方法、原则和内容上与矿山基建和矿山生产时地质工作方法、原则和内容上有一定的连续性，大体上一致。这样使地质勘探工作和勘探成果与矿山设计、基建和生产紧密衔接，充分发挥地质勘探的效果。同时，使地质勘探的针对性、继承性和生产性更强。所以矿山建设前期矿山设计、矿山基建等各阶段的地质工作与矿山生产地质工作一样，都属于矿山地质工作范畴。对矿产资源开发起着重要作用和有着重要意义。

矿山建设前期的地质工作的主要任务：

（1）参加资源调查和编制矿山规划：由工业部门、设计单位的地质人员完成；

（2）预可行性研究和项目建议书：由工业部门，设计单位的地质人员完成；

（3）可行性研究和设计任务书：由工业部门委托设计单位承担，设计任务书由项目批准部门下达。

矿山建设前期的几项主要地质工作：

（1）前期工作、设计工作与地质勘探工作的结合：包括勘探范围的选择和首采地段的选择，勘探工作布置的结合，勘探工程布置的结合，勘探程度的结合等，使勘探工作和前期及设计工作紧密结合，促进矿山建设项目及时列项带来优化的社会效益和经济效益。

（2）工业指标的研究和下达：工业指标是评价矿床工业价值的重要标准，工业部门和设计单位要在矿山建设时期充分了解、掌握矿床地质特征，与地质勘探单位密切结合，进行工业指标和矿床评价，及时下达工业指标。

（3）地质勘探报告的评审：地质勘探报告是地质勘探的重要成果，是矿山设计和建设的主要依据。因此，对地质勘探报告的评审，是关系到矿山设计和建设质量的关键。所以必须认真与地质勘探单位密切结合，把好质量关，做好地质勘探报告审查。

4.2.2 矿山建设前期资源调查和矿山规划中的地质工作

4.2.2.1 资源调查中地质工作主要内容

金属矿产资源调查对象是已完成详查或勘探的矿区。对部分有较大远景的普查矿点，也可列入调查之列，作为编制中、长期规划的依据。其工作一般要经过资料收集、现场调查和资料整理三个步骤。主要内容是：

（1）矿区交通位置及自然经济地理状况；

（2）矿区基本地质概况，矿床基本特征，矿体（脉）数量及分布，矿石物质成分基本特征和选冶加工特性；

（3）开采技术条件和水文地质条件；

（4）矿区地质工作任务、方法及成果，储量及远景评价，矿区进一步勘探工作计划；

（5）进行矿区资源条件和建设条件的分析与评价，提出矿山建设的建议。

4.2.2.2 金属矿山规划（包括中、长期发展规划）中的地质工作

矿山规划的地质工作，除了矿产资源调查的包括的各项任务外，还包括以下主要内容：

（1）为专业工艺提供评审后的地质资料，包括矿体规模、形态产状、矿石成分、矿床储量、水质地质条件；

（2）根据地质资源条件，开采技术和水文地质条件，以及外部建设条件，对各矿区（点）进行"排队"，编排建设规划；

（3）配合采矿人员进行开采对象和范围的选择；

（4）根据矿山建设规划方案，对地质勘探工作部署，勘探程度和勘探工作进度，提出要求和建议；

（5）对重点矿区实施踏勘、资料收集及核实评价工作。

4.2.3 矿山建设的预可行性研究和项目建议书涉及的地质工作

4.2.3.1 预可行性研究（初步可行性研究）

对资源进行调查、研究、分析，依据地质详查报告，对矿山建设方案进行初步比较，为矿山建设提出总的建议。

4.2.3.2 项目建议书

在预可行性研究的基础上，向上级机关呈报的项目建设的意见书，即项目建议书。项目建议书主要是阐明建设的依据和必要性，以及项目在技术上、经济上的可行性。供上级机关决策项目建设的可行性，纳入建设前期准备工作计划，以此可组织项目建设的可行性研究。

预可行性研究和项目建议书与可行性研究和设计任务书的内容大体相同，只是深度上较粗浅，工作精度较低。

4.2.4 矿山建设的可行性研究和设计任务书工作中的地质工作

4.2.4.1 可行性研究的任务和内容

可行性研究的基本任务是：根据有关项目的国民经济长远规划，地区规划和行业规划要求，对建设项目在技术、经济和外部协作条件等方面进行全面调查研究，对拟建工程项目进行多方案比较和全面论证，推荐最佳方案。为矿山建设项目决策提供依据。

可行性研究阶段的地质工作是各项可行性研究工作的基础。矿山设计的地质人员掌握设计所依据勘探报告（详查地质报告或地质资料），并对勘探的矿区，进行调查了解、掌握矿区地质特征，对资源进行审查评价，对地质勘探报告进行审查，为可行性研究提供必需的条件和基础地质资料。其主要的工作内容包括：

（1）进行地质勘探报告的评审和矿产资源条件的分析；

（2）绘制中段（台阶）地质平面图和垂直剖面图及其他辅助图件；

（3）进行中段（台阶）储量估算或建立矿体的矿块模型；

（4）根据需要，进行探矿设计，进行矿床水文地质条件和工程地质条件的分析与评价，矿坑涌水量计算，矿床地表水和地下水防治方案的论证，并估算其工程量；

（5）拟定矿山地质测量仪器、定员及其他设施；

（6）对地质资料存在问题提出处理意见或建议。

4.2.4.2 可行性研究报告中有关地质内容的编写

调查、了解、掌握矿区及矿床地质条件，编写可行性研究报告中有关地质章节。阐明矿区在区域大地构造中的位置、地层岩性、岩浆活动、构造特征和变质作用等。介绍矿床地质特征，矿体数量、矿体规模及空间分布（延长、延深和厚度）、形态、产状，矿石类型、物质成分、矿化特征和围岩蚀变等。对矿床成因给予阐述，并对控矿条件、矿床地质复杂程度和矿床远景进行评价。

4.2.4.3 对矿床地质勘探工作和勘探程度进行评述

着重说明勘探范围、深度，确定的勘探类型，采用的勘探方式、勘探手段、工程网度和工程间距，以及完成的其他有关地质的和勘探的工作项目及其数量，地质工作和勘探工程的质量评述，阐明综合勘探和综合评价情况。

各种勘探工程原始地质资料收集和质量评价是否达到有关技术规范的要求；各种综合地质图件编制是否齐全，是否达到有关技术规范规定的质量要求；最后对矿床达到的勘探程度进行结论性评述。按矿山设计对矿床勘探程度的要求对勘探工作提出意见。如果勘探工作存在严重问题，达不到或不符合矿山设计要求，应从满足设计要求出发提出补充勘探工作或修改意见。

4.2.4.4　矿床开采技术条件和矿石的选冶加工技术性能的了解

（1）矿床水文地质条件评述：如地表水和含水层的特征、岩溶、裂隙、断层、破碎带的发育程度及分布规律，含水特性以及和矿床开采的关系及影响，估算开采范围的大气降水和矿坑涌水量，以及其他要说明的水文地质条件和开采的关系及影响。

（2）矿床开采技术条件评述：如矿体规模、形态和产状、埋藏深度、矿体和围岩稳固程度、构造地质条件、裂隙、节理和断层的发育程度、力学性质及与矿体的关系，矿岩的物理机械性质、矿体氧化深度、矿石的氧化程度、矿岩的体重、硬度和强度、矿岩的可凿性和可爆性、矿区地震、地压、滑坡、岩石移动、塌陷、露采边坡稳定性等，以及其他要说明的开采技术条件和它们与开采的关系及影响。

（3）矿石选矿试验情况评述：试验结论，建议的工艺流程和主要技术指标，有用组分及伴生共生组分综合回收情况，产品方案、产品和本产品（包括尾矿）的化学分析、物理分析和物理性质。对试验工作的评价。

4.2.4.5　建矿（厂）条件的调查

在全面调查了解掌握矿区现场地质条件和地质勘探工作的基础上，在地方管理部门配合下，设计单位在总设计师的带领下，由地质、采矿、选矿、总图、技经、机电、土建等专业技术人员到现场进行建矿条件调查，即可行性研究工作开始。

建矿（厂）条件主要包括：

（1）矿床地质条件：包括矿体（脉）的条数、规模、分布；勘探工程部署、勘探程度、地质储量和质量；

（2）外部条件：矿区地形地貌特征、交通运输，地理经济和劳动力，供水供电和材料供应；

（3）厂址选择及辅助地面建筑工程，尾矿库，矿区总图布置；

（4）开采方式、开拓方式、采矿方法、开采顺序和开采程度；

（5）选矿工艺、产品方案、拟建采选生产规模、服务年限，技术经济分析和初步投资概算，最后提出建矿的调查报告。

4.2.4.6　对地质勘探报告的审查

地质勘探报告（详查地质报告或地质资料）是地质勘探的主要成果，也是矿山设计的基本依据。因此，设计前地质人员要对地质勘探报告进行详细审查，审查内容主要是：

（1）文字报告及相关资料的审查：检查报告的文字、附表、附件和附图的种类和数量是否齐全、完整和符合规范要求。并进行详细的阅读，文图表是否相符，逐步理解、认识、掌握地质勘探报告，结合现场调查加深对矿区地质、矿床地质和矿体地质的认识，初步掌握地层、构造、岩体等分布特征及之间的关系，掌握矿体的空间分布特征和勘探工程布置情况，为设计打下基础。

（2）地质研究程度的审查：1）矿床地质方面：是否阐明所处大地构造单元、矿床地层、构造、岩浆岩等。2）矿体地质方面：矿体（脉）条数、分布、产状，形态及空间位置、矿石类型、矿石物质成分、矿化类型、矿化强度、主要围岩蚀变及与矿化的关系、主要控矿因素以及矿体富集规律。3）矿床成因的探讨，即地质研究程度是否达到规范的要求。

（3）勘探工作和勘探程度的审查：所采取的勘探方式和工程布置形式是否合理，勘探类型的确定和手段的选择是否合适；勘探工程揭露矿体情况，工程质量是否符合规范要求、是否有验证工程；勘探工程原始资料收集和记录是否可靠和齐全，综合图件的精度和质量是否达到规范要求；矿体控制程度、储量级别的划分、各级储量的分布和比例等是否符合规范要求，能否满足设计要求；开采技术条件、矿石选冶加工技术性能和水文地质条件等研究试验成果能否作为设计的依据。总之，勘探程度是对矿床和矿体的控制程度和研究程度，它必须符合规范和满足设计要求。

（4）矿产资源储量估算的审查：经论证并评审通过的圈定矿体的工业指标的内容，地质勘探对工业指标的应用是否正确，矿体的连接、圈定和推断是否掌握了地质自然规律。应最大限度地圈出工业矿体，对低品位矿体、共生、伴生元素的矿体也要圈定。储量估算地段单元（块段大小）是否正确，储量估算方法选择是否合理，并用不同方法进行验证；储量估算参数的测定和运算正确无误，特高品位处理合理，储量估算过程可靠，估算成果可靠；如有老窿、采空区，在保有储量中应给予扣除。储量估算用的图纸精度是否达到规范要求；储量估算附表（包括各参数计算、测定的记录和计算表、储量估算表、储量汇总表）要齐全。地质储量估算成果是金属矿山设计的主要依据，它直接关系到矿山的设计规模、生产能力、服务年限、经营效益和还贷能力等。因此，对地质储量估算成果要认真审查核对。

4.2.4.7 可行性研究报告编写

（1）编写可行性研究报告中地质章节，提供进行可行性研究的主要地质资料：提供矿区交通位置图、区域地质图、矿床（矿脉）地形地质图、矿体（脉）典型勘探线剖面图、矿体（脉）纵投影图、中段地质平面图。

（2）根据可行性研究报告编制的需要，依据地质报告中地质图件，编制相关地质图件：由设计地质人员完成，包括预切的布置开拓系统和布置基建探矿的中段平面图、剖面图和投影图、开采顺序图和布置矿块采准采矿有关图件、三级矿量平衡图件以及其他有关的辅助图件。

（3）提供矿区地质储量计算成果（审查核对后的）：按照可行性研究报告设计的需要划分的中段、块段、估算的储量，如露天开采时按平台、地下开采时按中段和开采块段。当修改工业指标时，要重新圈定矿体，重新估算储量。

（4）提供其他有关的地质资料：如地质研究程度的资料、勘探资料、开采技术条件的资料，样品及分析结果资料，缓倾斜矿体顶底板等高线图，以及其他测试资料等。有些资料是供可行性研究参考（不一定附在报告上）。

4.2.4.8 资源评价及存在问题

资源是可行性研究的主要对象，也是矿山设计的物质基础，直接关系到设计的成败和企业的经济效益。因此，可行性研究时对资源的可靠程度要实事求是地进行评价。通过审查地质报告，矿区地质条件的调查、勘探工程质量和勘探程度的了解，对资源可靠程度要有个结论性的评价，能否作为矿山设计的依据。对勘探程度较低满足不了设计要求的，要提出建议。如在设计之前补充地质勘探工作，或在设计中对有疑问的地段，可布置一定探建结合工程，来解决未勘探清楚的地段地质问题，以满足设计要求。

若资源可靠程度确实满足不了矿山设计，通过可行性研究，向投资人提出建议停止设计，交地质勘探部门进一步作补充地质勘探工作。

4.2.4.9　设计任务书

设计任务书是以项目可行性研究为基础，对项目总的建设作出原则规定，由项目投资人提出并用合同约定，作为初步设计所依据的主要文件。其主要内容包括：矿山基地的选择，建设规模和总体部署方案；开采方式，开拓方案，采矿方法；选矿工艺流程、产品方案；企业构成、企业性质、隶属关系、人员编制、劳动定员；供电、供水、运输外部条件，物资材料供应；建设投资，建设周期。

4.3　矿山设计阶段的地质工作

金属矿山设计又称金属矿山企业设计，是矿产资源开发的一个阶段，也是金属矿山建设的一个重要环节，是将地质勘探成果转化成金属矿山建设和生产的桥梁。其主要任务是在取得地质勘查成果的基础上，为金属矿山建设和生产进行全面的规划，旨在根据金属矿床赋存情况和技术经济条件，选择技术可行、经济合理的矿产资源开发方案。金属矿山设计的主要内容包括：确定矿山生产规模、服务年限、工艺流程、产品方案等，并对矿床开拓方案、采矿方法、矿石冶选加工工艺、主要矿山设备、地面及地下工程布置、动力供应、给排水和施工组织等方面选择合理方案；核算建设投资、编制单项工程设计和施工图等。因此，设计质量的优劣对矿山建设和实现均衡生产都有决定性的影响。

4.3.1　矿山设计的原则

（1）金属矿山设计是金属矿山建设工作的重要组成部分。金属矿山设计工作必须遵循国家规定的基本建设程序，并在可行性研究报告的基础上，根据批准的设计任务书所确定的内容和要求进行编制。

（2）金属矿山设计必须遵循国家和上级机关制定的有关建设方针和技术政策，执行有关规程、规范和标准。

（3）金属矿山设计一般应具备下列文件和设计基础资料：1）设计依据的基础资料批准的设计任务书（或可行性研究报告）；2）批准的矿区地质勘探报告（水文地质条件复杂的矿区还应有批准的水文地质勘探报告）；3）批准的选矿试验报告；4）三废处理试验报告；5）矿区环境保护评价报告；6）矿区气象、交通、工程地质、水文地质、地震烈度、地形测绘等重要设计的基础资料；7）供电、供水、运输、征地等基础资料和外部协作条件以及签订的协议书。

（4）金属矿山设计方案实施原则。金属矿山设计是项目决策后，根据设计任务书，在可行性研究报告的基础上，作出具体实施方案。如场地、规模、开采方法、工艺流程、产品方案、重要设备选型等。一般与设计任务书要求和可行性研究报告不应有较大的变动，只有当基础资料及情况发生变化，致使确定的重大工艺方案有较大变动和概算大于可行性研究投资估算 10%以上时，经原审批设计任务书（或可行性研究报告）的主管部门批准才可变动。

（5）金属矿山设计的内容和深度。应按国家有关法规、规范"满足项目投资预算招标承包，设备材料订货，土地征用和施工准备"等要求。

（6）金属矿山设计应注意节能减排。金属矿山设计的节能环保原则按照国家部委要求，注意企业的节能环保工作、在设计中阐明节约能源的新工艺、新技术和合理利用能源的措施，论述环境危害的可能情况及治理措施。

（7）绿色矿山。绿色矿山有两种内涵，其一是以矿山企业技术力为主导的，包括资源的综合利用、技术创新和节能减排；其二是以矿山企业的责任心为主导的，包括依法办矿、规范管理、环境保护、土地复垦、社区和谐和企业文化。

2011 年 3 月，原国土资源部公布了首批 37 家绿色矿山试点；2012 年 4 月，原国土资源部又公布了第 2 批 183 家绿色矿山试点。2012 年 6 月，原国土资源部发出通知，到 2015 年，建设 600 个以上的试点矿山。2015~2020 年，全面推广试点经验，实现大中型矿山基本达到绿色矿山管理，小型矿山企业按绿色矿山条件规范管理，基本形成全国绿色矿山格局的总体目标。新办矿山若达不到绿色标准将不能获批。

4.3.2　矿山设计的一般程序

根据资料的完备程度和矿山规模，金属矿山正规设计程序可分为两个阶段，即矿山建设初步设计和基建技术设计施工图。

4.3.2.1　金属矿山建设初步设计

初步设计属于总体设计性质，目的在于解决未来企业主要的设计问题。要求论证在指定的地点，预定的时间进行矿山建设，做到在技术上的可行性和经济上的合理性。设计部门在接到矿山建设主管部门下达的设计任务书之后，即开始初步设计。

初步设计的主要内容包括：确定矿山建筑场地及水源，主要建筑材料、辅助材料和动力供应；确定矿山生产能力及服务年限，建厂规模及设备的选择；确定选（冶）厂生产的工艺技术流程；确定矿床开拓方案、采矿方法，确定工业储量分布范围和开采界限；划分井区或开采区段；规定开采顺序；解决生产厂房及民用建筑场地和排土场、堆矿场、尾矿场的配置，安排各种辅助生产及交通运输系统。

初步设计经上级主管部门批准，列入建设投资计划后，即可开始矿山基建施工准备工作。

4.3.2.2　基建技术设计施工图

基建设计是矿山技术设计矿山设计的一个阶段。指经过详细研究初步设计所采纳的总体方案，并对方案规定的各项工程进行技术性的或单体的设计计算，选择生产设备和机械，进行工业和民用建筑工程技术设计之总和。

技术设计的主要内容包括：确定和解决采、选、冶及建筑、动力、材料供应和运输的主要技术问题；详细拟定露采剥离、基建井筒、开拓工程、先期开采地段的采准工程；选厂、冶炼厂等技术安排；详细阐明开拓方案、采矿方法、矿石选冶加工技术方法及工艺流程。技术设计经批准后，即可开始矿山的正式基建工作。

矿山施工图指在技术设计的基础上将设计规定的露天采场境界、台阶系统，地下开采的井巷系统、矿块设计以及各单项工程设计，各项建筑物结构和设备施工安装等编制的施工图，以及施工图说明书的总称。矿山施工图设计向概、预算专业提供详细的工程量、设备、仪器及材料消耗明细表，为编制施工图预算和矿山基建施工提供依据。

4.3.3 矿山设计工作中的地质工作

4.3.3.1 编写设计书中的地质部分

根据设计的要求，对下列内容进行必要的阐述和说明：序言、矿区及矿床地质、矿区勘探工作和质量评述、地质原始资料和综合资料编录、资源储量估算、矿床水文地质和工程地质、矿山开采技术条件、基建地质及设计、生产勘探、地质储量及生产矿量平衡情况、首采地段的生产探矿和采准、备采的布置等。

4.3.3.2 开展有关地质设计

矿山建设设计中，地质工作设计是必不可少的组成部分，而且地质必须先行和超前。内容包括：工业指标的核实和修改，首采地段的选择和确定，矿山建设初期开拓时基建探矿的设计和矿山生产初期的生产探矿设计（目的是为采准、采矿设计提供矿块地质资料）。还应负责提出和计算矿山投产初期生产矿量平衡指标、贫化率和损失率指标；矿山地质业务建设工作；提出矿山地质机构和人员编制意见；生产取样设计和样品加工程序的设计，地质工作所需要的设备选择；地质工作费用的预算，矿山地质原始资料和地质综合图件的种类等。

（1）工业指标的核实和修改。在设计时期与地质勘探时期比较，当影响工业指标的因素发生显著变化时，在设计之前应重新核实和修改工业指标，应用新的地质资料和技术经济参数重新试算，确定新的工业指标。

（2）首采地段的选择和确定。矿山投产后首先开采的范围，称为首采地段。首采地段选择的最主要目的，是有利于矿山投产初期的经济效益和缩短投资偿还年限，同时也必须顾及到矿山整个开采期的开采顺序和资源利用。

首采地段的选择应全面考虑两方面因素：一是选择品位较富并易于开采地段，与高级别地质储量分布地段相结合，投入工程量尽量少，易于井巷掘进和剥离，矿石自然类型较简单，易于选冶回收，这样才能使开采初期成本低，保证初期开采获得较高的经济效益和利润，利于投资的偿还，缩短偿还年限；二是要符合或基本符合合理的开采顺序，不影响矿山开拓系统（运输、提升、通风、排水、供电等）和矿区工业场地的总图布置，不影响矿产资源的回采率，并考虑矿山全周期生产的连续性。

4.3.3.3 资源储量估算

A 资源储量估算的目的与内容

由于地质勘探阶段无法考虑矿床开采因素，资源储量估算的范围和内容往往不能直接为矿山设计所利用。因此在设计过程中，地质设计人员需要将地质勘探阶段的资源储量估算成果，按矿山采选设计的实际需要，进行阶段或中段重新估算。由此可见，设计中进行资源储量估算的主要目的，是在地质勘探资源储量估算成果的基础上，对资源储量的空间分布进行正确的分配估算，为开采方案的合理选择及矿山生产能力、技术经济指标的确定，提供储量依据。

资源储量估算内容包括阶段（台阶）和中段储量估算及保安矿柱的估算三部分。阶段（台阶）资源储量估算，是对露天开采矿山，为确定矿山生产能力、安排采掘进度计划和进行剥采比、技术经济计算提供依据。设计时应按采矿设计确定的阶段高度和不同方案的露天开采境界，结合阶段平面图，估算各方案露天境界内的阶段储量。

阶段（台阶）和中段资源储量估算：对露天开采或地下开采矿山，为确定矿山生产能力，安排采掘进度计划和进行技术经济计算提供依据。设计时应按采矿设计所确定的设计开采范围和中段标高，结合中段平面图，估算各中段储量。

保安矿柱资源储量估算：为保障开采安全，对处于河床、含水破碎带、老窿区附近或特殊需要保护的建筑物、古文物附近的矿体，保留部分矿量不予开采，留作保安矿柱，并估算其矿石量和金属量，为论证留设保安矿柱在技术经济上的合理性提供重要依据。

B 资源储量估算方法

设计中的资源储量估算，应充分利用地质勘探阶段的资源储量估算资料，必须使设计中估算的分层储量总和与地质勘探报告提交的储量基本吻合，这是储量估算的基本原则。

设计资源储量估算有多种方法，其中以在设计实践中产生的分配法应用较多，有时也采用常用的资源储量估算方法，如水平断面法、开采块段法等，还有随着计算机快速发展而发展起来的距离平方反比法、克里格法、SD 估算法等。

（1）面积分配法：此法适用于采用平行勘探线进行勘探、并采用剖面法计算储量的矿床。计算方法是，当各剖面间距相等时，用各矿体分级别的中段剖面面积和占该矿体总面积的比例分级别按矿石类型进行储量分配，计算出该矿体的中段矿石量（图4-1）。其计算公式为：

$$Q_i = Q \frac{S_i}{S} \tag{4-1}$$

式中，Q_i 为某矿体或某矿块 i 中段储量；S_i 为某矿体或矿块 i 中段剖面面积；Q 为某矿或矿块总储量；S 为某矿体或某矿块的总面积；$\frac{S_i}{S}$ 为分配系数（K）。

若剖面间距不等，则以矿块为单位，分别进行分配计算。分配系数 $K = \frac{S_i}{S}$，矿块 K 值计算公式为：

$$K_i = \frac{S_{i-1} + S_{2-1}}{S_1 + S_2} \tag{4-2}$$

（2）体积分配法（纵投影面积、厚度分配法）：该法适用于陡倾斜的脉状、层状矿体。当矿体产状变化不大，工程分布较均匀时，此法精确程度较高。特别是当相邻两剖面矿体位置高差不大于中段（或阶段）高度时，此时如用剖面法就会在某中段仅有一个剖面切到矿体（图4-2），据此所算得的储量很不准确。如用体积分配法，则能准确地计算中段储量。计算时可用各中段所占的体积比，分配各分中段的矿石量（图4-3）。各中段的矿体体积为：

$$V_i = S_i m_i \tag{4-3}$$

各中段的分配量为：

$$Q_i = \frac{V_i}{V} Q \tag{4-4}$$

式中，m_i 为 i 中段平均厚度（用本中段各剖面厚度的平均值）；$\frac{V_i}{V}$ 为体积法分配系数；V 为矿体总体积；Q 为总储量。

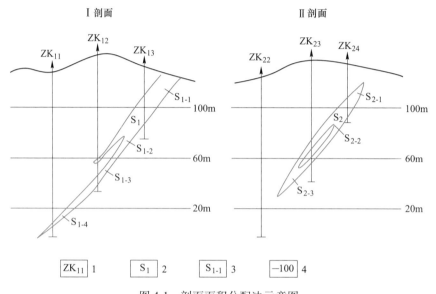

图 4-1 剖面面积分配法示意图

1—钻孔及编号；2—矿块面积及编号；3—中段矿块面积及编号；4—中段标高

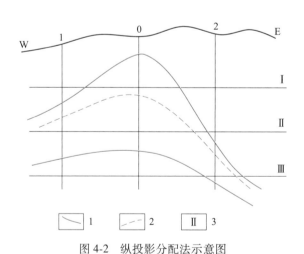

图 4-2 纵投影分配法示意图

1—矿体边界；2—氧化带界线；3—中段

（3）水平投影面积与垂厚乘积分配法：此法适用于勘探工程不规则，勘探阶段采用水平投影图计算储量的缓倾斜层状、似层状矿床。

此法计算过程较面积分配法简便，计算过程与纵投影分配法相似。当矿体厚度变化不大、地质构造简单时，可获得满意的计算效果。

（4）其他储量计算方法：其原理与计算程序与地质勘探阶段所使用储量计算方法相似，故在此从略。

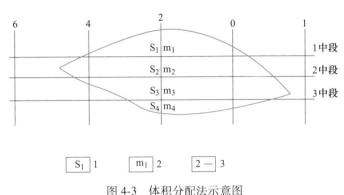

图 4-3　体积分配法示意图

1—中段矿体面积；2—中段矿体平均厚度；3—勘探线及编号

4.3.3.4　地质图件的编制

金属矿山设计中地质图件是由地质人员整理、编制和提供。矿山设计尤其采掘部分的设计就是在地质底图上进行的，金属矿山设计中的地质图件主要有：矿区地形地质图、勘探线剖面图、矿体纵投影图（垂直的或水平的）、中段或平台预切地质平面图、储量计算图、矿体顶底板等高线图（缓倾斜矿体）、其他辅助图件和有关资料等。

在设计阶段所编绘的图件是在地质勘探报告的地质图件基础上为适应设计时所选取的位置（如中段标高）相一致，与设计时储量概算图件相一致，与设计时重新划分矿石类型、品级和原生带及氧化带的界线范围相一致，并考虑矿山生产时的中段标高、矿块大小、开采顺序、采矿方法等的利用和连续性。

4.4　矿山基建施工阶段地质工作

完成金属矿山设计之后，经工业主管部门组织审查批准，列入国家基本建设计划，即开始进入了金属矿山基本建设施工阶段。从矿山（矿井）建设开始到移交矿山生产前为止所进行的矿山地质工作，称基建地质。金属矿山基建地质主要包括两方面内容：对矿山设计的研究、分析和基建勘探。基建阶段的地质工作为矿山基建工作的顺利进行提供指导，为矿山正式投产做好准备。

4.4.1　矿山设计的研究和分析

金属矿山设计是矿山基建的依据，基建施工部门和单位为保证设计的实施，必须了解、掌握、熟悉设计内容，并对设计的质量进行评定，制定实施设计的措施、方法和步骤。特别要注意对设计评审的评语，并在实施设计中给予落实。

基建时期矿山地质人员要着重了解以下内容：（1）矿床和矿体地质特征；（2）勘探程度，矿体的连接和圈定，储量可靠程度，特别是高级储量的分布；（3）地质图件，附表的种类是否齐全，质量是否符合要求；（4）矿山设计总图布置，矿床开采方式，开拓方案和采矿方法，开采顺序，资源回收程度；（5）首采地段分布、基建开拓工程和基建探矿工程的布置，设计的生产矿量平衡情况；（6）贫化率与损失率指标，以及其他技术经济指标；（7）矿山环境保护。

在施工过程中，如发现设计不符合实际情况，或有明显错误，或客观条件变化（如地质条件等），要及时与设计单位协商，对设计做必要的修改、调整和补充。

4.4.2　基建勘探

根据金属矿床地质条件比较复杂的特点，大部分金属矿床地质勘探程度满足不了矿山设计和矿山生产初期的要求。因此，在基建阶段对矿床进行补充勘探已属普遍现象。金属矿山基建勘探是为满足矿山设计的要求，保证基建开拓的顺利进行，满足矿山初期生产的需要而进行的补充勘探工作。

4.4.2.1　基建勘探的目的

依据地质勘探程度和矿山开采设计的需要确定首采地段，提高该地段的勘探程度，进行储量升级，满足基建开拓、采准和初期生产的需要（图4-4~图4-6）；以及需要在基建时期查明的工程地质和水文地质问题等。所设计和布置的补充性勘探工程，都是为了达到上述目的。

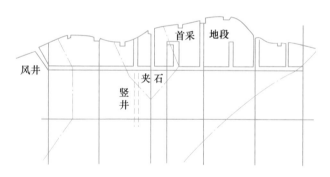

图 4-4　基建勘探首采地段的选择（垂直纵投影图）

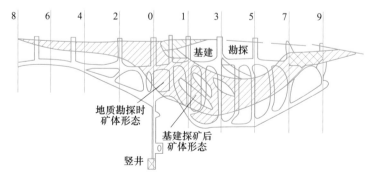

图 4-5　基建勘探后矿体形态变化（平面图）

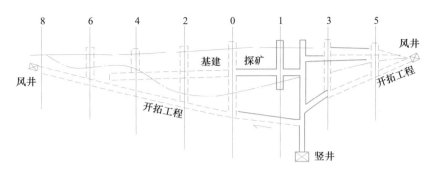

图 4-6　基建探矿工程超前开拓工程（平面图）

4.4.2.2　基建勘探的范围

基建勘探的范围包括：（1）由金属矿山开采设计所列入的基建勘探工程。如：中段的沿脉工程，加密的穿脉工程。（2）为开拓工程顺利进行（如竖井、斜井、通风井和中段开拓的主运输平硐）所列的勘查工程；为查明地面、地下水文地质和工程地质所列的勘查工程（包括钻探工程）。（3）在首采地段为满足基建开拓、采准和初期生产准备所进行的储量升级勘探，形成基建时期的生产矿量平衡。如：加密的穿脉、探矿天井及中穿、各种采准工程（耙道、斗井、斗穿、溜矿井、人行道、联络道）。

4.4.2.3　基建勘探的任务

（1）进一步查明控制矿体的分布、产状、形态、埋藏情况，开采技术条件，工程地质、水文地质条件，指导开拓工程施工图的设计和确保施工的顺利进行。

（2）进一步查明矿石质量、工业类型和自然类型、物质成分、金属元素组分的矿化强度和品级。满足初期分采分选的需要，按相应的工程网度控制矿体和圈定矿体，获得高级储量，为矿块的采准采矿设计提供矿块地质资料，形成生产初期生产矿量，为制定生产计划做好准备。

（3）查明对基建工作有影响的部位。如：开采边界、构造复杂部位、矿体端部、氧化带、老采空区分布范围等，解决地质勘探阶段遗留问题，保证基建的顺利进行。

（4）在首采地段内，对地质勘探阶段只探求到探明资源量的小矿体，进行储量升级的勘查工作。

（5）探明基建范围内被地质勘探阶段所漏掉的盲矿体和小矿体。

（6）由于地质条件的变化改变了设计方案，重新确定首采地段，必须对新的首采地段提高勘探程度，获得生产所需要的高级储量。

4.4.2.4　基建勘探的地质工作

凡属基建勘探地质工作，一般应由建设单位承担。如建设单位无地质技术力量也可由建设单位委托地质勘探部门或矿山地质部门承担。

（1）基建勘探工程开始施工之前，设计单位向施工单位进行基建勘探工程的设计技术交底，介绍设计目的、施工地段的地质条件、水文地质、工程地质条件及施工要求。

（2）在基建勘探过程中，对揭露的地质情况，如与设计有较大出入时应及时修改设计，对于地质条件有关的安全隐患，要与其他专业一起提出处理方案和意见。

（3）对基建勘探工程和其他基建工程，随着工程的进展，经常地进行地质调查并不断提高对矿床地质特征的认识。对全部基建勘探工程和开拓基建工程收集原始地质资料（素描、取样和化验分析以及其他数据的测定、收集），编制地质综合图件等综合资料。

（4）在综合大量地质资料的基础上，对矿床进行综合研究，总结矿床地质特征和矿体富集规律。

4.4.3 其他基建地质工作

金属矿山基建工作是在地质勘探的基础上逐步开展起来的，是地质勘探工作的深入。在地质勘探时不能获得的资料、数据可在基建阶段通过基建勘探和其他基建工程的控制、揭露而获得。因此，除基建勘探地质工作之外，还有其他基建地质工作。如基建开拓主体工程位置的确定中的地质调查与勘探工作；随着基建工程和基建勘探工程的进展，进行矿岩物理技术性质的测定和水文地质观测；矿石加工可选性试验样品的采集和研究；在矿山施工验收中配合采矿专业进行有关工程的验收，对基建勘探报告进行审查验收；在矿山投产后，为总结经验教训，要对矿山设计工作的全过程进行回访，首要的是检验设计对地质勘探报告评价结论的正确性，其次是检验设计阶段所提问题的解决效果，最后提出地质专业总结报告。

4.4.4 建立健全各项矿山地质工作制度

在矿山基建期间，随着矿山地质工作的开展，要逐步建立健全矿山各项地质工作制度，以便适应和满足矿山投产后的大量的、经常性的矿山地质工作。

（1）建立矿山地质各项规章制度，统一矿山地质工作的内容、方法及各项工作的质量、数量标准。

（2）建立矿山地质与测量机构，并配备相应地质与测量技术人员。

（3）制定矿山地质统一图例；包括图例表示方式和图例的种类。

（4）对各种勘探工程、采矿工程（开拓、采准和回采）、采空区等工程进行工程编号。

（5）资料档案：地质资料的归档、使用要按国家有关规定，建立建档制度、使用制度和保密制度。

（6）建立矿区岩矿标本室：成套的岩矿标本是矿山地质研究的基础，统一岩矿认识的依据，能提高对矿床的普遍认识。

（7）地质取样方法和地质素描图（原始编录）方法的确定。

（8）建立专门性的地质工作，根据矿床地质特征和矿山工作的需要建立的其他专门性的地质工作。

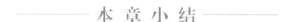

本 章 小 结

金属矿山建设阶段的地质工作是对前期矿床地质勘查工作的调查、总结和分析，以及对后期矿山生产工作中的生产勘探的前期准备。

建设阶段的地质工作流程分为建设前期、设计阶段和基建施工阶段的地质工作。通过矿山建设阶段的地质工作，查清了矿山的资源储量、为矿山的规划和设计提供依据、和采矿部门进行协作实现基建勘探。

　　矿山设计是矿山建设的一个重要环节，是将地质勘探的成果转化成建设和生产实践的桥梁。其主要任务是在地质勘探成果的基础上，合理确定矿山规模、工艺流程、产品方案、投资等，以及对矿山设备、经济效益等进行计算和论证，并据此绘制施工图纸，指导矿山建设施工，设计质量的优劣，对矿山建设和实现均衡生产有着决定性的影响。

　　在基建阶段对矿床进行补充勘探已属普遍现象。金属矿山基建勘探是为满足矿山设计的要求，保证基建开拓的顺利进行，满足矿山初期生产的需要而进行的补充勘探工作。

习　　题

1. 金属矿山建设阶段地质工作的主要任务。
2. 金属矿山设计的主要作用是什么？
3. 简述金属矿山建设的一般程序。
4. 简述金属矿山建设阶段的主要地质工作。

5　金属矿山生产勘探

本章课件

本章提要

　　金属矿山生产勘探是整个矿山地质的主体部分，这个阶段的地质工作主要围绕着生产勘探来进行，除了为矿山生产服务外，主要的目的就是进行矿山的增储，其勘探的手段与矿床勘查阶段有相似之处，增加了牙轮钻、坑内钻等手段。主要包括生产勘探的技术手段、生产勘探工程的总体布置、生产勘探工程网度（工程间距）、生产勘探设计、生产勘探的探采结合、生产勘探程度和矿山探采资料验证对比。

5.1　矿山生产勘探的目的、任务和原则

5.1.1　生产勘探的目的

　　生产勘探（矿山生产勘探）是指基建勘探之后，贯穿于整个矿床开采过程中，为保证矿山均衡正常生产与采掘或采剥工作紧密结合，由矿山地质部门所进行的矿床勘探工作。其主要目的在于提高矿床勘探程度，进行矿产资源储量升级，直接为采矿生产服务。其成果是编制矿山生产计划，为采矿生产设计、施工和管理提供重要依据。

5.1.2　生产勘探的任务

　　矿山生产勘探的任务主要如下：

　　（1）在原地质勘探基础上，采用一定的探矿手段或利用部分生产工程，进一步正确圈定开采块段的矿体边界线，更准确地确定矿体的内部构造和空间位置。

　　（2）查明矿体形态和影响矿床开采的地质构造，确定矿产质量、矿石品级和类型，准确圈定矿体的氧化带、混合带、原生带，必要时圈出矿石类型和品级边界，为储量估算、矿石质量管理、矿产资源的合理开采提供地质依据。

　　（3）按生产要求重新进行资源/储量估算，提高储量的控制程度，确保每年矿山生产的可采矿量，同时为制订生产作业计划和矿产储量管理提供依据。

　　（4）探明近期开采地段的矿床水文地质条件、开采技术条件，必要时还要进一步查明矿石技术加工条件及其他生产需要解决的地质问题，为安全生产作业和矿石的合理开发提供必要的资料。

　　（5）在采区范围内寻找和探明主矿体上下盘及边部、深部的平行或分支矿体和其他小盲矿体，不断增加矿山可信储量，延长矿山服务年限。

　　通过生产勘探，多数矿床的矿产储量由可信储量逐步升至证实储量，小而复杂的矿床由控制资源量升至可信储量（少数可能达证实储量）。由于生产勘探多年持续进行，储量

升级随采区发展而逐步扩展，为保证生产勘探资料及时服务于生产，储量升级必须对生产保持一定的超前关系，超前的范围和期限由矿山具体的地质、技术和经济条件决定。在一般情况下，生产勘探超前采矿生产的范围：露天采矿为一个到几个台阶，地下采矿为一个到两个阶段。

5.1.3 生产勘探的原则

矿山生产勘探的原则主要如下：

（1）生产勘探工程的布置应符合矿山采掘顺序和采掘技术计划的要求，符合国家相关的规范和条例。

（2）生产勘探应遵循"由浅到深、由近到远和由上盘到下盘，由已知到未知"的原则，并做到"大小、厚薄、贫富和难易"兼探的原则。

（3）生产勘探设计要与矿山开拓设计、采准、采矿设计相结合，在满足地质效果的前提下，做到"探采结合"，以最少的工程量、获取最佳地质效果和最好的经济效益。

（4）生产勘探要适度超前采准工程：只有生产探矿工程结束的矿块，才能开始矿块的采准采矿设计。

5.2 生产勘探的技术手段

生产勘探所采用的技术手段，与矿产地质勘查阶段所采用的技术手段大体相似，但是，在生产勘探中所选用的各种工程的目的及其使用的比重与矿产勘查相比，具有明显不同的特点。因为生产勘探是直接为矿山生产服务的勘探工作，要求研究程度高，提供的地质资料更准确。生产勘探与采矿生产关系密切，探矿工程与采矿工程往往结合使用。

在目前的探矿技术水平条件下，生产勘探的主要技术手段有探槽、浅井、钻探和地下坑探工程等。

5.2.1 影响选择生产勘探手段的因素

影响选择矿山生产勘探手段的因素主要如下：

（1）矿体地质因素：特别是矿体外部形态变化特征，诸如矿体的形态、产状、空间分布及矿体底盘边界的形状和位置。

（2）能被矿山生产利用的可能性：特别是地下坑探工程的选择，必须考虑探采结合，尽可能使生产探矿工程能为以后矿床开拓、采准或备采工程所利用。

（3）矿床开采方式及采矿方法：对露天开采矿山，一般只用地表的槽探、井探和浅钻或堑沟等技术手段，而地下开采矿山则主要采用地下坑探和各种地下钻探来进行；不同的采矿方法对勘探技术手段的选择也往往有一定的影响。

（4）矿床的开采技术条件和水文地质条件：矿区的自然地理经济条件，在某种程度上也会影响勘查技术手段的选择。

在具体选择生产探矿技术手段时，必须对上述各种影响因素进行全面研究、综合分析，才能正确地选择探矿技术手段。

5.2.2 露天开采矿山的生产勘探手段

在露天开采矿山的生产勘探中，探槽、浅井、穿孔机和岩心钻等是常用的技术手段。

（1）探槽：主要用于露天开采平台上，揭露矿体、进行生产取样和准确圈定矿体。当地质条件简单，矿体形态、产状及有用组分含量稳定时，用探槽探矿更为有利。

平台探槽的布置，一般槽宽1m，深0.5m，一般应垂直矿体或矿化带走向，并尽可能与原勘探线方向一致。为节省工程量可采用主干探槽与辅助探槽相间布置（图5-1）。

（2）浅井：常用于探查缓倾斜矿体或浮土掩盖不深的矿体，其作用是取样并确定圈定矿体界线，测定含矿率，矿石粒度。浅井断面规格同于地质勘探浅井。

（3）钻探：一般孔深取决于矿体厚度及产状。常选用中、浅型钻孔。如矿体在中等厚度以下，可以一次打穿；如矿体厚度大、倾角陡时，一般孔深50~100m，只要求打穿2~3个台阶，深部矿体可采用分阶段接力的方法探矿。但上下层钻孔间应有20~30m的重复部位（图5-2）。

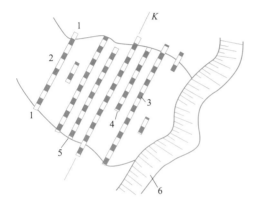 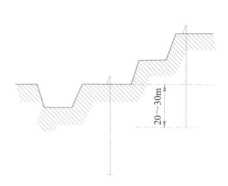

图5-1　露采平台探槽布置　　　　　图5-2　露采钻孔布置剖面示意图

1—围岩；2—矿体；3—主干槽；4—辅助槽；

5—矿体边界；6—露采边坡

（4）潜孔钻或穿孔机：当矿体平缓时，采用潜孔钻或穿孔机，通过收集岩（矿）粉取样代替探槽的作用。样品的收集应分段进行，可在现场细分后送去化验。

5.2.3　地下开采矿山的生产勘探手段

地下开采矿山的生产勘探手段主要是各种地下坑道和坑内钻，在可能情况下也可利用各种凿岩机进行辅助探矿。

5.2.3.1　坑道

坑道是井下主要生产探矿手段。所获资料准确可靠，利于探采结合，能为生产所用。其缺点是探矿成本高、掘进速度慢。

坑道分为三类：

（1）沿矿体走向追索的坑道：对薄矿脉主要使用脉内沿脉追索，对厚大矿体，除使用脉内和脉外沿脉追索外，还应按一定间距开掘穿脉切穿矿体全厚。

（2）沿矿体倾向追索的坑道：陡倾斜矿体主要使用天井，缓倾斜矿体主要使用上山，中等倾斜矿体主要使用倾斜天井。

（3）沿厚度方向切穿矿体全厚的坑道：陡倾斜和中等倾斜的矿体主要使用穿脉切穿厚度，缓倾斜矿体用小天井或暗井等垂直性工程进行矿体全厚度的揭露。

上述各类探矿坑道的作用如图5-3所示。

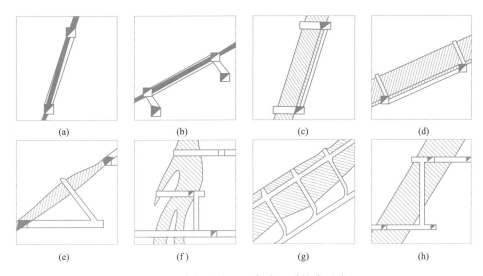

图 5-3 生产勘探中所用各类坑道综合示意图

（a）急倾斜极薄矿体，用脉内沿脉及天井；（b）缓倾斜极薄矿体，用脉内沿脉径上山或下山；
（c）急倾斜中厚矿体，用下盘沿脉、天井及穿脉；（d）缓倾斜中厚矿体，用下盘沿脉、上山及天井；
（e）倾斜中厚矿体，用下盘沿脉及斜天井；（f）不规则矿体，用盲中段辅穿；
（g）厚大矿体，阶段水平面上用脉内沿脉和穿脉坑道；（h）厚大矿体，垂直剖面上用阶段天井

5.2.3.2 钻探

钻探也是井下生产矿山常用的探矿技术手段。根据钻探揭露的部位的不同，可分为地表岩心钻和坑内岩心钻两类。前者多用于探明浅部矿体，后者多用于追索和圈定矿体深部延深情况，寻找深部和旁侧的盲矿体。也可以多方向准确控制矿体的形态和内部结构，以及探明影响开采的地质构造等。

与地表岩心钻相比，坑内岩心钻可以替代部分坑探工程，加快生产勘探的速度。坑内钻具有以下优点：

（1）地质效果好：

1）坑内钻岩心采取率高。坑内钻大部分都是利用金刚石钻头钻进，其矿岩心采取率一般都在80%以上。

2）钻孔方位和倾角偏差小。钻孔方位偏差和倾角偏差一般为2°~4°，达到规定质量要求。

3）取得地质资料可靠。通过某些矿床对应地段的坑内钻与坑道所取得的主要地质成果对比证明，坑内钻地质效果较好。

（2）机动灵活、操作简单。坑内金刚石钻机体积小，重量轻，搬迁方便，操作简单。可以进行任何方位、任何角度的钻进，可以以最合适的角度穿过矿体或构造线，从而获得更好的地质效果。

（3）钻探效率高、成本低。这种坑内钻，钻探速度快，探矿周期短，资料供给及时。坑探每米成本140~200元以上，而这种钻探成本只有10~20元。

（4）有利于安全生产。以钻探代替坑探，减少了坑探掘进工程量，不但可以降低粉尘，减少出渣量，减轻工人劳动强度，还可使矿岩稳固性少遭破坏，有利于安全生产。

坑内钻在生产勘探中的主要用途：

（1）探明矿体深部延深，为深部开拓工程布置提供依据（图5-4）。

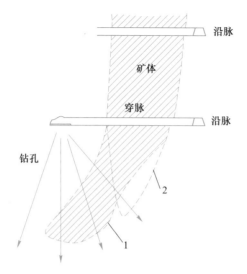

图 5-4 坑内钻探明矿体的延伸示意剖面图

1—用坑内钻圈定的矿体边界；2—原推断的矿体边界

（2）用坑内钻指导脉外坑道掘进。为控制矿体走向和赋存位置，先打超前孔，指导脉外沿脉坑道的施工（图 5-5）。

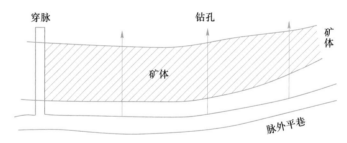

图 5-5 用坑内钻指导脉外坑道掘进平面图

（3）用坑内钻代替天井及穿脉控制两个中段之间矿体形态与厚度的变化（图 5-6）。

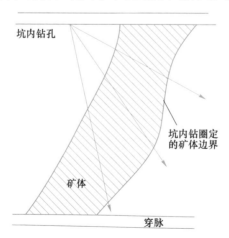

图 5-6 用坑内钻代替天井及副穿控制矿体形态与厚度变化剖面图

（4）用水平坑内钻代替穿脉，圈定矿体工业品级界线（图5-7）。

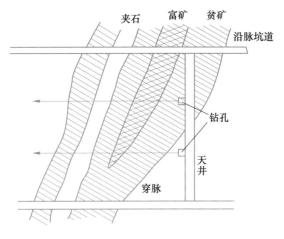

图5-7　用坑内钻代替副穿圈定矿体工业品级界线剖面图

（5）用坑内钻代替穿脉加密工程，提高储量级别（图5-8和图5-9）。

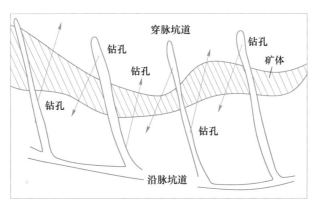

图5-8　坑内钻代替穿脉加密工程平面图（一）

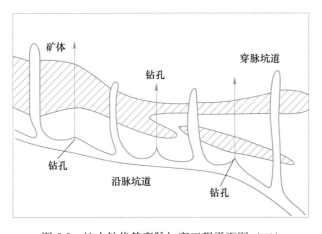

图5-9　坑内钻代替穿脉加密工程平面图（二）

（6）用坑内钻探矿体下垂及上延部分，圈定矿体边界（图 5-10 和图 5-11）。

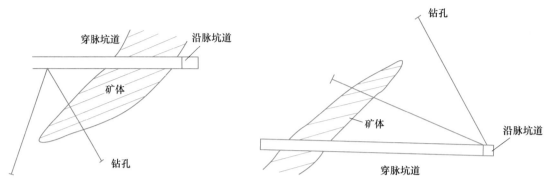

图 5-10   坑内钻探下垂矿体剖面图   图 5-11   坑内钻探矿体上延部分剖面图

（7）探明因构造错失的矿体（图 5-12）。

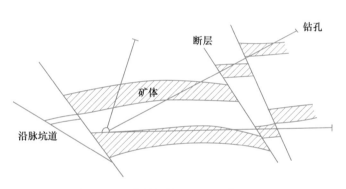

图 5-12   坑内钻探构造错失矿体剖面图

（8）探矿体边部或空白区寻找盲矿体（图 5-13）。

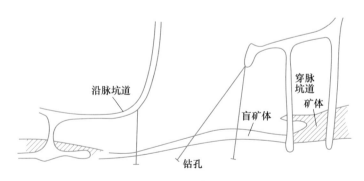

图 5-13   用坑内钻追索边部矿体和寻找盲矿体平面图

（9）用扇形坑内钻控制形状复杂不规则矿体（图 5-14）。

（10）探老硐残矿（图 5-15）。

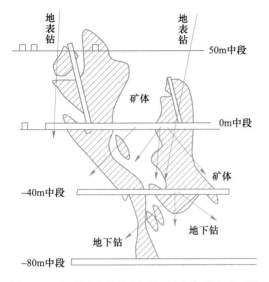

图 5-14　扇形坑内钻控制不规则矿体形态平面图

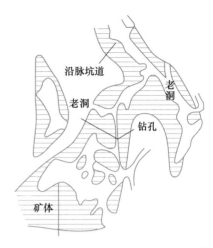

图 5-15　坑内钻探老洞残矿平面图

（11）探含水层、地下暗河和溶洞等（图 5-16 和图 5-17）。

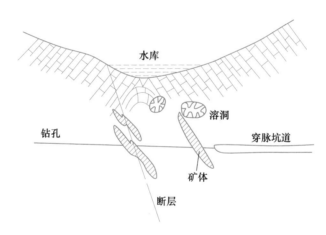

图 5-16　坑内钻探含水层剖面图

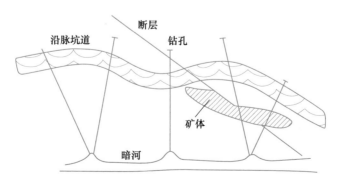

图 5-17　坑内钻探暗河平面图

5.2.3.3 利用深孔凿岩机探矿

利用深孔凿岩机在钻进过程中收取的岩泥、岩粉，达到探矿目的。与坑内钻探相比，具有更高的效率和更低的成本（不用岩心取样），其效率可比坑内钻高1~2倍，而成本却更低；许多情况下可以实行探采结合，往往通过爆破用的炮孔取样，使炮孔达到探矿作用。

5.2.3.4 坑钻组合手段

坑钻组合手段体现了矿山的特点。在坑探的基础上，引入钻探二者配合发挥彼此各自手段的长处，弥补其短处，改进生产勘探方式，提高生产勘探效果。一般组合原则是"坑探为主，以钻代坑，坑钻结合"。坑钻组合的手段，只有矿山才有条件使用，也是矿山特有的勘探手段。这种手段的广泛应用，缩短了矿块的勘探周期，提高了经济效益。

5.3 生产勘探工程的总体布置

5.3.1 总体布置应考虑的因素

生产勘探工程总体布置应考虑以下几个因素：尽可能与原矿床勘探阶段已形成的总体工程布置系统保持一致，即在原总体布置的基础上进行进一步加密点、线，以便充分利用已有的勘探资料；生产勘探剖面线的方向尽可能垂直采区矿体走向，如矿体的产状与由矿体组成的矿带产状不一致时，此时，生产勘探剖面的布置首先应考虑矿体的产状，根据实际情况改变生产勘探剖面的布置方向，以利于节省探矿工程量，提高勘探剖面的质量和计算储量的可靠性（图5-18）；生产勘探工程构成的系统应当尽可能与采掘工程系统相结合，以便为矿山生产所利用。

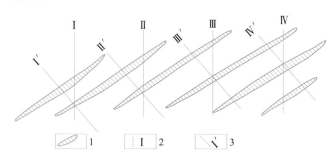

图 5-18 生产勘探剖面与原勘探剖面的关系平面图
1—矿体；2—原勘探剖面；3—生产勘探剖面

5.3.2 生产勘探工程的总体布置形式

生产勘探工程的总体布置与矿床勘探阶段工程的总体布置相比较，有其共同的一面，也有其不同的地方。生产勘探工程的布置，不仅要考虑矿床、矿体的地质特点，更重要的还要考虑矿床的开采因素，特别是开采方式及采矿方法，在生产勘探中有以下几种布置形式：

（1）垂直横剖面形式（勘探线形式）。该种布置形式是由具有不同倾角的工程构成，如探槽、浅井、直钻或斜钻以及某些坑道（常为穿脉、天井上山及下山）。工程沿一组平行或不平行的、垂直于矿体走向的垂直横剖面布置，利用该剖面控制和圈定矿体。此种布置形式多在原矿床勘探基础上加密，主要用于倾斜产出的各类原生矿床露天采矿以及某些情况下（开拓、采准尚未完全展开等）地下采矿的生产勘探。

（2）水平勘探剖面形式。生产勘探工程沿一系列水平勘探剖面布置，并从水平断面图上控制和圈定矿体。这种形式，在地下开采矿山，主要用于矿体产状较陡而且在不同标高的水平面上矿体形状复杂，产状变化大的筒状、似层状、脉状及不规则状矿体。在该条件下，主要探矿手段为水平的坑道及坑内扇形钻用于对矿体进行追索和二次圈定。露天开采的矿山使用平台探槽探矿时，也采用这种布置形式。

（3）纵横垂直勘探剖面形式（勘探网形式）。这种形式是由铅直性工程，如浅井、直钻沿两组以上勘探剖面线排列形成。工程在平面上布置为正方形、长方形或菱形等网格，可以从两个以上剖面方向控制和圈定矿体。该布置形式多利用原矿床勘探已形成的勘探网加密，适用于砂矿床、风化矿床及产出平缓的原生矿床露天采矿时的生产勘探。

（4）垂直剖面与水平勘探剖面组合形式。这种布置形式要求探矿的工程既要分布在一定标高的平面上，同时又要在一定的垂直剖面上。即控制和圈定矿体的工程沿平面及剖面两个方向布置，组成格架状。当地下采矿时，在阶段及分段平面上，工程主要由脉外或脉内沿脉、穿脉及水平钻构成；在剖面上主要由天井或上下山及剖面钻构成。露天采矿时，平台探槽与钻孔结合，也可组成此种格架系统。此种布置形式应用甚广，当矿体厚度较大，生产探矿工程的布置最终多能形成这样一种形式。

（5）开采块段（棋盘格）形式。该种工程布置形式，是用坑道将薄矿体切割成一系列开采块段，矿块由坑道四面包围，上下两个中段布置有沿脉，两个中段之间矿块左右两侧沿倾斜有天井或上下山揭露矿体。这些工程把矿体切割成一系列长方形或方形的矿块。它主要适用于矿体厚度可被沿脉天井或上山全部揭露的薄矿体。急倾斜薄矿脉矿块，上下可用沿脉，左右可用天井包围，而缓倾斜矿脉的矿块，上下用沿脉（如拉底巷道），左右两侧用上山包围，可以进行探采结合的生产勘探。矿体纵投影图是此种布置系统用以圈定矿体的主要图件之一。

各类探矿工程总体布置形式综合示意图（图 5-19）。

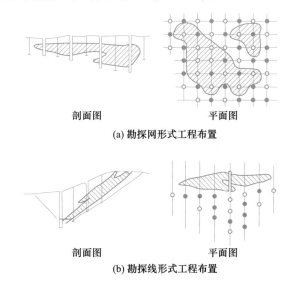

剖面图　　　　　　　平面图

(a) 勘探网形式工程布置

剖面图　　　　　　　平面图

(b) 勘探线形式工程布置

x

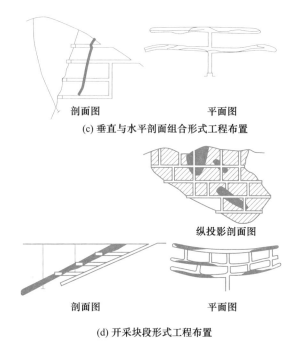

剖面图　　　　　　　　　平面图
(c) 垂直与水平剖面组合形式工程布置

纵投影剖面图

剖面图　　　　　　　　　平面图
(d) 开采块段形式工程布置

图 5-19　探矿工程总体布置形式综合示意图

5.4　生产勘探工程网度（工程间距）

为了提高矿床勘探程度，达到矿产储量升级的目的，生产勘探必须在原矿床勘探的基础上加密工程。通常储量每提高一个级别，工程需加密一倍，有时还需要更密。但是进行生产勘探时并不是对所有矿体、地段都毫无例外地同等加密工程，在确定合理工程网度（间距）时必须综合考虑许多因素。

5.4.1　影响工程网度（间距）的因素

在矿山生产勘探工程网度布设时，主要受以下几个因素影响：

（1）矿床地质因素。矿床地质构造复杂，矿体形状、产状变化大，取得同级矿产储量的工程网度应较密，反之则可稀。矿体边、端部，次要的小盲矿体及构造复杂部位勘探难度较大，工程网度一般密于主矿体或矿体的主要部位。

（2）工作要求。合理的工程网度应保证工程及剖面间地质资料可联系相对比，不应漏掉任何有开采价值的矿体。

（3）工程技术因素。坑道所获资料的可靠程度高于钻探，在相似地质资料条件下达到同等勘探程度，坑道间距可以小于钻探。

（4）生产因素。露天采矿的地质研究条件较好，在相似地质条件下，取得同级矿产储量所需工程网度可以稀于地下采矿。当所用采矿方法的采矿效率越高，采矿分段、盘区及块段的结构越复杂，构成参数要求越严格，对采矿贫化与损失的管理要求越高。或者要求按矿石品级、类型选择开采，需要进行矿石质量均衡而应对矿石品级进行严格控制等情况下，对勘探程度要求越高，所需的工程网度也越密。此外，为了便于探采结合，地下采矿时生产勘探工程间距应与采矿阶段、分段的高度以及开拓、采准及切割工程的间距相适应。

（5）经济因素。生产勘探网度加密将增加探矿费用，但却可减少采矿设计的经济风险。当两者综合经济效果处于最佳状态时的网度应为最优工程网度。此外，生产勘探工程网度与矿产本身的经济价值大小也有一定关系。价值高的矿产与价值低的矿产比较，勘探程度可以较高，相应的工程网度允许较密。

5.4.2 确定生产勘探网度（间距）的方法

确定生产勘探网度（间距）的方法一般有三种，即类比法、验证法和统计计算法。

5.4.2.1 类比法

类比法又称经验法，此方法是先划分矿床的勘探类型，再将被勘探矿床（区段）与同勘探类型矿床（区段）的勘探工程网度（经实践证明是正确的）对比，以选定合理的工程网度。

矿床勘探类型是根据矿床的某些地质特点用以衡量矿床勘探难易程度进而选定勘探方法的一种矿床分类。矿床分类的主要依据是：矿体的规模大小、矿石质量变化程度或矿化均匀程度，矿化的连续性，矿体形态特征及其变化程度，矿体产状的稳定性等。一般用罗马数字表示，第Ⅰ勘探类型一般矿床规模大而简单，而第Ⅱ、Ⅲ等勘探类型相应较小和比较复杂。求取同级矿产储量时，第Ⅰ勘探类型工程网度最稀，而第Ⅱ、Ⅲ等勘探类型要求逐类增密。矿床种类不同，矿床勘探类型具体划分也不相同，且不同矿种同一勘探类型矿床之间在地质特点和工程网度难以相互对比。

类比方法简便，应用甚广，所确定的工程网度是否准确可靠，有待使用其他方法检验。

5.4.2.2 验证法

验证法可分为工程网度抽稀验证法和探采资料对比验证法两种。前者是将同地段不同网度所获资料进行对比，以最密网度资料作为对比标准，选定逐次抽稀后不超出允许误差范围的最稀网度作为今后采用的生产勘探工程网度；后者是将同地段开采前后所取得的资料进行对比，以开采后资料作为对比标准，验证不同网度的合理性。

探采资料对比法最适用矿山生产时期，既可验证原矿床勘探的工程网度的合理性又可验证生产勘探工程网度的合理性，而抽稀验证法由于具有一定程度的不确定性，只是一种辅助方法。

5.4.2.3 统计计算法

统计计算法主要是用数理统计分析方法计算合理工程数目和合理工程间距的方法。常用的方法有用变化系数及给定精度确定合理工程网度；根据参数的方差及给定精度要求确定合理工程网度；应用地质统计学法计算探矿工程的合理网度。本节仅就后者做简要介绍。

地质统计学所用的变差函数和变差图能反映地质变量的空间相关关系，并能求得表征空间相关程度的影响范围——变程（α），这对确定探矿网度具有一定的优越性。目前可采用以下几种方法：

（1）应用变程确定工程间距。变程大小是由矿床本身特点所决定的。对于金属矿床，变程影响范围可达数百米，但对于铀矿、金矿可以很小。确定探矿工程间距就要了解每个工程所控制的影响范围。一般讲探矿工程间距应小于变程值，这样就能控制矿体的基本变化。

（2）应用变程玫瑰花图确定探矿工程总体布置形式。工程的布置形式可以通过不同方向的变差曲线，求出不同方向的变程，作出变程玫瑰图。如果是各向同性，则宜选择方格网；若为各向异性，则宜选择菱形网和矩形网，矩形网的网距应与各向变程相吻合，而且通过各向异性的椭球体，可以判断矿体变化最大方向，便于确定勘探剖面线的方向。

（3）应用估计方差确定探矿工程网度。生产勘探阶段需要布置大量的探矿工程，对投资与经济效益有极大影响。为此，需要选择一个最佳的勘探方案、最合理的勘探网格。所谓最合理的勘探网格，就是在工程数相同的情况下，使标志值估计量的误差为最小的一种工程排列方式。

估计方差 σ_E^2，就是从一个样点的信息 v 推断到矿体内某矿块 V 时所产生的误差。估计误差的大小，取决于样品信息的性质与数量、矿化空间的规则性和被估计矿块的大小。地质统计学可以用变差函数 $\gamma(h)$ 的线性组合估计这种误差，公式为：

$$\sigma_E^2 = 2\,\overline{\gamma}(v \cdot V) - \overline{\gamma}(v \cdot v) - \overline{\gamma}(V \cdot V) \tag{5-1}$$

利用估计方差确定最佳网度的步骤如下：

1）在一定矿化面积条件下，按不同网度划分为不同形状的网格，如方形、矩形、菱形等（图5-20），假设每一网格结点都有一个工程，并对不同形状的网格计算出每一结点 x_i 的估计方差 $\sigma_E^2(n \cdot x_i)$，再计算出这种网度下全区结点的平均估计方差 $\overline{\sigma_E^2}$，即根据此点外网格上其他点来估计该点值时的克里格方差。即：

$$\overline{\sigma_E^2} = \frac{1}{n}\sum_{i=1}^{n}\sigma_E^2(n \cdot x_i) \tag{5-2}$$

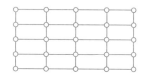 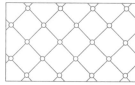 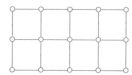 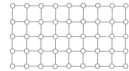

图5-20　不同的勘探网度

2）按上述方法分别算出全区不同规格网度下结点估计方差的平均值，并把每种网度所要花费的资金与平均估计方差的关系，绘成相应的曲线（图5-21），找出曲线上变化由快到慢的转折点（图5-21，在300m和200m之间处），认为其对应的网度平均估计方差最小，投资比较合理，所以是最佳的勘探网度。如果再增加投资，所取得的效益就不大了。

（4）利用估计方差 σ_E^2 确定最优工程位置。在一个探矿区已有几个探矿工程，并且从工程资料中已初步获得该区的变差函数 $\gamma(h)$，为了提高该区品位及储量的估计精度，决定再增加几个工程，这时可以用估计方差 σ^2 确定最优孔位 x 的具体位置（图5-22），其方法概括如下：

1）首先计算出 n 个已完工工程 $x_i(i=1，\cdots，n)$ 中每个工程的两个估计方差。当工程数为 n 时，用其他 $(n-1)$ 个工程品位估计工程 x_i 处品位的估计方差 $\sigma_E^2(n \cdot x_i)$；当增加一个工程 x_{n+1} 后用 x_i 以外的其他 n 个工程品位估计 x_i 处品位的估计方差 $\sigma_E^2(n+1，x_i)$（图 5-22），一般有：

$$\sigma_E^2(n+1,x_i) \leqslant \sigma_E^2(n \cdot x_i) \tag{5-3}$$

2）计算每个原有工程的相对收益 $G(x_i)$：

$$G(x_i) = \frac{\sigma_E^2(n \cdot x_i) - \sigma_E^2((n+1) \cdot x_i)}{\sigma_E^2(n \cdot x_i)} \times 100\% \tag{5-4}$$

再求出新设计工程 x_{n+1} 的平均相对收益：

$$G(n+1) = \frac{1}{n} \sum_{i=1}^{n} G(x_i) \tag{5-5}$$

3）多次改变 x_{n+1} 的位置，求出相应的 $G(n+1)$ 值，分别标在相应 x_{n+1} 的位置上，然后根据这些值作出平均值相对收益的等值线图。如果等值线图的最大值与原来考虑的 x_{n+1} 工程重合，则该工程位置就是最优工程位置，也就是布置该工程之后，可以获得较小的估计方差。否则，改变 x_{n+1} 位置，重复上述计算，直到等值线图的最大值与某 x_{n+1} 位置重合为止。

4）再从上述的 $(n+1)$ 个工程出发，重复上述步骤，可以求出 $(n+2)$ 个最优设计的工程位置，依次类推，逐个确定设计工程位置。

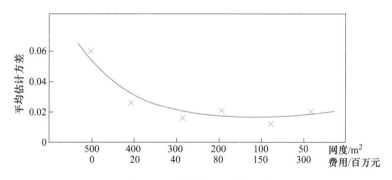

图 5-21　最优勘探网度的选择

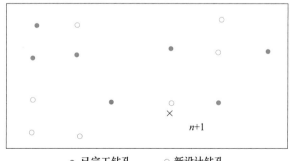

● 已完工钻孔　○ 新设计钻孔

图 5-22　利用 σ_E^2 确定新工程位置 x_i

这种方法的优点是严格的最优化，但因计算繁琐，只有在增加少量几个工程时才适用。如果要一下子增加许多工程，可以首先按照勘探精度要求，确定工程网度，并在平面上画上网格，假设已完工的几个工程和要增加设计的工程均在网格点上（图5-23），可按照上述方法算出全部未完工（未施工）的工程结点处增加一个工程的平均相对收益值：

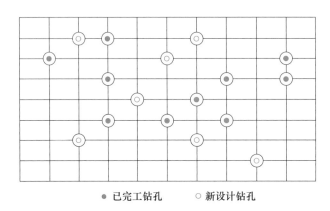

● 已完工钻孔　　○ 新设计钻孔

图 5-23　利用 σ_E^2 确定一批工程位置

假若这种收益值共有 M 个，如果只增加 $m(<M)$ 个工程，就可在这 M 个 $G(n+1)$ 值中选择前 m 个较大的值，在其对应的 m 个结点作为最优设计的工程位置，设计工程施工按 $G(n+1)$ 值由大到小的顺序进行。

5.5　生产勘探设计

生产勘探设计一般每年进行一次，是矿山年度生产计划的组成部分之一。必要时也进行较长或较短期的设计。生产勘探设计的主要任务为：根据矿山地质、技术和经济条件、企业生产能力、任务以及三级矿量平衡和发展建设的要求，并按照开采工程发展顺序所安排的生产勘探对象、范围以及储量升级任务来拟定生产勘探方案，确定工程量、人员、投资、预计勘探成果，并对生产勘探设计的合理性作出说明。

生产勘探设计按工作程序一般分为总体设计和工程单体技术设计两个步骤。

5.5.1　生产勘探总体设计

总设计主要解决生产勘探的总体方案问题，如勘探地段的选择、技术手段选择、工程网度确定、工程总体布置形式、工程施工顺序方案等。设计完成后，应编写设计说明书。设计说明书由文字、设计图纸和表格构成。文字中应说明：上年度生产勘探工程完成情况，本年度生产勘探任务和依据；设计地段地质概况；生产勘探总体方案；勘探工作及工程量统计、设计矿量平衡统计、设计技术经济指标计算；工程施工顺序和方案等。

主要设计图有：露天采矿的采场综合地质平面图及勘探工程布置图、设计地质剖面图；地下采矿的设计阶段地质平面图及工程布置图，设计地质剖面图。必要时提交矿体顶、底板标高等高线图，矿体纵投影图和施工有关的网格图表。

5.5.2　生产勘探工程的单体设计

单体设计主要解决各工程的施工技术和要求等问题。

（1）探槽：要确定工程位置、方位、长度、断面规格，提出施工目的和要求。

（2）浅井：要确定井位坐标、断面规格、深度，提供工程通过地段的水文和工程地质条件，施工目的与任务要求，井深大于10m时应提出通风、排水、支护措施；进入原岩的浅井，应提出爆破、搬运措施。

（3）钻探：要求编出钻孔设计地质剖面图及钻孔柱状图，并说明钻孔通过地段的地层、岩性、水文及工程地质条件；确定钻孔孔位坐标、方位、倾角、预计换层、见矿及终孔深度，提出对钻孔结构、测斜、验证孔深，岩（矿）心采取率，水文地质观测及封孔等的要求。孔深小于50m者，上述要求可简化。

（4）坑探：要求提供坑道通过地层、岩性、构造、水文及工程地质条件；说明坑道开门点位置和坐标，工程的方位、长度、坡度、断面形状和规格，弯道位置及参数，工程的施工目的和地质技术要求。探采结合坑道的技术规格要符合生产技术要求，必要时由采矿人员设计。

5.6　生产勘探中的探采结合

所谓探采结合，是指经统筹规划在保证探矿效果的前提下，使探矿工程为采矿所利用，或利用采掘工程进行探矿。

5.6.1　探采结合的意义与要求

探采结合的意义：生产探矿工作贯穿于矿山生产的全过程，它常与采矿工程交叉进行，许多工程互有联系，并往往可以互相利用。实行探采结合可以减少矿山坑道掘进量，降低采掘比，加快生产探矿进度，缩短生产探矿和生产准备周期，降低生产成本，提高探矿工作质量与效率，有利于安全生产和加强生产管理，充分发挥矿山生产潜力，并可使矿山坑道系统更趋合理。

探采结合的要求：实施探采结合时，要求探采双方在工作上必须打破部门界限，实行统一设计、联合设计，统筹施工和综合利用成果，形成一体化工作法；探采结合必须是系统的、全面的，必须贯穿于采掘生产的全过程；合理确定施工顺序，在保证"探矿超前"的前提下，探采之间力求做到平行交叉作业；探采结合必须以矿床的一定勘探程度为基础，特别是对地下采矿块段内部矿体的连续性应已基本掌握，不致因矿体变化过大导致在底部结构形成后，采准、回采方案的大幅度修改，工程的大量报废。在条件不具备的情况下，仍应先施工若干单纯的探矿工程（钻探或坑道）。

5.6.2　露采矿山的探采结合

露天采矿在剥离前，一般均已进行一定工程密度的探矿工作，矿体总的边界已经控制。因此，露天采矿的探采结合主要存在于爆破回采阶段。此时能用于生产探矿的生产工程为：采场平台、台阶边坡、爆破孔、爆破洞井、爆破矿堆。利用平台与探槽的资料编制平台地质平面图；利用岩心钻及爆破孔揭露的资料编制地质剖面图。

剥离和堑沟，是露天开采的重要采准工程，同时可起到生产探矿作用。通过剥离，可重点查明矿体在平面上的四周边界和矿体的夹石分布。通过堑沟，可以掌握矿体上、下盘的具体界线。

采矿平台和爆破孔，是采矿过程中的直接生产工程，可以直接利用平台上部和侧面已暴露部分进行素描、编录、取样等地质工作，确定在平台上的矿体边界、地质构造界线、夹石分布、矿石品位和类型等，并编制平台实测地质平面图。在该图的基础上，进行穿爆孔设计。根据穿爆孔岩粉取样化验结果和爆破孔岩粉颜色的变化，进一步圈定矿体的局部边界，指导采矿工作的进行，同时根据爆破孔孔底取样资料，编制下一台阶预测平台地质平面图，作为平台开拓设计的依据。

5.6.3 地下开采的探采结合

5.6.3.1 开拓阶段的探采结合

开拓阶段各种工程用于探采结合的可能性分为下述几类：

(1) 控制性工程：包括竖井、斜井、主平硐，无探矿作用。

(2) 联络工程：石门、井底车场等，也不能起探矿作用。

(3) 探采结合工程：包括脉内沿脉、运输穿脉等，这些工程大部分切穿矿体，能起探矿作用。

(4) 脉外开拓工程：此类工程对矿体产状、形态、边界的空间位置依赖性较大，必须在探矿后才能施工，不能实行探采结合。

(5) 纯生产探矿工程：包括探矿穿脉、天井、盲中段、坑内钻等，这类工程无直接生产意义。

开拓工程与生产探矿结合的步骤和方法：

(1) 地质人员提供阶段开拓的预测地质平面图及矿石品位、储量资料。

(2) 在充分考虑阶段地质条件和探矿要求的基础上，采矿人员拟定阶段开拓方案。

(3) 进行探采联合设计，采矿人员布置开拓工程，地质人员布置探矿工程，双方共同选择探采结合工程，并进行工程的施工设计。

(4) 地采双方联合确定工程施工顺序并统筹施工；施工中，地质人员与测量人员配合掌握施工工程的方向、进度、目的，采矿人员控制技术措施。

(5) 阶段开拓工程施工结束后，地质人员视情况补充一定探矿工程，再整理开拓阶段生产勘探所获资料，为转入采准阶段的探采结合创造条件。

5.6.3.2 采准阶段的探采结合

采准阶段的探采结合，是以采矿块段（采场、采区、盘区）为单元，属于单体性生产探矿范围。采准工程与生产探矿工程结合的步骤：

(1) 地质人员提供采矿块段地质平面图、剖面图和矿体纵投影图。

(2) 采矿人员根据资料初步确定采矿方法及采准方案。

(3) 地采双方共同商定采准阶段的探采结合方案；通常是从采准工程中，选定能达到探矿目的而又允许优先施工的工程作为探采结合工程，有时与分段等生产工程结合。

（4）编制块段探采结合施工设计；利用采准工程进行生产探矿的工程，一般由采矿人员设计，纯生产探矿工程由地质人员设计。

（5）确定工程施工顺序；先掘进离矿体较远或对矿体空间位置依赖性不大的工程，以接近矿体和构成通路，然后选择某些能起探矿作用又基本符合探矿间距的采准工程作为探采结合工程，并优先施工。配合部分纯生产探矿工程，对矿块内部的矿体边界、夹石、构造、矿石质量及品位变化情况进行控制。

（6）地质人员整理块段探采结合工程施工所获地质资料，提供采矿人员进行全面采准工程设计。

（7）采准工程全面施工，施工结束后，地质人员视情况补充必要的探矿工程，再整理采准阶段生产勘探阶段所获地质资料，为转入块段矿石回采做好准备。

采准阶段的探采结合方法，随矿体地质条件和采矿方法的不同而不同，采准阶段的探采结合方法实例如下：

（1）壁式采矿方法的采场：适于薄而缓倾斜的矿体，结构简单，采准工程多布置于矿体内，能用于探矿。这种采矿方法沿矿体走向布置（图5-24）。先从脉外大巷开凿溜井进入矿体下盘，切割沿脉和倾斜井（探采结合工程），斜井中的探矿小穿脉、短天井（或坑内钻），用于探测矿体厚度，也属于探采结合工程。当地质构造复杂时，还应补充纯生产勘探工程。

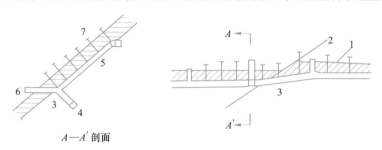

图 5-24　某锡矿壁式采矿法探采结合工程示意图

1—矿体；2—断层；3—切割沿脉；4—脉外运输巷道；5—斜井；6—探矿小穿脉探采；7—钻孔

（2）留矿法采场：适于薄而陡倾斜矿体，采场多沿矿体走向布置，又可分为有底柱留矿法和无底柱留矿法。以某铅锌矿的无底柱留矿法采场为例（图5-25），开拓沿脉是采准

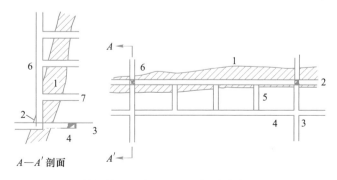

图 5-25　某铅锌矿无底柱留矿法探采结合工程示意图

1—矿体；2—沿脉（探采）；3—穿脉（探采）；4—脉外运输巷道；

5—出矿进路；6—探矿天井（探采）；7—分段副穿

阶段的采场切割道。为了进行探采结合，在切割道的下盘挖掘一个平行于沿脉切割道的脉外坑道作为运输道，每隔5~6m挖掘/开拓一个垂直沿脉切割道的出矿进路（为探采结合工程）。在矿体走向上，每隔50m挖掘一个探采结合天井，在天井里挖掘两层副穿或以坑内钻进行生产探矿。

（3）分段法（空场法）采场：适于中厚、陡倾斜矿体，电耙道沿矿体走向布置。采场可分两个或三个分段，分段高10~15m，采场各天井（可为陡倾斜）为探采结合工程。它可以控制矿体下盘界线，用天井副穿或天井里打钻孔探矿体上盘界线，再于分段凿岩巷道里布置扇形坑内钻进行矿体的重新圈定（图5-26）。

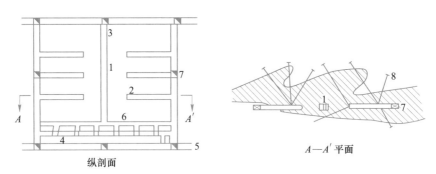

图 5-26 空场法探采结合工程示意图

1—采区天井（探采）；2—分段凿岩坑道（探采）；3—阶段穿脉（探采）；4—电耙道；
5—阶段沿脉运输巷道；6—切割槽；7—天井副穿（探采）；8—钻孔

（4）沿矿体走向布置的有底柱分段崩落法采场：适于中厚、缓倾斜矿体的采矿，即一个阶段分两个或三个分段，分段高为15~20m左右，利用电耙出矿，电耙道布置在脉外，沿矿体走向布置，电耙道长为30~40m（图5-27）。这类采场，下盘脉外通风井或溜矿井，

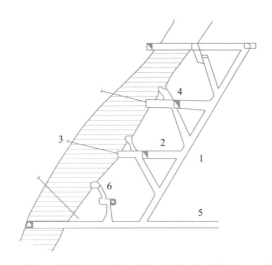

图 5-27 中厚矿体有底柱分段崩落法采场探采结合工程剖面图

1—采区通风井；2—联络道（探采）；3—钻孔；4—电耙道；
5—阶段穿脉巷道（探采）；6—切割巷道

一般距矿体较远，对控制矿体边界的依赖性不大，可首先掘进。然后选出一个或两个电耙层作为探采结合层，并优先施工，待联络道掘进到矿体下盘位置后，从中打扇形钻控制矿体厚度，作为采场矿体的圈定资料。

（5）垂直矿体走向布置的有底柱分段崩落法采场：当矿体为厚或极厚时，电耙道垂直矿体走向布置，一般间距为15m左右（图5-28）。作为采准工程，要求这些穿脉耙道工程穿过矿体上下盘界线，这样，这些坑道便完全能够起到加密工程的作用。

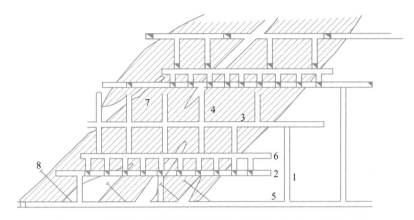

图5-28 厚矿体有底柱分段崩落法采场探采结合工程剖面图

1—溜井；2—电耙道（探采）；3—凿岩巷道；4—探槽工程；5—阶段穿脉（探采）；

6—切割巷道；7—切割井；8—钻孔

（6）无底柱分段崩落法采场：适于厚矿体，进路工程多为垂直矿体走向布置，进路间距一般为10m，分段高10m。进路工程大部分位于矿体内部（图5-29）。各个进路和下盘切割井可作为探采结合工程。依据这些探采结合工程的地质资料进行矿体的重新圈定和储量估算，提供备采设计利用。

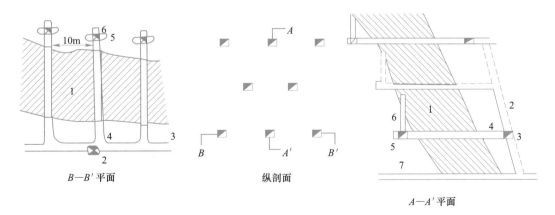

图5-29 无底柱分段崩落法采场探采结合工程布置图

1—矿体；2—溜井；3—运输联络道；4—溜井联络道（探采）；5—切割巷道；

6—切割井（探采）；7—阶段穿脉运输巷道（探采）

5.6.3.3　回采阶段的探采结合

经过采准阶段的探采结合，重新圈定矿体，一般已控制住矿体的形态和质量。对于形态变化复杂的矿体，为了更准确地掌握矿体的变化，应该充分利用回采阶段的切割层、回采分层和爆破中深孔等进行最后一次生产探矿，进行矿体边界的再次圈定，正确指导下一步的回采工作。

5.6.4　探采结合的经济效益

生产探矿的经济效益，体现在以最小的劳动消耗取得尽可能多、尽可能好的满足生产需要的矿产储量和地质资料。

某铜矿 1958 年基建，1964 年正式投产，为年产矿石百万吨的大型矿山。该铜矿属于沉积变质型铜矿，为第Ⅲ勘探类型。主要采用平硐与竖井开拓，阶段高 45m。各阶段的开拓工程为矿体上下盘脉外沿脉巷道及穿脉巷道。采矿方法为有底柱分段崩落法，一个阶段分为两个分段，采高 20m 左右，电耙出矿，电耙道垂直或沿矿体走向布置。垂直矿体走向布置的电耙道间距为 15m，沿矿体走向布置的电耙道（适于薄矿体），耙距一般为 30~40m。

20 世纪 60 年代中期至 70 年代中期，生产探矿除坑探外，开始应用坑内钻代替部分坑探，万吨探矿比 50 年代中后期已大幅度下降，但仍为 40m/万吨以上。70 年代中期以后，由于普遍使用以钻代坑或探采结合的生产探矿方法，万吨探矿比逐年下降。如 1980~1987 年已下降到 7~10m/万吨。

矿山平均掘进总量为 1.5 万米左右，其中生产探矿与开拓、采准结合工程约占年掘进总量的 40%以上，按每米 759 元（岩石级别Ⅷ级，深度小于 100m）计算，每年大约节省生产探矿成本费 455.4 万元以上。

根据生产实践，一般一条电耙道及配套工程的全部掘进量约为 380m。其中纯采矿工程约占 64%，纯探矿工程占 5%，探采结合工程占 31%左右。通常一条电耙道的探采结合工程可节约生产探矿成本费 8.94 万元。

一条沿矿体走向布置的电耙道及配套工程全部掘进量为 400m 以上。其中采矿工程约占 53%，纯探矿工程占 3%，探采结合工程占 44%。所以，一条沿脉电耙道的探采结合工程可节约生产探矿成本费 13.36 万元以上。

5.7　生产勘探程度

矿床生产勘探程度是指经过生产勘探工作之后，对生产勘探范围内矿床或矿体的地质特征控制和研究程度。其内容与地质勘探阶段基本相同，所不同的是在地质勘探程度的基础上，对勘探程度有更为深入、细致的要求。

5.7.1　生产勘探程度对矿山生产的影响

矿体的形状、产状、空间赋存特征和受构造影响或破坏的情况，是反映矿体外部形态特征的重要因素，也是确定矿山开采、开拓方案和选择开采方法的重要依据。

矿体外部形态控制研究程度的高低，直接关系到露天采场的底界标高、最终境界线位置、分期扩建范围及期限、边坡角及平台高度、开沟位置、剥离方案、排岩系统、运输线路、地面建筑物等生产要素的确定；对地下开采矿山则关系到井筒位置、盘区及阶段划分、阶段高度、开拓方案、开拓运输系统、采矿方法及块段构成和矿石回收工艺的确定，相应地还影响生产的各项技术经济指标（采掘或采剥比、贫化率及损失量、生产成本及效率等）。而对矿石质量内部结构研究程度不足，将会直接影响到矿山产品方案的质量及选矿加工工艺流程和选矿效果。

5.7.2　生产勘探程度的具体要求

（1）对矿体产状、形态、空间位置的控制程度的要求：

1）矿体边界位移程度的要求：矿体的实际边界与生产探矿圈定的边界位置不一致而发生的边界位移，对采掘、采剥工程的正确布置有直接的影响。它是衡量生产探矿程度的重要参数。即使是储量误差不大而边界位移过大，也会严重影响矿山正常生产，导致工程报废、资金浪费。

矿体边界位移误差允许范围取决于下列因素：①储量级别高低：级别高，要求严。②位移的方向：垂直位移比水平位移要求严。③矿体倾角：缓倾斜比急倾斜要求严。④矿体下盘位移比上盘位移要求严。⑤地下开采比露天开采要求严。⑥当开拓、采准工程多数位于矿体内部时，此时生产工程对矿体边界的摆动适应性较好，边界位移允许较大些。但当开拓工程位于脉外时，则对边界位移要求甚严，否则，将引起开采贫化与损失的增大，如误差过大，将造成整个坑道的报废。⑦露采的一次基建与分期基建对矿体位移的要求也不同。

2）矿体产状变化的要求：矿体倾角及倾向必须准确控制，才能使采掘工程正确布置，否则将严重影响生产。

（2）对于主矿体周边小盲矿体的控制程度要求：小盲矿体在地质勘探时不可能控制清楚。但经生产探矿和矿床开拓后，这些小矿体的价值则显露出来，若不及时探明或开采，在主矿体开采后，将造成永久损失。因此，要求在生产探矿阶段进行一定工程间距的控制与研究。

（3）对矿体内部结构和矿石质量控制程度的要求：在生产探矿期间，必须根据选矿的需要，采矿的可能，对矿体中矿石自然类型、工业类型、工业品级的种类及其比例和分布规律，夹石性质与分布，矿石品位及其变化规律，进行必要的工程控制与深入的研究。

为了进一步确定矿石的选冶性能和伴生矿产综合利用的可能性，必须认真研究矿石的物质成分，结构构造及其变化情况。

（4）对地质构造及矿床水文地质条件等的控制研究程度的要求：针对地质勘探阶段工作程度不够或尚未查清的问题，开展深入、细致的工作，以保证矿山生产工作的顺利进行。

5.7.3　生产探矿深度的基本要求

生产探矿深度依据矿山服务年限、矿体延深及生产接替情况来决定。对于小矿体、薄矿体一般一次探清。厚度大而延伸较深的矿体则分多年、持续、分段进行。表 5-1 为有色金属矿山生产探矿控制深度参考表。

表 5-1 生产探矿控制深度参考表

工作目的	开采方式	控制深度
为近期矿山服务	露天开采	3~4 个平台
	地下开采	1~2 个阶段
为开拓工程衔接服务	露天开采	6~7 个平台
	地下开采	4 个阶段
为远景规划服务	露天开采	终了深度
	地下开采	400~600m

5.8 矿山探采资料验证对比

5.8.1 验证对比的意义和作用

矿床探采资料验证对比，是在矿床开采结束或即将结束时，选择在矿床地质条件，勘探程度等具有代表性的地段，以矿床开发所揭露的实际资料为基础，与地质勘探、基建勘探或矿山生产勘探阶段所获得的地质资料进行对比，并计算二者之间的误差，找出误差产生的原因，分析误差对矿山建设和生产的影响程度等各项工作的总称。通过探采对比，研究勘探方法、验证勘探网度和检查勘探程度的合理性，从而达到总结勘探经验、提高以后的地质勘探水平、深化对矿床地质特征与成矿规律的认识、更好地为矿山生产建设服务的目的。

其具体作用，主要有以下几点：

（1）验证工业指标的确定以及采样和矿石技术加工的合理性；

（2）验证矿床勘探类型划分与勘探网度确定、勘探手段选择的合理性；

（3）检验不同勘探阶段中的矿床合理的控制程度，为矿山开采设计和各生产准备阶段提供准确可靠的地质资料；

（4）可供研究成矿控制条件和成矿规律，以指导同类型矿床的勘查和矿山开采工作等。

5.8.2 地段选择和衡量标准

地段选择原则：

（1）矿床中参加对比的矿体，在地质特征、矿石类型、矿石质量等方面应具有代表性。

（2）参与对比的对象，应是主矿体分布地段，其储量应占总储量的大部分，或至少在一半以上。

（3）矿体开采已结束或基本结束，已取得足够可供对比的生产地质资料。

衡量标准：探采对比有关参数的允许误差和衡量标准见表 5-2（仅供参考的经验值）。

表 5-2　各级储量探采对比允许误差

储量等级	面积重合率 /%	形态歪曲率 /%	底板位移误差 /%	矿石量误差率 /%	品位误差率 /%	金属量误差率 /%
A	≥80	≤30	≤10	≤10		≤10
B	≥80	≤40	≤10	≤20	15	≤20
C	≥70	≤100	≤10	≤40	20	≤40

注：昆明有色冶金设计院《铜矿总结》，1976。

5.8.3　验证对比方法与内容

A　探采对比的基本要求

（1）根据矿山具体情况，探采对比可分为：生产勘探与开采资料对比，地质勘探与开采资料对比，少数为地质勘探与生产勘探资料对比。

（2）不同勘探网度的试验对比，进一步研究矿床合理勘探网度。

（3）探采对比应以最终开采资料为对比的标准和基数。

（4）开采储量对比基数应包括采出矿量、损失矿量。

B　验证对比内容

（1）矿体形态对比分析；

（2）矿体产状和位移的对比分析；

（3）矿体品位、储量对比与分析；

（4）矿床地质条件对比分析。

C　探采对比参数的计算方法

（1）矿体面积绝对误差 S_δ 指被一定网度工程圈定的矿体面积 S_c 与矿体真实面积 S_u 之间的误差。

面积绝对误差：

$$S_\delta = S_u - S_c \tag{5-6}$$

面积误差率：

$$S_r = \frac{S_u - S_c}{S_u} \times 100\% \tag{5-7}$$

（2）矿体面积重合率 D_r 指开采（或生探）揭露的矿体面积与勘探圈定矿体面积两者在平面或剖面上重合部分的面积 S_d 与矿体真实面积 S_u 的比值。

$$D_r = \frac{S_d}{S_u} \times 100\% \tag{5-8}$$

（3）矿体形态歪曲误差 W 指在平面或剖面上由一定网度工程所圈定的矿体形态与其真实形态相比较，即勘探工程圈定出来的面积比开采真实面积多圈 S_n 和少圈 S_p 面积的总和（不考虑正负号）。

形态歪曲绝对误差：

$$W_\delta = \sum (S_n + S_p) \tag{5-9}$$

矿体形态歪曲率：

$$W_r = \frac{\sum (S_n + S_p)}{S_u} \times 100\% \qquad (5\text{-}10)$$

（4）矿体厚度绝对误差 M 指开采揭露的矿体真实厚度 M_u 与勘探圈定的矿体厚度 M_c 之间的误差。

$$M_\delta = M_u - M_c \qquad (5\text{-}11)$$

（5）矿体长度误差 L_δ 指开采揭露的矿体真实长度 L_u 与勘探圈定矿体长度 L_c 之间的误差。

$$L_\delta = L_u - L_c \qquad (5\text{-}12)$$

矿体长度误差率：

$$L_r = \frac{L_u - L_c}{L_u} \times 100\% \qquad (5\text{-}13)$$

（6）矿体边界位移误差指矿体下盘边界或上盘边界位移。以矿体底板边界的水平位移为例，其测定与计算方法有两种：一是在水平断面图上以开采所揭露的矿体底板界线为基准，沿走向按规定的勘探线间距，测定矿体底盘位移值，并按<2m、2~5m、5~10m、10~15m、15~20m、>20m 等间距分别统计不同区间的位移所占长度百分比，计算平均位移和最大位移。第二种方法是用探采底板线在水平断面上所构成的图形的面积除以底板直线的平均长度，即得平均水平位移距离，并注明最大位移。

矿体位移误差对比，一般采用矿体上下盘的水平位移和垂直位移误差两方面进行对比。但对矿山开拓工程来说，矿体下盘位移误差比上盘位移误差更显得重要，所以，通常十分重视下盘位移误差。

反映矿体外部形态、产状探采对比资料的内容及主要参数见表5-3。

表5-3 矿体形态、产状参数综合表

矿体编号	中段或断面	面积误差率/%	面积重合率/%	形态歪曲率/%	厚度误差率/%	长度误差率/%	矿体边界模数	底板位移/m	
								向北或向南移	向东或向西移
1	2	3	4	5	6	7	8	9	10

（7）矿石品位误差 C_δ 指开采确定的矿体平均品位 C_u 与勘探计算的平均品位 C_c 之间的误差。

$$C_\delta = C_u - C_c \qquad (5\text{-}14)$$

矿石品位误差率：

$$C_r = \frac{C_u - C_c}{C_u} \times 100\% \qquad (5\text{-}15)$$

（8）矿石储量误差 Q_δ 指开采统计的矿石储量 Q_u 与勘探资料计算的金属储量 Q_c 之间的误差。

$$Q_\delta = Q_u - Q_c \qquad (5\text{-}16)$$

矿石储量误差率：

$$Q_r = \frac{Q_u - Q_c}{Q_u} \times 100\% \tag{5-17}$$

（9）金属量误差 P_δ 指用开采资料计算的金属储量 P_u 与勘探资料计算的金属储量 P_c 之间的误差。

$$P_\delta = P_u - P_c \tag{5-18}$$

金属储量误差率：

$$P_r = \frac{P_u - P_c}{P_u} \times 100\% \tag{5-19}$$

反映矿石品位、储量探采对比资料的内容集中反映于表5-4中。

表5-4 矿石品位、储量对比参数综合表

矿山	矿体编号	勘探线或中段	矿石量误差率/%	品位误差率/%	金属量误差率/%
1	2	3	4	5	6

5.8.4 验证对比结果分析与说明书的编制

通过探采资料对比后，算出绝对误差（正负差）及相对误差百分率，并与各参数的允许误差标准对照，发现勘探结果有无问题或问题所在。如果勘探正确，便利用它继续有效指导今后的勘探工作。如果存在问题，找出问题产生的原因，以防止今后重复发生。特别对勘探工作存在的较大问题及给生产造成的影响和危害，应实事求是地加以说明，以吸取教训。

在上述对比分析基础上编写验证对比说明书。其主要内容有：矿区地质概况；地质勘探工作概况；矿山生产和生产探矿情况；地段选择和衡量标准；探采对比分析；评价结论及今后意见。

———— 本 章 小 结 ————

生产勘探是在矿山生产期间，在矿产地质勘查和建设阶段地质工作基础上，为满足开采和继续开拓延深的需要，提高地质储量级别和为深入研究矿床（体）地质特征所进行的勘探工作，其主要目的在于提高矿床勘探程度，进行矿产资源储量升级，直接为采矿生产服务。其成果是编制矿山生产计划，采矿生产设计、施工和管理重要依据。

生产勘探是金属矿山地质中的主体部分，相对于地质勘查，减少了化探、物探和遥感的工作，增加了钻探和坑道工程的工作，新增加了井巷工程、坑内钻和牙轮钻等技术手段。其中所有的生产勘探的工程尽量与生产相结合。而采矿的井巷工程等也应与地质勘探相结合，满足探采结合的生产理念。

生产勘探的总体工程布置也尽可能与原矿床勘探阶段已形成的总体工程布置系统保持一致，并在其基础上加密。影响生产勘探手段的选择和工程网度（间距）的因素也有相似性，都包括矿体地质因素、生产因素、经济因素和探采结合等；另外，生产勘探手段还受开采方式的影响。选择生产勘探网度（间距）的方法一般有三种，即类比法、验证法和统计计算法。一般在生产单位多用类比法和验证法，而科研单位多用统计计算法进行确定。

习　题

1. 简述矿产勘查阶段与生产勘探阶段的技术手段异同。
2. 简述露天开采与井下开采矿山生产勘探手段的不同，以及影响选择生产勘探手段的因素。
3. 如何选择合适的生产勘探网度？
4. 为什么要在生产勘探中实行探采结合？
5. 金属矿山生产勘探程度的具体要求。
6. 矿山探采资料验证对比的作用有哪些？

6 金属矿山地质工作方法

本章提要

  金属矿山地质工作方法是金属矿山地质的技术支撑，通过这些地质工作方法，进行矿山地质的基础资料收集，地质图件的制作，矿体（段）的圈定，储量的估算和升级，为矿山生产提供服务。矿山地质编录是矿山地质人员经常性的也是最基础的日常工作，通过地质编录能更系统深入了解矿床地质现象，掌握矿床地质特征，为矿山生产计划和长远规划提供依据。矿山地质储量是地质勘查和生产勘探工作的重要成果，它是矿床进行矿山设计、制定生产规划和指导矿山生产的主要依据。储量估算是对矿床进行评价的一种手段，而储量只是一个相对的概念，它随探矿、采矿工作的进展而变化，同时也随不同时期选矿工艺水平和市场需求而变化。主要内容包括矿山地质编录、矿山基本地质图件编制、矿石质量研究与管理、矿山地质资源储量估算和生产矿量计算。

6.1 矿山地质编录

6.1.1 矿山地质编录概述

  在现场直接观测各种地质现象，以文字或图表、实物方式收集起来，经过综合归纳整理，编制为矿山生产和地质研究所需的地质资料的全部工作，称地质编录。

  通过地质编录可获得如下材料：（1）矿区及矿床地质构造，矿体产状、形态和内部结构；（2）矿石物质成分及分布、变化规律，即矿产质量；（3）矿体空间分布、规模，即矿产数量；（4）矿床开采技术条件及水文地质条件；（5）矿石加工技术条件；（6）探采地质技术及经济指标；（7）关于矿床成矿过程、控矿因素、矿床远景等。

  地质编录的材料由文字、图件、表格、影像、照片、实物（样品、标本、岩心）等构成。

  地质编录共分两大步骤：第一步，深入现场直接观察各种地质现象，通过分析、研究、判断，收集为第一手地质资料，工作比较偏于感性认识，称原始地质编录；第二步，对第一手地质资料进行综合整理，编制为生产、研究所需成套地质综合资料，工作比较偏于理性认识，称综合地质编录。

  任何地质工作阶段，对任何探采工程均必须进行地质编录。地质编录是矿山地质日常基本地质工作。

  进行地质编录时，注意工作的及时性，资料的统一性、系统性，内容上的完整性、真实性和正确（准确）性。

6.1.2　原始地质编录

6.1.2.1　一般内容和要求

原始地质编录视具体情况而有下述内容：

（1）矿体：矿体产状、形态、大小（如厚度、长度、延深）；矿石矿物及脉石矿物，矿物共生组合；矿石主要有用及伴生有用、有害组分含量，矿石工业品级、自然类型；矿石结构构造；矿床次生变化特征。

（2）围岩：类型、名称、岩性、岩相、形态、产状、大小（如岩体）、变质程度等；围岩与矿化的关系；围岩蚀变的种类、名称、岩性、分布与变化规律，蚀变岩产状要素与矿化的关系。

（3）构造：总的构造特征（总走向、总轴向等）；构造类型、产状、形态、性质、规模、与矿化关系等。

（4）水文地质现象与特征。

（5）工作性质内容：观测点位置、编号；采样、采标本位置、编号。

符合生产要求的原始地质资料应：有统一的格式、编号、图例及符号、比例尺；专人编录、专人整理和保管；编录内容应如实反映情况，不允许粉饰或歪曲；编录工作必须在现场完成，室内只能修饰整理，不允许涂改；文字描述简明扼要，通俗易懂；素描图是原始地质编录主要内容，要求重点突出，说明问题。

6.1.2.2　槽、井探原始地质编录

探槽：一般素描槽底和一壁，矿体复杂时作两壁及槽底展开图。比例尺一般 1：50～1：100。

浅井：一般素描四壁，地质条件简单时素描相邻两壁。比例尺一般 1：50～1：100。

6.1.2.3　坑道原始地质编录

坑道编录一般不落后于掘进 10～30m，常与取样、工程验收配合进行。素描比例尺一般 1：50～1：200。

坑道编录对象为坑道揭露的一切地质现象，但主要是矿体。素描的基本方法可概括为下面几点：（1）观察地质现象，判断素描对象。（2）测定坑道导线方位角、倾角。（3）以皮尺为导线，钢尺或木尺为支矩控制坑道轮廓和一切地质现象。（4）徒手勾画地质界线，注明花纹、颜色、符号。（5）标测取样点、采样本点。（6）补充文字描述。

素描图测绘的具体方法在现场很容易熟悉并掌握。下面分别介绍各类坑道及采场素描图的特点和要求。

A　水平坑道

有四种展开方式（图 6-1）：（1）两壁内倒式：顶板下落，两壁内倒，顶壁相接，便于判断地质构造的空间位置及编图。使用最广。（2）两壁外倒式：顶板下落，两壁外倒，顶壁分离，素描时对壁上地质现象易于表示。使用较少。（3）顶壁翻转式。使用极少。（4）腰切平面式：不作顶板素描，而用距坑道底面 1m 或 2m（或取样槽）标高的腰切平面代替，两壁可内或外倒（图 6-1 中为内倒）。腰切平面的优点是，避免顶板不平造成的投影误差，特别是缓倾斜矿体。腰切平面如与取样平面一致，便于编制中段地质平面图。

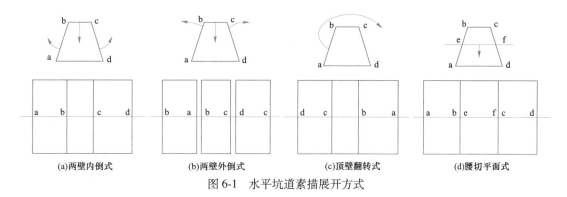

图 6-1　水平坑道素描展开方式

穿脉：包括石门。矿体形态简单时，素描一顶一壁，形态复杂时，作三壁展开素描图，见图 6-2。

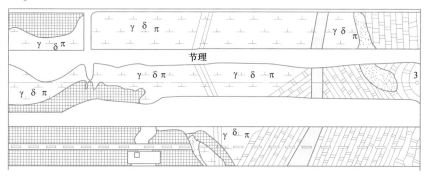

图 6-2　穿脉素描图

沿脉：包括切割沿脉。矿体形态简单，产状平缓，一般素描一壁或一壁加局部平面及掌子面（图 6-3）；矿体产状较陡，素描一顶一壁；矿体形态复杂，作三壁展开素描图。

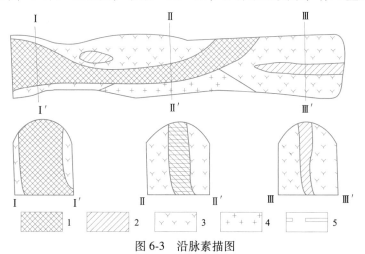

图 6-3　沿脉素描图

1—富矿体；2—贫矿体；3—角斑岩；4—花岗岩；5—取样位置与编号

B　垂直坑道

天井：包括漏斗，溜矿井。矿体形态简单，急倾斜，素描一壁；矿体形态复杂或缓倾斜作四壁展开图（图6-4）。

竖井：方形竖井素描同于天井，作四壁展开图；圆形竖井采用偶数等分圆周展开法（图6-5）。偶数的多少以每个等分弧长不大于3.5m为限。等分的第一条线应与竖井测桩线一致，然后依次展开。以井筒中心线为基线，采用放射状支矩测量，将地质界线正投影于展开图上。

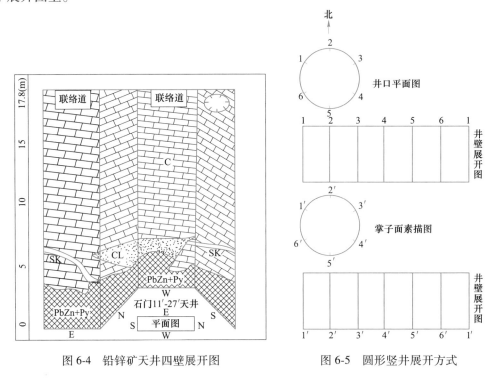

图6-4　铅锌矿天井四壁展开图　　　　图6-5　圆形竖井展开方式

C　倾斜坑道

倾斜坑道包括斜井、上山及下山。一般素描一壁加局部平面，必要时加掌子面。素描时注意控制坑道倾角（图6-6）。

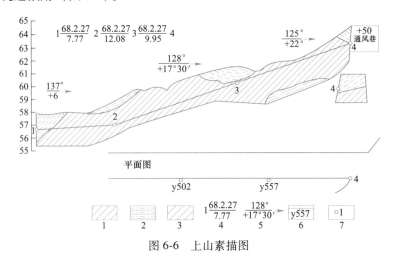

图6-6　上山素描图

1—矿层；2—底板页岩；3—顶板页岩；4—点号（时间/距离）；5—方位角/倾角；6—取样位置及编号；7—导线点

D 特征素描图

对具有重要研究价值的地质现象，采用特大比例尺（1：1~1：50）的素描专门收集，称特征素描图。按其内容可分：（1）矿区地质及构造类：包括特殊地层、岩层、岩体和构造线；（2）矿石结构构造类：包括典型的矿物晶形、粒度、集合体形态和各种结构、构造；（3）矿体产状、形态类；（4）矿床或矿体构造类：包括矿脉、矿岩、矿石品级类型间的穿插、包围关系。图6-7为某黑钨矿石英脉状矿床的矿床构造特征素描，反映了矿岩的侵入、穿插关系。

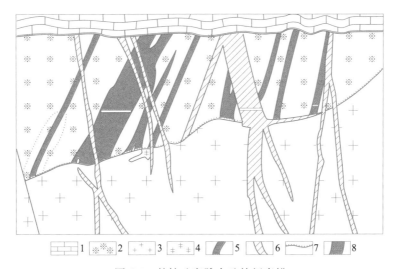

图 6-7　某钨矿穿脉南壁特征素描

1—薄层条带状灰岩；2—燕山早期二幕花岗岩；3—燕山早期三幕花岗岩；4—云英岩化；
5—早期含矿石英脉；6—晚期含矿石英脉；7—不同期岩体侵入接触线；8—刻槽取样位置

6.1.2.4　采场原始地质编录

A 地下采场

采矿块段内各种坑道：切割巷、进路、联络巷、辐穿、凿岩道、电耙道、通风井、人行井、充填井、溜矿井、凿岩井、漏斗、上山等与上述坑道编录方式方法相同。

采场掌子面编录具有一定特点：大而不规则；地质素描与测量配合进行；素描图实质上是与掌子面总方向平行的投影图。

厚度不大的脉状、层状、似层状矿体，素描壁式掌子面或上采掌子面、测量人员标测掌子面平面图，地质人员按测点控制测绘素描图（图6-8）。

厚度大的矿体，一般素描上采掌子面。掌子面呈长条形时，用导线法（图6-9（a））；掌子面呈等轴状时，用支矩法（图6-9（b））。

B 露天采场

露天采场原始地质编录对象为掌子面（坡面）、探槽、浅井、浅钻、爆破孔，比较有特点的是掌子面素描（图6-10）。它的编录方式有两种：（1）掌子面的垂直平面纵投影及平面图。（2）掌子面的水平投影及剖面图。前者适用于多品级、多类型矿石组成的厚大矿体，后者适用于缓倾斜矿体。掌子面素描时地质、测量人员应配合进行，地质人员布置地

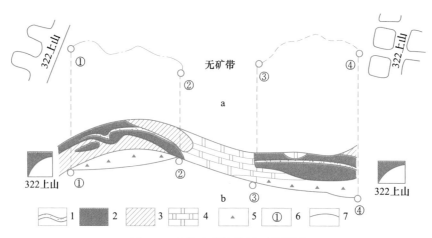

图 6-8　房柱法采场掌子面素描图

1—破碎带；2—致密状矿石；3—浸染状矿石；4—白云岩；5—捡块法取样位置；6—测点；7—平面上掌子面位置

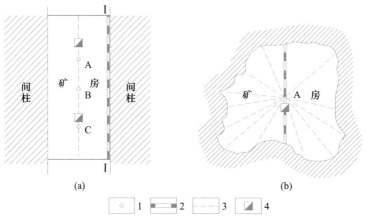

图 6-9　采场掌子面素描方式

（a）导线法；（b）支矩法

1—测站；2—取样线；3—测线；4—人行井

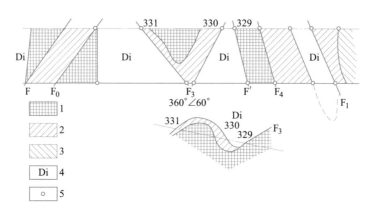

图 6-10　某矿露天采场 455 平台掌子面素描

1—铁帽；2—氧化铜矿石；3—白云石化矽卡岩；4—白云岩；5—测点

质点及取样位置；测量人员标测掌子面轮廓及地质点、取样点。最后，地质人员整理为正式素描图（图6-11）。

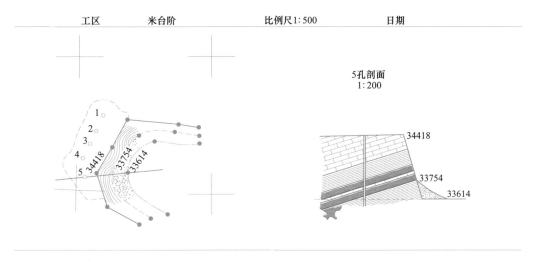

图 6-11   某铝土矿露天采场掌子面素描图

6.1.2.5 钻探编录

A 冲击钻编录

主要编录内容是：记录进出矿体、夹石、不同品级、类型矿石，岩层或岩体分界线位置；各回次进尺、长度；取样位置、编号、长度。填写专门的记录表。并将钻孔按其坐标、方位、倾角、深度、见矿位置、换层位置、取样位置进行编录；化验结果描绘于相应的平、剖面图上。

B 岩心钻编录

a 现场记录

每钻进一个回次，填写岩心表，说明提钻深度、回次进尺、回次岩心长度、岩心块数及编号。填写岩心记录表。

坑内钻进尺较浅，编录内容简单、钻探记录可与地质剖面图结合。

计算岩（矿）心采取率（溶洞、浮土不参加计算）：

$$回次采取率 = \frac{本回次岩心长度 - 上回次残留岩心长度}{本回次进尺} \times 100\%$$

$$分层采取率 = \frac{本层岩心总长度}{本回井深} \times 100\%$$

采取率要求：岩心采取率，分层大于65%；矿心采取率，回次大于70%，分层大于75%。

计算换层深度（M_x）：

$$M_x = M - \frac{L}{K} \tag{6-1}$$

式中，M 为换层回次提钻井深；L 为换层回次分层的下部一段岩心长度；K 为换层回次岩心采取率。

钻孔弯曲要求：钻孔深度在50~100m以上时，由于地质及技术上的原因，会产生钻孔弯曲。钻孔弯曲共有三类：天顶角或倾角弯曲，方位角弯曲，或者两种弯曲同时发生。钻孔弯曲会影响钻孔资料的正确使用，要求测定。对钻孔弯曲度有一定要求：一般金属矿床，直孔50~100m，斜孔25~50m应测斜一次；倾角或天顶角弯曲度，每50~100m，直孔应小于2°，斜孔应小于3°。方位角弯曲度一般要求不超过矿块边界线。

验证井深：钻孔深度的准确性影响钻探资料质量。一般每钻进100m验证井深一次。方法是逐根丈量钻杆、钻具长度。验证井深结果与原记录井深之间的误差，其允许范围为2%。误差用平差法处理。

平差系数：

$$K = \frac{L_1 - L}{L} \text{（验证井深大于记录井深时）} \tag{6-2}$$

或

$$K = \frac{L - L_1}{L} \text{（验证井深小于记录井深时）} \tag{6-3}$$

式中，L_1为验证井深数；L为记录井深数。

用平差系数校正记录井深值：

$$L_1 = L(1 + K) \text{（验证井深大于记录井深时）} \tag{6-4}$$
$$L_1 = L(1 - K) \text{（验证井深小于记录井深时）} \tag{6-5}$$

式中，L_1为修正后井深值；L为原井深值。

b 室内整理

钻孔结束后，整理记录资料编制钻孔柱状图。

根据钻孔柱状图在勘探线剖面图上编制钻孔剖面图。有多种方法，如作图法、计算法、量板法等，下面介绍作图法。

作图法直孔无弯曲，平面图上为一点，剖面图上为一铅直线；斜孔未偏离原设计方位及倾角，剖面图上按方位角及倾角画成斜线，平面图上为该斜线在勘探线上的投影。

6.1.2.6 矿石质量及其技术性质测定的原始编录

凡取样、加工、化验、技术性质测定等的工作资料均应填写一定表格，按有关规范规定进行编录。

6.1.3 矿山综合地质编录

6.1.3.1 矿山综合地质资料的种类

按资料来源，编制程序和系统，资料的用途等因素，可将矿山综合地质资料分为下列五类。

(1) 矿区总体性地质资料。矿区总体性地质资料，其图件比例较小，包括范围较大。比例尺一般为1:500~1:1000、1:2000、1:5000，如矿区地形地质图、勘探线剖面图、中段或平台地质平面图、总体性储量计算图、缓倾斜矿体的顶底板标高等高线图等。这些图件是矿区总体部署，总体性设计，或制订总体性生产计划、规划的依据。

（2）矿区单体性地质资料。矿区单体性地质资料，也称矿块（块段、采场）地质资料。比例尺较大，包括范围小。比例尺一般为 1：200~1：500。常为矿块的平、剖面图及纵投影图构成，即"三面图"。这些图件是开采块段采准及回采单体性设计的依据。

（3）采场管理地质资料。采场管理地质资料，以采矿块段（采场）为单元并随矿石回采工作的进展而同时编制。它们由一系列图件、表格、文字组成，包括采场地质、测量、采矿三方面的资料。图件的比例尺 1：200~1：500。这些图件是采场生产管理的依据。

（4）综合研究地质资料。综合研究地质资料由各类文字、图件、表格构成，常围绕某一研究专题编制。这一类资料的内容、数量都不固定，取决于综合地质研究的需要。

（5）袖珍图。选择矿区有代表性的图件加以缩小，常缩小到比例尺 1：5000~1：10000，装订成册，供管理部门了解矿区地质及生产情况的参考，没有直接生产意义。

6.1.3.2 地质原图

（1）矿山综合地质编图有一次（原生）成图和二次（派生）成图的区别。一次成图是二次成图的基础，故称母图。二次成图的种类、内容和数量都比较复杂，而母图的种类往往有限，但很重要，它是保证矿山地质图件质量的基础。为了保持矿山各类地质图件精度的一致，便于保管利用，将母图用特殊材料编制，称地质原图；并相应地建立原图的编制、精度、保管、使用的制度，称建立地质原图制度。

编制地质原图的材料共有三类：1）板图，用重磅纸贴于胶合板上编制；2）片图，用重磅纸贴于胶布上编制；3）薄膜图，用聚酯薄膜编制。板图难于保管，使用已少；片图易于损坏；薄膜图牢固轻便，可直接晒图，应用较广，但应防止过热变形和燃烧，注意墨水的毒性。

地质原图的种类和比例尺一经选定不宜轻易更改。一般地质工作比较健全的矿区，都有比例尺不同的两套或三套地质原图。

（2）现在一般是按照现场编录记录数据，并在方格纸上绘制，或直接在计算机上绘制，最终成图都是在计算机上，便于保管使用，也称为编稿原图。

6.2 矿山基本地质图件编制

6.2.1 地质切图

6.2.1.1 切图的种类

（1）由垂直图切水平图：据勘探线剖面或其他地质剖面图切制预测中段、分段或平台地质平面图。

（2）由水平图切垂直图：据中段、分段或平台地质平面图切制预测地质剖面图。

（3）由垂直图切水平图再转切其他方向的垂直图。

（4）由水平图切垂直图再转切其他方向的水平图。

（5）由一个方向的垂直图切制其他方向的垂直图。

其中（1）及（2）种是基本的切图。

6.2.1.2 中段或平台地质平面图的切制

切图步骤及方法（参见图6-12）如下：（1）据实际工作需要确定切图标高。（2）取坐标网格，要求对角线误差小于1mm，同时取勘探线。（3）从各种剖面图的切图标高线上切取各类工程及地质界线。（4）地质界线联图：考虑地质界线的性质、产状趋势正确连接。注意先新后老（图6-13中F-M），先外后内，先主后次，先含矿层后矿体；如果中段或平台标高越过地形等高线，则低于等高线部分不能联线（图6-14）。（5）参考上中段实测图修正预测图。修正时将各中段图与预测图按坐标网重合，对照矿体、构造界线的位置、形态、长度、厚度、分支复合、侧伏、蚀变、岩脉、断裂等自上而下的变化规律，修正预测界线；如图6-15所示，将上部193、133中段与预测的73中段重合，对部分边界作出一定修改。（6）成图：上墨清绘，按规定注明图名、比例尺、图例、责任表，绘图框。

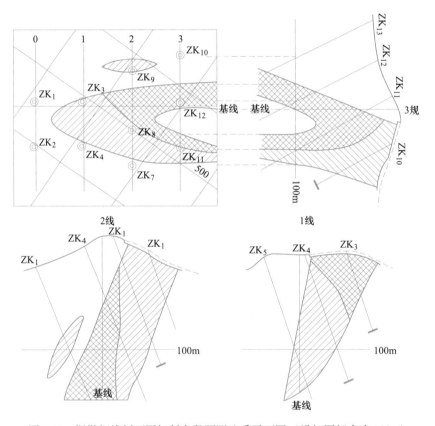

图6-12　据勘探线剖面图切制中段预测地质平面图（设切图标高为100m）

6.2.1.3 地质剖面图的切制

依据中段、分段或平台地质平面图切制，如图6-16所示。步骤如下：（1）确定切图剖面位置；（2）取坐标线（最密的一组）、标高线。注意图纸的方位，由下而上，由左到右为坐标增量方向；（3）取工程及地质界线；（4）地质联图；（5）参考前后实测地质剖面图对地质界线进行修正；（6）成图。地质纵剖面图上要注意联结矿体侧伏线。

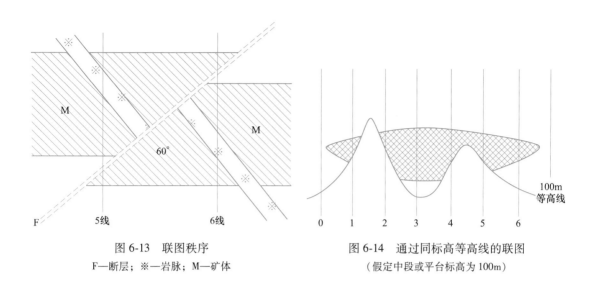

图 6-13　联图秩序

F—断层；※—岩脉；M—矿体

图 6-14　通过同标高等高线的联图

（假定中段或平台标高为 100m）

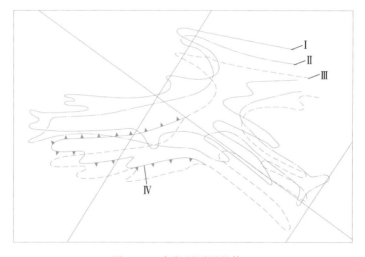

图 6-15　中段预测图的修正

Ⅰ，Ⅱ—193m、133m 中段实测矿体边界；Ⅲ—切图中段预测矿体边界；Ⅳ—修正后边界

6.2.2　地下开采矿山总体性地质图件

各类地质图件由四部分内容组成：

测量内容：是制图的基础（底图）。包括坐标网、线；控制点及测点、等高线、地形地物。

地质内容：地层、岩性、岩体及岩相、各类构造线；矿体及其夹石；矿石品级、类型。

工作及工程内容：勘探线、各类探采工程；取样位置及编号；采标本位置及编号等。

专门性内容：某些专门性图纸的特殊内容，如储量估算图的储量估算内容；标高等高线图的等高线等。

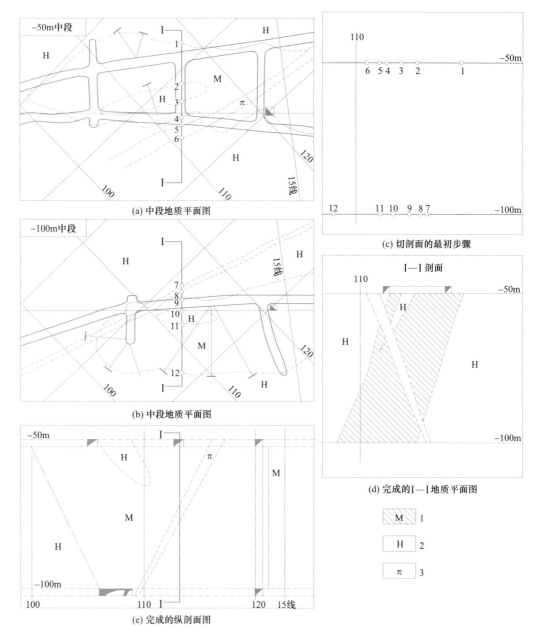

图 6-16   据中段地质平面图切制地质剖面图
1—矿体；2—围岩及夹石；3—岩脉

6.2.2.1   矿山地形地质图

矿山地形地质图是矿山总体性设计、部署；长远规划、综合编图、综合研究的依据。比例尺：有色金属矿山多用 1：1000 及 1：2000；黑色金属矿山多用 1：1000、1：2000 及 1：5000。

矿区地形地质图一般在勘探阶段测制并连同勘探总结报告提交。生产过程有补充、修改甚至重测的可能。例如，补充矿区基建工程、工业及民用建筑、交通线、新揭露的地质构造现象、新勘探工程等。图 6-17 为某铜矿区投产五年后的矿区地形地质图。

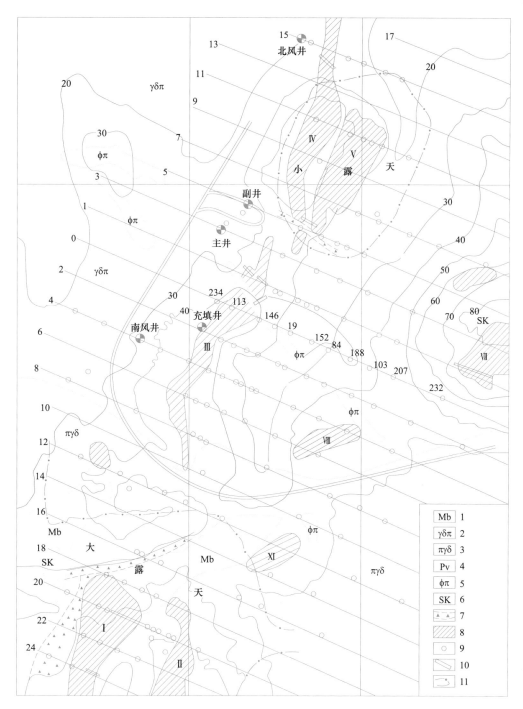

图 6-17 某铜矿矿区地形地质图

1—大理岩；2—花岗闪长斑岩；3—斑状花岗闪长岩；4—斜长岩；5—钠长斑岩；

6—矽卡岩；7—破碎带；8—矿体露头；9—勘探钻孔；10—探槽；11—露采境界

6.2.2.2 勘探线剖面图

反映矿床纵深变化情况，是矿山总体性设计、综合编图、综合研究的依据。在图上加储量估算内容又是垂直断面法估算储量的依据。比例尺一般 1∶500、1∶1000 及 1∶2000。

勘探线剖面图一般也在地质勘探阶段测制并连同勘探总结报告提交。生产过程中据新揭露的资料补充和修改。生产勘探加密勘探线时，必须测制新的勘探线剖面图。图 6-18 为某铜矿补充生产工程后的勘探线剖面图。

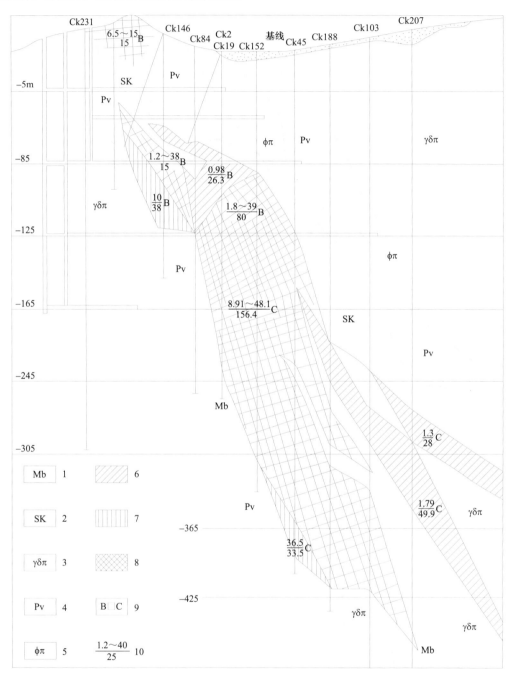

图 6-18　某铜矿 0 号勘探线剖面图

1—大理岩；2—矽卡岩；3—花岗闪长岩；4—斜长岩；5—钠长斑岩；6—铜矿石；7—铁矿石；8—铁铜矿石；

9—储量级别；10—（铜品位-铁品位）/取样长度（单矿暂只注明一种品位，另一种略）

6.2.2.3 中段地质平面图

反映矿床水平方向及纵深变化情况，是矿山总体性设计、单体性设计、编制生产计划和管理生产、综合编图、综合研究的依据。在图上加上储量估算内容又是水平断面法估算储量的依据。比例尺一般为 1：200、1：500、1：1000、1：2000。该类图的实例见图 6-19~图 6-22。

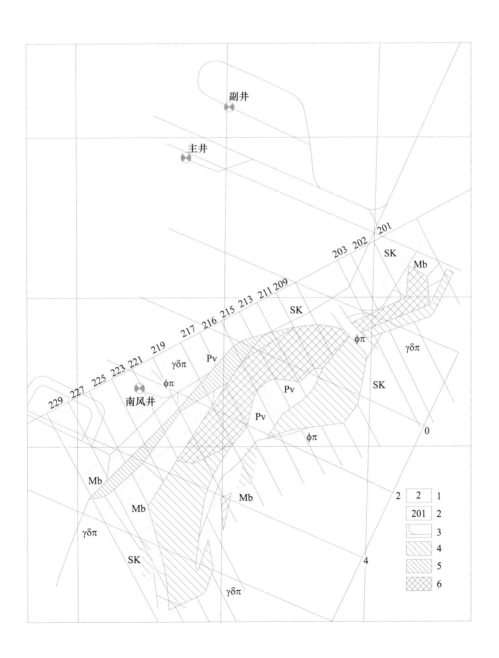

图 6-19　某铜矿-65 中段地质平面图

1—勘探线及编号；2—矿块及编号；3—平巷；4—铜矿石；5—铁矿石；6—铁铜矿石

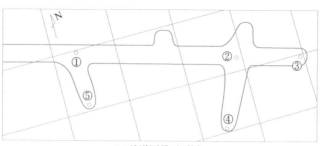

(a) 坑道测量平面图

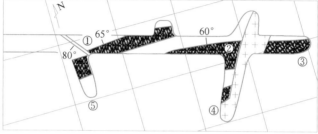

(b) 将坑道顶板素描图移绘于平面图上

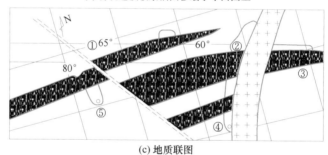

(c) 地质联图

图 6-20　中段地质平面图的编制

(图中①、②、…为测点)

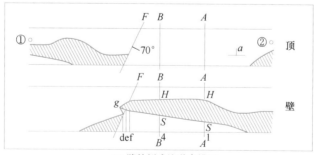

(a) 壁外倒式坑道素描图

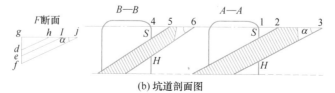

(b) 坑道剖面图

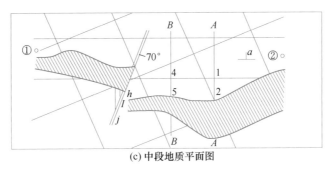

(c) 中段地质平面图

图 6-21　距坑道底板 2m 标高中段地质平面图的编制

（图中①、②为测点）

图 6-22　多中段复合地质平面图

6.2.2.4　矿体纵投影图

矿体纵投影图是利用正投影原理沿矿体走向编制的一种图件。它反映矿体空间分布和轮廓、侧伏产状及内部矿块划分，是进行总体及单体性设计，制订生产计划，指挥管理生产的依据。在图 6-23 上加上储量计算内容又是用地质或开采块段法估算储量的依据。比例尺一般为 1∶500、1∶1000 和 1∶2000。

（1）矿体垂直平面纵投影图。矿体垂直平面纵投影图系将矿体投影到与矿体总走向平行的垂直平面上，适用于矿体倾角 65°～90°的急倾斜矿体。矿体垂直平面纵投影图实例见图 6-23，编图的简要步骤如下：1）按矿体平均走向确定投影线，同时取坐标、标高及勘探线；2）沿矿体中心线切地形剖面并投影于图上，同时取探槽、浅井、窿口等；3）据勘探线剖面图取钻孔、坑道、矿体尖灭点等；4）据中段地质平面图取坑道（一般按沿脉、穿脉、天井的顺序）及矿体尖灭点等；5）连接矿体轮廓线，切割矿体的岩脉、断层等；6）在矿体内部划分储量级别或开采块段；7）成图。

（2）矿体水平平面投影图。矿体水平平面投影图系将矿体投影到水平面上，适用于倾角小于 45°的缓倾斜矿体。图上坐标网同于矿区地形地质图，图纸内容大体上同于垂直平面纵投影图。

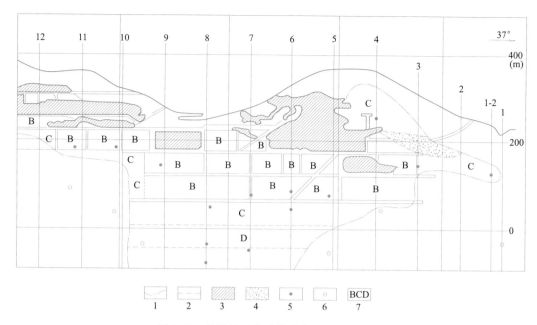

图 6-23　某铅锌矿主矿体垂直平面纵投影图

1—矿体边界；2—储量级别边界；3—采空区；4—破碎带；5—见矿钻孔；6—落空钻孔；7—储量级别

（3）矿体倾斜平面纵投影图。当矿体倾斜介于 45°~65° 时，将矿体投影于与矿体平均倾斜一致的倾斜平面上。这种投影图的内容与上述两类投影图基本相同，但坐标网格斜交，要通过计算确定。

（4）多矿体复合纵投影图。将矿区或矿区某一矿化带上的所有矿体投影于一个与矿化总方向一致的平面上（多为垂直平面），称多矿体复合纵投影图（图 6-24）。该图反映矿体产状、形态、空间位置关系，对制定矿区总体规划，研究矿体空间分布规律有一定意义。

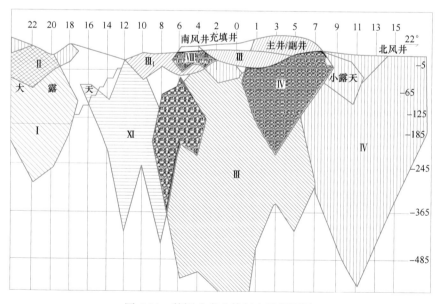

图 6-24　某铜矿多矿体复合纵投影图

6.2.2.5　矿层顶、底板标高等高线图

利用数字标高投影原理，依据矿层顶、底板实测标高编制标高等高线图，可以较全面地反映矿层产状、形态、构造及空间变化情况，是缓倾斜层状、似层状，有时是透镜状矿体的基本地质图件之一，是进行总体及单体性设计、制订计划、管理生产及综合研究的依据（图6-25、图6-26）。比例尺一般为1:500、1:1000及1:2000。

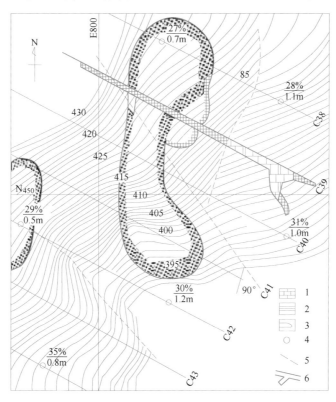

图 6-25　某锰矿层底板等高线图

1—石灰岩；2—页岩；3—表外矿范围；4—钻孔（品位/厚度）；5—断层；6—坑道

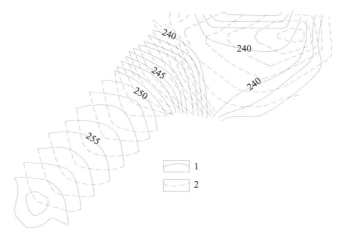

图 6-26　某矿顶、底板综合等高线

1—顶板等高线；2—底板等高线

6.2.2.6 储量估算图

储量估算图是专门用来估算和表示储量的数量、级别与分布的图纸。在图纸上圈定矿体、划分块段、测定面积、标示储量估算参数与成果。图纸的比例尺由 1∶500、1∶1000 至 1∶2000 不等。

储量估算图都是在上述某些图纸的基础上加上储量估算内容构成的。它共分两大类：储量估算断面图及储量估算投影图。

储量估算断面图又可分：(1) 储量估算垂直断面图：在勘探线剖面图的基础上编成，适用于垂直断面法估算储量；(2) 储量估算水平断面图：在中段或分段地质平面图的基础上编成，适用于水平断面法计算储量。

储量计算投影图又分为：(1) 储量估算垂直投影图：利用矿体垂直平面纵投影图编成；(2) 储量估算水平投影图：利用矿体水平投影图编成；(3) 储量估算倾斜投影图：利用矿体倾斜投影图编成。储量估算投影图适用于地质或开采块段法估算储量。

6.2.3 地下开采矿山单体性地质图件

6.2.3.1 单体性地质图件的构成

以采矿块段（矿块、采场）或盘区为单元编制的地质图件，称单体性图件，它是采矿块段单体（采准及回采）设计的依据。

单体性地质图件比例尺较大，一般 1∶200 及 1∶500。

单体性地质图件由"三面图"构成，即：(1) 块段上下中段平面或块段内分段地质平面图；(2) 块段两侧及中部地质横剖面图；(3) 块段纵投影或纵剖面图。

除图件外，一般还应有块段储量估算表格及文字说明。块段文字说明又称"块段地质说明书"，一般应有下述内容：

(1) 块段位置、编号、四邻、起止坐标、长度和宽度，附 1∶10000 及 1∶2000 索引图。

(2) 块段地质构造特点：包括矿体顶底盘围岩的地层、岩性、岩体、构造，对破坏矿体影响开采的构造和岩体要详细描述。

(3) 块段内矿体的厚度、产状、形态；矿石及脉石矿物成分，矿石品位（最大、最小及平均值）、结构构造，矿石工业品级及自然类型划分和分布。

(4) 块段储量估算：矿块面积、平均厚度、体重、品位、块段体积、矿石储量和金属储量。如有不同矿石品级、类型及储量级别，应分别估算和表示。

(5) 块段矿岩的物理技术性质。

(6) 块段水文地质条件。

(7) 块段采矿工作应注意事项和建议。

单体性地质图件的具体构成决定于矿体地质条件和采矿方法、矿块构成参数等因素，形式比较多样化。

6.2.3.2 缓倾斜矿体壁式法的单体性地质图件

这一类采场块段长 60~100m，中段高 20~30m，斜长 50~60m。图件比例尺 1∶500，构成情况如图 6-27 所示：

(1) 块段矿层底板等高线图。表示矿体产状、形态、空间位置及内部构造。

(2) 块段矿层厚度等值线图。表示矿体厚度、形态变化；有助于按矿体厚度圈定可采地段。

（3）块段储量估算图。表示储量估算块段划分、储量级别、储量估算参数和结果（图 6-27 C 中 A3003-1 示储量级别及块段编号）。

（4）块段地质横剖面图，与勘探线一致，一个块段约 2~5m。

（5）块段地质文字说明（略），断层登记表等。

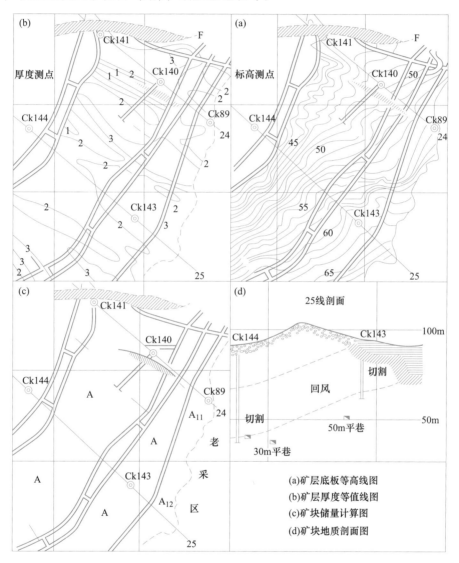

图 6-27　某锰矿 3003 块段地质图

6.2.3.3　急倾斜矿体浅孔留矿法的单体性地质图件

这一类采场块段长 50~60m，中段高 40~50m。图件比例尺 1：200，其构成情况：

（1）块段上、下中段复合地质平面图。表示矿体沿走向变化情况。

（2）块段天井剖面图。一般 1~2 个，表示矿体沿倾斜变化情况。

（3）块段垂直平面纵投影图。表示块段范围、轮廓，储量级别，储量估算参数及结果。

（4）块段文字说明（略）。

6.2.3.4　不规则矿体水平分层充填法或其他方法的单体性地质图件

这一类采场块段长 50m 左右。矿体厚大，采场垂直矿体走向布置，块段长度等于矿体宽度；矿体较薄时，采场沿矿体走向布置；矿体较短时，块段长度等于矿体长度。中段高 40~60m。图件比例尺 1：200。其构成情况：

（1）块段上、下中段，盲中段或电耙层、分段的地质平面图或者它们的复合图。

（2）块段地质横剖面图。一般 3~5 张，横切可能布置采矿坑道或地质构造比较复杂部位。

（3）块段地质纵剖面或纵投影图。

（4）块段储量估算参数及结果表（略）。

（5）块段地质文字说明。

6.2.4　露天开采综合地质图件

6.2.4.1　露天采场综合地质图

将矿区地形地质及露天采场形成的台阶等探采工程和揭露的地质构造共同测绘于一张平面图上，反映采场地质与生产总的情况，称露天采场综合地质图。它是露采总体性设计、制订生产计划、管理生产、综合编图、综合研究的依据。该图比例尺一般为 1：1000~1：5000。

露天采场综合地质图是在矿区地质勘探提交的地形地质图的基础上编制的。随采剥工作的进展要求定期修改。一般季或月进行局部测量和修改，年末进行总的修改。图 6-28 为某铁矿 L 露天采场 19××年末的综合地质图。

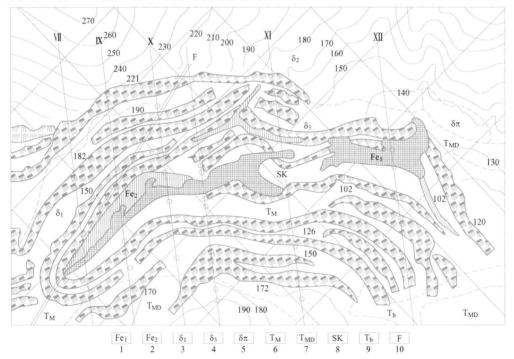

图 6-28　某铁矿 L 露天采场 19××年末综合地质图

1—块状矿石；2—浸染状矿石；3—闪长岩；4—蚀变闪长岩；5—闪长斑岩；6—大理岩；

7—白云质大理岩；8—矽卡岩；9—大理岩破碎带；10—断层

6.2.4.2 勘探线剖面图

露天采场勘探线剖面图无论图纸的内容、格式、作用均与地下开采同类图件基本相同，主要不同之点是加上采剥生产内容，如露采台阶标高及境界线、边坡位置。图的比例尺 1∶500~1∶2000（图6-29）。

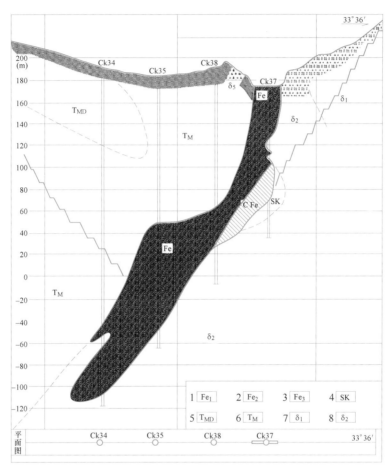

图 6-29　某铁矿 L 露天采场 X 勘探线剖面图

1—块状矿石；2—浸染状矿石；3—氧化矿石；4—矽卡岩；

5—白云质大理岩；6—大理岩；7—闪长岩；8—蚀变闪长岩

6.2.4.3 露天采场平台地质平面图

露天采场平台地质平面图又称台阶或"中段"地质平面图。它反映采场内矿体在不同标高的水平方向变化，是采场总体性设计、制订生产计划、生产管理、综合编图、综合研究的依据。在图上加上储量估算内容又是储量估算的依据。图纸的比例尺 1∶500 及 1∶1000。

露天采场平台地质平面图可分三种：

（1）实测平台地质平面图：随平台的剥离、采矿而逐步测制。测制时地测人员彼此配合，采用地质填图方法制图。平台探槽对准确确定地质构造界线、圈定矿体起重要作用。

（2）预测平台地质平面图：在平台未开拓前据勘探线剖面图切制，供平台开拓设计之用。

（3）多平台复合地质平面图：反映各平台地质构造及矿体变化的相互关系。实际工作中尚少应用。

6.2.4.4 露天采场矿层顶、底板标高等高线图

缓倾斜层状、似层状矿床露天开采时和地下开采一样，也编制矿层顶、底板标高等高线图，以反映矿层产状、形态、空间位置和内部构造，是采矿总体性设计、管理生产和综合研究的依据。图纸的比例尺 1∶500~1∶1000。

6.2.4.5 露天采场储量估算图

露天采场储量估算图和地下开采一样，也是在其他地质图纸的基础上编制的，其名称、内容、作用均基本相同。

一般要求在储量估算图上表示工程及取样位置，化验结果等资料。

6.2.5 矿山综合研究地质图件

6.2.5.1 矿化规律研究方面

（1）变化曲线图：

1）单组分变化曲线：以取样位置（距离）为横坐标，某组分品位为纵坐标，表示主要组分沿走向、倾斜或厚度方向的变化特性和规律。如图 6-30 所示，铁矿与钨矿的变化有显然不同的特点。

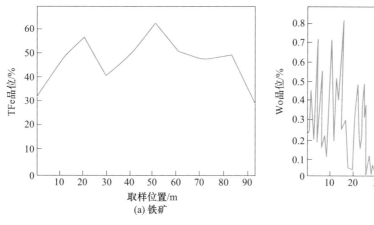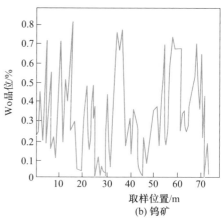

图 6-30 品位变化曲线图

2）多组分变化曲线：不仅表示组分本身的变化特性，同时表示组分间的变化关系，如图 6-31 所示。

3）矿化与某种地质因素关系曲线（图 6-32）：将矿化特性与成矿地质因素联系起来，更能说明矿化规律及其本质。例如矿化与围岩岩性、蚀变种类与强度、矿化深度、矿体厚度、矿石体重及地质构造等因素的关系。矿化本身的因素，可以取单样品品位，也可以取勘探线、中段、块段的平均品位；或者用品位变化系数、含矿系数表示。

对大多数有色、稀有金属矿床按取样点作变化曲线常呈极不规则的折线，为了反映矿

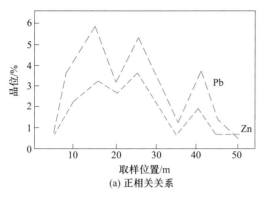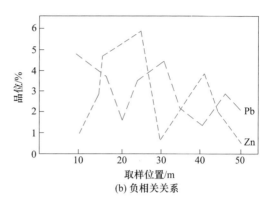

(a) 正相关关系　(b) 负相关关系

图 6-31　两种组分品位变化曲线图

化总的特征，可采用曲线"修匀"方法。

（2）品位频数、频率及相关关系曲线图（要用到相关数学知识）。

（3）反映矿化富集规律的图件：

在矿体取样平面图、剖面图或纵投影图上，依据取样点品位资料用内插法圈定等值线图，可清楚反映矿体内矿化富集规律。它有助于划分贫、富矿化地段，推断深部、边部矿化远景，指导探采工程布置。

利用多个中段的品位变化曲线图，可了解整个矿体矿化富集的纵横变化规律。

6.2.5.2　矿体产状、形态研究方面

（1）矿体厚度等值线图。

（2）矿体联合剖面图（或联合中段图）（图 6-33）。

（3）矿床或矿体立体图（图 6-34）。

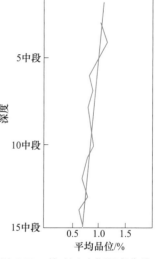

图 6-32　某矿区矿化强度曲线
图示矿化强度随深度降低

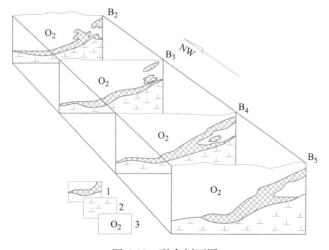

图 6-33　联合剖面图

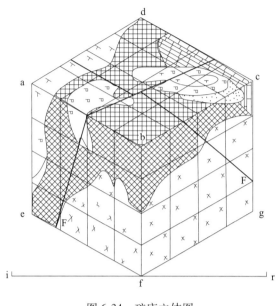

图 6-34 矿床立体图

（4）矿床及矿体模型。

综合研究地质图件不限于上述几种，可根据需要可作出不同的综合研究地质图件。

6.3 矿石质量研究与管理

6.3.1 矿石质量研究的内容与方法

6.3.1.1 矿石质量的基本概念及其评价指标

矿石质量一般是指矿石满足当前采矿、选矿、冶炼加工利用的优劣程度或能力。

评价指标：矿石质量的好坏，取决于其中有用物质及有害杂质的种类、含量、赋存状态，矿石类型、物理性质和工艺加工性能等方面。不同的矿石有不同的要求（如金属矿石的质量主要是由其有用组分含量决定的）。

矿石质量指标（边界品位、最低工业品位、有害组分或杂质含量最大允许含量、品级划分、综合工业品位及矿石物理机械性质等）是评价矿的工业利用价值、圈定矿体、估算矿石储量的技术标准和尺度，用以检查和评价矿石质量在现有技术经济条件下为工业利用的价值大小和合格程度。

矿石质量指标的制定，主要根据国家和所在地区一定时期内有关的政治、环保、技术、经济等政策，采矿、选矿、冶炼、工业利用等科学技术的发展水平和趋势，国内外矿产品市场的供求情况，以及矿产资源的地质特征等因素而制定的。当某些因素发生变化时，矿石质量指标应作相应的调整。因此，矿石质量指标是一个动态性指标。

6.3.1.2 生产矿山矿石质量研究的目的和内容

目的：为重新圈定矿体（段），估算管理储量和生产矿量，制订生产计划，选择最佳的生产技术方法、加工工艺流程与技术指标，调整产品方案，进行矿石质量管理，以及综合地质研究等提供依据。

主要内容：

（1）准确查明矿石中主要有用、有益组分及有害杂质的种类、含量及其分布特征。

（2）根据分采、分选、分别冶炼的需要，对矿石进行分类、分级研究，常将矿石分为不同的自然类型、工业类型和工业品级。

矿石自然类型是按矿石自然特性（如矿石结构构造、矿物共生组合及含量、围岩蚀变、氧化程度等）进行的地质分类。

矿石工业类型是在划分矿石自然类型的基础上，根据加工技术试验结果和加工处理的需要，为经济合理地开发利用矿产资源，将采选冶方法及工艺流程不同的矿石，按工业要求划分矿石工业类型。

工业类型划分必须具备的条件是：不同类型矿石的加工特性具明显差异，需单独加工处理；集中赋存于一定空间，具有一定规模，可选别开采；分采分选具有明显的经济效益。

矿石品级是在同一工业类型矿石中，根据矿石质量差异，进一步分出技术等级，称矿石品级。

（3）研究查明矿石和围岩的物理技术性质，为估算储量、选择开采技术设备和采矿方法提供依据。

（4）查明矿石从原始状态下到采、选、输出全过程中的质量及其变化规律，取得指导生产、管理生产、进行矿石质量管理的基础资料。

（5）查明矿床的矿化规律、矿石质量变化特点及其地质构造单元的关系，指导成因、勘查开发模式研究。

6.3.1.3 矿石质量研究的方法

取样法：是指从矿体、近矿围岩和矿山生产的产品（如原矿、精矿、尾矿）中按一定规格或重量要求采取一定数量的样品，通过样品加工、化验分析、试验与鉴定，研究矿产质量，确定矿石的物理、化学性质、矿石加工技术性能、矿石的开采条件等，为矿床评价、估算储量，以及解决有关地质、采矿、选冶和矿产综合利用等问题，提供资料依据。这种方法是目前研究矿石质量最基本、最可靠、最常用、也最成熟、最有科学依据的方法。

不直接取样法：是直接在有用矿石产出的地方用各种地球物理手段（放射性测量、磁法测量或电法测量）、荧光分析和实测统计的方法确定矿石质量。这些方法一般只能作为辅助方法。

6.3.2 矿山取样

矿山取样是矿山地质工作中的主要基础任务之一。按取样目的与研究方法的不同，可分为化学取样、物理取样、矿物取样和矿石加工技术取样四类；按所要解决的问题，可分为生产勘探取样、生产取样（检查矿石贫化与损失的取样）、商品取样以及生产矿山深部、边部、外围矿产勘查工作中的矿产取样四种。这些取样工作，按矿种和具体情况应用上述前四类取样方法中某几种方法确定矿产质量。矿山取样的核心问题是样品的代表性和结果的准确性。

6.3.2.1 化学取样

生产矿山的化学取样是日常性地质工作之一，取样数量众多，取样对象多样，通常要求采样方法尽可能简便实用，化学分析快速及时。

生产矿山的化学取样，是指为测定矿体及其围岩、矿山生产的产品（如原矿、精矿）以及尾矿、废石以及与矿产有关岩石中的化学成分及其含量的取样工作。它包括化学样品采集、加工、分析及质量检查等取样工作的全过程。生产矿山中的化学取样主要在地下坑道、露天或地下采场和采下矿石中进行。

定义：化学取样是指通过对采集来的有代表性样品的化学分析，测定矿石及近矿围岩中的化学成分及其含量的工作。

化学取样是最基本最经常进行的取样种类，所以，也常被人们称为"普通取样"。

意义：其结果用于圈定矿体边界和估算储量，确定矿石中主要有用组分、伴生有益组分、有害杂质的种类、含量、分布状态与变化规律，为解决地质、采矿与选矿加工等方面问题提供资料依据。

A 取样的原则与方法

在一定的位置根据一定的规格布样与采样是取样工作中关键的一步，人们习惯上称采集样品为"取样"。所以，保证采集样品的可靠性与代表性，便成为关系到整个取样质量的首要决定因素。

a 取样原则

对采样的基本要求是要保证样品的可靠性，否则，因"先天不足"，而丧失了取样代表性和取样工作的全部意义。为此，对勘探工程的矿体取样应遵循以下原则：

（1）总体上，取样的方式方法首先应根据矿床（矿体）地质特点，按照规范要求或通过试验证实其有足够可靠性的前提下，做出正确选择与确定；其次，兼顾其取样效率与经济效益。

（2）取样间距应保持相对均匀一致的原则，便于取样结果的利用和正确评价。

（3）取样应该遵循矿体研究的完整性原则。样品必须沿矿化变化性最大的方向采取，即在矿体厚度方向上连续布样，而且应向围岩中延伸一定距离；尤其对于没有明显边界线的矿体，要在穿过矿化带的整个勘探工程上取样。

（4）对于不同类型、品级的矿石与夹石，应视其厚度与工业指标，系统地连续分段采样，以满足分别开采的需要；若有必要或混采时可按比例进行适当的样品组合。

b 取样方法

生产矿山的化学样品采集方法有刻槽法、刻线法、网格法、捡块法、打孔法、点线法、剥层法、全巷法等。根据不同的矿种、矿化均匀程度、矿体厚度大小、矿石类型、用途等可选用不同的采样方法和规格（表6-1）。结合工业指标规定的最低可采厚度和夹石剔除厚度，选用合理的取样长度。地下开采矿山常用采样长度1~2m，露天开采矿山常用取样长度3~5m。随着勘探程度的深入，采样间距往往不断加密。地质条件及采矿方法不同，采样方法、规格均有可能发生变化。所以，需区别不同矿种和矿化均匀程度、不同生产准备阶段与采矿方法、选择或试验确定与其相适应的采样方法及采样规格、长度、间距、使采集的样品具有代表性，且经济合理。取样时应沿物质成分变化最大的方向（一般为厚度方向）采取，按不同矿石类型、品级分段连续取样。

表 6-1 化学样品采集方法、规格及用途

名称	方法	规格	用途
刻槽法	在矿岩露头上，用取样钎、锤或取样机开凿槽子，将槽中凿取下来的全部矿岩作为样品	常用样槽规格（宽×深）为 5cm×2cm～10cm×5cm，矿化均匀时规格小些，矿化不均匀时规格大些	为金属、非金属矿产最常用的取样方法，在探槽、井巷、回采工作面等人工露头或自然露头上采集样品
刻线法	在矿岩露头上刻一条或几条连续的或规则断续的线形样沟，收集凿下的全部矿岩作为样品	常用样沟规格（宽×深）为 1～3cm×1～3cm，线距 10～40cm	单线刻线法用于矿化均匀矿床；多线刻线法用于矿化不均匀矿床；常用于采场内取样
网格法	在矿岩露头上划出网格或铺以绳网，在网线的交点上或网格中心凿取大致相等的矿（岩）石碎块（粉）作为样品	网格形状有正方形、菱形、长方形等网格总范围一般为 1m 见方，单个网格边长 10～25cm，一个样品由 15～100 点合成，总重 2～10kg	代替刻槽法
点线法	按刻槽法布置样线，在样长范围内直线上等距离布置样点，各点凿取近似重量的矿岩碎块（粉）作为样品，矿化不均匀时可在 2～3 条直线上布置样点	点距一般为 10cm，线距一般为 50～100cm	一定程度上代替网格法，常用于矿化较均匀的采场内取样
拣块法	从采下的矿（岩）石堆上，或装运矿石的车、船、皮带上，或成品矿堆上，按一定网距或点距拣取数量大致相等的碎块（粉）作为样品	爆堆上网点间距一般为 20～50cm；矿车上取样视矿化均匀程度与矿车大小，有 3、5、8、9、12 点法等	常用于确定采下矿石质量或运山成品矿质量
打孔法（浅孔取样）	用凿岩机钻凿浅孔的过程中，同时采集矿岩泥（粉）作为样品	常用孔深 1～2m，一般不超过 4m，由一个或几个炮孔所排出矿岩泥（粉）组成一个样品	常用于矿体厚 2～5m 沿脉掘进时探明矿体界线，代替短穿脉，以及浅眼回采的采场内确定残留矿体界线、质量
打孔法（深孔取样）	用采矿凿岩设备进行深孔凿岩过程中，同时采集矿、岩、泥（粉）作为样品。有全孔取样，分段连续取样，孔底取样三种方法	露天深孔取样间距一般为 4m×4m～6m×8m，地下深孔取样间距一般为 4～8m 或 8～12m	露天深孔取样（穿爆孔取样）结果是详细确定开采块段矿体边界、矿石质量、矿石类型（品级）、编制爆破块段图，指挥生产等主要依据；地下深孔取样主要用于详细确定回采块段矿岩边界和矿石质量，也可代替部分坑探或钻探工程中取样
剥层法	在矿岩出露面上按一定规格凿下一层矿岩石作为样品	常用剥层宽度 20～50cm，深度为 5～15cm，某些非金属矿产取样断面规格较大	主要用于检查其他取样方法精度，采取技术试验样品、厚度小或矿化不均匀矿床的化学取样

续表 6-1

名称	方法	规格	用途
全巷法	在巷道掘进的一定进尺范围内的全部或部分矿（岩）石作为样品	取样断面与井巷断面一致，样长一般为 1~2m	主要用于检查其他化学取样方法精度以及矿化极不均匀矿床的化学取样
岩心取样	从钻探获得的岩心、岩屑、岩粉作为样品。常用岩心劈开机劈取一半岩心或金刚石锯取一半岩心作为样品	岩（矿）心直径有大孔径 127~146mm，中孔径 75~110mm，小孔径小于 75mm。样长一般为 1m	用岩心钻探探矿时进行岩心取样

钻探取样包括岩心钻探取样、冲击钻取样和凿岩探矿深孔取样。岩心钻探取样是采取岩矿心作为样品。对岩心钻孔的岩（矿）心取样时，对于较大口径者常采用劈半法，即沿岩（矿）心一轴面用手工劈开或用机械劈（锯）开成同样的两部分，一半作为样品，一半留存或作他用。对小口径钻孔，则需将整个岩（矿）心作为样品，以保证有足够的可靠重量。

冲击钻取样是采集冲击钻进中的岩矿碎屑、粉等，一般应按矿层结构或回次分段取样。每段样品的长度要根据矿层厚度和设计的采矿方法确定。为保证样品的代表性，可用套管加固钻孔，尽量减少样品的损失和孔壁塌落物质对样品的"污染"。

凿岩探矿深孔取样是用一定设备（如溢流缩分器）收集岩矿粉、泥作为样品，分段长度一般 1~2m，采场取样可达 2~4m。

岩心取样注意事项：（1）取样时要考虑岩（矿）心采取率的高低，采取率相差悬殊的两个回次的岩心不能采作一个样品。（2）取样时要考虑岩（矿）心选择性磨损；常见于含脆性或软弱矿物的钼、锑、汞、钨等矿床。此类矿石矿物磨损，则品位会降低。（3）岩（矿）心采样时，必须连续取样或连续分段取样。（4）单个样品长度一般应小于可采厚度，一般 1~3m。样品长度是指岩（矿）心所代表的厚度，不是岩（矿）心的实际长度。

取样间距：为保证矿产取样的完整代表性和均匀性，应按一定的网度和相同方向相对等距离取样，并保证穿透矿体。在水平坑道中，刻槽取样的样品一般采自高出坑道底 1.0~1.4m 的腰线上，在穿脉等切穿矿体厚度的水平坑道中，应在两壁或一壁连续取样；如果矿化变化不大、能保证取样代表性时，可以仅在一壁取样。在沿矿体走向掘进的沿脉坑道中，要在掌子面或坑道顶板上取样；样品间距，在矿石质量变化很大时，不得超过 2~4m。在天井、上山坑道中，同样根据矿石质量变化特征和分布情况及生产需要，在坑道两壁或一壁按一定间距取样。一般取样间距参考表 6-2。

表 6-2   取样间距与矿化均匀程度关系

矿床类别	有用组分分布的均匀程度		取样间距 /m	矿 床 举 例
	特征	品位变化系数/%		
I	极均匀	20	50~15	较稳定的铁、锰沉积或沉积变质矿床，岩浆型钛磁铁矿、铬铁矿矿床
II	均匀	20~40	15~4	铁、锰沉积变质矿床，风化铁矿床，铝土矿床，某些硅酸盐及硫化镍矿床

矿床类别	有用组分分布的均匀程度		取样间距/m	矿床举例
	特征	品位变化系数/%		
III	不均匀	40~100	4~2.5	矽卡岩型矿床，热液脉状矿床，硅酸盐及硫化镍矿床，金、砷、锡、钨、钼、铜的热液矿床
IV	很不均匀	100~150	2.5~1.5	不稳定的多金属、金、锡、钨、钼等矿床
V	极不均匀	>150	1.5~1.0	某些稀有金属矿床，铂原生矿床

生产取样：矿石回采前在生产勘探和开拓、采准工程中的取样，称地质取样。从矿石回采到进入选厂破碎前的取样，称生产取样。生产取样是矿山生产及矿石质量管理的依据。

（1）露天采场取样。露天采场取样包括以下几方面内容：

岩心钻：取样长度1~2m或更长；用劈心法取样或全岩心取样，视矿石种类、矿化特点、矿体厚度和分采可能性而定。

爆破孔：取样间距5~7m，间孔取样时为10~14m。矿石类型简单，一孔一个样，否则应按矿石品级、类型分段取样。例如图6-35，开孔2m可不取样，以下每4m取一个样；最后2m一个样，代表下平台矿石质量。从孔口岩泥堆采取样品时要兼顾岩泥粗细和分布位置，或依十字剖面或使用不同的样点布置（图6-36），各取样点合并，样品质量2kg，约代表2000t矿石。

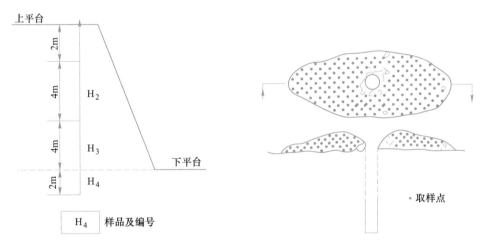

图6-35 爆破孔取样示意图　　　　图6-36 爆破孔岩泥堆上取样点布置

平台探槽：在槽底用犁沟法或刻槽法，一般分段长度1~3m。

掌子面爆破矿堆：用拣块法，每爆一次取样一次，推进8~10m。取样点布置如图6-37所示。在爆破堆上取样线间距大约10m，线上取样点间距约0.5m，拣取矿石块度（直径）3~4cm，按线合并，代表四五千吨矿石。

（2）地下开采取样。凿岩巷及切割巷的取样方法同于一般坑道。矿房掌子面上样品的布置随采矿方法而异：浅孔留矿法（图6-38），每上采4~5m取样一次，取样线距3~4m，分段长1~2m，用刻槽法或犁沟法；壁式（全面）法（图6-39），每前进3~5m取样一次，间距3~5m，样槽垂直底板；水平分层充填法，每爆破一次，即上采1.6m左右取样一次，充填前在矿堆上拣块，如果来不及，充填后在矿房顶板中央垂直矿体走向用犁沟法取样，或在矿房两帮用方格法（图 6-40）取样；中深孔分段崩落法（图 6-41），在 6~10m 分段内每 4m 取样一次，也可利用凿岩深孔取样。

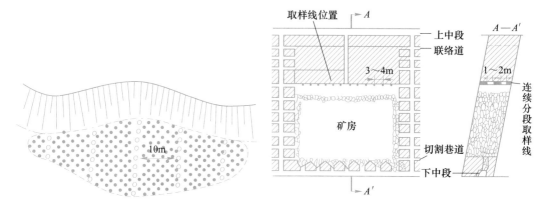

图 6-37　爆破堆拣块取样点的布置　　　　图 6-38　浅孔留矿法采场取样布置

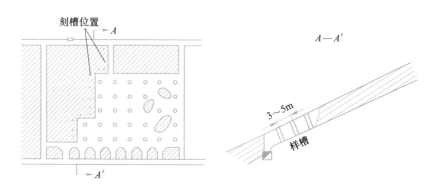

图 6-39　壁式（全面）法采场取样布置

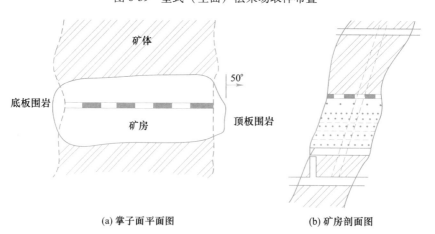

(a) 掌子面平面图　　　　　　　(b) 矿房剖面图

图 6-40　水平分层充填法采场取样布置

（3）采出矿石技术检查取样。采出矿石技术检查取样又称商品取样，是指为了检查采下运出矿石（包括运矿过程中的产品及产出的精矿）是否符合原定质量指标而进行的取样工作。

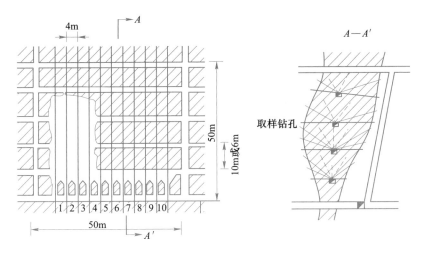

图 6-41 中深孔崩落法采场取样布置

矿车取样：漏斗和矿车上用三点、五点法（图 6-42（b）），每班或每 4～10 车的取样合并为一个样品，样品质量 8～10kg。运出矿石在火车或汽车上用八点或十点、十二点法取样（图 6-42（a））等。每列车或每班的取样合并为一个样品，样品质量 30～50kg。

储矿堆取样：沿坡线拣块取样（图 6-43），取样线在大矿堆布设 5 条，小矿堆布设 3 条，均匀布置。线上取样点间距 1m，每点拣取矿石 0.5kg，按线或全堆样品合并，视需要而定。

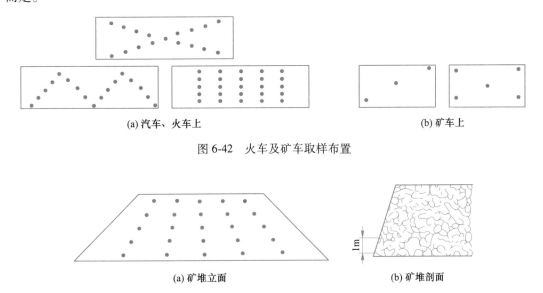

(a) 汽车、火车上   (b) 矿车上

图 6-42 火车及矿车取样布置

(a) 矿堆立面   (b) 矿堆剖面

图 6-43 储矿堆取样布置

B 化学样品的加工

广义的样品加工包括生产勘探工作中研究矿产质量所进行的鉴定、测试、化验分析等各种必须的加工。但目前一般还是将样品加工狭义地理解为化学分析样品加工，在此，我们也只谈化学分析样品加工。

样品加工的必要性：采集到的化学分析原始样品，质量一般都在一千克到几十千克以上，颗粒也较大，大者直径在几十厘米以上（有用组分分布也不均匀）；而送化验室分析样品只需几十克，粒度小于 0.1mm，通常为 80~200 目。因此，必须对原始样品进行（粒度上的）破碎和质量上的缩减，并保证抽送化学分析的样品对原始样品具有充分的代表性。

样品的加工程序包括破碎、过筛、拌匀和缩分四个环节。

（1）破碎：目的是减小样品粒径，增加有用矿物颗粒数，最终减少最小可靠质量，加快缩减样品过程。一般采用机械破碎方法，分为粗碎（粒度 25mm）、中碎（粒度 5~10mm）、细碎（粒度 1~5mm）、粉磨（粒度 0.15~1mm）几个阶段，分别用颚式破碎机、轧辊机、对辊机或盘式细碎机、盘磨机或球磨机来完成。

（2）过筛：目的是保证破碎后的颗粒直径能达到预定要求；保证破碎前已达粒度要求的颗粒筛下，以免加工过筛并减少加工工作量。可见，过筛只是破碎的检查、辅助工序。

（3）拌匀：目的是在缩分前使有用矿物颗粒在样品中尽可能地均匀分布，使缩减误差降低。拌匀的方法有铲翻法和帆布滚动法。

（4）缩分：即将样品缩减到最小可靠重量，以便简化加工程序，减少工作量，降低费用。缩减时常用四分法和两分法，每次缩减 1/2，所以总的缩分次数可按下式确定：

$$n = \frac{\lg \dfrac{Q_1}{Q_2}}{\lg 2} \qquad (6\text{-}6)$$

式中，n 为缩分次数，Q_1 为缩分前的样品质量，kg；Q_2 为缩分后的样品质量，kg。其中，$Q_1 \geqslant 2^n kd_2^2$，$kd_2^2 = Q_2$ 即 $Q_1 \geqslant 2^n Q_2$；d_2 为缩分后的颗粒直径，mm；k 为根据岩矿样品特性确定的缩分系数。

样品的合并：在满足代表性的前提下，为减少测试、分析工作量，常常在化验之前将若干样品合并为一个样品。如在分析伴生有益组分及有害杂质时，矿石质量已基本掌握的勘探和生产勘探阶段常采用样品合并。

样品合并可在样品加工前，也可在其后。合并时要充分考虑矿体厚度、矿石类型、矿石品级、矿化特征、矿石结构构造特点、矿石品位、储量估算时块段划分的条件、采样方法及采样间距等。

C 化学样品的分析

矿石化学分析目的是确定矿石的化学成分及其含量，同时还要查明元素的赋存状态及分布规律。常用的分析方法有 AAN、CP-MS、XRF 以及核子物理方法等。具体的分析种类如下：

（1）普通分析：又称基本分析或单项分析，其目的是查明矿石中主要有用组分含量，用以圈定矿体，估算储量。这类分析必须系统，每个样品均需进行，故数量最多。

（2）组合分析：或称多元素分析，其目的是确定矿石中伴生有益组分及有害组分的种类和含量，检查其对矿石质量的可能影响。分析项目根据光谱分析或化学全分析确定。组合分析样品一般用普通分析的副样组合而成。样品组合时，要保证其代表性和生产任务的针对性，必须按矿体、矿石类型、品级甚至不同深度分别进行组合，或依据原始相邻样品所代表的长度、质量、体积按比例（加权）抽取样品进行组合。被组合（相邻）样品数一般 8~12 个。在对矿石中伴生组分分布规律有所了解后，组合数量可增至 20~30 个。组合后样品质量一般 100~200g。

（3）物相分析：又称合理分析，其目的是查明有用组分在矿石中的赋存状态和矿物相，了解矿石中可回收元素和矿物的加工技术性能，以划分矿石的自然类型和技术品级。一般金属矿床按矿石氧化程度划分为原生（硫化）矿、混合矿、氧化矿三种类型。如多金属硫化物矿床常以氧化物中金属含量占总金属含量的比例划分为氧化矿、混合矿和硫化矿等矿石类型；磁铁矿矿石常用磁铁矿含量及磁性率划分为原生矿、混合矿、氧化矿；或按矿石中化学成分及共生组合，或按矿石矿物与脉石矿物成分，或按矿石结构构造等划分为不同的矿石自然类型与技术品级。

矿山划分矿石类型和品级是为了指导和管理生产、分采或混采、分选、分拣，并用于控矿地质特征和成矿规律研究。

物相分析样品往往是根据矿石的矿物学研究和现场肉眼初步鉴定的结果，在两种类型或品级矿石的分界处及两侧采集，也可利用普通分析的副样组合及组合分析的副样。其样品数量通常占基本分析的 10%。

（4）全分析：其目的是了解各类型矿石中全部化学成分及含量。一般先做光谱全分析，除痕量元素外，其他元素均应做全项目分析。由于化学全分析成本较高，一般每种类型矿石只做 1~2 个。矿山仅在有特殊发现，需重新评价时，才做化学全分析。其样品可用有代表性的组合样品的副样，也可单独采集。

D 样品分析的误差检查

样品分析的结果与实际品位之间存在着误差，误差的绝对值称绝对误差，绝对误差占分析结果的百分率称相对误差，按误差的性质，当误差的出现和大小无规律时，称偶然误差；如果误差是系统性地偏高或偏低，称系统误差。样品误差对分析结果影响的严重性不仅取决于误差的大小，而且也取决于误差的性质。在一定程度上，偶然性误差的正负可以相补偿，而系统误差则不能，因此，误差产生的原因、大小、性质都必须检查。

（1）取样的检查。当对取样代表性有怀疑时，应对采样办法进行验证，一般是以全巷法或剥层法为标准进行对比，同时，对取样质量进行检查，如取样规格、样品的布置、样品的收集等是否正确。查明原因并进行纠正。

（2）样品加工过程的检查。加工常数 k 值的检查，一般是采 0.5m 的大样，稍加破碎并混匀，等分的分成若干份，每一份用不同的 k 值分别加工化验，对比化验结果，选出与最大 k 值结果对比不超出允许误差范用的最小 k 值作为今后使用的 k 值。加工流程是否合理，操作是否正确，均应进行严格检查。

（3）分析结果的检查。内部检在分析：内检样由原送样单位从基本分析粗副样中按原分析样品总数的 10% 抽取，每批次不得少于 30 件，编密码送原分析实验室进行复测。当基本分析样品总数较少时，应适当提高内检样抽取比例；当基本分析样品总数较大（大于 2000）时，内检样品抽取比例可减少至不低于 5%。外检样品由原送样单位从内验合格的基本分析正样中按分析样品总数的 5% 抽取，最低不得少于 30 件。化学分析质量及误差处理办法按 DZ/T 0130 执行。

外部检查分析：从经过内部检查分析的样品副样中，抽取一部分送具有较高分析水平的化验室重新化验，目的在于检查原化验室由于药剂使用、设备选择或操作不当引起的系统误差。称外检分析或称外验。外验样品数量为基本分析样品数的 3%～5%。

仲裁分析：当内外检分析结果相差很大，且不能判断二者的正确性，应将已经内、外验分析样品的副样送至更有权威的化验单位进行再次检查分析，称仲裁分析。

E　分析误差的计算和处理

a　以检查分析为对比基数的偶然误差计算

单个样品绝对误差＝检查分析结果-原分析结果

$$单个样品相对误差 = \frac{单个样品的绝对误差}{检查分析结果} \times 100\% \tag{6-7}$$

$$超差率 = \frac{超差样品个数}{检查样品个数} \times 100\% \tag{6-8}$$

超差率小于 30% 认为原分析结果合格，超差率大于 30%，需对检查样品或超差样品重新化验；如结果仍然超差，则原分析结果不能利用。

$$原分析结果平均值 = \frac{原分析结果的算术和}{原分析样品数} \tag{6-9}$$

$$检查分析结果平均值 = \frac{检查分析结果的算术和}{检查分析样品数} \tag{6-10}$$

$$平均绝对误差 = \frac{绝对误差的算术和}{检查样品个数} \times 100\% \tag{6-11}$$

$$平均相对误差 = \frac{平均绝对误差}{原分析结果平均值} \times 100\% \tag{6-12}$$

将计算结果与允许误差范围对照，如未超差，原分析结果合格。如超差，则处理方法同于超差率。

b　系统误差检查计算

设 n 代表检查样品数目，x 代表检查分析品位，y 代表原分析品位，则：

检查分析品位的平均值：

$$M_x = \frac{\sum x}{n} \tag{6-13}$$

原分析品位的平均值：

$$M_y = \frac{\sum y}{n} \tag{6-14}$$

检查分析结果的均方差：

$$\sigma_x = \sqrt{\frac{\sum (x - M_x)^2}{n - 1}} \tag{6-15}$$

原分析结果的均方差：

$$\sigma_y = \sqrt{\frac{\sum (y - M_y)^2}{n - 1}} \qquad (6\text{-}16)$$

检查分析结果平均值的均方误差：

$$m_x = \frac{\sigma_x}{\sqrt{n}} \qquad (6\text{-}17)$$

原分析结果平均值的均方误差：

$$m_y = \frac{\sigma_y}{\sqrt{n}} \qquad (6\text{-}18)$$

检查分析结果与原分析结果的相关系数：

$$y = \frac{\sum (x - M_x)(y - M_y)}{\sqrt{\sum (x - M_x)^2 (y - M_y)^2}} \qquad (6\text{-}19)$$

或然率系数（或称概率系数）：

$$t = \frac{|M_x - M_y|}{\sqrt{m_x^2 + m_y^2 - 2m_x m_y y}} \qquad (6\text{-}20)$$

系统误差平均值之比值（校正系数）：

$$f = \frac{M_x}{M_y} \qquad (6\text{-}21)$$

当 t 值大于 2 时，说明存在系统误差，这时根据误差大小决定是否需要进行仲裁分析，如果经仲裁分析证明确实存在系统误差，则该批基本分析应重做或将储量降级。只有在极少数情况下，如矿化均匀且品位较高，误差影响不大时，经上级批准可利用上述 f 值对原分析品位进行校正。校正时应注意：（1）经两次外部检查证实确实存在系统误差时，才允许校正；（2）检查样品要有足够数量，每一品级矿石不少于 30 个；（3）经校正部分的有关储量要考虑降级。

6.3.2.2 物理取样

物理取样又称技术取样。用于测定矿石和近矿围岩的物理机械性质（如矿石体积质量（体重）、湿度、松散度、块度、坚固性、抗压强度、孔隙度、裂隙度等），了解其物理性质和加工技术性能，为矿产储量估算、矿山建设设计和开采提供必要的参数和资料。

A 矿石体积质量测定

矿石体积质量（体重）是指自然状态下单位体积矿石的质量。它是储量估算的重要参数之一。矿石体积质量测定分小体积质量和大体积质量两种情况。

（1）大体积质量：测定用全巷法采样在野外直接测定。先将样品称重 W，再测采出样品的坑道体积即样品体积 V（通过灌沙法测量沙子体积）。大体积质量（单位：V/m^3）计算公式为：

$$D = \frac{W}{V} \qquad (6\text{-}22)$$

（2）小体积质量：测定目前多采用涂蜡法测定。取小块样品（直径 5～10cm）封蜡，根据阿基米德原理，采用涂蜡排水法测定矿石在封蜡前后的质量及封蜡后的体积，便可按下式计算：

$$D = \frac{W}{V_1 - V_2} \qquad (6\text{-}23)$$

$$V_2 = \frac{W_1 - W}{d} \qquad (6\text{-}24)$$

式中，D 为矿石体积质量，kg/dm^3；W 为样品在空气中的质量；V_1 为样品涂蜡后的体积（放入水中测定）；V_2 为样品上所涂蜡的体积；W_1 为样品涂蜡后的质量；d 为蜡的密度，一般 $d = 0.93kg/dm^3$。

不同类型不同品级的矿石，应分别测定体积质量。一般每一品级矿石需测小体积质量 20~50 个（计算平均值用于矿产资源/储量估算），大体积质量 1~2 个。体积质量样品应采自有代表性的部位。

由于小体积质量样品的裂隙已被破坏（相对变致密），导致小体积质量大于大体积质量（误差有时高达 50%~80%），当矿体中裂隙发育时，应多测几个大体积质量以校正小体积质量。

B 矿石湿度测定

矿石湿度是指在自然状态下单位质量矿石中的含水量，即含水量与湿矿石的质量百分比。测定矿石湿度是为了估算储量，因为体积质量一般是湿体积质量，而品位是干样品品位，估算储量时两者必须统一。

矿石湿度 B 计算公式为：

$$B = \frac{W_{sh} - W_g}{W_{sh}} \times 100\% \qquad (6\text{-}25)$$

式中，W_{sh} 为湿样品质量；W_g 为干样品质量。

当湿度较大时（>3%），体积质量值应进行湿度校正。校正品位采用下式计算：

$$C_{sh} = C_g \frac{100 - B}{100} \qquad (6\text{-}26)$$

式中，C_{sh} 为湿矿石品位；C_g 为干矿石品位。

矿石湿度样应与体积质量（体重）样同地采取，以便验证。由于湿度与孔隙度、裂隙度、采样深度、地下水位等有关，所以，湿度样应分类采取，每一类不少于 15~20 个，样品质量 300~500g。

C 矿石松散系数测定

松散系数是指一定数量矿石在爆破前后的体积比值，即矿石由天然状态到爆破之后的松散程度。测定目的是为确定矿车、吊车、矿仓等的容积提供资料，计算公式如下：

$$K_s = \frac{V_s}{V_y} \qquad (6\text{-}27)$$

式中，K_s 为松散系数；V_s 为爆破后松散矿石体积；V_y 为爆破前原矿石体积。

D 块度

爆破后的矿石或岩石的碎块，将大于 50mm 的用手选进行分级，小于 50mm 的用筛子分级，都分别称其质量，求得各级矿石块或岩石块的重量占总质量的百分比，称块度。

块度根据矿产种类和工业用途，一般情况下分为七级。即：<5.5～10mm、10～25mm、25～50mm、50～100mm、100～200mm、>200mm。

E 矿石或岩石的自然倾角和安息角

矿石或岩石爆破后，堆成圆锥体时的圆锥面与水平面的夹角，称矿石或岩石的自然倾角。矿石或岩石在斜面上开始自然滑动的斜面最小倾角，称为安息角。两个参数的测定，前者在爆破堆上测定，后者可以将矿岩放到有一定摩擦力的木板上，然后木板慢慢抬起，矿岩开始下滑时，木板的倾角即安息角。两个参数对地下采矿场和露天采矿物的矿岩堆放都有重要意义。

F 孔隙度 K

矿石或岩石中孔隙体积占总体积的百分率，称为孔隙度，也可以用矿岩的体积质量 D 与密度 d 的关系测定。

$$K_0 = \left(1 - \frac{D}{d}\right) \times 100\% \tag{6-28}$$

G 岩矿石物理力学性质试样的采取

岩矿石物理力学性质的测定，主要是测定近矿围岩和矿石的抗拉、抗压和抗剪强度等，以及进行颗粒度分析、可塑性、密度等试验。

取样应尽量保持原结构和湿度。考虑岩矿石的矿物成分、粒度、结构、裂隙发育程度和风化程度，应分别取，重点放在矿体上下盘。

6.3.2.3 矿物取样

矿物取样又称岩矿鉴定取样，通过对矿石及岩石（近矿围岩）进行矿物学、矿相学及岩石学的研究，以查明矿石及围岩的矿物成分及含量，共生组合、结构构造特点、矿物粒级和嵌布特征、矿物化学成分及次生变化等，用于确定岩石种类、矿石自然类型、有用元素赋存状态、矿石加工技术性能、综合利用的可能性，以及解决矿床成因、概略估计矿产质量及其他一些地质问题。在砂矿（特别是贵金属）中，矿物取样是基本取样方法，用于估算储量。

对矿石的矿物学研究，目前仍是以显微镜（偏光、矿相、实体）鉴定为主，辅以各种测试手段，如硬度、磁性、折光率、微化分析、电子探针等测试。鉴定、测试均在加工过的样品（如光片、光面、薄片和单矿物样）上进行。主要包括以下几个方面：

（1）查明矿石矿物成分、矿物共生组合、矿物次生变化及分布规律。

（2）确定矿石中各矿物组分的数量，根据精度要求不同，可采用目估法和统计法等。

（3）查明矿石结构构造、测定矿物外形、粒度、嵌布特性及硬度、脆性、磁性、导电性等物理性质，为解决选、冶加工方法提供资料。

（4）考查矿石中元素赋存状态，为确定工业矿物，确定选、冶方法和流程提供依据。

（5）结合物相分析，确定矿石氧化程度，划分矿石类型，查明其分布规律。

6.3.2.4 工艺取样

工艺取样又称加工技术取样，通过矿石工艺性质及选冶试验研究，确定矿石的选矿、加工冶炼性能和加工技术条件，为制定矿石加工方法、选冶生产工艺流程、最佳生产技术经济指标，以及为矿床技术经济评价、建矿可行性研究和矿山企业设计提供可靠资料。矿石选冶试验程度是指试验深度、广度和规模的综合概念。根据试验的目的、要求和特征，技术经济指标在现实生产中的可靠性，选冶试验规模及模拟度的高低等，将选冶试验程度分为可选（冶）性试验、实验室流程试验、实验室扩大、连续试验、半工业试验及工业试验。不同试验内容分述如下：

（1）可选（冶）性试验：在实验室采用具有工业意义的选冶方法和常规流程，在对矿石物质组成初步研究的基础上，用物理或化学的方法获得目标产品反映的技术指标，目的是判别试验对象是否可作为工业原料。试验定量程度低、模拟度差。可选（冶）性能对评价矿石质量具有重要意义，对易选（冶）矿石的试验结果，可作为制定工业指标的基础。

（2）实验室流程试验：在可选性试验基础上，利用实验室规模的设备，进一步深入研究在何种流程条件下获得较好的选冶技术指标而进行的流程结构及条件的多方案比较试验，即选择技术经济最优的流程方案和条件。试验结果一般是矿床开发初步可行性研究和制定工业指标的基础；对易选矿石，也可作为矿山设计依据。

（3）实验室扩大连续试验：对实验室流程试验推荐的流程串组为连续性的类似生产状态操作条件下的试验，试验在动态中实现的，具有一定的模拟度，成果相对可靠。其结果一般作为矿山设计的基本依据；但对于难选矿石，仅作为矿床开发初步可行性研究和制定工业指标的基础资料和依据。

（4）半工业试验：半工业试验是在专门试验车间或实验工厂进行矿石选冶的工业模拟试验，是采用生产型设备，按"生产操作状态"所做的试验。目的是验证实验室扩大连续试验结果。工业模拟度强，成果更为可靠。其试验一般作为建设前期的准备而进行，试验结果可供矿山设计使用。

（5）工业试验：借助工业生产装置的一部分或一个、数个系列，性能相近，处理量相当的设备，进行局部或全流程的试验，具有试生产性质。主要在矿床规模很大，矿石性质较为复杂，或采用先进技术措施，缺乏足够经验，以及因技术、经济指标或新设备的适应性需在工业试验中得到可靠验证时才进行工业试验。可见，工业试验是建厂前的一项准备工作，其试验结果主要作为矿山设计建厂和生产操作的基础和依据。

上述五类选冶试验程度，先后层次分明，前者是后者的基础，后者是前者的验证、发展和提高。各类试验程度应该循序渐进，不可逾越。对于某些易选（冶）矿产可只进行第一类或前两类试验；对于难选（冶）矿产，则需按顺序进行上述全部试验。通常前三项试验由勘查单位进行，第四项试验由勘查单位与工业部门密切配合进行，第五项试验由工业部门进行。

6.3.3 矿石质量管理

矿石质量管理属于矿山企业全面质量管理的重要组成部分，是为了充分合理地利用矿山宝贵的矿产资源，减少损失并保证矿产品质量，满足使用单位（选、冶、用部门）对矿石质量的要求而开展的一项经常性工作。要搞好矿石质量管理，就必须按照矿石质量指标要求，编制完善的矿石质量计划，进行矿石质量预测，加强采矿贫化与损失的管理。搞好矿石质量均衡工作，并加强生产现场全过程的矿石质量检查与管理，以减少输出矿石质量的波动，保证矿山按计划、持续、稳定、均衡地生产，提高矿山企业生产的总体效益。

6.3.3.1 矿石质量计划及矿石质量预计

A 编制矿石质量计划的作用

矿石质量与产量计划是矿山采掘（剥）生产技术计划的核心，规定要求矿石质量计划必须与采掘（剥）计划同时编制、上报、考核、验收和下达。矿山必须是在能够保证满足规定的矿石质量指标（如矿石类型要求、有用组分品位、有害杂质允许含量等）的前提下，具体安排矿石回采范围、作业进度、回采顺序及出矿数量等。因此，矿山生产中的矿石质量计划是矿山采掘（剥）技术计划的重要组成部分，是实现矿石质量指标，满足用户要求的具体活动安排，是进行矿石质量管理的首要保证措施。同时，也应鼓励能预测和提高矿石质量的新技术、新方法的推广应用。

矿山应对矿石质量全面负责，并组织全面综合管理。矿山地质部门是原矿质量技术的主管单位，应会同矿山生产、计划和技术等部门编制矿石质量计划。矿石质量计划可分为远景规划性的质量计划、年度质量计划、季、月质量计划及旬、日、班矿石质量计划等。

编制矿石质量计划的作用在于：可以衡量计划期内将生产矿石能否达到规定的矿石质量指标要求，以便及时发现问题，预先采取措施，调整生产计划；可以有目标、有计划地指导矿石质量均衡工作；最终实现计划规定的矿石质量指标，保证采、选、冶生产均衡，有助于提高生产效率和资源回收率。

B 矿石质量计划的编制依据和基本内容

矿石质量计划编制的理论依据应是"全面质量管理"的基本原理，实行"全面、全员、全过程"系统计划管理。其直接依据是上级下达（或合同规定）的符合矿山实际的矿石质量指标，并受具体地质条件、矿山采掘生产作业水平、采矿损失、贫化指标和地质工作程度制约。

矿石质量计划的基本内容应分为文字、图件和表格三部分。

文字部分：计划开采块段矿石质量的基本情况；预计的采矿贫化率与损失率；各类型或品级矿石计划达到的质量指标，矿石回采作业的进度、顺序、各地段的出矿计划及矿石质量和安排；实现矿石质量计划所采取的技术措施和要求。

图件部分：包括综合地质图、矿石类型分布图、采样位置图、品位分布图、块段（或爆破区）地质图、采掘进度计划图等。

表格部分：分为各式质量计划表，见表6-3和表6-4。

表6-3 日（班）矿石质量计划

块段（爆破区）	矿石类型	出矿能力	地质品位/%	计划出矿量/t	计划出矿品位/%	掌子面出矿配矿安排	备注
1	2	3	4	5	6	7	8

C 矿石质量计划编制的一般步骤

（1）安排采矿计划进度线及采矿量，必须在了解矿床地质与矿石质量分布特征，符合合理采掘顺序前提下，按时间和采矿单元进行。

表 6-4　年、季、（月）矿石质量计划表

块段（爆破区）	掌子面	矿体号	计划采出矿石量	原矿地质品位		计划贫化率	质量指标品位		有益及有害成分含量计算				地质平均品位/%		计划出矿品位/%		备注
									地质含量		出矿含量						
				组分			组分		4×5	4×6	4×8	4×9	组分		组分		
1	2	3	4	5	6	7	8	9	10	11	12	13	14	15	16	17	18

（2）计算计划开采地段内的矿石平均品位（地质品位），按矿石类型、品级、矿体以及中段（平台），块段（爆破区）分别进行计算。

（3）计算计划采掘范围的预计贫化率，根据圈定的夹石及矿石分布、厚度、产状等和采掘技术水平进行计算，并分析分采的可能性。

（4）计算采出矿石的预计平均品位，分类型和开采部位进行。

（5）做出矿石质量均衡（配矿）的具体安排。

（6）提出防止与降低采矿贫化与损失的措施。

（7）编制矿石质量计划的图表及文字说明。

D　矿石质量预计

矿石质量预计是编制采掘技术计划及矿石质量计划的基础工作。开采前应预先计算开采块段的采出矿石品位，并向采、选矿部门预告矿石的品种、类型、出矿品位、围岩与废石混入率及影响选矿的矿石结构构造、物化性质和有害杂质等情况，以便有关部门及时掌握采出矿石的质量变化动态，适时调整开采及选矿的技术措施，以保证入选矿石和精矿产品质量。

影响矿石质量预计的因素很多，主要有：矿床与矿体地质构造特征和矿化特征，这是客观存在的基础因素；地质工作程度，决定着对矿床（体）地质特征信息资料掌握的充分可靠性和准确程度；开采技术因素，指所选择的采矿方法及采掘生产的组织管理水平，机械化程度等，这是影响采矿损失、贫化和引起采出矿石质量变动的重要原因；矿石加工因素，主要指矿石的破碎和选矿工艺流程，是决定入选矿石质量、精矿质量及回收率等指标的重要因素。矿石质量指标正是在综合研究上述因素的基础上制定的。

矿石质量预计的方法很多，总体上可分为定性预计法与定量预计法两类。定性预计法又称为直观法或调查法，其实质是经验法或类比法，是根据已有经验判断未来矿石质量的发展变化。定量预计法是根据已有历史数据或矿石质量的影响因素与矿石质量的因果关系，用各种数理统计方法推测未来矿石质量的发展变化。例如对矿石品位的预测常用的方法有：

（1）根据开采地段矿石地质品位 C、围岩品位 C^n 和预计的废石混入率 r 或预计开采贫化率 P（一般多用废石混入率 r），预测出矿品位 C'，则可用如下公式：

$$C' = (1 - r)C + rC^n \text{ 或 } C' = (1 - P)C \tag{6-29}$$

（2）回归分析法：生产多年的矿山，可根据历年投产矿块的地质品位与出矿品位间的关系，通过回归分析，建立线性回归方程：

$$y = a + bx \tag{6-30}$$

若出矿品位与多种因素有相关关系，还可以建立多元回归方程进行预测，其预测值可

以用剩余标准差衡量。实践证明，回归分析方法是一种行之有效的预测方法。

（3）滑动平均法：这是假定出矿品位仅与近期生产状况有关，与较远期的状况无关，只选用近期（如前三日或三周）的平均出矿品位值 x_1、x_2、x_3 进行算术平均（或加权平均），预测下个时期出矿品位值 C_1 的方法，属于时间序列分析法，其公式为：

$$C_1 = \frac{1}{3}(x_3 + x_2 + x_1) \tag{6-31}$$

6.3.3.2　矿石质量均衡

A　矿石质量均衡的概念和意义

矿石质量均衡又称矿石质量中和，是矿山地质管理的一项重要内容。它是指在矿山设计，采掘（剥）计划，以及爆破、出矿、运输、储存及破碎等生产过程中，根据矿石质量分布特点，采用不同的配矿方式和方法，使采出或运出的矿石质量均衡，以便企业和社会经济效益、资源效益达到最优的质量标准。

矿产品市场要求尽可能稳定（好）的矿石质量，矿石加工工业部门一般要求矿山供应的矿石必须保持相对稳定的质量，如金属矿石的品位波动范围不应大于 $\pm(5\% \sim 10\%)$；或对某些能恶化矿石加工过程和产品指标的有害杂质也规定有最大允许含量。否则就会影响到矿石价格、影响到选（冶）生产计划的完成，甚至会破坏生产工艺流程。然而，各种质量的矿石在矿床中的分布是很不均匀的。这就需要按照市场与矿石加工工业部门对所需矿石的质量指标要求，根据矿石分布情况，在矿山采矿生产过程中，有目的、有计划、严格按比例地对各种质量的矿石进行搭配。

矿石质量均衡的主要意义在于：有助于充分发挥选、冶工作效率和提高矿山总体效益；有计划地搭配部分贫矿石，有助于充分合理利用矿产资源；有助于增加矿山经济收入，降低成本，并延长矿山服务年限。

B　矿石质量均衡的原则

（1）贫矿石的加入量，必须保证富矿石品位降低后仍能达到利用的规定标准。

（2）两种矿石的品位及特性相差悬殊时，不能搭配，否则会给选冶部门造成技术上的困难。

（3）不同工业类型、品级的矿石，因加工方式、方法不同，不能搭配。质量显著不同，用途不同，价格不同者，应分选。

（4）两种粒度规格相差过大的矿石不能搭配。

（5）耐火材料及某些应用其特殊物理性质的矿产，一般不能搭配。

C　矿石质量均衡的计算

矿石质量均衡主要是对矿石中有用组分含量的均衡，必要时也对有害组分或冶炼造渣组分进行均衡。

（1）当对各品级矿石进行配矿时，其基本计算公式为：

$$D_n(C_n - C) = F_n \tag{6-32}$$

式中，D_n 为各采区（采场、中段）计划出矿量；C_n 为各采区（采场、中段）预计出矿平均品位；C 为要求达到的品位指标；F_n 为各采区（采场、中段）均衡能力系数（质量中和能力系数）。

若 F_n 为 "+" 时, 表示可搭配部分低品位矿石, 若 F_n 为 "–" 时, 则需搭配部分高品位矿石, 但必须从全部矿石质量均衡角度考虑, 即最后必须使各采区 (采场、中段) 的均衡能力系数之和满足下列要求:

$$\sum F = F_1 + F_2 + \cdots + F_n \geq 0 \tag{6-33}$$

式中, F_1, F_2, $\cdots$, F_n 为各采区 (采场、中段) 均衡能力系数。

或

$$D_1(C_1 - C) + D_2(C_2 - C) + \cdots + D_n(C_n - C) \geq 0 \tag{6-34}$$

式中, D_1, D_2, $\cdots$, D_n 为各采区 (采场、中段) 出矿量; C_1, C_2, $\cdots$, C_n 为各采区 (采场、中段) 预计出矿品位。

(2) 当进行有害组分均衡时, 则必须满足:

$$\sum F' = F'_1 + F'_2 + \cdots + F'_n < 0 \tag{6-35}$$

式中, F'_1, F'_2, F'_n 为各采区 (采场、中段) 有害组分均衡能力系数;

或

$$D_1(\alpha_1 - \alpha) + D_2(\alpha_2 - \alpha) + \cdots + D_n(\alpha_n - \alpha) < 0 \tag{6-36}$$

式中, α_1, α_2, $\cdots$, α_n 为预计各采区 (采场、中段) 有害组分平均含量; α 为有害组分最大允许含量。其中 α 若不能满足上述要求, 则须调整各采区的出矿量, 进行适量的搭配。

(3) 当只有两种品位的矿石配矿时, 则用下式计算允许搭配的低品位矿石数量:

$$X = \frac{D(C_1 - C)}{C - C_2} \tag{6-37}$$

式中, X 为允许搭配的低品位矿石数量; D 为较高品位的矿石量; C_1 为较高品位矿石的平均品位; C 为要求达到的品位指标; C_2 为低品位矿石的平均品位。

D 矿石质量均衡的方法

矿石质量均衡的方法主要是指配矿, 但矿石初步分选也属于矿石质量均衡的范畴。配矿工作贯穿于从开采设计到商品矿石输出过程的各个环节, 可通过一次或多次矿石搭配达到矿石质量均衡标准。

a 配矿的方法与步骤

(1) 在编制开采设计和采掘计划时编制配矿计划, 在充分了解矿石质量分布特点的基础上有针对性地安排各计划中段 (平台)、块段 (爆破区) 矿石的采矿方向、部位、出矿顺序及产量比例, 以利于矿石质量均衡。

(2) 爆破时配矿: 合理安排各品级的爆破范围、数量和顺序, 产生配矿效果。

(3) 出矿时配矿: 根据各采场或掌子面矿石质量特点安排出矿顺序和出矿量, 作好出矿指挥, 对矿车进行编组, 达到配矿目的。

(4) 人仓或栈桥翻板时配矿: 将不同品位矿车对翻, 或利用移动式卸矿车往复移动, 也可使用皮带输入贮矿仓, 尽量使矿石逐层分布均匀。

(5) 商品原矿或精矿石装车、装船时配矿。

b 矿石初步分选

当矿石质量波动很大时, 往往需要人工或仪器设备把不同类型、品级矿石和废石分拣开来, 按不同路线运输、不同方式加工。最简单的是块度分选法、肉眼法分选。较复杂的是地球物理法分选。据进行分选的地点分为工作面 (回采矿块内) 分选、地下分选设备（或分选站）分选和地面分选设备（或破碎分选工厂）分选。地面分选往往是选矿总过程的一部分。

（1）块度分选法：利用筛子（固定或振动）把矿石分成不同块度，因为有时不同矿石块度的分别加工具有独立意义，如某些脆性矿物，经筛选的细粒级组分往往是高质量、高品级矿石，或可直接入选，或可直接进行冶炼。块度法分选可在地下进行，更常在地表（如金矿）进行。

（2）肉眼法（经验法）分选：若不同品级、类型矿石，或矿石和废石的物理性质（如颜色和光泽）易用肉眼加以区别，则用手工加以分拣；可在地下、工作面的矿石堆上或在运输机皮带上进行肉眼法手工分选。

（3）地球物理法分选：对于放射性（如钠、钍）矿石，可用辐射计测量天然放射性射线强度，据其确定每个矿块内金属品位。并据此将矿车按质量品级编组。也可在运输传送带下先逐块测量皮带上经筛选的矿石品位，将测量结果传给后设的专门设备（如风动机），这个设备把矿石块分送到不同品级矿仓里，分别加工。合格矿石送选矿厂或冶炼厂；表外贫矿贮存起来进行浸出处理；废石送到废石场。

地球物理法可以使矿石分选完全机械化和自动化，我国应该在这方面加强科学技术研究。无论哪种分选方法，均必须通过与全部矿石质量均衡相比较，进行技术经济论证。

6.3.3.3 采场矿石质量管理

A 地下开采

地下开采矿石质量管理的关键是出矿管理和矿石运输过程中的配矿与分选。出矿管理总的要求是实行岩矿按计划、按品级、类型的分装、分运，尤其注意工业矿石的扫清出净，减少矿石的损失和贫化。充填法采场不得将充填料混入矿石或将高品位粉末矿石混入充填料。房柱法采场防止出矿时顶盘和四壁围岩的塌落。深孔崩落法覆岩下放矿的采场应编制放矿图表，保证岩矿界面的不等量均衡下降；正确确定和掌握出矿极限（截止）品位，其数值约介于边界品位与尾矿品位之间；矿石出完后应及时封闭漏斗。在矿石开采运输过程中，有必要加强按计划地配矿和矿石初步分选工作，达到矿石质量均衡。

B 露天开采

在露天采场往往存在多台阶、多掌子面同时作业，采矿和剥离交错进行的复杂情况，特别是在多品级、多类型矿石分采的采场，矿石质量管理工作比较复杂。管理的主要措施是分穿、分爆、分铲、分装、分运、分级破碎储存，并加强配矿和矿石的分选，保证有计划地进行生产。

（1）爆破块段管理：爆破块段地质图或爆破区图是实际划分矿岩、矿石品级和类型的依据，在现场采用一定标志（小旗、木牌等）表示其分界线位置，指导分穿、分爆。

（2）爆破矿堆管理：最好绘制爆破矿堆、矿石分布草图（图6-44），同样在现场设置标志表示矿出、矿石品级类型界线位置。爆堆草图应一

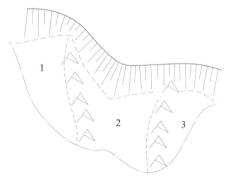

图 6-44　爆堆矿石分布草图

1—废石；2—浸染状矿石；3—块状矿石

式三份，分别交调度室、地测部门和电铲司机，指导分铲、分装与分运工作。

（3）出矿指挥：在生产矿山，按计划合理地安排放矿与出矿的时间、地点及数量，对不同类型和品级的矿石分别进行搭配，以及分别处理矿石与废石等方面的工作，统称为出矿指挥。它是矿山地质部门必须参与的经常性工作。

C 产量验收

每次爆破后，测量人员均要进行产量验收。地质人员主要是提供验收计算所必需的矿量、矿石质量及体重资料。同时，检查爆破效果，合理安排出矿顺序与出矿量。目前计算机的应用，可以大大提高这些工作的质量和效率。

6.4 矿山地质资源储量估算

6.4.1 概述

6.4.1.1 资源储量估算的意义

采用储量估算确定矿产数量，是地质工作主要任务之一。估算储量及因估算储量而对矿床进行的研究，其主要意义在于：

（1）矿产储量是地质勘探和矿山生产勘探的主要成果，是确定矿山企业生产规模，经营效益和服务年限的主要依据。

（2）根据矿产储量的种类和级别，衡量矿床勘探程度和生产准备程度。矿产储量是矿山编制矿山地质勘探和生产勘探的依据，以及矿山设计、矿山规划、矿山采掘计划、矿山生产管理的依据。

（3）矿产储量估算工作，涉及对矿床地质条件的研究，如矿床地质特征、主要控矿条件，矿体产状、形态和赋存规律，矿石的物质成分及其变化规律。矿石的结构构造及嵌布关系等；还涉及矿床勘探方法和勘探程度的研究，如勘探手段、勘探网度、矿产质量、矿石工业品级和自然类型，矿床开采技术条件，矿石的加工技术条件。

6.4.1.2 储量估算的一般过程

无论传统的还是最新的储量估算方法，首先应确定工业指标，然后在编绘的供储量估算的地质图上，用工业指标圈定和连接矿体，划分块段（储量估算的基本单元）和确定储量级别。测定和计算矿体和块段的面积 S，平均厚度 $\overline{M}$，平均品位 $\overline{C}$，以及矿石的平均体重 $\overline{D}$ 等参数。一般是：

矿体体积（m³）：$\qquad V = S\overline{M}$ （6-38）

矿石量（t）：$\qquad Q = V\overline{D}$ （6-39）

金属量（kg）：$\qquad P = Q\overline{C}$ （6-40）

在块段计算的基础上，按矿体（脉），分中段进行储量的统计、汇总和变支。

6.4.1.3 储量估算方法及发展

矿产的储量估算方法，传统的估算方法如算术平均法、地质块段法、开采块段和断面法等使用最多。随着计算机技术的发展，20 世纪 60 年代以来，产生了以矿块空间模型为基础的地质统计学法，距离反比和距离平方反比法等。进入 70~80 年代以来，以 SD 法和地质统计学为主。但大量的矿山仍然以传统的储量估算为主。2020 年国家新的规范里，主要介绍了几何法、SD 法和地质统计学。

6.4.2 矿床工业指标的论证

6.4.2.1 储量估算工业指标的概念和意义

矿床工业指标：指在一定时期的技术经济条件下，对矿床矿石质量和开采技术条件方面所提出的指标，是圈定矿体、估算资源量的依据。（注 1：通常包括一般工业指标和论证的矿床工业指标。注 2：论证的矿床工业指标一般用于矿产资源勘查的详查、勘探阶段。）

一般工业指标：指按有关规定发布的一般性参考指标，是一定时期内在一般技术经济条件下用于圈定矿体、估算资源量的依据。（注：通常用于矿产资源勘查的普查阶段。）

因此，矿床工业指标是以矿床地质自然参数为基础，又与矿山企业开采、选冶、加工技术水平有着密切的函数关系；与国家对资源的需求程度和经济政策有着制约关系。而一个矿山在特定的时间内，矿床内部因素相对而言是比较稳定的。这样，矿山的经营管理、生产规模，以及矿床有用组分的边际品位是主要评价参数。当然，矿床的自然条件、矿山经营效果、国家需求程度、产品价格等参数越好，矿床的工业指标越合理，矿山的经营效果越好。矿床工业指标是矿床经济评价的标准，而矿床经济评价的目的是以最大限度地利用资源和经济效益最佳为目标。

矿床从勘探到开发的各个阶段，都有经济评价工作，即贯穿于矿床的地质评价、勘探、建设和开发的全过程。但在不同阶段，其目的和要求也是有所差异的。因此，评价的工业指标也是不尽相同的，也是有差异的，其目的就是矿山经营效果和资源利用程度极大化。其意义是通过对生产矿山资源的定量评价工作能对金属矿山经济效益和矿产资源利用随时做出适度分析。

工业指标是圈定工业矿体的技术手段，是进行矿产资源评价的依据，工业指标的正确合理确定决定矿床勘探矿点（区）的选择和资源利用，决定矿山技术经济指标和经营效果。同时，也涉及到矿床地质特征、成矿规律、矿床成因的进一步认识和评价。

工业指标是划分矿体和非矿体的标准，是圈定矿体和储量估算的依据，在一般情况下工业指标的改变将导致矿体形态、产状、规模及储量的改变，甚至影响到采矿方法，选矿工艺等基本方案的变更。还可因为工业指标改变，使矿体形态、产状、规模发生显著变化，导致矿床勘探类型改变，对应的勘探手段和工程网度也作相应的改变。因此，工业指标确定是否合理不仅影响到地质勘探工作的进行和矿产资源的利用，而且直接影响到矿山企业的建设和生产。所以，合理确定工业指标，是极为重要的工作。

任何阶段的勘查报告或矿产资源储量核实报告估算矿产资源量都应有相应阶段审定的工业指标。普查阶段报告可采用各矿类（种）规范附录中提供的一般工业指标；详查、勘探阶段报告，应采用经过论证后推荐的工业指标。

矿山企业提供的矿产资源量核实报告，采用的工业指标应是矿山企业现行的生产用指标或原勘查报告使用的工业指标。因矿区分割、合并等原因编写的资源量核实报告，可用原工业指标或生产指标。

6.4.2.2 工业指标应用原则与基本要求

A 基本原则

(1) 遵循法律法规,符合产业政策。

(2) 遵循矿产地质勘查规范、矿山建设设计规范和相关技术标准。

(3) 有利于矿产资源保护和合理利用。

(4) 综合勘查,综合评价,综合开发,综合利用矿产资源。

(5) 全面考虑技术可行性、经济效益社会效益和环境效益,体现最佳综合效益。

(6) 实事求是,与时俱进,适时合理论证,优化矿床工业指标。

B 基本要求

(1) 由具有相应资质或能力的单位依据勘查成果进行论证。

(2) 综合分析矿产资源开发项目的地质、采矿、矿石加工选冶、基础设施、经济、市场、法律、环境、社区和政策等因素进行论证。

(3) 矿床地质研究、矿石质量研究、矿石加工选冶技术性能研究、矿床开采技术条件研究、综合勘查与综合评价一般应达到详查及以上勘查工作程度。

(4) 确定边界品位与最低工业品位时,应考虑二者的合理匹配,尽量保持矿体的自然形态与矿体连续性、矿体圈定的合理性和完整性,保护和合理利用资源,使矿床开发获得合理的经济效益。

(5) 论证矿床工业指标时,相关技术经济指标和参数的选取应与销售产品对应的生产阶段(采矿、矿石加工选冶)一致。

(6) 需分采、分选的不同类型矿石,应进行具体分析,必要时分别论证矿床工业指标。

(7) 论证工业指标时,存在同体共生矿产的宜论证、制定综合工业指标,以当量品位表示,对于经济价值较高的伴生矿产,可参与综合工业指标论证。同体共生矿产也可分别论证各主要有用组分的最低工业品位指标,按不同组分分别提出品位指标。存在异体共生矿产的,可根据共生关系,结合采矿、矿石加工选冶工艺及技术经济指标的区别,分别论证工业指标。

(8) 有用组分的品级对经济价值有显著影响时,应分别提出相应品级的指标要求。

(9) 充分考虑伴生组分综合回收利用的可能性,根据矿床地质特征、矿石加工选冶试验研究成果和矿山生产实际,确定综合评价指标。

(10) 根据有关规定,结合实际提出有害组分允许含量指标。

(11) 同一矿床中设有多个矿业权的,论证其中任一矿业权范围的工业指标时,技术经济参数的选取应考虑协调性和合理性。

(12) 依据的矿石加工选冶技术性能试验研究成果、矿山生产技术经济指标,至少应达到业界平均技术水平。拟定的采选(冶)方案、工艺流程,选取的各项技术经济指标应符合有关规定,不低于同类矿山平均水平。

(13) 实行保护性开采的特定矿种工业指标论证时,应遵循相关管理要求。

(14) 倡导采用三维矿业软件进行矿体圈定、资源量估算及工业指标论证。

C 基本条件

(1) 已基本查明或详细查明矿床地质特征及矿石特征。

（2）已基本查明或详细查明矿床开采技术条件。

（3）主矿产及共生、伴生（以下简称共伴生）矿产已取得能代表矿石特征的加工选冶试验成果，其试验研究程度满足相关要求。

（4）矿山建设外部条件基本具备，或完善矿山建设外部条件的途径可以预期，投资可以匡算。

（5）已具备或基本具备选定相关技术经济参数的条件。

（6）对于生产矿山，应收集齐全所需的实际生产技术经济指标和相关资料。

6.4.2.3 工业指标的主要内容及其应用

现行矿床工业指标分为双指标体系和矿块指标体系两种。

双指标体系：系现行矿产地质勘查规范中提供的一般工业指标，包括矿石质量（化学的和物理的）指标及矿床开采技术条件等方面的要求。

A 矿石质量指标

矿石质量方面：包括但不限于边界品位、最低工业品位、边际品位、最低工业米·百分值（米·克/吨值）、含矿系数、最低综合工业品位、矿床平均品位、伴生组分含量（必要时包括有害组分允许含量）、物化性能要求等。根据需要，部分矿种可增加工业品级指标。对于冶金辅助原料和某些非金属矿床，起主导作用的是矿石物化性能，其矿床工业指标可不包括品位指标。

边界品位：是指圈定矿体时对单个样品主要有用组分含量的最低要求，是"矿"与"非矿"的分界品位。通常采用类比法、统计法等测算，结合尾矿品位及技术经济条件拟定的品位作为参考指标，设置不同的边界品位指标方案，再用地质方案法或类比论证法论证确定。一般情况下，设置的边界品位指标应高于与之相应的矿石加工选冶试验或当前一般技术条件下的尾矿品位。

最低工业品位：指圈定工业上可利用的矿体时，参照盈亏平衡原则论证确定的、对单个勘查工程连续样品段（部分矿种也可按块段）中主要有用组分平均含量的最低要求。

通常采用测算的盈亏平衡品位作为参考指标设置不同的最低工业品位指标方案，再用地质方案法或类比论证法论证确定。该品位用作对单个勘查工程连续样品段（部分矿种也可按块段）中主要有用组分平均含量的最低要求，以使所圈出的工业矿体的平均品位在开发利用时能够达到预期收益水平。盈亏平衡品位测算通常是按盈亏平衡原则针对全矿床-定生产时期进行的，而最低工业品位是对单个勘查工程（或块段）连续样品段的最低要求。

边际品位：指估算资源储量时对矿块主要有用组分平均含量的最低要求。根据技术经济条件和盈亏平衡原则确定，以保证所报告的资源量在工业上可以利用。在矿块指标体系中，通常采用测算的盈亏平衡品位作为参考指标设置不同的边际品位指标方案，再结合地质方案法论证确定。

矿区（床）平均品位：是全矿区（床）工业矿石的总平均品位，用以衡量全矿区（床）矿石的贫富程度和整个矿床的工业价值，是衡量矿床在当前是否值得开发建设和开发后能否获得预期经济效益的一项标准。

一般根据预期的投资收益率，采用经济分析法或类比论证法测算矿床应达到的平均品位。当用所圈定矿体的矿床平均品位进行财务评价时，若财务内部收益率与预期的收益水平相差较大，则应对圈定矿体的工业指标进行适当调整。满足投资收益率要求的矿床平均品位指标不直接用于圈定矿体，但在论证过程中可用于评价矿床是否具有开采价值，开发后能否达到预期的收益水平。它是整体衡量矿床贫富程度、矿床能否开发利用的指标，也对圈定矿体的边界品位和最低工业品位有制约作用。

最低工业米·百分值：指最小可采厚度与最低工业品位的乘积。对某些矿床，当单工程单矿体真厚度小于最小可采厚度而品位较高时，可用最低工业米·百分值圈定矿体。

最低工业米·克/吨值：指最小可采厚度与最低工业品位的乘积。对某些矿床，当单工程单矿体真厚度小于最小可采厚度而品位较高时，可用最低工业米·克/吨值圈定矿体。

对矿体单工程厚度小于最小可采厚度，但矿石品位较高，特别是工业利用价值较高的薄脉型矿体，通常根据最小可采厚度与最低工业品位的乘积（即最低工业米·百分值或最低工业米·克/吨值）确定。

含矿系数（含矿率）：是矿床或矿体、矿段、块段及单工程中的工业可采部分与整个矿床或矿体、矿段、块段及单工程之比，分为线含矿系数（长度比）、面含矿系数（面积比）、体含矿系数（体积比）、质量含矿率（质量比）。

最低综合工业品位：指圈定矿体时对同一矿床（体）中存在两种及以上有用组分时，将各有用组分折算为以主组分表示的当量品位的最低要求。

通常采用测算的盈亏平衡品位作为以主组分当量品位表示的最低综合工业品位参考指标，设置不同的方案，再用地质方案法或类比论证法确定。测算盈亏平衡综合品位时，应综合考虑各有用组分的价格、生产成本及回收情况。多组分综合回收后可降低对各有用组分的品位要求的，也可分别论证各有用组分的最低工业品位。对可综合回收的伴生有用组分，也可将其折算至原矿的产值以抵消部分原矿生产成本，起到降低对主组分品位要求的作用。

伴生组分综合评价指标：指矿石加工选冶过程中可单独出产品，或能在精矿及其他产品中富集、计价，或在后续工艺中可综合回收利用的伴生组分含量要求。

对在主要有用组分矿石加工选冶过程中，能单独出产品的伴生有用组分，可采用盈亏平衡原则单独测算评价指标，采用的成本费用应合理测算，做到能收尽收。若可以同时回收两种（含）及以上伴生有用组分，则应分别测算评价指标。对在精矿中富集并能在冶炼工艺中回收，或在精矿中可计价的伴生有用组分，应单独测算评价指标。

有害组分允许含量：指采矿、矿石加工选冶过程中，危害人体健康、产生环境污染及影响矿产品质量的有关组分最大允许含量要求。

有害组分允许含量一般不单独进行论证，而是根据矿石加工选冶工艺的要求确定。对可能危害人体健康、造成环境污染的有害组分，应按照环境保护的有关规定确定该指标。导致产品不符合质量标准要求的有害组分，经过对产品利用途径（如配矿使用等）及可行性论证，表明产品仍可利用且有经济意义的，可不设有害组分的允许含量指标。对可能影响矿产品质量的有害组分，若矿石经过加工选冶能够分离出来，或产品中虽含有一定量有害组分但仍符合相关产品的质量标准要求的，可不设定该指标。

矿石或矿物的物理技术性能方面的要求：在评价某些矿产时，需对矿石或矿物的物理技术性能进行测定，并提出不同的特殊质量要求，作为矿产质量评价的一项重要指标，特别是对一些直接利用其矿石或矿物的非金属矿产，这是一项十分重要的质量指标。例如：各种宝石的颜色、晶形、粒度、光泽、折射率等；压电石英的压电性；云母的剥开性、面积的绝缘性；蛭石的膨胀率、导热性；石棉的长度、韧性；膨润土、高岭土（石）的特殊要求等。

B　矿床开采技术条件指标

矿床开采技术条件方面：包括但不限于最小可采厚度、最小夹石剔除厚度、无矿地段剔除长度、平均剥采比、边坡角、开采深度等。

最小可采厚度：指根据当前采矿技术和矿床地质条件确定的具有工业开采价值的单个矿体（矿层、矿脉等）厚度（真厚度）的最低要求。

最小可采厚度主要取决于采矿工艺要求，根据开采方式、采矿方法、采掘设备及矿体特征等确定。通常由经验法或类比法确定。对某些矿体产状和厚度变化大的矿床，当最小可采厚度指标对矿体圈定影响较大时，也可将其纳入对比的指标方案进行论证确定。

最小夹石剔除厚度：指在当前开采技术条件下，圈定矿体时单工程中应单独剔除的夹石最小厚度（真厚度）要求。

最小夹石剔除厚度通常采用经验法确定。该指标主要取决于开采方式、采矿方法、采掘设备水平和矿床矿化特征等因素。确定的原则是使废石在开采过程中能予以剔除或留作"矿柱"，以避免和减少采矿贫化，同时还应尽量考虑矿体的完整性，避免矿体圈定和连接的复杂化。当最小夹石剔除厚度指标对矿体圈定影响较大时，也可将其纳入对比的指标方案，采用地质方案法论证确定。

无矿地段剔除长度：指沿脉坑道中矿化不连续的、应予以剔除的低于边界品位的"非矿"部分的最小长度要求。

无矿地段剔除长度主要是对脉状矿体（层）或品位变化大的复杂类型矿体（层）所做的特殊规定。一般根据沿脉探矿巷道揭露矿脉及沿走向矿化连续情况，按照开采时能对无矿地段单独剔除或留作"矿柱"的要求确定。原则上应尽量减少开采贫化，并尽可能保持矿体的连续完整性。

平均剥采比：是露天境界以内的岩土剥离总量与露天境界内可采出矿石量之比。（注：岩土剥离总量包括露天境界内矿体上覆岩土、矿体间夹层、矿体上下盘需剥离的岩石量等。）

矿床开采最终坡角：是指露天采矿场中，由最下一个阶段的坡底线与最上一个阶段的坡顶线相连构成的假想平面与水平面的夹角，仅用于适合露天开采的矿床。

勘探深度：是根据当前开采技术水平能够开采到的深度或将来能够达到的最大开采深度，所确定的探矿工程控制矿体估算储量的最大深度。

C　矿床工业指标体系

矿床工业指标体系包括工程指标体系和矿块指标体系。

工程指标体系：包括但不限于边界品位、最低工业品位、最小可采厚度、最小夹石剔除厚度等指标。通常在使用几何法（如断面法、地质块段法等）估算资源量时采用。应用时针对单个勘查工程（部分矿种为块段）采用边界品位结合最小可采厚度及最小夹石剔除厚度等要求界定矿石与围岩，采用最低工业品位圈出工业上可利用的矿石，再利用各勘查工程的圈矿结果通过内圈或外推确定矿体及工业矿体的范围，估算资源量。

矿块指标体系：通常以边际品位为主，兼顾其他因素，在使用地质统计学法、距离幂次反比法等估算资源量时采用。一般根据地质矿化规律采用某一个品位界线（一般介于地质上的矿化品位与工程指标体系中的边界品位之间）圈出的一个比较完整的矿化域，在矿化域内按照一定的大小划分估算品位的单元块，继而对单元块进行品位估值，再采用边际品位界定单元块是矿石还是废石，然后统计资源量，在单元块中用边际品位来圈定矿块。其中起关键作用的是边际品位及最小开采单元大小。单元块（估值单元块）是品位估值对象的矿块，其大小应考虑矿床开采方式、采矿工艺及炮孔间距、矿体复杂程度、矿体规模，一般应大于矿床开采基本（最小）单元；最小开采单元是实际可采的最小范围，即一次采矿（打孔放炮）的最小体积。

具体论证的工业指标应根据矿床工业指标体系、矿床地质特征、矿种与矿产品用途、开采技术条件、采矿工艺及矿石加工选冶技术性能等选择确定。

6.4.2.4　矿床工业指标论证方法

A　矿床工业品位指标测算

一般采用类比法、统计法、盈亏平衡法等测算品位指标。

（1）类比法。采用同一矿床的不同矿段，或相邻矿区或相似矿床工业应用成熟的工业指标。要求矿体特征、矿物成分、矿石质量、开采技术条件、矿石加工选冶技术性能等具有较高的相似性，且采用相同的工业指标圈定的矿体符合本矿床地质特征。

（2）统计法。根据样品基本分析结果，将主要有用组分的含量划分为若干品位区间，并统计各区间的样品频数和频率，做出频数或频率分布曲线图，找出低品位区间曲线由高降低或由低升高的突然转折点，再结合考虑矿体规模和连续性等因素，将此突变点对应的品位值设定为边界品位。统计法确定边界品位多用于矿体与围岩边界不清、品位呈渐变关系的矿床。

（3）盈亏平衡法。按照盈亏平衡原则，根据产品价格，采矿、矿石加工选冶技术指标及生产成本费用等，计算盈亏平衡品位，以主组分当量品位表示的最低综合工业品位、伴生组分综合评价指标，作为设置不同指标方案的参考指标。该方法是为满足经济上某种最低要求而进行的分析及试算。

B　论证方法及选择

通常采用地质方案法、经济分析法、类比论证法论证矿床工业指标的合理性。

a　论证方法的选择

工业指标的变化对矿体形态、完整性和规模敏感的，一般应采用地质方案法。

工业指标的变化对矿体形态、完整性和规模不敏感的，可采用经济分析法；具备类比论证条件的可采用类比论证法。

尚无一般工业指标的矿种，在普查阶段可参照本矿种勘查开发实际采用的工业指标类比论证；尚不具备类比条件的，普查阶段应在矿石加工选冶技术性能试验研究的基础上进行必要的论证。

新发现的及有新用途的矿种，普查阶段应在矿石加工选冶技术性能试验研究的基础上，对工业指标进行必要的论证。

b 地质方案法

（1）由勘查单位、矿业权人和具有相应资质或能力的单位共同研究，根据矿床地质特征初步确定试圈指标。勘查单位根据 GB/T 33444 和相应矿种矿产地质勘查规范的有关要求，进行矿体圈定和资源量试算，提出矿床工业指标建议书。论证单位综合考虑产业政策、资源利用和环境保护要求，矿床（体）完整性，资源开发经济、社会、环境效益等，从矿山建设需要出发，评价勘查工作满足程度，对不同方案进行综合比较，择优推荐最佳矿床工业指标方案。

（2）根据矿床地质特征、矿石品位、主组分及共伴生组分分布均匀程度、开采工艺和矿石加工选冶技术性能，采用不同的品位指标方案，进行多方案综合对比，从矿体完整性、连续性、资源量规模、矿山生产能力、矿山开采难易程度、采矿回采率与贫化率、选冶回收率、总投资、总成本费用、利税、经济效益及社会效益、环境效益等方面进行综合分析论证，择优确定矿床工业指标。论证时需要比较完整并具较高可信度的基础资料，适用于勘探阶段或所需基础资料比较完整的详查阶段。

（3）根据不同的指标体系，采用相应方法设置不同的指标方案，圈定矿体，并试算资源量。

1）根据工程指标体系圈定矿体，试算资源量：

①设置指标方案。参考测算的盈亏平衡品位或参考条件类似生产矿山矿床工业指标，在合理范围内通常设置不少于 3 套指标作为对比方案。对具备参与论证最低综合工业品位条件的共伴生组分，可根据不同矿产品的价格、成本及回收率，提出矿石中各有用组分折算为以主组分表示的当量品位，也可分别提出各有用组分的最低工业品位指标。

②试圈试算。按不同指标方案试圈矿体，并适当调整，尽可能使矿体完整、连续、便于开采，以合理利用资源。根据调整后的圈矿方案试算各套方案所圈定矿体的资源量，绘制相应的品位-吨位曲线图。试算范围应是整个矿床的资源量，条件不具备时应选择具有代表性的勘查程度较高的主矿体和资源量集中地段试算，试算地段的资源量占矿床资源量的比例一般不得低于 60%。主矿产和共生矿产矿体圈定和资源量估算应按 GB/T 17766、GB/T 13908 及相应矿种矿产地质勘查规范的要求进行。

2）根据矿块指标体系圈定矿体，试算资源量：

① 建立地质模型，按照适当的规格划分单元块，采用地质统计学法、距离幂次反比法等对单元块进行赋值，估算出资源量，得到品位-吨位曲线图。

② 参考测算的盈亏平衡品位设置边际品位指标，在合理范围内通常选择不少于 3 套指标作为对比方案，据此估算资源量。盈亏平衡品位是针对全矿床一定生产时期采用原矿单位成本费用测算的品位。

③ 对含多种有用组分的矿床，对具备论证最低综合边际品位条件的共伴生组分，可根据不同矿产品的价格、成本及回收率，提出矿石中各有用组分折算为以主组分表示的当量品位，当量品位大于主要组分的边际品位时，该单元块即为矿石。特殊情况下也可分别提出各有用组分的边际品位指标，单元块中任何一种有用组分达到其边际品位即确认该单元块为矿石。

（4）拟定技术方案及指标。根据各工业指标方案圈定的矿体特征、开采技术条件及试算的资源量，分别分区段拟定与之相应的开采技术方案及指标（包括开采方式、开拓方案、采矿方法、采矿损失率、矿石贫化率、采掘比、剥采比、生产规模、工作制度、服务年限等）、加工选冶工艺方案（包括加工选冶方法及工艺流程、产品方案、选冶回收率、精矿品位、尾矿品位等）。对技术上不可行或不合理的方案，应调整矿体圈定指标。

（5）确定经济评价参数。根据各指标方案拟定的技术指标，模拟未来矿山生产，结合矿区建设条件、产品市场等情况，确定产品价格，估算与拟定的采矿和矿石加工选冶方案及生产规模相匹配的投资、成本、税费等经济评价参数。

（6）技术经济评价。综合考虑开采技术方案和选冶技术方案的各项指标，通过总投资、总成本费用、税费、销售收入的计算，确定财务内部收益率、财务净现值、投资回收期等财务指标，对比评价各方案在财务上的可行性。必要时进行国民经济评价。

（7）确定所推荐的最佳矿床工业指标。通过多方案技术经济指标的综合对比，择优选取矿体相对完整，全面考虑经济效益、社会效益和环境效益，体现最佳综合效益的指标方案。

（8）应采用敏感性分析等方法，分析评价各影响因素对工业指标的影响程度。

（9）应根据论证矿床工业指标所采用的指标体系推荐相应的指标。

c　经济分析法

（1）勘查单位应向具有相应资质或能力的单位提供相关地质资料，由其根据矿床地质特征、开采技术条件，结合矿石加工选冶技术性能，选取合理的经济评价参数，测算与预期收益水平相对应的品位指标，并对工业指标的合理性进行分析评价。

（2）根据矿床地质特征、开采技术条件、矿石加工选冶技术性能试验研究成果，结合合理利用资源、投资回报、环境保护等要求，通过模拟未来矿山建设和生产的全过程，合理选取适当的技术经济指标，按照盈亏平衡原则，考虑投资贷款偿还能力及使企业能够获得既定投资收益等要求，测算出与预期收益水平相对应的最低矿床平均品位。

（3）将所圈矿体的矿床平均品位与测算的最低矿床平均品位进行对比，衡量所圈出的矿体（床）能否达到预期收益水平，将达到或高于预期收益水平的矿体圈定指标作为论证推荐的内容。

（4）经济分析法测算的最低矿床平均品位通常不作为论证的指标内容，而是将达到预期收益水平的矿体对应的圈矿指标作为论证的指标内容。

d　类比论证法

（1）可由资源量报告编制单位论证。详查及以上阶段应由矿产地质、水文地质、工程地质、环境地质、采矿、选矿及经济等专业人员，根据矿床地质特征及类比矿山（床）的勘查开采实践论证。

（2）应结合相同矿种、地质条件、矿石质量、工艺矿物学特征基本相似，以及开采技术条件、内外部建设条件大致相同的生产矿山开采实践，根据论证矿床实际和相关的矿石加工选冶技术性能试验研究成果，通过定性与定量相结合的方法类比论证矿床工业指标。类比的周边或类似矿山应技术成熟、开采经济、环境友好、社会认可。

（3）类比内容应包括矿床地质特征、矿石特征、矿石加工选冶技术性能、矿床开采技术条件、矿山建设内外部条件、技术经济条件、矿产品市场供需形势等方面，并在类比论证报告中详细说明各项指标的确定原则，说明论证指标与所类比指标的异同等。

（4）类比论证法确定最低工业品位及边界品位应同时进行。

C 技术经济参数确定要求

（1）生产能力：

1）应符合生态环境保护、产业政策和经济社会可持续发展的要求。

2）根据经济社会发展需求，预测矿山服务年限内市场对相关矿产品的需求程度，矿产品应有销路。

3）根据矿床地质条件、开采技术条件及矿区建设条件，在现有技术条件下能够达到的生产能力。

4）原则上应与资源量规模相匹配。但对开采技术条件复杂、资源禀赋条件差、矿产品市场需求小的矿床，可适当降低生产能力。

5）对国家实行保护性开采的特定矿种，应执行开采总量控制的相关管理规定。

（2）产品方案：

1）应明确矿产品类别和品种、产品质量、销售方式。

2）矿产品类别应包括所有可回收或可计价组分的原矿精矿、金属（化合物）或加工产品等，产品质量应符合相关标准要求。达不到要求的，应明确说明计价原则。

（3）采选（冶）技术指标：

1）包括采矿损失率、矿石贫化率，主矿产及共伴生矿产的产品品位、选矿回收率、冶炼产品品质、冶炼回收率等。

2）采矿技术指标应依据有关试验研究成果和相关规范确定；矿石加工选冶技术指标应依据达到相应试验研究程度要求的成果或矿山实际生产指标确定。采选（冶）技术指标应与开采方式、开拓方案、采矿方法、矿石类型、加工选冶工艺流程、产品方案等相匹配、相适应。一般情况下，选矿（冶）回收率与入选品位相关，确定选矿（冶）回收率时应考虑不同工业指标方案对其的影响。

（4）产品销售价格：

1）应依据历史价格信息资料，结合矿山服务年限及当前的价格水平，预测未来的产品价格变动趋势、产品销售价格。对价格波动不大的产品，可采用近3~5年的市场平均价格；对价格波动较大的产品，可采用近5~8年的市场平均价格。产品销售价格是否含税的计算口径应一致。

2）生产矿山优化工业指标时，应依据当时的市场价格，预测未来的价格变动趋势，同时进行敏感性分析。

（5）销售收入：

1）矿产品类别、产品质量、品级、规格应与计价标准相一致。

2）有共伴生矿产的，应分别计算所有可回收、可计价组分的产品销售收入。

（6）矿山建设总投资：应包含矿山开发建设及开始投入生产运营所需要的建设投资（含环境保护及安全生产投资）、建设期利息和流动资金等。矿床开发必需的外部建设投资应按规定纳入计算。

（7）成本费用：

1）应包括矿山形成销售产品的全部成本和费用，含采矿、矿石加工选冶过程中发生的总成本费用，包括外购原材料、燃料和动力费、工资及福利费、修理费及其他费用、折旧费、矿山维简费、摊销费、财务费用、销售费用等。安全费用、环境治理费、植被保护费、土地复垦费用、前期勘查投入及矿业权出让收益等费用的摊销应按规定计入相关科目，从价计征的费用应按从量进行折算。

2）根据矿山具体情况合理确定成本费用参数，成本费用计算口径应统一，与矿产品类别、价格、销售地相对应，即矿产品类别、价格、成本费用应处于同一生产环节（原矿或加工选冶产品）、同一区位（采用异地销售价格的，成本计算中应考虑运输成本）。

3）成本费用与矿山生产规模相关，确定成本费用时也应考虑不同工业指标方案对其的影响。

4）生产矿山优化工业指标时，应结合还本付息的实际情况，适当降低并合理确定相关的成本费用。

D　矿床品位指标测算公式

a　盈亏平衡品位测算

按矿山生产时盈亏平衡的原则测算的品位，通常作为工业指标论证方案中设置最低工业品位的参考指标或校核指标。以金属矿产为例，按单位成本费用与资源税之和测算盈亏平衡品位的公式如下：

（1）当最终产品为精矿时：

$$\alpha_{平} = \frac{\beta_{精}(C_{全} + Z)}{(1 - \rho)\varepsilon_{精}D_{精}} \tag{6-41}$$

（2）当最终产品按精矿所含金属量计算时：

$$\alpha_{平} = \frac{(C_{全} + Z)}{(1 - \rho)\varepsilon_{精}D_{主精金}} \tag{6-42}$$

（3）当最终产品为冶炼产品时：

$$\alpha_{平} = \frac{\beta_{冶}(C_{全} + Z)}{(1 - \rho)\varepsilon_{精}\varepsilon_{冶}(D_{冶} - C_{冶})} \tag{6-43}$$

式中　$\alpha_{平}$——盈亏平衡品位，数值用"%"或"10^{-6}"表示；

$\beta_{精}$——精矿品位，数值以百分数计或 g/t 等；

$\beta_{冶}$——冶炼产品品位，数值用"%"表示；

$C_{全}$——以原矿表示的单位全成本费用（含采矿、加工选冶过程中发生的总成本费用，包括外购原材料、燃料和动力费、工资及福利费、修理费及其他费用、折旧费、摊销费、财务费用、矿山维简费等，从价计征的费用应按从量进行折算），元/t，以原矿计；

$C_{冶}$——冶炼加工费，元/t，以产品计；

Z——资源税，元/t，以原矿计；

ρ——采矿贫化率，数值用"%"表示；

$\varepsilon_{精}$——精矿选矿回收率，数值用"%"表示；

$\varepsilon_{冶}$——冶炼金属回收率，数值用"%"表示；

$D_{精}$——矿不含税价格，元/t，以精矿计；

$D_{主精金}$——主组分精矿所含金属价格，元/t 或元/g；

$D_{冶}$——冶炼产品不含税价格，元/t 或元/g，以产品计。

b 单工程（块段）综合平均品位折算

通常采用折算法将矿石中可供回收利用的两种（含）以上有用组分的品位，折算为以主组分表示的当量品位，计算公式如下：

$$\alpha_{综} = \alpha_主 + \sum_{i=1}^{n} k_i \alpha_{共伴i} \tag{6-44}$$

式中 $\alpha_{综}$——以主组分表示的单工程（块段）综合平均品位，数值用"%"或 10^{-6} 表示；

$\alpha_主$——主组分的平均品位，数值用"%"或 10^{-6} 表示；

$\alpha_{共伴i}$——第 i 种共伴生有用组分的平均品位，数值用"%"或 10^{-6} 表示；

k_i——第 i 种共伴生有用组分的品位折算系数；

i——共伴生有用组分种类序号；

n——共伴生有用组分总种类数。

品位折算系数 k_i 的计算公式为：

（1）产值法：

$$k_i = \frac{\varepsilon_{共伴i} D_{共伴i}}{\varepsilon_主 D_主} \tag{6-45}$$

（2）盈利法：

$$k_i = \frac{\varepsilon_{共伴i} (D_{共伴i} - C_{共伴i})}{\varepsilon_主 (D_主 - C_主)} \tag{6-46}$$

（3）价格法：

$$k_i = \frac{D_{共伴i}}{\varepsilon_主} \tag{6-47}$$

式中 $D_主$——主组分的矿产品价格，元/t；

$D_{共伴i}$——第 i 种共伴生组分的矿产品价格，元/t；

$C_主$——主组分的矿产品生产成本，元/t；

$C_{共伴i}$——第 i 种共伴生组分的矿产品生产成本，元/t；

$\varepsilon_主$——主组分的选冶回收率，数值用"%"表示；

$\varepsilon_{共伴i}$——第 i 种共伴生组分的选冶回收率，数值用"%"表示。

说明：

（1）凡参与综合品位折算的共伴生组分品位应高于该组分的矿石加工选冶试验品位或实际生产的尾矿品位。

（2）价格法仅考虑了价格，未考虑共伴生组分中有用组分的回收率及其生产成本；产值法考虑了共伴生组分的回收率但未考虑其生产成本；盈利法考虑了共伴生组分的回收率及其生产成本，相对较全面。

（3）由于价格法考虑因素较少，不确定因素较多，因此仅限于伴生有用组分回收率尚难确定时测算的参考。

c 伴生有用组分评价指标测算

当伴生有用组分在主组分的加工选冶过程中，适当增加工序即可获得其矿产品时，可单独测算其在矿石中的含量下限指标，即伴生有用组分评价指标（所测算的指标应大于尾矿中伴生有用组分的品位）。该测算方法一般适用于在主组分加工选冶过程中能单独出产品的伴生有用组分。

由于伴生有用组分在生产过程中不需要另外增加采矿、运输、碎矿、磨矿等费用，其生产成本费用仅包括所分摊的分选富集、生产管理和销售费用等，因此可按盈亏平衡的原则，测算其可回收利用的含量下限指标。其测算公式如下（以金属矿产为例）：

（1）当伴生有用组分按其精矿折价时：

$$\alpha_{伴} = \frac{\beta_{伴精} C_{伴选}}{\varepsilon_{伴选} D_{伴精}(1 - \rho)} \tag{6-48}$$

（2）当伴生有用组分按其精矿所含金属量折价时：

$$\alpha_{伴} = \frac{C_{伴选}}{\varepsilon_{伴选} D_{伴金属}(1 - \rho)} \tag{6-49}$$

（3）当伴生有用组分按其金属成品折价时：

$$\alpha_{伴} = \frac{\beta_{伴冶} C_{伴选}}{\varepsilon_{伴选} \varepsilon_{伴冶}(D_{伴冶} - C_{伴冶})(1 - \rho)} \tag{6-50}$$

式中　$\alpha_{伴}$——伴生有用组分评价指标，数值用"%"或 10^{-6} 表示；

$\beta_{伴精}$——伴生有用组分精矿品位，数值用"%"或 10^{-6} 表示；

$\beta_{伴冶}$——伴生有用组分冶炼产品品位，数值用"%"或 10^{-6} 表示；

$C_{伴选}$——回收伴生有用组分每吨原矿增加的选矿成本费用，元/t；

$C_{伴冶}$——伴生有用组分每吨冶炼产品成本费用，元/t；

$D_{伴精}$——伴生有用组分每吨精矿价格，元/t；

$D_{伴金属}$——伴生有用组分精矿含每吨金属价格，元/t；

$D_{伴冶}$——伴生有用组分每吨冶炼产品价格，元/t；

$\varepsilon_{伴选}$——伴生有用组分选矿回收率，数值用"%"表示；

$\varepsilon_{伴冶}$——伴生有用组分冶炼回收率，数值用"%"表示；

ρ——采矿贫化率，数值用"%"表示。

d　满足项目预期收益要求时的矿床平均品位测算

根据项目预期收益要求，可采用静态、动态两种指标测算最低矿床平均品位。

（1）静态投资收益率法。静态投资收益率是指项目达到设计能力后正常年份的税前利润与项目总投资的比率。通常根据投资者的最低期望值及行业的平均收益水平确定项目的静态投资收益率 K。

静态投资收益率的最低矿床平均品位可由以下公式计算：

1）无副产品回收时，按可获得的最终产品测算最低矿床平均品位。

① 当最终产品为精矿时：

$$\alpha_{平} = \frac{\beta_{精}(C_x + Z + KR_1)}{(1 - \rho)\varepsilon_{精} D_{精}} \tag{6-51}$$

② 当最终产品为金属时：

$$\alpha_{平} = \frac{\beta_{冶}(C_y + Z + KR_3)}{(1 - \rho)\varepsilon_{精}\varepsilon_{冶}(D_{精} - C_{冶})} \tag{6-52}$$

式中　$\alpha_{\text{平}}$——满足项目预期收益要求时的矿床平均品位，g/t 或以百分数计；

$\quad\quad K$——静态投资收益率，数值用"%"表示；

$\quad\quad R_1$——原矿采矿、选矿投资，元/t，以原矿计；

$\quad\quad R_3$——原矿采矿、选矿、冶炼投资，元/t，以原矿计；

$\quad\quad C_x$——原矿单位全成本费用（含采矿、选矿过程中发生的总成本费用，包括外购原材料费用、燃料和动力费。工资及福利费、修理费及其他费用、折旧费、摊销费、财务费用、矿山维检费、环境治理费、植被保护费、土地复垦费等），元/t，以原矿计；

$\quad\quad C_y$——原矿单位全成本费用 C 与冶炼过程中发生的成本费用之和，元/t，以原矿计。

$\beta_{\text{精}}$、$\beta_{\text{冶}}$、Z、ρ、$\varepsilon_{\text{精}}$、$\varepsilon_{\text{冶}}$、$D_{\text{精}}$、$C_{\text{冶}}$ 的含义和单位同式（6-41）~式（6-43）。

采用静态投资收益率和单位采选投资进行工业指标测算时可能存在不确定性，当难度较大时，可采用销售利润率（或销售利税率）和单位产品销售价格替代投资收益率和单位采选（冶）投资进行测算。

2）当有副产品回收时，按主要组分评价的扩展方法测算最低矿床平均品位。

① 当最终产品为精矿时：

$$\alpha_{\text{平}} = \frac{\beta_{\text{精}}\left[\left(C_x + Z - C_1\right) + KR_2\right]}{\left(1 - \rho\right)\varepsilon_{\text{精}}\,D_{\text{精}}} \tag{6-53}$$

② 当最终产品为金属时：

$$\alpha_{\text{平}} = \frac{\beta_{\text{冶}}\left[\left(C_y + Z - C_2\right) + KR_4\right]}{\left(1 - \rho\right)\varepsilon_{\text{精}}\,\varepsilon_{\text{冶}}\left(D_{\text{冶}} - C_{\text{冶}}\right)} \tag{6-54}$$

式中　C_1——原矿在采选过程中副产品回收价值（不含税），元/t，以原矿计；

$\quad\quad C_2$——原矿在采选冶过程中回收副产品全部价值（不含税），元/t，以原矿计；

$\quad\quad R_2$——原矿采选投资加副产品回收增加的投资（如副产品回收不需增加投资，则 $R_2 = R_1$），元/t，以原矿计；

$\quad\quad R_4$——原矿采选冶投资加副产品回收增加的投资（如副产品回收不需增加投资，则 $R_4 = R_3$），元/t，以原矿计。

$\alpha_{\text{平}}$、$\beta_{\text{精}}$、$\beta_{\text{冶}}$、Z、ρ、$\varepsilon_{\text{精}}$、$\varepsilon_{\text{冶}}$、$D_{\text{精}}$、$D_{\text{冶}}$、$C_{\text{冶}}$ 的含义和单位同式（6-41）~式（6-43），C_x、C_y、K 的含义和单位同式（6-51）~式（6-52）。

（2）动态投资收益率法。动态投资收益率法的实质是预测项目未来的现金流量，利用贴现现金流法计算项目的净现值和投资内部收益率，当投资内部收益率等于项目预期收益率时，所对应的矿床平均品位即为所求的最低矿床平均品位。

利用全部投资净现值法计算矿床平均品位，是模拟未来矿山建设和生产的全过程，选取适当的技术经济指标，计算时不仅应考虑固定资产原值及生产流动资金的现金流出，还应考虑服务期末固定资产余值及流动资金的回收。当所得税后投资财务净现值为零时，税后财务内部收益率等于财务基准收益率。此时所对应的矿床平均品位即为所求的矿床最低平均品位。

6.4.3　矿产资源储量分类分级

6.4.3.1　概念

地质可靠程度（geological confidence）：矿体空间分布、形态、产状、矿石质量等地质特征的连续性及品位连续性的可靠程度。

资源（mineral resources）：经矿产资源勘查查明并经概略研究，预期可经济开采的固体矿产资源，其数量、品位或质量是依据地质信息、地质认识及相关技术要求而估算的。

推断资源（inferred resources）：经稀疏取样工程圈定并估算的资源量，以及控制资源量或探明资源量外推部分；矿体的空间分布、形态、产状和连续性是合理推测的；其数量、品位或质量是基于有限的取样工程和信息数据来估算的，地质可靠程度较低。

控制资源量（indicated resources）：经系统取样工程圈定并估算的资源量，矿体的空间分布、形态、产状和连续性已基本确定；其数量、品位或质量是基于较多的取样工程和信息数据来估算的，地质可靠程度较高。

探明资源量（measured resources）：在系统取样工程基础上经加密工程圈定并估算的资源量，矿体的空间分布、形态、产状和连续性已确定；其数量、品位或质量是基于充足的取样工程和详尽的信息数据来估算的，地质可靠程度高。

转换因素（modifying factors）：资源量转换为储量时应考虑的因素。转换因素主要包括采矿、加工选冶、基础设施、经济、市场、法律、环境、社区和政策等。

储量（mineral reserves）：探明资源量和（或）控制资源量中可经济采出的部分，是经过预可行性研究、可行性研究或与之相当的技术经济评价，充分考虑了可能的矿石损失和贫化，合理使用转换因素后估算的，满足开采的技术可行性和经济合理性。

可信储量（probable mineral reserves）：经过预可行性研究、可行性研究或与之相当的技术经济评价，基于控制资源量估算的储量；或某些转换因素尚存在不确定性时，基于探明资源量而估算的储量。

证实储量（proved mineral reserves）：经过预可行性研究、可行性研究或与之相当的技术经济评价，基于探明资源量而估算的储量。

概略研究（scoping study）：通过了解分析项目的地质、采矿、加工选冶、基础设施、经济、市场、法律、环境、社区和政策等因素，对项目的技术可行性和经济合理性的简略研究。

预可行性研究（pre-feasibility study）：通过分析项目的地质、采矿、加工选冶、基础设施、经济、市场、法律、环境、社区和政策等因素，对项目的技术可行性和经济合理性的初步研究。

可行性研究（feasibility study）：通过分析项目的地质、采矿、加工选冶、基础设施、经济、市场、法律、环境、社区和政策等因素，对项目的技术可行性和经济合理性的详细研究。

资源量和储量类型划分：（1）查明矿产资源是指经矿产资源勘查发现的固体矿产资源，其空间分布、形态、产状、数量、质量、开采利用条件等信息已获得；（2）潜在矿产资源是指未查明的矿产资源，是根据区域地质研究成果以及遥感、地球物理、地球化学信息，有时辅以极少量取样工程预测的，其数量、质量、空间分布、开采利用条件等信息尚未获得，或者数量很少，难以评价且前景不明，潜在矿产资源不以资源量表述；（3）尚难利用矿产资源是指当前和可预见的未来，采矿、加工选冶、基础设施、经济、市场、法律、环境、社区或政策等条件尚不能满足开发需求的查明矿产资源。尚难利用矿产资源不以资源量表述。

6.4.3.2 矿产资源储量分类

矿产资源储量分类标准是我国矿产资源领域的基础性、纲领性技术标准，涉及矿产资源管理、勘查开采活动、资本市场筹融资活动，对掌握矿产资源家底，制定矿产资源规划、战略、政策，保障国家资源安全，维护矿产资源国家所有者权益、保护和合理利用矿产资源，保障矿业企业的生产经营和矿业资本市场投融资活动，维护矿业权人和投资人的合法权益具有重要的基础性作用。

2020 年我国使用新的分类标准，新标准号为 GB/T 17766—2020，代替 GB/T 17766—1999。把固体矿产资源/储量分类，修订为固体矿产资源储量分类。不再采用"三轴"的表达方式。依然考虑地质可靠程度、经济意义、可行性评价等因素。把三大类 16 项修改为两大类 5 项（图 6-45）。

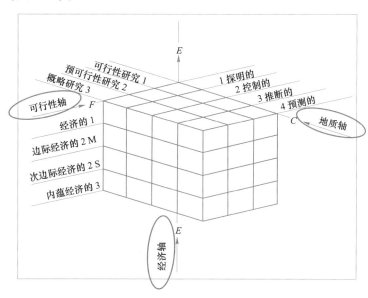

图 6-45 1999 年的固体矿产资源/储量分类图

（1）资源量类型划分：按照地质可靠程度由低到高，资源量分为推断资源量、控制资源量和探明资源量。资源量与固体矿产资源的关系见图 6-46。

（2）储量类型划分：考虑地质可靠程度，按照转换因素的确定程度由低到高，储量可分为可信储量和证实储量，见图 6-47。

（3）资源量和储量的相互关系：资源量和储量之间可以相互转换，探明资源量，控制资源量可转换为储量。资源量转换为储量至少要经过预可行性研究，或与之相当的技术经济评价。当转换因素发生改变，已无法满足技术可行性和经济合理性的要求时，储量应适时转换为资源量。

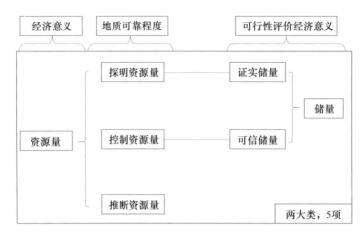

图 6-46　2020 年资源量与固体矿产资源的关系图

固体矿产资源按照查明与否分为查明矿产资源和潜在矿产资源，见图 6-47。

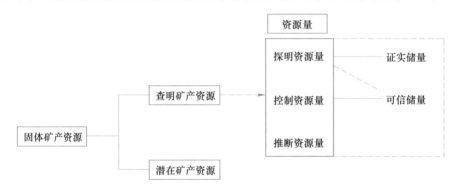

图 6-47　2020 年储量类型划分图

6.4.4　矿体圈定

6.4.4.1　矿体圈定原则

矿体圈定原则：

（1）用于资源量估算的矿体边界的圈定，有别于勘查过程中对特殊地质体-矿体的自然连接，须遵循资源量估算中的相关要求。

（2）对不同勘查程度的勘查区，都应据区内的主要控矿因素和地质规律，结合其他因素客观地圈连矿体，应减少随意性。矿体圈定的顺序是：单工程-横向、纵向剖面-二维平面-三维空间，由表及里、由浅入深地依次圈连。

（3）采用双指标体系时：

1）单工程中矿体（层）的圈连，凡大于边界品位的样品，不论其连续累计厚度多大，都可圈为一个矿体（层）。在单个矿体（层）中，允许小于夹石剔除厚度的夹石包含其中，当有大于夹石剔除厚度的夹石存在时，应视具体情况剔除。

2）若相邻工程的相应位置都有夹石，可将夹石（即使小于夹石剔除厚度）对应连接，圈连出两个或多个矿体（层）。

3）当地表或工程证实矿体具有分支复合特征时，应遵循地质规律将矿体作分支复合形态处理。

4）剖面上矿体的圈连，勘查区内有与矿体密切关系的标志层，应据标志层的分布特征圈连矿体。剖面上两工程间矿体的圈连，通常应以直线连接，任意地段矿体的厚度，不应大于相邻工程中最大的见矿厚度。一些受古地理地貌、古岩溶或构造影响的矿体，圈连时应充分考虑矿体产出的特点。矿体中出现的夹石，也应遵循这一原则。

5）平面上矿体（层）的圈连，先从地表或覆盖层下的矿体开始，圈连方法同剖面图；平面上矿体边界的圈连，只需直线连接各剖面上矿体的尖灭点即可；依据工业指标圈连平面上的矿体，只需将各剖面上的最小可采厚度点相连即可。

（4）采用矿块指标体系时，一般考虑层、矿化体等因素对矿化域进行圈定，再以边际品位为主，兼顾其他因素对块体进行矿体圈定。在 SD 法、地质统计学法等估算资源量时采用。估算时应对采用的边际品位做出详细说明。

矿体外推原则：

（1）采用几何法时，矿体的圈连存在外推，分为有限外推和无限外推两种：

1）有限外推：在剖面上，相邻两工程一个见矿另一个不见矿时，矿体边界的推定有两种不同的处理方法。当实际工程间距小于经验工程间距时，以实际工程间距 1/2 尖推（工程间距指相邻两工程所见矿体厚度中线的距离）；当实际工程间距大于经验工程间距时，以经验工程间距 1/2 尖推。普查阶段主要任务是找矿，不要求系统工程网度，矿体的圈连可用实际工程间距的 1/4 平推处理。

2）无限外推：见矿工程向外再没有工程控制时，允许以矿体产出特征结合拟推的资源量类型的经验工程间距 1/2 尖推。

边界工程的品位为米·克/吨值或米·百分值时，不得外推（薄脉型有色、贵金属矿体除外）。

相邻两工程一个见矿另一个见矿化（品位不小于 1/2 边界品位）时，允许尖推实际工程间距的 2/3。

夹石圈连的原则同圈矿原则。两相邻工程一个有夹石，另一个没有夹石时，遵循两工程间夹石圈连厚度不大于相邻工程的最大厚度。

（2）地质统计学法可以根据矿化域范围内估值结果确定矿体边界。

（3）距离幂次反比法可以采用矿体或矿化域范围进行估值确定。

（4）SD 法根据 SD 样条曲线按照矿体品位厚度的变化规律搜索有限外推边界；对于无限外推，一般依据 SD 精度法计算的基距及地质可靠程度所对应的框棱来确定。

矿石类型及品级的圈定原则：

（1）当矿体中存在需要分采分选且能分圈的矿石类型和品级时，应该分别圈连并估算资源量。无须或不能分采分选的矿体不必分圈。对于无法分圈者，应按不同矿石类型所占比例，采取包括这些矿石类型的混合矿样，经配矿具有代表性之后进行选矿试验。若选矿效果达不到指标要求时不应圈为矿体。

（2）凡能分圈矿石品级的矿产，应严格执行品级指标。当圈出的品级，无规律分布时，可归并处理。由于工程间距主要用于圈定矿体，用于圈连矿石品级则控制程度有所降低。

6.4.4.2   矿体边界线的圈定

（1）零点边界线：矿体厚度或品位趋近于零的各点的连线，是确定可采边界的辅助线。表示整个矿体的大致分布范围。

（2）可采边界线：矿体边缘按边界品位及最低可采品位和厚度所确定的各基点的连线。

（3）矿石工业品级和矿石类型边界线：指不同品级矿石的界线和不同矿石自然类型、工业类型的界线。

（4）内边界线：按矿体边缘见矿工程所圈划的边界线。

（5）外边界线：按矿体边缘见矿工程外推（无限外推和有限外推），所圈划的界线。

（6）资源储量计算边界线：资源量和储量要分别圈定，不同勘探程度、不同类型的资源量或储量也要划分边界线，分别估算。

6.4.4.3   按现行工业指标圈定矿体

根据地质工作所获得的地质资料，工程控制程度、一般工业指标或经论证通过的工业指标，正确圈定矿体，进行储量估算和资源评价。圈定矿体是在工程控制范围内，在地质图编绘的基础上，根据矿床地质特征，利用取样化验分析资料，按每项工业指标的含义，综合考虑每项指标，来圈定矿体。

（1）首先在矿体边缘工程或样品中用边界品位确定边界线位置，如图 6-48 所示。

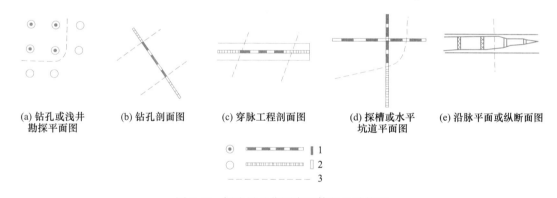

(a) 钻孔或浅井   (b) 钻孔剖面图   (c) 穿脉工程剖面图   (d) 探槽或水平   (e) 沿脉平面或纵断面图
勘探平面图   坑道平面图

图 6-48   据边界品位圈定矿体的几种情况
1—达到或超过边界品位的工程或样品；2—低于边界品位的工程或样品；3—矿体边界线

（2）单工程中矿体边界的圈定。当矿体与围岩界线明显时，可以通过观察确定矿体边界，当矿体与围岩界线不清楚时，要依靠取样分析结果和工业指标确定矿体边界，具体做法如下：

1）单工程（穿脉）中一系列样品中，以等于或大于边界品位值的样品为界，圈出矿体边界线；矿块中的一系列工程中，以矿块的边缘工程的平均品位等于或大于边界品位值的工程为界圈出矿块的矿体边界。

2）从等于或大于边界品位圈起的一系列样品中，对夹在其内的小于边界品位的样品，视其连续长度是否达到夹石最大允许剔除厚度而定。当其厚度大于夹石最大允许剔除厚度时，圈为夹石，给以剔除；当其厚度等于和小于夹石最大允许剔除厚度时，可圈到矿体内去。

3）单工程中，确定圈定矿体边界之内的一系列样品，其平均品位大于或等于最低工业品位，同时其平均厚度也必须等于或大于最小可采厚度时，则可圈定为矿体。当其平均品位低于最低工业品位时，从顶底板（边部）或合适部位，剔除较低品位样段后，使其平均品位和平均厚度仍分别等于或大于最低工业品位和最小可采厚度，则可圈定为矿体。

矿块范围内，全部工程中，从单工程平均品位等于或大于边界品位的工程算起的全部工程的平均品位等于或大于块段最低工业品位时，则该块段圈为相应类型的矿块。否则，剔除较贫工程，直到矿块的平均品位达到最低工业品位的要求，圈为矿块。一般工业要求在一个矿块中不能有两个相邻工程的平均品位低于最低工业品位。

4）圈定的矿体，平均厚度必须等于或大于最小可采厚度，平均品位等于或大于最低工业品位时，方可圈定为矿体。对于厚度小于最小可采厚度，而品位大于最低工业品位时。用"米百分率"指标来衡量，当换算的米百分率值等于或大于最低工业品位时，可圈定为矿体。

5）由于矿化的不均匀性，导致矿体形态复杂。为了使矿体保持一定的连续性，利于开采，在矿体沿走向或倾向方向上出现非工业矿段时，当其长度大于或等于夹石剔除长度时，应给予剔除；当其长度小于夹石剔除长度时，其矿块的平均品位和平均厚度必须等于或大于最低工业品位和最小可采厚度。否则，应圈出较贫部分，该贫矿段部分达到无矿段剔除长度的要求，给予剔除，并使矿块的平均品位和平均厚度、分别等于或大于最低工业品位和最小可采厚度，视为矿体。

6）在单工程，矿块的矿体圈定基础上，统计矿区或矿脉的平均品位，必须等于或大于矿区或矿脉最低工业品位要求。否则，剔除平均品位较低单工程或矿块，使矿区或矿脉的平均品位等于或大于矿区最低工业品位。以上所圈定的矿体为工业矿体。

6.4.4.4 圈定矿体的方法

在单工程圈定矿体的基础上，进行工程与工程之间的连接和推断。

A 直接观察法

当所有边界基点均在工程之内，可通过地质编录直接测绘边界基点，然后在图上圈定矿体（图6-49）。

B 插入法

当一个工程见矿，另一个工程没见矿，但工程在矿化带内，且矿化具有渐变性，厚度变化和品位变化均有规律，可在工程之间用插入法确定矿体的边界基点。

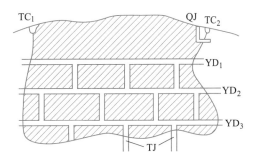

图6-49 在工程中直接观察和圈定矿体

（垂直平面纵投影）

（1）计算插入法：如图6-50所示，设 A 为低于工业指标的矿化带内的工程，品位 C_A 用 AA_1 线段长度表示；B 为工业矿体的工程，品位 C_B 用 BB_1 线段长表示。两工程间距为 L，所求矿体边界基点 M_{min}。至见矿工程 AA_1 的距离为 x，品位为 C_{min}（最低平均工业品位），则：

$$x = \frac{C_\mathrm{A} - C_\mathrm{min}}{C_\mathrm{A} - C_\mathrm{B}} \cdot L \qquad (6\text{-}55)$$

若品位变化较稳定，而厚度逐渐变薄时，则将最小可采厚度 M_min，A 工程见矿工程厚度 M_A，B 工程厚度 M_B（实际为零），代入上式也可确定矿体的边界基点位置。

（2）图解插入法：如图 6-50 所示，连接相邻两工程 A 和 B（A 为见矿工程，B 为未见矿工程）。用 AB 直线表示，分别从 A、B 两点作 AB 线的垂线 AA_1 和 BB_1，代表 A 工程和 B 工程的品位与最低工业品位之差（B 工程实际为负值），连结 A_1 和 B_1，交 AB 线于 M，则 M 为所求体的边界基点 x 为至见矿工程的距离。

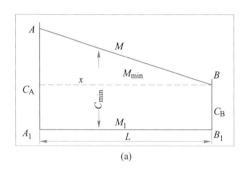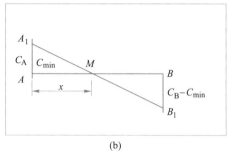

(a)　　　　　　　　　　　　　　　　　(b)

图 6-50　计算插入法（a）和图角插入法（b）

C　有限推断法

在两相邻工程之间，采用有限推断确定矿体边界，又称内推法。即当品位和厚度变化比较均匀时，在相邻两工程中，有一个见矿，另一个未见矿，确定边界基点连接矿体，在工程内采取有限推断的方法。有以下情况：

（1）将相邻两工程（一个见矿，另一个未见矿）之间的中点作为矿体的尖顶点，即二分之一推断法，也可以考虑工程控制程度，矿体品位和厚度变化特征，也可推工程间距的 1/4、3/4，或 1/3，2/3；或全推（尖灭点近似到另一工程处）如图 6-51 所示。

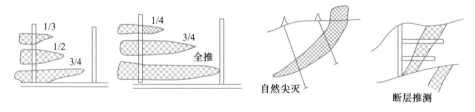

图 6-51　矿体推断示意图

（2）自然尖灭法：根据已掌握的地质规律和已有工程控制的矿体自然形态及变化趋势，按自然尖灭的趋势确定矿体尖灭点（图 6-51）。

D　无限推断法

在靠近矿体的边缘地段或尖灭处，全部工程都见矿，且在这些工程以外再无工程控制，此时根据见矿工程向外推一定距离，确定矿体的边界基点，圈定矿体，称无限推断，也称外推法。常用的有下列方法。

（1）地质方法，依据控矿地质条件和规律，来推断矿体边界。受构造控制，受岩性控制（图6-52）。

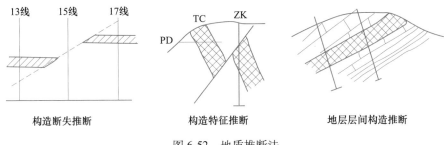

13线　15线　17线

构造断失推断　　构造特征推断　　地层层间构造推断

图6-52　地质推断法

（2）形态方法，据已掌握和控制的矿体形态变化规律为基础进行外推，按矿体自然尖灭趋势推断矿体的尖灭点（图6-53）。

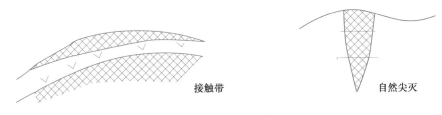

接触带　　　　　　自然尖灭

图6-53　形态方法推断

（3）几何方法，根据矿体已有系统工程控制，遵循地质规律，按一定的几何形态推断矿体尖灭点（线）的方法，如脉状或层状矿体，推断工程间距的1/4，推为矩形；或推断工程间距的1/2，推为三角形。已有工程控制的高级别的地质储量，可以外推一个中段，降低储量级别（图6-54）。

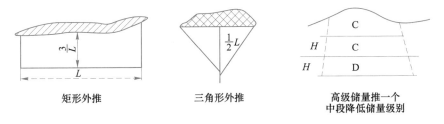

矩形外推　　　　三角形外推　　　高级储量推一个
　　　　　　　　　　　　　　　　中段降低储量级别

图6-54　几何方法推断

6.4.4.5　矿体圈定中应注意的问题

矿体圈定是矿山整个地质储量计算工作的基础，矿体圈定正确与否，不仅影响地质储量的误差大小，还直接关系到矿体的形态、产状的确定，将直接影响矿山生产建设，也会给开采工作带来无可估量的损失。因此，在矿体圈定中应注意以下问题：

（1）圈定矿体，必须在对矿床的成因、控矿地质条件和成矿规律充分认识的基础上进行，避免简单地机械地圈定矿体。

（2）在应用各项工业指标时，要充分理解每项工业指标的含义，结合矿床地质特征，合理利用金属矿床圈定矿体的七项主要工业指标。

（3）金属矿床的特点是矿脉往往成群出现，有多个矿体，因此在矿体连接和推断上，在确定边界基点和圈定矿体时，在平面、剖面及投影图上可出现多解的情况，因此，必须充分研究矿体的变化方向，绝不可能只凭一个方向、一组断面图来进行矿体连接，要从反映矿体位置的三维空间反复比较，然后再进行矿体的圈定和连接。

6.4.5 计算参数的确定

矿产资源储量估算参数包括：矿体面积、矿体平均厚度、矿石平均品位、矿石平均体重，有时还包括矿石湿度和含矿系数。

6.4.5.1 矿体面积的测定

A 各种纸质储量估算图上矿体面积测定方法

（1）求积仪法：适用于矿体的形态极不规则，边界线由形态复杂的曲线构成。

（2）曲线仪法：在透明纸上按一定间距画上平行线，蒙到面积图上，用曲线仪求得曲线内平行线的长度。面积近似等于曲线内平行线长度之和与线距之积（图6-55）。

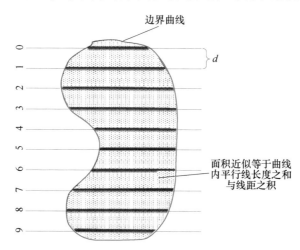

图 6-55　用曲线仪在透明纸上测量面积

（3）透明方格纸法：把透明方格纸蒙在所测面积上，数落在面积内的点数，按公式计算面积：

$$S = n\left(\frac{aM}{1000}\right)^2 \tag{6-56}$$

式中，n 为点数；a 为方格边长；M 为比例尺的倒数。

方格中心在界线内计数，否则不计数（图6-56）。

（4）几何法：当矿体面积为较规则几何图形时，可将其划分成三角形、平行四边形、矩形或梯形等计算其面积（图6-57）。

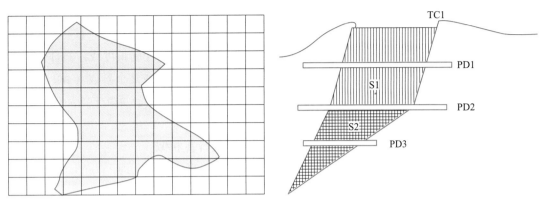

图 6-56　透明方格纸法测量面积　　　　图 6-57　用几何法计算矿体面积

B　各种电子版储量估算图上矿体面积测定方法

目前一般采用计算机绘制各种地质图件。常用的绘图软件包括 AutoCAD、MapGIS 等，这些软件均有曲线边界围限面积测定功能，因此，可以直接在计算机上测定面积。

此方法的优点是简便、准确。

6.4.5.2　矿体平均厚度的计算

矿体平均厚度一般分矿体或块段计算。因测定的参数值较多，须计算出该参数的平均值。平均值的计算有算术平均和加权平均两种方法。

（1）算术平均法。当矿体厚度变化较小、厚度测量点分布比较均匀时，可用算术平均法计算平均厚度。其计算公式为：

$$m = \frac{m_1 + m_2 + \cdots + m_n}{n} = \frac{1}{n}\sum_{i=1}^{n} m_i \tag{6-57}$$

式中，m 为矿体平均厚度，m；n 为测点个数；m_i 为各测点矿体厚度，m。

（2）加权平均法。当矿体的厚度变化较大、且矿体厚度测点不均匀时，常用各测点的控制长度作各厚度值的权数，用加权平均法来计算平均厚度（图 6-58）。其计算公式为：

$$m = \frac{m_1 l_1 + m_2 l_2 + \cdots + m_n l_n}{l_1 + l_2 + \cdots + l_n} = \frac{\sum_{i=1}^{n} m_i l_i}{\sum_{i=1}^{n} l_i} \tag{6-58}$$

式中，l_i 为各测点的控制长度。

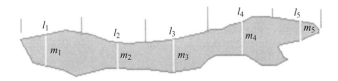

图 6-58　加权平均法计算矿体的平均厚度

6.4.5.3　矿石平均品位的计算

一般是先计算单个工程（线）的平均品位，再计算由若干工程控制的面平均品位；最后计算矿块（或矿体）的体平均品位和全矿区（矿床）的总平均品位。

计算方法分为算术平均法和加权平均法两种。

一般当某些样品品位所代表的试样长度、质量、矿体厚度、控制长度或矿石体重、断面面积等不相等，且有相关关系时，常采用以相应参数（一个）或几个参数（≥2个）乘积为权的加权平均法求其平均品位；否则，一般均采用算术平均法计算其平均品位。

当有特高品位存在时，应先处理特高品位，再求平均品位。

（1）单个工程平均品位计算。计算方法与平均厚度计算相似：

样长、取样间距相同，或品位与其他因素无关时采用算术平均，即

$$C = \frac{C_1 + C_2 + \cdots + C_n}{n} = \frac{1}{n}\sum_{i=1}^{n} C_i \tag{6-59}$$

各样品分析的结果与厚度间存在一定的相关关系时以厚度加权平均（图6-59）。

$$C = \frac{\sum\limits_{i=1}^{n} C_i m_i}{\sum\limits_{i=1}^{n} m_i} \tag{6-60}$$

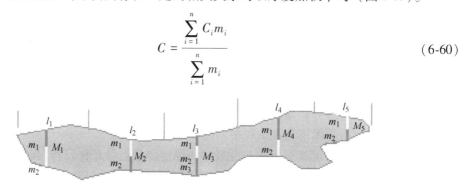

图6-59　厚度加权计算平均品位

（2）断面平均品位计算。一般采用加权平均计算，计算方法如下：

$$C = \frac{C_1 m_1 + C_2 m_2 + \cdots + C_n m_n}{m_1 + m_2 + \cdots + m_n} \tag{6-61}$$

同理，也可用样品控制长度加权，甚至以样品控制长度和厚度两参数之乘积联合加权。

（3）块段平均品位计算：

1）对于品位变化不大的块段，多采用算术平均法。

2）对于品位变化与某些因素（如厚度、面积）相关，一般以影响因素作权数，进行加权平均（图6-60）。其计算公式如下：

$$C = \frac{C_1 S_1 + C_2 S_2}{S_1 + S_2} \tag{6-62}$$

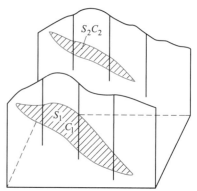

图6-60　块段法以厚度和面积作权数进行平均品位计算

（4）矿体平均品位计算。矿体平均品位计算，可用块段体积与块段品位加权计算，也可用算术平均法计算。

6.4.5.4　特高品位的确定与处理

特高品位又称风暴品位，是指高出一般样品品位很多倍的高品位。这种情况是由个别样品区于矿化局部富集的地方而产生的。由于特高品位的存在会引起平均品位的剧烈增高，因此在平均品位计算时，必须对特高品位进行处理。

A　特高品位的确定

样品品位究竟高到什么程度才算特高品位，目前尚无统一的标准和确定方法。

（1）类比法（经验法）。一般根据已经勘探矿床取得的资料，进行分析对比来确定特高品位界线。包括：根据矿床类型与矿石品位变化特点，如有色金属矿床，将品位值高于矿体（床）平均品位6~8倍者为特高品位。当矿体品位变化系数大时，取上限值，反之，取下限值。

参考下列特高品位最低界限资料进行确定：

品位变化很均匀：2~3倍，如沉积铁矿；

品位变化均匀：4~5倍，如复杂的沉积矿床；

品位变化不均匀：8~10倍，如大部分有色金属；

品位变化很不均匀：12~15倍，如稀有金属和部分贵金属；

品位变化极不均匀：15倍以上，如放射性、贵金属，复杂的稀有金属矿床。

（2）计算法。沃洛多莫诺夫公式：

$$H = \overline{C} + \frac{\overline{C}(N-1)M}{100} \cdots M = \frac{\overline{C} - \overline{C}_1}{\overline{C}} \times 100\% \tag{6-63}$$

$$H = \overline{C} + \frac{(N-1)(\overline{C} - \overline{C}_1)}{100} \tag{6-64}$$

式中，H为正常样品的上限；$\overline{C}$为平均品位（含特高品位）；N为样品数目（含特高品位）；$\overline{C}_1$为平均品位（不含特高品位）；M为特高品位是平均品位增高的百分数。

B　特高品位的处理

在对特高品位处理之前，必须确定特高品位是否属实，故先把副样送去分析、检查，确定有无误差，无误差时再检查采样位置。如确为特高品位，处理方法有以下几种：

（1）计算平均品位时，把特高品位去掉。

（2）用特高品位的两相邻样品的平均品位代替特高品位。

（3）用特高品位范围内的块段或断面平均品位代替特高品位。

（4）用一般品位的最高值代替特高品位。

（5）用统计法统计不同级别的频率，即求出每一级样品品位数量与样品总数之比，也就是样品率，然后再用每一级样品率去加权计算平均品位。

实际工作中，特高品位往往是客观存在的，应结合矿区特点进行综合分析，对特高品位产生的原因，要认真检查和研究，如确系富矿引起，一般情况下推荐以矿体、块段或矿段的平均品位替代后计算平均品位。

6.4.6　储量估算方法

自然界绝大多数矿体的形状复杂，鉴于这种情况，所有固体矿产储量计算方法遵循的一个基本原则，就是把形状复杂的矿体变为与该矿体体积大致相等的简单形体，从而便于确定体积和储量。就固体矿产而言，其储量计算方法已达十几种。使用最广的是几何法、统计分析法和SD法。

几何法（Polygonal Methods）是将形态复杂的矿体分割成若干个较简单的几何体（块段），估算其平均品位、平均厚度、面积，从而得到矿体资源量的方法。常用的几何法有地质块段法、断面法（剖面法）、最近地区法（同心圆法、多边形法）、三角形法、算术平均法、开采块段法、等值线法、等高线法等。

地质统计学法（Geostatistical Methods）是以区域化变量理论为基础，以变异函数为主要工具，为既有随机性又有相关性的空间变量（通常为矿石品位等矿体的属性）实现最优线性无偏估计，通过块体约束计算资源量的方法（通常叫克里格法）。常用的有普通克里格法、对数克里格法和指示克里格法等。

距离幂次反比法（Inverse Distance Weight）是利用样品点和待估块中心之间距离取幂次后的倒数为权系数进行加权平均，通过块体约束计算资源量的方法。

SD法（SD Methods）是以构建结构地质变量为基础，运用动态分维技术和SD样条函数（改进的样条函数）工具，采用降维（拓扑）形变、搜索（积分）求解和递进逼近等原理，通过对资源储量精度的预测，确定靶区求取矿产资源量的方法。SD方法也被称为"SD结构地质变量样条曲线断面积分计算和审定法"或"地质分维拓扑学"方法。常用的有框块法、任意分块法、精度预测法等。

6.4.6.1 断面法

在已勘查的矿床中，利用勘探线剖面图或水平断面图把矿体划分为若干块段，以这些断面图为基础，计算相邻两断面间的矿块储量乃至整个矿体的储量，这种方法称为断面法或剖面法。

断面法分类，断面有垂直与水平之分，断面法也分为垂直断面法和水平断面法。垂直断面法视各断面是否平行，又分为平行断面法和不平行断面法。

断面法的特点：（1）只要勘探工程是沿直线或水平面有系统地布置，能编出一系列断面图时，均可用断面法计算储量；（2）计算时可直接利用勘探线剖面图或水平断面图，不必编制更多的计算图件；（3）计算过程简便，工作量也不大；（4）可根据矿石类型、品级和储量类别任意划分块段，具有相当大的灵活性；（5）能保持矿体的真实形态，清楚反映矿体断面地质构造特征，从而具有足够的准确性。

当工程未形成一定的剖面系统时，或矿体太薄，地质构造变化太复杂时，编制可靠的断面图较困难。把断面上工程中的品位推断到断面面积和块段体积上去，因而有品位"外延"误差。

A 平行断面法

首先，在勘探剖面图上测量矿体断面面积，然后计算相邻两断面间各块段的体积。计算体积时通常有以下几种情况：

（1）当相邻两断面的矿体形状相似，且其相对面积差 $R<40\%$，用梯形体积公式计算体积 V（图6-61）：

$$V = \frac{L}{2}(S_1 + S_2) \tag{6-65}$$

式中，L 为两相邻剖面间距离；S_1 和 S_2 为相邻断面的面积。

$$R = \left| \frac{S_1 - S_2}{S_1} \right| \times 100\% \leqslant 40\% \tag{6-66}$$

（2）当相邻两断面的矿体形状相似，且其相对面积差 $R>40\%$ 时，选用截锥体积公式计算体积 V（图6-62）：

$$V = \frac{L}{3}(S_1 + S_2 + \sqrt{S_1 S_2}) \tag{6-67}$$

式中，L 为两相邻剖面间距离；S_1 和 S_2 为相邻断面的面积。

$$R = \left| \frac{S_1 - S_2}{S_1} \right| \times 100\% > 40\% \tag{6-68}$$

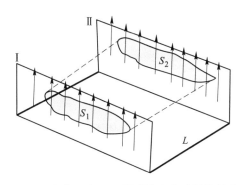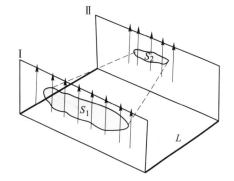

图6-61　相邻两断面用梯形体积公式计算体积　　图6-62　相邻两断面用截锥体积公式计算体积

（3）当相邻两断面矿体形状不同，无论面积相差多少，除有一对应边相等（长度或厚度）时可用梯形公式外，其余均应选用似角柱体（辛浦生）公式计算体积 V：

$$V = \frac{L}{3}\left(\frac{S_1 + S_2}{2} + 2S_m\right) = \frac{L}{6}(S_1 + S_2 + 4S_m) \tag{6-69}$$

式中，L 为两相邻剖面间距离；S_1、S_2 为相邻断面的面积；S_m 为似角柱体的平均断面积。

（4）当矿体只有一个剖面有面积，另一剖面上矿体已尖灭，或矿体两端边缘部分的块段，只有一个断面控制时，其体积计算可根据剖面上矿体面积形状或矿体尖灭特点选用以下公式（图6-63）：

当矿体作楔形尖灭时，可用楔形公式计算体积 V，如图6-64所示：

$$V = \frac{L}{2} \cdot S \tag{6-70}$$

式中，L 为两相邻剖面间距离。

当矿体作锥形尖灭时，可用锥体公式计算体积 V，如图6-65所示：

$$V = \frac{L}{3} \cdot S \tag{6-71}$$

式中，L 为两相邻剖面间距离。

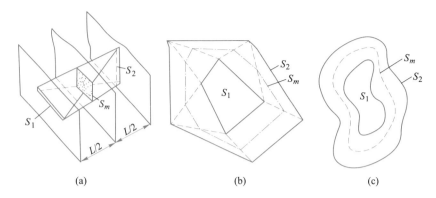

图 6-63　矿体只有一个剖面有面积的块段形状

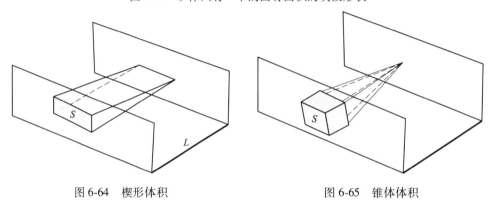

图 6-64　楔形体积   图 6-65　锥体体积

B　不平行断面法

又称辅助线法（中线法）。Ⅰ 和 Ⅱ 为两条不平行的断面，其块段面积为 S_1 和 S_2，见图 6-66。各剖面相应的矿体投影长度分别为 l_1 和 l_2，见图 6-67。由矿体在平面上的投影点圈成图上绿色区域。C_1、C_2 为两断面中点的连线，将绿色区域分为 S_1' 和 S_2' 两部分。则：

$$V_1 = (S_1/l_1)S_1' \tag{6-72}$$
$$V_2 = (S_2/l_2)S_2' \tag{6-73}$$
$$V = V_1 + V_2 \tag{6-74}$$

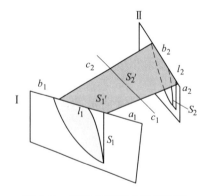

图 6-66　不平行断面法计算体积

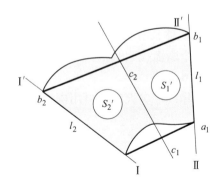

图 6-67　不平行断面法的投影

6.4.6.2　地质块段法

根据矿床地质特点和勘探程度将矿体（图 6-68（a））划分为若干块段（图 6-68

（c））。将它们看作是以块段内所有工程厚度为平均厚度的理想的板状体（图 6-68（b））。板状体的体积为块段体积。根据块段内全部工程数据，用算术平均法计算出块段的平均厚度、平均品位和平均体重等参数，计算出各块段的储量及总资源量。

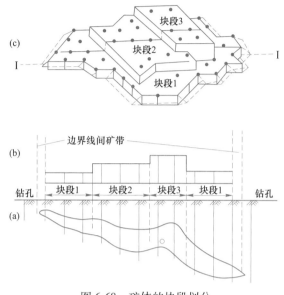

图 6-68　矿体的块段划分

地质块段法特点：（1）地质块段法适用于任何产状、形态的矿体，尤其是层状、似层状矿体。（2）具有不需另作复杂图纸、计算方法简单的优点，并能根据需要划分块段，所以被广泛使用。当勘探工程分布不规则，或用断面法不能正确反映剖面间矿体的体积变化时。（3）厚度、品位变化不大的层状或脉状矿体，一般均可用地质块段法计算资源量和储量。但当工程控制不足，数量少，即对矿体产状、形态、内部构造、矿石质量等控制严重不足时，其地质块段的划分依据较少，计算结果误差较大。

6.4.6.3　开采块段法

当矿体被坑道切割成许多块段时可应用开采块段法计算储量。

储量计算图件：矿体垂直投影图，有时用沿矿体倾斜面的投影图。

储量计算分如下三种情况：（1）矿体块段被坑道四面圈定；（2）矿体块段被坑道三面圈定；（3）矿体块段被坑道二面圈定。

（1）矿体块段被坑道四面圈定。当开采块段的上下为沿脉，左右为天井所揭露时，块段呈矩形。在投影面上块段面积即 $H \times L$，见图 6-69。

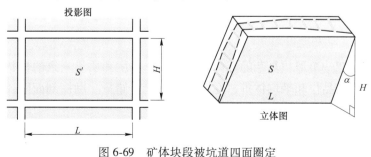

图 6-69　矿体块段被坑道四面圈定

块段体积是投影面积与其相垂直的厚度的平均值之积。如在垂直投影面求得投影面积，而厚度是真厚度，则应根据矿体中心面与铅垂面的夹角 α 加以换算，见图6-69：

$$S = S'/\cos\alpha \qquad (6\text{-}75)$$

块段的平均厚度、平均品位和平均体重可根据其变化特点，用算术平均法（图6-70）或加权平均法求得：

$$C = \frac{C_1 + C_2 + C_3 + C_4}{4} \qquad (6\text{-}76)$$

（2）矿体块段被坑道三面圈定。首先计算被揭露各边的平均厚度和平均品位。然后求三边的品位算术平均值为块段的平均品位，见图6-71。其余与四面圈定的计算相同：

$$C = \frac{C_1 + C_2 + C_3}{3} \qquad (6\text{-}77)$$

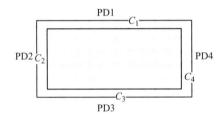

图6-70　四边的品位算术平均值　　　图6-71　三边的品位算术平均值

（3）矿体块段被坑道两面圈定。同样首先计算被揭露边的平均厚度和平均品位。然后求两边的品位算术平均值为块段的平均品位，见图6-72。其余与四面圈定的计算相同：

$$C = \frac{C_1 + C_2}{2} \qquad (6\text{-}78)$$

开采块段法常适用于以坑道工程系统控制的地下开采矿体，尤其是开采脉状、薄层状矿体的生产矿山使用最广。由于其制图容易、计算简单，能按矿体的控制程度和采矿生产准备程度分别圈定矿体，符合矿山生产设计及储量管理的要求，所以生产矿山常采用。

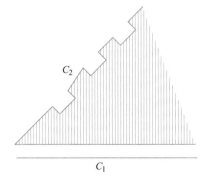

图6-72　两边的品位算术平均值

但由于开采块段法对工程（主要为坑道）控制要求严格，故常与地质块段法结合使用，一般在开拓水平以上采用开采块段法或断面法，以下（深部）用地质块段法计算储量。

6.4.6.4　算术平均法

算术平均法是把一个形状复杂的矿体，变为一个厚度和质量一致的板状体，分别求出算术平均厚度，平均品位和平均体重，在此基础上计算储量。勘探剖面图计算时变为等厚度的简单矿体计算后简单板状矿体，见图6-73。

具体计算方法是：

在储量计算平面图上，圈定矿体，测量矿体面积；用算术平均法求出矿体的平均厚

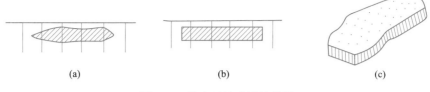

图 6-73　算术平均法计算储量

度、平均品位和平均体重；估算储量、汇总。

算术平均法计算储量的优点是方法简单，不需作复杂图纸，适用于矿体厚度变化较小、勘探工程分布比较均匀、矿产质量及开采条件比较简单的矿体。这种方法多用于勘查程度较低的矿床。

6.4.6.5　地质统计法

地质统计法又称克立格法，是地质统计学方法中最基本和应用最广泛的一种局部估计方法。该方法是 20 世纪 50 年代初南非地质学家、采矿工程师克立格（D. G. Krige）提出。20 世纪 60 年代初、法国学者马特隆（G. Matheron）在克立格提出方法的基础上进一步完善提高，提出了一套较完整的理论-地质统计学理论。

对于矿产储量计算来说，地质统计学是以矿石品位和矿床储量的精确估计为主要目的。与上述传统的储量计算方法不同，它既考虑到地质变量的随机性，同时应用了矿化空间结构（相关性）的理论，研究的主要对象是区域化变量，以变异函数为基本工具的一种数学地质方法。它以最小的估计方差给出待估块段区域化变量（如矿石品位、矿体厚度、矿石价值、矿石中伴生共生组分的含量等）的无偏线性估计量。克立格法既考虑了矿化在不同方向的空间变化特征，又考虑了各信息量与被估块段间的距离，以及周围信息块段间的结构关系。用克立格方程组解出的最优权系数，能最大限度地减少平均参数的误差，提高估计储量的精度。

地质统计学的运算手段是电子计算技术。广泛发展起来的电子计算机技术，为地质统计学方法的应用提供条件。世界上和我国各矿种已有许多矿山成功地使用该方法进行储量计算。金属矿山地质部门也开始推广。其方法和原理简介如下。

A　区域化变量

分布于空间的，表示与矿化有关的地质变量，如矿石品位、矿体厚度、矿石体重、有用有害组分的含量、围岩蚀变等均可看成区域化变量。它是空间上的一个数值函数，在三维空间中每一个点都具有一个确定数值。当它由一个点移到下一个点时，函数值是变化的。它具有两个似乎矛盾的性质，一是它的结构性，即某特征（如矿石的品位）在点 x 与 $x+h$ 处的数值 $Z(x)$ 与 $Z(x+h)$ 具有某种程度的自相关。这种自相关依赖于分隔该两点的向量 h 和矿化特征；二是它的随机性，即具有随机性的不规则的特征。小范围内的不规则变化，是根据其概率分布从许多的可能数值中任取一个确定值。由于随机变量的高度变化，不能用一般的函数来表示，而只能用研究其增量的办法，即用 $[Z(x+h)-Z(x)]$ 表示。

从矿业角度来看，区域化变量的概念与某些特征有关：

（1）局部性。区域化变量只限于一定的空间内，这一空间称为区域化的几何域。而区域化变量取值的大小是指几何支撑、支架定义的，即变量的几何形态至少在理论上可以用样品的体积、形状、规格来确定，如支撑变了，就会得出新的区域变化量取值。

（2）连续性。矿化在空间的变异程度不同，有的具有好的连续性，如规则矿体的厚度，有的只具有一般连续性，有些不具有连续性，如矿石的品位等。

（3）异向性。区域化变量在不同方向具有不同的变化程度，称为各向异性。

（4）转变性。区域化变量在一定范围内具有明显的空间相关，超过这一范围，相关关系就变得很弱，甚至消失。

B 变异函数

研究地质变量空间变化的主要数学工具是变异函数。其定义为区域化变量 $Z(x)$ 和 $Z(x+h)$ 的增量平方的数学期望，即区域化变量增量的方差，其通式为：

$$2r(x,h) = E\{[Z(x) - Z(x+h)]^2\} \tag{6-79}$$

式中的因子 2 是为数学上方便而用的，通常把 $2r$ 的因子 2 又移至等式的右端，称 $\gamma(h)$ 为半变异函数（以下简称变异函数），即：

$$\gamma(h) = \frac{1}{2N(h)} \sum_{i=1}^{N(h)} [Z(x_i) - Z(x_i + h)]^2 \tag{6-80}$$

式中，N 为参加计算的数据对数；h 为样品间的距离（向量）。

变异函数一般用变异函数图表示（图6-74）。

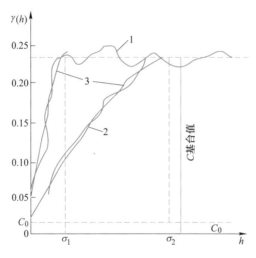

图 6-74 变异函数图

1—垂直方向的实验曲线；2—水平方向的实验曲线；3—理论拟合曲线

变异函数具有以下几个性质：

（1）可迁现象（跃迁型）。当样品间距 h 超过某一距离（变程）后，变异函数不再增加，而是稳定在一个极限值 $\gamma(\infty)$ 附近，$\gamma(\infty)$ 称为"基台值"记为 C。这个极限值就是随机函数的实验方差。即：

$$\gamma(\infty) \backsimeq \delta^2 - Var[Z(x)] \tag{6-81}$$

距离 a 称为变程，当一个变异函数有基台值 C 和变程 a 时，称为"跃迁型"。

（2）影响范围。在跃迁型现象里，$Z(x)$ 相距 $h<a$ 的任何其他数据 $Z(x+h)$ 互相关。其实质是一个样品对另一个样品的影响，它随着两点距离 h 的变大下降，当 h 超过 a 时，

样品间的相互影响即消失。因此变程 a 可看成是样品的影响范围。

（3）异向性。矿化现象在不同方向上呈现出不同性质时称各向异性，故其 $\gamma(h)$ 也不相同，有时有较大差异，如各方向上 $\gamma(h)$ 近似，则为各向同性。

（4）矿化的连续性和规则性。随机函数 $Z(x)$ 在空间的连续性与变异函数在原点附近的分布特征有关。准原点附近的变异函数曲线主要有下述四种形式（图 6-75）。

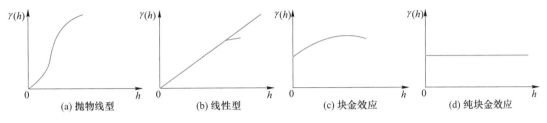

图 6-75　原点附近变异函数的性状

1）抛物线型。变异函数曲线在原点附近趋向于抛物线，这种形式具高度规则的空间变异特征，在原点附近 $\gamma(h)$ 可二次微分，极少数矿床有这种明显规律。

2）线性型。在原点附近有斜向切线 $\gamma(h)$ 是连续的。但无二次微分。当 $h \to 0$ 时，$\gamma(h) \to A|h|$（A 为一常数），随机函数 $\gamma(h)$ 呈均方连续（若 $\lim E\{[Z(x+h) - Z(x)]2\} = 0$，当 $h \to 0$ 时，则称随机函数为均方连续）。

3）块金效应。变异函数曲线在原点处不连续，即当 $h \to 0$ 时，$r(h) \neq 0$ 时，这种现象称块金效应。即矿体中在很小的距离内，矿石从很富的品位突变为无矿化的夹石，如金矿矿化变化一样。表示块金效应的变异函数值叫块金常数。以 C_0 表示。

4）随机型（纯块金效应），当 $h > \varepsilon$ 时，$r(h)$ 值为一常数，不受向量 h 的影响。它表示无论 h 多小，两个随机变量 $Z(x)$，$Z(x+h)$ 均不相关。此种现象除某些杂质含量和矿化极不均匀的矿床外，很少见（ε 为任意小的数）。

C　变异函数的理论模型及结构分析

根据有限的实验数据资料（如取样资料），作出的变异函数曲线叫实验变异函数曲线，如图 6-76 所示。

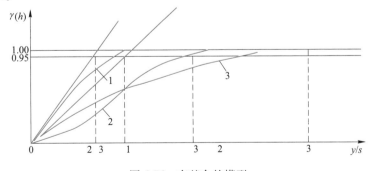

图 6-76　有基台的模型
1—球状模型；2—高斯模型；3—指数模型

这条曲线虽然反映了一种矿化空间结构，但它纯属描述性的，而无论是储量计算还是其他统计推断，都是根据少量抽样资料向未抽样区延伸。因此，在实际工程中还需选用一种数学模型对实验变异函数曲线进行数学模拟，用一个确定的数学表达式作出一条光滑的曲线-理论曲线，作为矿床的数学模型。它模拟了变量间的相关关系，因此，它是对地质特征的高度概括。

一个正确的数学模型，应是反映矿床的主要地质规律及其特点。反过来，曲线所反映出来的特征，要由地质现象进行解释，并根据地质规律进行曲线的分析和拟合。

变异函数模型具有两个特征：

（1）在原点处的变化特征如前（图 6-75）四种性状。

（2）$\gamma(h)$ 值随 h 的增大而增大。但当 h 达到某一数值后，$\gamma(h)$ 趋平稳；即 $|h|>a$ 时，$\gamma(h)$ 等于常数，此时的 $\gamma(h)$ 即为基台值。另一种情况是不存在基台值，$\gamma(h)$ 曲线随 h 的增大一直在上升。

根据现有总结资料，模型曲线形式有如下几种：

（1）有基台模型或跃迁模型（图 6-76）。

1）球状模型：目前应用最广泛的数学模型，其公式为：

$$\gamma(h) = Co + C\left[\frac{3}{2}\left(\frac{h}{a}\right) - \frac{1}{2}\left(\frac{h}{a}\right)^2\right] \quad (h < a) \tag{6-82}$$

$$\gamma(h) = Co + C \qquad\qquad (h \geq a) \tag{6-83}$$

式中，Co 为块金常数；C 为基台值；a 为变程（影响范围）。

2）指数模型：此模型与球状模型比较，其曲线上升较慢，原点附近曲线的切线与基台值水平线的交点所对应的 h 等于 1/3。

$$\left. \begin{aligned} \gamma(h) &= Co + C\left[1 + \exp\left(-\frac{h}{a}\right)\right] \quad (h < 3a) \\ \gamma(h) &= Co + C \qquad\qquad\qquad\quad (h \geq 3a) \end{aligned} \right\} \tag{6-84} \tag{6-85}$$

式中，$\exp$ 为指数；$3a$ 为极限变程。

3）高斯模型：

$$\left. \begin{aligned} \gamma(h) &= Co + C\left[1 - \exp\left(-\frac{h^2}{a^2}\right)\right] \quad (h < \sqrt{3a}) \\ \gamma(h) &= Co + C \qquad\qquad\qquad\quad (h \geq \sqrt{3a}) \end{aligned} \right\} \tag{6-86} \tag{6-87}$$

式中，$\sqrt{3a}$ 为极限变程。

（2）无基台模型：

1）幂函数模型（图 6-77）。

$$\gamma(h) = ah^\theta \quad \theta \in (0.2) \tag{6-88}$$

2）对数模型（图 6-78）。

$$\gamma(h) = \log h \tag{6-89}$$

3）戴维斯模型：反映了变函数与距离 γ 的对数值之间的相关关系。

$$\gamma/(r) = \log h \tag{6-90}$$

在矿床地质变化中，小范围的变异性代表了大范围的变异性，而大范围的变异性却包含了小范围的变异性。因此，在某一范围的变化，是多种因素综合叠加，而我们往往不可能辨别出其中的哪些因素起主要作用。如某处的品位变化，是由于含有用元素的矿物变

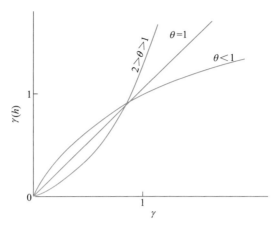

图 6-77　幂函数模型

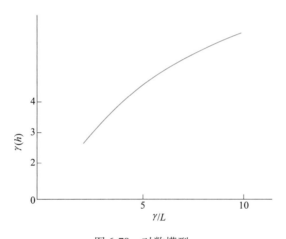

图 6-78　对数模型

化，还是构造变化、围岩蚀变的变化等？此时，可用套合结构，即用几个变异函数曲线之和来代表，每一个变异函数描述某一特定观察范围的变化，即：

$$\gamma(h) = \gamma_0(h) + \gamma_1(h) + \gamma_2(h) + \cdots + \gamma_n(h) \tag{6-91}$$

在实际工作中，套合结构的个数一般不超过三个。以某脉状铜矿床为例：其水平断面变化如（图 6-79）所示。实验变异函数曲线及拟合理论模型如图 6-80 所示。其公式如下。

$$\gamma(h) = \gamma_1(h) + \gamma_2(h) \tag{6-92}$$

式中，$\gamma_1(h)$ 代表小型结构，$\gamma_2(h)$ 代表大型结构。

这三个套合结构的线性组合就是代表整个矿脉的变异的数曲线。

图 6-79　某脉状铜矿水平断面图

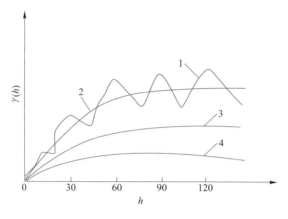

图 6-80   实验变异曲线

1—实验变异函数曲线；2—理论变异函数曲线；3—小型结构与大型结构之差；4—小型结构变异曲线

D   计算克立格估值

设待估块段 V 邻域的样品 $\{x_i,\ i=1,\ 2,\ 3,\ \cdots,\ n\}$，则克立格加权滑动平均方程为：

$$Z^* = \sum_{i=0}^{n} a_j x_i \tag{6-93}$$

式中，Z^* 为待估块段的无偏线性平均品位估计值，简称"克立格估值"；a_j 为权系数。

为求解权系数，在估值与真值之间，应是均值相同及方差极小的条件下求无偏线性估量，所谓无偏，即要求公式（6-93）中的：

$$\sum_{i=0}^{n} a_j = 1 \tag{6-94}$$

同时采用拉格朗日乘数法求极值，得到包含 $n+1$ 个线性方程的方程组，即所谓克立格方程组：

$$\sum_{j=1}^{n} a_j \overline{\gamma}(x_i \cdot x_j) + \lambda = \overline{\gamma}(x_i \cdot Z) \tag{6-95}$$

$$\sum_{j=1}^{n} a_j = 1 \tag{6-96}$$

式中，$\overline{\gamma}(x_i \cdot Z)$ 为当向量 h 两端分别独立描述邻域 x_i 和待估域 Z 时的半变异函数的平均值；$\overline{\gamma}(x_i \cdot x_j)$ 为当向量 h 两端分别独立描述邻域 x_i 和 x_j 的半变异函数的平均值；λ 为拉格朗日乘数。

将公式写成矩阵形式：

$$[A] \cdot [a] = [B] \tag{6-97}$$

$$\begin{bmatrix} \overline{\gamma}_{11} & \overline{\gamma}_{12} & \cdots & \overline{\gamma}_{1n} & 1 \\ \overline{\gamma}_{21} & \overline{\gamma}_{22} & \cdots & \overline{\gamma}_{2n} & 1 \\ \vdots & \vdots & \ddots & \vdots & \vdots \\ \overline{\gamma}_{n1} & \overline{\gamma}_{n2} & \cdots & \overline{\gamma}_{nn} & 1 \\ 1 & 1 & \cdots & 1 & 0 \end{bmatrix} \times \begin{bmatrix} a_1 \\ a_2 \\ \vdots \\ a_n \\ \lambda \end{bmatrix} = \begin{bmatrix} \overline{\gamma}_{12} \\ \overline{\gamma}_{22} \\ \vdots \\ \overline{\gamma}_{n2} \\ 1 \end{bmatrix} \tag{6-98}$$

解此矩阵得 a_j 和 λ，代入前式求得克立格值 Z^k。再求克立格最小估值方差：

$$\delta_k^2 = \sum_{i=1}^{n} a_j \overline{\gamma}(x_i \cdot Z) - \overline{\gamma}(z, Z) + \lambda \tag{6-99}$$

式中，$\overline{\gamma}(x_i, Z)$ 为待估点信息值与待估值的半变异函数。

所求 δ 值越小，即误差越小，Z^k 估值越可靠。因此克立格法计算平均品位时能说明自己的精度。

E 克立格法计算储量步骤

（1）收集资料。主要有地形地质图，勘探线剖面图，钻孔柱状图和取样点的坐标、标高、品位。

（2）选择区域化变量。

（3）计算变异函数。确定向量 h，将变量及 h 代入有关公式求出变异函数，编制变异函数曲线，以确定 C_0，a，c 等参数，进行区域化变量结构分析，拟合理论数学模型。

（4）划分矿块及数据构形。矿块大小按所需建立的矿块空间模型的要求来确定。一般取决于矿体大小和具体地质条件，勘探工程分布，采矿设计要求（如采矿块段构成参数、台阶高度等），计算机容量和计算费用等因素。矿块中可以有工程，也可以无工程，但最好有一个工程。各矿块大小应统一，一般不超过变程 a，矿块划分越小，计算的数据、方程组等越多，计算程序越复杂。所以一定要考虑计算可行性和经济性。

（5）建立克立格方程组。求出权数 a 及拉格朗日乘数。

（6）计算各矿块的无偏平均品位克立格估值。

（7）按最佳边界品位指标圈定矿体；先计算各矿块储量，用价格方案比较法确定最佳边界品位。再圈定矿体。

（8）统计圈定范围内矿石储量及金属储量。

（9）计算克立格方差，要求置信水平达到95%。

6.4.6.6 SD 法

SD 法是20世纪末在中国诞生的一种全新的矿产资源储量计算法及储量审定法。"SD 法"是"SD 动态分维几何学矿产资源/储量计算和审定方法"的简称。SD 法是以方法简便灵活为准则，以储量精确可靠为目的，以 SD 动态分维几何学为理论，最佳结构地质变量为基础，以断面构形为核心，以 Spline 函数及分维几何学为主要数学工具的储量计算方法。SD 储量估算法是适应我国中小矿多、贫矿多的实际情况，博采国内外储量计算方法之众长，由我国唐义教授、蓝运蓉高级工程师创立和命名的一套全新系列储量计算和审定方法。1997年4月在北京通过国家级评审鉴定，鉴定委员会认为"在储量计算领域，SD 法理论和方法均达到国际领先水平，完全适用于地质、矿山等生产领域的应用。"

"SD"有三种含义，分别是：（1）理论方法方面，SD 是结构曲线（Structure curve）积分计算和动态分维审定的矿产资源储量方法，取结构曲线中的 Spline 函数的字头"S"和动态分维的汉音字头"D"，即"SD"。（2）方法原理方面，以搜索递进为主，取"搜索""递进"的汉语拼音字头，即"SD"。（3）方法功能方面，具有从定量角度审定矿产资源储量的功能。取"审定"一词汉语拼音第一个字母，即"SD"。以"SD"命名，既符合中国人的习惯，也符合西方人的习惯，不仅称谓简单，而且具有理论、原理、方法和功能几个方面的含义。

SD 动态分维几何学（SD move fractal gelmetry）是 SD 法的基本理论。它是以分维几何学为基础建立起来的动态分维几何学。以 SD 分数维为依据，以结构地质变量为基础，以 SD 样条函数为工具的 SD 动态分维几何学。

降维形变原理：为了计算简便化而降维，为了计算规则化而形变。为了计算的简便化，SD 法均降维到 1~2 维间，使 SD 法成为一种断面曲线法。同时，为了计算的规则化，将断面形态进行齐底拓扑形变。形变后，物理量保持不变。变高维计算为低维计算，变复杂计算为简便计算，变多样计算为单一计算，实现了所有矿床（包括复杂矿体）的断面积分。从而增强了 SD 法的可操作性。

权尺稳健原理：用 SD 权尺对地质变量作相关修匀，用 SD 样条函数拟合。从而将不可微的曲线变为可微的曲线，变统计分析为演绎计算，变奇异计算为平稳计算。提高了 SD 法计算矿产资源储量的准确度。

搜索求解原理：点列函数曲线的拟合，样条函数得心应手，但样条函数反函数求解，却十分困难，许多时候是多解，甚至无解。SD 法建立了样条函数反函数近似求解原理——SD 搜索求解原理，在于变多解为一解，变无解为有解。SD 搜索求解的实现，解决了合理而灵活选用工业指标的问题，解决了储量计算中任意划分矿块、矿段灵活计算的问题；同时解决了 Spline 函数反函数求解难的问题。

递进逼近原理：矿床的复杂性和取样的有限性，常常使变量呈现无序现象以及由变量反映客观事物不可知的状况。由此造成储量计算的准确性不高，准确度不可知的结果。是长期困扰矿产储量勘查、开采和管理中认识矿产储量准确度难的主要问题。SD 递进逼近原理，是充分利用有限信息，将静态信息变为动态信息，进行有限动态逼近，变无序为有序，变不可知为可知。不仅解决了计算准确度不高的问题，同时也使矿产储量的精确程度的计算成为可能，从而解决了准确度不可知的问题。

SD 精度法的方法原理：（1）在固定矿段的 $[a, b]$ 区间范围内，随着观测点数的递增，观测点的平均间距 h 是递减的，由观测点的观测值（地质变量）构成的曲线长度（L_k）是单调递增的；（2）曲线长度的增长速度，是观测值（地质变量）复杂程度的体现；（3）曲线长度增长的速率，则是 SD 精度的表征。

几何法、地质统计法和 SD 法的应用特点对比见表 6-5。

表 6-5　三种估算方法的应用特点对比表

方法项目	几何法	地质统计学法 （含距离幂次反比法）	SD 法
理论基础和方法依据	平均值法地质变量 几何相关 非概率事件	地质统计学 区域化地质变量 变异函数分析 统计相关概率事件	分形几何学 动态分维几何学 结构地质变量 非线性相关 排除概率
工业指标及矿体圈定	根据多项工业指标先圈定矿体，然后计算矿体资源量和品位	可根据圈定的矿体范围或矿化域进行估算块体品位，再以矿体范围或一项边际品位圈定矿体	根据多项工业指标动态圈定矿体然后计算矿体资源量和品位

方法项目	几何法	地质统计学法（含距离幂次反比法）	SD 法
矿体形态	划分大小不等且不规则的几何体，并投影到某个面上，与矿体形态没有必然联系	由规则方块组合而成的规则块体，通过条件约束，可近似反映出矿体的形态	根据需要既可是规则几何体也可划分成不规则几何体
估算与成图	作图时同步完成估算	先估算品位后填图框	先计算后作图
资源量精度和工程控制程度	不计算资源量精度，按规范套定工程控制程度和资源量类型	以克立格方差作为精度（或可信度）确定工程控制程度	以 SD 精度公式计算资源量精度和工程控制程度、资源量地质可靠程度等级
估算结果可靠性分析	一般采用估算验证和对比进行误差分析	采用全局验证、局部验证和交叉验证分析	以 SD 精度分析
适用条件	适用于大中小各类型矿；比较适用于矿体形态相对稳定的矿床	适用于不同类型的矿床，但需要足够的数据为基础	适用于大中小各类型矿
适用阶段	适用各个阶段	适用详查以上阶段	适用各个阶段

6.4.7 矿产资源储量误差与精度估计

6.4.7.1 储量计算误差的分类及确定

（1）地质误差（类比误差）。地质误差（类比误差），是在地质勘查时对所获得的资料进行了不正确的内插和外推所产生的误差。包括对矿体几何形态和品位变化的推断等。其误差一般很大，随勘查工程密度增加而减少。加强地质研究是减小地质误差的有效途径。目前尚无完善的误差估计方法。

（2）技术误差（测定误差）。技术误差（测定误差）是由于对储量计算基本参数测量得不准确而产生的误差。包括：矿体厚度、孔斜、体重、湿度、品位、面积测量等。产生技术误差的原因是测量设备的不完善，测量条件的改变及测量者工作失误等。减小误差的途径是多次反复测量求平均值或采用校正系数，采用新的高精度的方法。估计技术误差的方法有重复测量、检查测量的方法。

（3）方法误差。方法误差是指由于选用不同的储量计算方法或不同的计算参数平均值方法所产生的误差。其中包括：1）储量计算方法本身的误差；2）计算储量计算参数平均值时用算术平均法或加权平均法带来的误差。

В.И. 斯米尔诺夫研究了储量计算方法误差后的结论，不同计算方法的计算结果非常接近（误差 0~5%），繁杂的方法并不一定比简单元方法的精度高。对于减小方法误差的途径，根据矿体的特征和勘探工程布置正确选用方法。

6.4.7.2 储量计算误差的检查方法

（1）重复测量。重复测量就是对某个量进行等精度的多次测量，按照误差理论，其平均值即可作为被测定量的最佳估值。同时计算出平均值的均方差，其反映了真实值与均值之间的偏差，即测定误差。该量的真值变化于均值+均方差与均值-均方差之间。

（2）检查测量方法。如通过利用共轭样品来检查取样精度、用大规格覆盖样品检查小规格样品、检查分析测试精度等方法检查标志值。

（3）探采资料对比方法。勘查资料与开采资料进行对比，是全面验证地质勘查资料可靠性，确定矿床合理勘查程度的最可靠、最基本的方法。对于储量而言，就是在开采过程中储量被证实的程度。

6.4.7.3　矿产资源储量估算精度估计

（1）用计算参数的精度来评价储量的精度。面积、厚度、体重、品位等是储量估算时的必要参数，其精度决定了储量估算的精度。

根据间接测量误差的传递原理，若储量计算参数是相互独立的，则可推出计算金属误差（σ_P）和矿石储量误差（σ_Q）。

（2）储量的区间估计。当用 N 个工程勘探矿体时，从 N 个工程中随机抽取 m 个独立样本进行储量估算，计算其平均值，作为储量真值的估值。假设服从正态分布，给定一定的置信区间，可得到相应的储量变化范围（即精度）。

（3）克里格精度估计。克里格方差可以评价克里格估值的精度。

（4）SD 精度法。SD 储量计算法具有储量精度预测的功能。

6.5　生产矿量计算

生产矿山的保有储量是由矿产储量和生产矿量组成。矿产储量是按照矿床勘查研究程度不同进行分级计算的，表明探明储量的可靠程度。而生产矿量是按照采矿工作的准备程度不同进行分级计算的。它们之间既有内在不可分割的联系，又有构成内容和划分标志上的区别。生产矿量的计算是在地质储量的基础上进行的，它是地质储量的一部分。生产矿量与矿产储量对比关系见表6-6。

表 6-6　生产矿量与地质储量对比关系表

类别	级　　别		
生产矿量	备采矿量		
	采准矿量		
	开拓矿量		
矿产储量	证实储量	可信储量	

6.5.1　地下开采矿山生产矿量的划分和计算

6.5.1.1　开拓矿量的划分与计算

按照矿山设计的规定，地下开拓系统的井巷工程已开凿完毕，形成完整的运输、通风、排水、供水、压风、电力、照明系统（充填法尚有充填系统），并可以在此基础上布置采准工程，分布在此开拓水平以上的可利用（表内）矿量，称为开拓矿量。

凡是为了保护地表河流、建筑物和运输线路，以及地下重要工程，如竖井、斜井和溜矿井等所划定的永久性矿柱矿量，应单独计算。只有在废除上述被保护物或允许进行回采保安矿柱时，方可划入开拓矿量。在勘探程度上，开拓矿量视具体条件应达到可信储量标准，包括可信储量和证实储量。

6.5.1.2 采准矿量的划分与计算

在已经开拓的矿体范围内，按照设计的采矿方法完成了规定的采准工程，形成了采区外形，分布在这些采区范围内的矿量，称为采准矿量。

采准工程随采矿方法不同而有不同的规定，一般指沿脉辅助运输平巷、穿脉、采区天井、切割巷道及上山、耙矿巷道、格筛硐室、溜矿井、充填井等。

顶柱、底柱、中间矿柱内的矿量，只有在完成矿柱回采方法规定的采准工作，不违反开采顺序及采矿安全要求，且预计矿房回采结束后相邻矿柱在一年左右能够回采时，才能列入采准矿量。在勘探程度上，采准矿量一般应达到可信储量标准，包括证实储量和部分可信储量。

6.5.1.3 备采矿量的划分与计算

在做好采准工程的采区（块段）内，按采矿方法的规定，完成了各种切割工程，可以立即进行回采的矿量，称为备采矿量，又称其为回采矿量，备采矿量一般均达到证实储量标准，只包括证实储量。

顶底柱及中间矿柱的矿量，只有按设计矿柱回采方法的规定，完成了切割工程，且采矿安全条件允许进行回采时，才能列入备采矿量。切割工程依采矿方法不同而有不同的规定，一般是指切割层、槽、井、拉底层、扩大漏斗（又称劈漏）及形成正规采矿工作面等。如果有的采场由于违反采矿顺序不允许回采，或因事故、地压活动等原因停产，而短期内不能恢复生产时，则此采场的矿量不能列入备采矿量。

地下开采三级矿量划分及分布范围的例子，见图6-81。

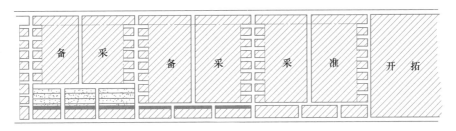

图 6-81　地下开采三级矿量划分图

6.5.2 露天开采矿山生产矿量的划分与计算

6.5.2.1 开拓矿量

在计划露天开采的范围内，覆盖在矿体上的岩石（或表土）已剥掉，露出矿体表面，并完成了通往开采阶段（台阶）规定的工程和完整的运输系统，则分布在此阶段水平以上的矿量，称为露天开采的开拓矿量。规定的工程是指堑沟、边坡及放矿、排土、防水工程等。

保安矿柱内的矿量，在未废除其上部被保护物时，不能列入开拓矿量。利用地形在露天采场底部用溜井、平硐工程开拓的采场，只有在完成溜井及平硐运输系统，并达到上述剥离要求时，才能列入开拓矿量。开拓矿量一般应达到可信储量标准，包括可信储量和证实储量。

6.5.2.2　备采矿量

在露天采场正常采矿的阶段范围内，矿体的上部和侧面均被揭露出来，并完成了运输线路架设，清理了废石和残渣，则自上台阶边坡底线算起的安全工作平台最小宽度（机械化开采一般为 30m 左右）以外，可供立即回采的矿量，称备采矿量。

积压在保安矿柱和固定线路之下的矿量，不能列入备采矿量。备采矿量一般应达到证实储量标准，只包括证实储量。如图 6-82 中 a 为备采矿量，$a+b$ 为开拓矿量。某些露采矿山仍划分为三级矿量，则其"采准矿量"为 $a+b$，开拓矿量为 $a+b+c$。

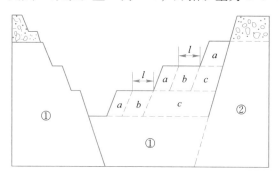

图 6-82　露天开采的生产矿量划分

6.5.3　生产矿山生产矿量保有期的确定与计算

6.5.3.1　影响确定生产矿量保有期限的因素

生产矿山的生产矿量常处于变动状态，为了贯彻"采掘（剥）并举，掘进先行"的方针，坚持合理的采掘顺序，进行正规的采掘作业，要求矿山保有的各类矿产储量及生产矿量大致平衡。如果保有储量过多，会造成资金积压，影响周转，增加了采掘工程的维护费用；如保有储量不足，在生产中就缺乏必要的矿量储备，造成三级矿量不足的被动局面，使矿山不能持续生产，影响国家下达任务的完成。因此，矿山保有的"三级生产矿量"必须有一定的保有期限指标。确定生产矿量保有期限时，须考虑下列因素：

（1）矿床开采方式：露天开采，因其采矿技术条件较好，增加储备矿量容易，周期较短，故生产矿量保有期限较地下开采短些。但若为多类型、多品级矿石时，则应以保证主要类型、品级的生产衔接为准，备采矿量保有期限应高些。

（2）生产能力与生产效率的高低：矿山总的生产能力一定时，若采用低效率的采矿方法，由于采场生产效率低，需较多同时回采的采场和备用采场，则保有备采矿量数较多，保有期较长，反之则较短些。

（3）矿床地质条件：矿床地质条件较复杂，则勘探程度准备较困难，采掘工程施工亦困难，要求的备用采场多些，保有指标应高些。

（4）坑道掘进速度：若坑道掘进速度较高，采掘生产准备较易，生产矿量保有指标可以低些；反之则应高些。

（5）坑道工程维护的难易程度：若坑道穿过的围岩或采场顶底板围岩不稳固，或由于构造破坏，地压较强，容易产生片帮冒顶及坑道变形，维护困难，则保有指标在保证生产衔接需要的前提下，应尽可能低些。

6.5.3.2 矿山储量保有期限的一般规定指标

矿山地质储量保有期限根据矿山实际情况研究确定，一般最少应在10~15年以上。到矿山生产后期，当其达不到一定标准时，被称为危机矿山（表6-7）。

表 6-7 矿山资源危机标准

矿产种类	生产能力/$t \cdot d^{-1}$	地质储量保有期限/a
有色金属	<500	<3
	500~3000	<5
	>3000	<8
黑色金属	中小型	<5
	大型	<10

生产矿量的合理保有期限，实际上相当于生产勘探伴随着开拓工作超前于采准工作，采准工作超前于切割回采工作，即从矿山实际出发，保证各工序（开拓、采准、切割、回采及相应的探矿）正常衔接的各级矿量所必须的规定时间。一般规定标准见表6-8，通常备采、采准、开拓三级矿量的保有期限应大致保持1∶2∶(4~6)的比例关系。

表 6-8 生产矿量保有期限的一般规定

类别	开拓矿量/a	采准矿量/a	备采矿量/月
地下开采	>3	>1	>6
露天开采	>1	—	4~6
露天砂矿	>1	—	3~6

6.5.3.3 矿山储量实际保有期限的计算

（1）工业储量实际保有期限 T(年)，具体见下式：

$$T = \frac{Q_a(1-\Phi)}{A(1-P)} \tag{6-100}$$

式中，T 为工业储量实际保有期限，年；Q_a 为矿山实际保有工业储量，吨；Φ 为采矿总损失率，%；$1-\Phi$ 为总采收率，%；A 为矿山年生产能力或选厂年处理矿石能力，吨/年；P 为开采总贫化率，%。

（2）生产矿量的实际保有期限，包括以下三种期限。

1）开拓矿量实际保有期限（T_k）（年），具体见下式：

$$T_k = \frac{Q_k(1-\Phi)}{A(1-P)} \tag{6-101}$$

式中，T_k 为开拓矿量实际保有期限，年；Q_k 为计算期末结存开拓矿量，t；其余参数与式（6-100）相同。

2）采准矿量实际保有期限（T_c）（单位为月），具体见下式：

$$T_c = \frac{Q_c(1-\Phi)}{A(1-P)} \tag{6-102}$$

式中，T_c 为采准矿量实际保有期限，月；Q_c 为计算期末结存采准矿量，t，其余参数与式 (6-100) 相同。

3) 备采矿量实际保有期限 (T_b) (单位为月)

$$T_b = \frac{Q_b(1 - \Phi) \times 12}{A(1 - P)} \tag{6-103}$$

式中，T_b 为备采矿量实际保有期限，月；Q_b 为计算期末结存备采矿量，t；其余参数与式 (6-100) 相同。

6.5.3.4 生产矿量应有保有期限的确定

生产矿量应有保有期限是指为保证采掘生产的正常衔接计划的生产矿量合理保有指标。在确定应有保有期限时，总是按先备采、后采准、再开拓三级矿量保有期限的顺序进行研究计算。

地下开采矿山确定生产矿量应有保有期限的具体步骤为：

(1) 根据矿山正常生产的矿石年产量，计算其计划日产量 $G(t)$，然后求出满足日产量的正常放矿采场数 F (单位为个)，计算公式如下：

$$F = \frac{G}{a} \tag{6-104}$$

式中，F 为正常放矿采场数，个；G 为正常放矿日产量；a 为单个采场计划日平均放矿量，t。

(2) 计算满足日计划产量时，处于正常回采采场的保有备采矿量。由于各放矿采场的回采程度总体上应处于一个理想的"阶梯状"，故其保有备采矿量大致相当于放矿采场原有总矿量的一半，即：

$$Q_s = \frac{1}{2}qF \tag{6-105}$$

式中，Q_s 为正常回采采场的总保有备采矿量，t；q 为 1 个新采场的平均备采矿量，t；F 为正常放矿采场数，个。

(3) 为保持矿山正常出矿能力，常需保有一定数量的预备采场，以接替一旦发生意外事故而丧失出矿能力的采场。预备采场数依具体情况确定，一般相当于正常回采采场数的 20%~30% (也有 50% 左右的)，即备用系数为 1.2~1.3，其矿量属应有保有备采矿量的一部分。

(4) 计划月平均产量 (Q_s) 可由年计划产量求得，也可用采场 (块段) 矿体总面积与采矿强度 (t/(月·m³)) 乘积求得。则备采矿量应有保有期限 (T_b) (单位为月) 可用下式计算：

$$T_b = \frac{(Q_s + Q_m)(1 - \Phi)}{Q_a(1 - P)} \tag{6-106}$$

式中，T_b 为备采矿量应有保有期限，月；Q_s 为正常回采采场的总保有备采矿量，t；Q_m 为预备采场矿量，t；Φ 为采矿总损失率，%；Q_a 为矿山实际保有工业储量，t；P 为开采总贫化率，%。

(5) 依据采矿工作顺序，除了根据三级矿量保有期限指标的经验比例关系，计算采准与开拓矿量应有保有期限外，按其衔接关系，则有：

1）采准矿量应有的保有期限 T_c（年）为：

$$T_c = \frac{T_b + T_p}{12} \tag{6-107}$$

式中，T_c 为采准矿量应有的保有期限，年；T_p 为按采矿方法采准与切割一个块段所需的时间，月；T_b 为备采矿量实际保有期限，月。

2）开拓矿量应有的保有期限 T_k（年）为：

$$T_k = T_c + T_q \tag{6-108}$$

式中，T_k 为开拓矿量应有的保有期限；T_q 为开拓一个中段需要的时间，年；T_c 为采准矿量应有的保有期限，年。

露天开采矿山生产矿量应有保有期限的确定：

（1）备采矿量应有保有期限（单位为月）为：

$$T_b = \frac{R \cdot E \cdot W \cdot D(1 - \Phi)}{Q_a(1 - P)} \tag{6-109}$$

式中，T_b 为备采矿量应有期限，月；R 为开采矿石工作线总长度，m，当矿山生产能力一定时，可视为一常数，可据电铲台数与每台电铲所占工作线长度乘积，或用工作台阶数与矿体平均长度（工作线平行矿体走向）或平均水平宽度（工作线垂直矿体走向）的乘积计算；$(1-\Phi)$ 为总采收率，%；Q_a 为矿山实际保有工业储量；P 为开采总贫化率，%；E 为爆破带宽度，m；W 为台阶（阶段）高度，m；D 为矿石平均体重，t/m^3。

（2）开拓矿量应有保有期限（年）为：

$$T_k = \frac{n \cdot h \cdot L \cdot W \cdot D(1 - \Phi)}{12Q_a(1 - P)} \tag{6-110}$$

式中，T_k 为开拓矿量应有保有期限，年；n 为计划正常作业所需采矿台阶数；h 为平台合理宽度，即爆破带宽度与安全工作平台最小宽度之和，m；L 为矿体平均长度，或平均水平宽度，m；W 为台阶（阶段）高度，m；D 为矿石平均体重，t/m^3；$(1-\Phi)$ 为总采收率，%；Q_a 为矿山实际保有工业储量；P 为开采总贫化率，%。

（3）当露天开采矿山又划分三级矿量时，则以上计算的"开拓矿量应有保有期限"则为采准矿量应有保有期限，其开拓矿量应有保有期限则以最低堑沟水平以上所有台阶圈定矿体范围的总矿量数参加计算，其计算公式从略。

——— 本 章 小 结 ———

金属矿山地质工作方法就是把金属矿山各阶段地质工作和矿山生产所揭示的一切地质特征、地质数据等用一系列的方法、记录下来，进行综合整理归纳，提供给下一阶段地质工作和生产分析、研究和利用。这些方法包括各类工程所揭露的地质现象的原始地质编录、各种地质图件的编绘，综合地质编录、地质储量计算、岩矿石的取样加工，各类地质报告的编制等。

矿山地质资源储量的估算是金属地质工作方法中最重要的一项内容。金属矿山地质储量，是由地质勘探、基建勘探和生产勘探所获取及评价的地质储量，是地质勘探部门和矿山生产地质部门的主要成果。因此，金属矿山地质储量估算是在地质勘探（包括详查）的基础上，经过矿山基建勘探、生产勘探和矿山地质勘探，进行储量升级、重评、变动和新探获的地质储量估算工作。地质储量的估算是在矿床勘探和开采过程中，地质工作人员通过取样、地质编录和图件制作所获得的地质数据、资料和图件，运用地质学理论，进行矿床工业指标的储量参数的计算和论证，确定矿体形态和矿体边界，选择合适的储量估计方法，确定金属矿床中的金属量及其共生、伴生组分的数据和质量。

习　　题

1. 简述矿山地质编录的内容。
2. 如何把矿山的勘探线剖面图转换成纵投影图？并举例说明。
3. 简述生产矿山与地质勘查取样的异同。
4. 矿石质量研究在整个生产矿山中的作用。
5. 简述矿床工业指标的作用及论证方法。
6. 详述我国金属矿山的储量分类的变化过程，并说明 GB/T 17766—2020 相对于 GB/T 17766—1999 的优点。
7. 画图说明地下和露天开采矿山中生产矿量的划分。

7 金属矿山开采过程的地质管理工作

本章课件

本章提要

金属矿山开采的全过程都有地质问题，都需要地质管理工作，它是矿山采掘和选冶生产管理的重要组成部分。地质管理工作主要以地质技术工作为基础，以回收资源为核心的地质指导、服务和监督工作，以正确、合理和充分利用资源、提高矿山资源回收率和矿山经济效益为目的。主要内容包括掘进（剥离）、矿块采准和回采、矿山出矿运输和选冶过程的地质管理工作，矿山矿产开采损失与贫化的计算和管理，矿山地质资源储量动态管理，共伴生金属矿产地质储量管理工作，金属矿山地质经济管理，矿山地质环境修复和绿色矿山。

7.1 掘进（剥离）过程中的地质管理工作

矿山采掘（剥）生产是按计划和设计进行的，同样离不开生产的地质指导。生产地质指导是矿山地质人员在矿山生产过程中，根据矿床地质情况和设计的任务要求，对生产进行现场施工的指导工作。它对生产起着具体的服务、指导、监督和验收的作用。

矿山生产地质指导贯穿于矿山采掘（剥）生产的全过程。地下开采矿山分为坑道掘进的地质指导、矿块采准工程和切割回采的地质指导；露天开采矿山则分为剥离和回采的地质指导。

矿山生产指导主要包括：矿山采掘（剥）技术计划及坑道掘进、露采剥离、爆破工作、回采作业过程中几个方面的地质指导。

7.1.1 矿山采掘（剥）技术计划编制

矿山生产计划可分为许多种，矿山生产的特点是以采矿为中心，以工程掘进为手段，以地质技术、经济、设备为基础和条件。因此，通常所说的矿山生产技术计划即指采掘（剥）技术计划，又以年度采掘（剥）技术计划为主，而更短期（季、月、旬、日、班）的生产技术计划（或作业指令）对其起着保证作用。为保证采掘（剥）计划的完成，必须配以相应的生产勘探计划（或设计）及其他主要技术经济指标计划等。

编制采掘（剥）技术计划的目的是用来指导完成上级机关下达的年度生产任务，进行掘进和矿石回采工作的合理安排。通过具体安排矿体、阶段和矿块回采的先后顺序和工作量，达到完成矿石产量和质量指标，并验证基建与生产准备、各生产阶段（开拓、采准、切割和回采）之间的衔接是否协调，确定生产所需的人员、设备及投资费用等。

采掘（剥）计划的编制必须遵循的原则包括：（1）坚持计划生产的原则。经制订审批的计划，必须坚决执行。坚决贯彻有关生产技术方针与政策的原则，尤其要坚持合理的采掘（剥）顺序；（2）最大限度利用矿产资源的原则，根据矿山具体地质条件和技术经济条件，实行综合勘探、综合开采、综合评价、综合利用的方针；（3）贯彻安全生产和保护环境的原则；（4）在计划指导下集中作业的原则；（5）以最少的生产投资，取得最佳生产成果与经济效益的原则。总之，在综合考察社会、资源、政策、地质与技术经济诸因素的基础上，理顺各方面关系，加强全面质量管理，力求挖掘矿山生产潜力，做到优质、高产、低耗，保证全面完成上级下达的任务。

矿山采掘（剥）技术计划是在广泛收集矿山整个生产历史和现状全面资料的基础上，以文字和图表的形式明确表示出计划年度的生产安排和预计成果。文字部分应说明年度生产任务、生产历史与现状、采掘（剥）工作的总体安排和具体安排、完成计划所存在的问题及主要技术措施等。表格和图件种类繁多，表格如产品产量表、采掘（剥）作业量表、主要技术经济指标表、生产勘探作业量表等；图件如矿区总平面图、地质剖面图、中段（平台）地质平面图、矿体（纵）投影图、采掘（剥）进度图等。

矿山地质人员在编制生产计划中的工作：

（1）提供计划编制所需的全部基础地质图件资料；

（2）提供矿石质量和储量资料，会同生产技术人员编制生产计划中的矿石种类、质量与产量计划；

（3）编制矿山地质勘探、生产勘探和所有地质工作计划；

（4）对编制计划的有关采掘（剥）技术方针政策的贯彻、工业指标的修订、开采贫化与损失指标、储量保有期限及平衡指标、矿产资源的保护和综合利用、矿山环境保护、经济管理等提出意见和建议。

7.1.2　坑道掘进的地质指导

矿山坑道包括各种基建井巷、生产坑道、探矿坑道等，均是根据矿山生产建设需要来布置的，其掘进均是依照单项工程设计进行的。无论何种坑道掘进，始终都存在着坑道的地质调查及目的性指导和安全性指导。

7.1.2.1　坑道地质调查

随着坑道工程的掘进，地质人员必须及时进行地质观察、工程地质编录和取样工作。根据已揭露的地质现象，进行综合研究，分析判断，正确指导坑道的施工。若发现预计不到的地质问题，应根据具体情况及时提出处理意见或修改设计。无论何种坑道的设计和施工，都或多或少存在不确定因素，具有风险性和探索性，这就要求地质人员不断加强地质构造研究，运用地质理论，由已知推断未知。这是指导坑道设计与施工的重要基础工作。

坑道掘进过程中主要的地质构造研究项目有：（1）矿体形态、产状、空间分布及其变化规律；（2）矿石与围岩的物质成分、含量、结构、构造及其分布规律，尤其与矿化有关的各类地质现象，矿石质量及矿化富集规律；（3）各种构造类型、产状、规模及其相互关系，尤其控制和破坏矿体的构造，如切割矿体的断层性质、断距和位移方向等。必要时，还需补充水文地质和岩矿物理机械性质的研究和测试工作。

7.1.2.2　目的性指导

主体基建井巷工程往往由专门的矿山设计部门设计；生产工程由采矿人员为主进行设计；勘探坑道由矿山地质人员负责设计。基建生产坑道设计施工的目的是保证运输、通风、联络及中段开拓、矿块采准、切割与矿石回采等需要；勘探坑道施工目的是探矿、探水、探构造或为坑内钻探施工创造条件等。无论何种坑道，其目的或作用均已事先确定，并各有其一定的规格、位置、方向、倾角（坡度）、进尺与施工期限要求。因坑道工程有成本高、投资多、掘进速度慢、施工条件较差等缺点，故必须遵循如下程序：（1）先有地质及技术设计，经批准后实施；（2）掘进前必须向施工人员交代施工目的、要求和可能出现的地质现象；（3）施工过程中加强地质调查研究并及时加以指导；（4）达到预期目的，及时进行工程验收；（5）验收合格，填写停工通知书。验收由地质、测量及生产施工人员共同进行，主要验收项目为方位、坡度、规格、进尺、技术经济指标（如工效、成本等）及施工目的等。

7.1.2.3 安全性指导

所谓安全性指导即解决坑道掘进的施工安全和坑道的使用安全问题，包括掘进技术方法和坑道维护。影响坑道施工安全的客观因素主要是地质构造条件、水文工程地质条件。所以，矿山地质人员必须在坑道掘进前和施工过程中，充分调查和研究影响安全的因素，如岩体的稳固性、含水性及其对施工安全的影响，据此提出防治措施。坑道掘进过程中，必须注意进行水文工程地质和岩矿物理技术性质的观测。如观察巷道滴水、渗水、涌水现象；研究断层、裂隙的发育程度、位置、产状、规模、组合关系、结构面力学性质和特征，特别是软弱夹层或构造面、破碎带、老窿、溶洞等；预测可能的涌水、突水、冒顶、片帮地点和规模等。研究这些影响坑道安全的客观因素，总结其类型和规律性，采用适当的技术方法，指导坑道安全掘进，并为坑道维护及使用提供地质资料。

7.1.3 露采剥离的地质指导

露采矿山采场的剥离属于开拓工作，是矿石回采的基础，及时而得当的地质指导有助于矿石正确的回采。露采剥离地质指导的目的在于准确掌握剥离平台的矿体地质特征，便于为矿岩的分爆、分铲、分装以及边坡管理等创造条件。剥离地质指导包括几个方面：（1）矿岩边界、夹石边界及矿石类型、工业品级分界线具体位置；（2）剥离境界线的实际位置；（3）边坡岩体的稳定性，边坡角的正确性及矿岩的稳固性、含水性和力学性质。对于地质构造复杂和转入深凹开采的矿山，露采剥离的地质指导特别重要。

露采剥离的地质指导必须配合采剥生产，注意贯彻"采剥并举，剥离先行"的方针和"定点采剥，按线推进"的原则，并及时进行编录、取样和圈定矿体等工作，避免剥离不足或过多剥离；同时，必须加强研究，注意解决随着开采深度增加而出现的众多地质构造安全问题，指导剥离工作的顺利进行。

7.1.4 爆破工作的地质指导

提高爆破效果是关系矿山采掘（剥）生产的一个重要问题。爆破效果除了与炸药的性质、能量、数量和爆破方法有关外，岩（矿）体的可爆性（岩矿体对爆破的抵抗能力或可爆的难易程度）也是影响爆破效果的重要因素，它们均与地质构造因素密切相关。影响爆破效果的地质构造因素主要包括以下几个方面：

（1）岩矿石的物理技术性质，如硬度、弹性、塑性、韧性和脆性等，它们取决于矿岩石的矿物成分、结构构造、密度、孔隙度、湿度、热学性质、松散性、耐风化侵蚀性及其力学性质等。一般而言，硬度越大、密度越大，越难破碎。

（2）岩矿体的结构特征指其被断层面、裂隙面、节理面、层理面、片理面等构造弱面切割破坏的情况。爆破后块度大小主要取决于这些弱面。一般岩矿体越完整越难爆破，块状体又较粉状体可爆性差。

（3）岩层产状、岩层层面（主弱面）与自由面的空间关系往往影响爆破效果，具体表现在：1）岩层走向与自由面平行时爆破效果较好；2）工作面与岩层倾向一致时，块度过大；3）岩层与自由面倾向相反时，会出现活动三角块或留根底；4）岩层走向与自由面近直交时，块度分布不均匀且易失去爆堆的可控性。

（4）断层、裂隙发育状况，断层面与层理面类似，往往限制着爆破效果。裂隙的产状与发育程度同样亦影响爆破效果。裂隙构造模数（μ）指垂直裂隙走向的单位距离（m）内裂隙的平均条数。裂隙构造比稠（g）指裂隙的开口程度，其值等于裂隙构造模数与裂隙的平均开口宽度（t）的乘积（即 $g = \mu t$）。一般来讲，裂隙构造模数太小或太大，爆时均易产生大块，需药量较多，而裂隙构造比稠值大，炸药能量损失较多，爆破效果也不好，反之则有利。

爆破的地质指导工作主要是爆破前，地质人员提供爆破块段的地质图件，表示出爆破孔的分布与深度，提供矿体与围岩的产状、地质构造及其他影响爆破效果的资料。凿岩爆破时，地质人员配合采矿生产人员确定爆破孔位置、倾角、深度及装药量等，力求提高爆破效果。

7.1.5　回采作业过程的地质指导

回采是在采区内直接进行采矿作业的总称。它主要包括落矿、搬运矿石和采空区处理等。回采作业地质指导因采矿方式、方法不同各有具体的要求。一般地下开采较露天开采困难，地质构造条件越复杂，采矿工艺要求越严格，其地质指导越重要。而经采准后所获得的单体性地质图件资料是回采作业地质指导与管理的依据。

7.1.5.1　矿山单体性地质图

地下采场单体性地质图是指以采区、块段或采场为单位编制的生产性地质图件，通常包括采区、块段或采场上下中段（或分段）地质平面图，不少于两个地质横剖面图及纵投影图（或纵剖面图），总称其为"三面图"。缓倾斜层状矿体还包括矿层厚度等值线图及矿层顶（底）板等高线图。它具有比例尺大（1∶200~1∶500）、矿体界线圈定准确等特点。

随着采场矿石回采，编制以采矿块段为单元，由图纸、文字、表格构成的整个采场地质、测量、采矿生产资料，称为块段或采场"管理台账"。它既是反映采场（块段）内矿体与地质构造特征，指导安全生产作业的生产管理地质资料，又是采后验收、储量报销的依据，还是探采对比、总结经验教训并进行矿床综合地质研究的基础资料。

露天采场单体性地质图件是指爆破块段（或爆区）地质图。它包括块段（或爆区）地质平面图（1∶500），在同比例尺平台地质平面图的基础上编制，只切割本台阶的地质剖面图（不少于两个）。附以简要说明书和矿石类型、品级、品位及矿量资料等，即构成指导爆破与采、装、运输的爆破块段生产管理地质资料，也是爆破块段验收的依据。

7.1.5.2　回采作业过程中的地质指导

地下采场矿石回采过程中的地质指导主要表现在如下几个环节：

（1）指导切割或称切割拉底巷道（层）是整个采场上采的基础，对矿体边界不清或边界形态复杂的矿体，切割的地质指导具有重要意义。指导切割工作包括：1）依据矿体边界位置确定拉底巷道（层）的范围和宽度，使其与工业矿体边界尽可能吻合。发现拉底不足，提出扩帮；发现过多切割围岩，及时制止；2）指导并确定上采倾角；3）依据拉底揭露的地质现象预计上采过程中可能出现的矿体形态、产状变化，以及夹石、断裂破碎带、岩脉等影响矿石回采的地质问题，采取预防的技术措施。

（2）检查矿房两帮，对允许进入采场的矿房，每一次爆破后，检查两帮是否残留有工业矿石，如有残留则提出扩帮地点、范围和深度，减少未采下损失。

（3）检查回采掌子面，目的在于圈定上采边界线，使上采爆破边界与矿体边界尽可能符合。

（4）指导炮孔布置（图 7-1），上采爆破炮孔应依据矿体边界、倾向与倾角正确布置，否则，顶盘会引起矿石贫化，底盘会造成矿石损失。采用无底柱分段崩落法的采场，要注意切割井及炮孔的正确布置，避免过多的无效进尺或矿石贫化。深孔崩落法的采场，在爆破后不可能进入，只能利用凿岩天井及深孔探顶，以指导炮孔布置及装药深度。

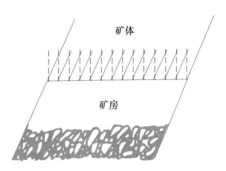

图 7-1　回采掌子面上炮孔的布置
实线—正确；虚线—不正确

（5）指导爆破与出矿，对于多类型、多品级矿石分采或按矿石、废石（围岩和夹石）分采的采场，要加强分区、分段爆破和分别装运出矿的指导，保证达到出矿质量和数量的指标。

（6）指导充填法采场，在充填前保证采下矿石出净，充填时，检查充填料，指导充填范围和深度，不允许工业矿石混入充填料，也不允许充填料混入矿石采出。露天采场回采作业的地质指导较方便，主要是按计划做到"定点采剥，按线推进"，会同采矿人员确定边坡角，管好边坡，并根据各爆破块段（爆区）的矿石质量特征，按计划做好矿石质量管理和配矿工作。

7.2　矿块采准和回采过程中的地质管理工作

7.2.1　地下开采矿块采准和采场回采过程中的地质管理工作

7.2.1.1　地下开采矿块采准工程地质管理工作

在开拓范围内，根据所选择的采矿方法，完成采准工程（包括矿块底部结构的运输平巷、电耙道、斗井、斗川、小溜矿井；两侧人道井和联络道等）的掘进，以及矿块的切巷和切割。形成矿块采矿的运输、通风、人行和出矿口，使其能进行矿块矿房的上采。这个阶段的地质管理工作主要内容如下。

（1）在矿块地质资料的基础上，所布置的采准工程是探矿的继续，地质人员要充分利用采准工程起到探矿作用，继续提高矿块的可靠程度，使下一步开采的依据更加可靠，这就是利用矿块采准工程的地质资料对矿块资料所进行的"二次圈定"，具体如：1）利用脉内平巷加斗穿（装岩巷道）进一步探清矿体上下盘围岩界线和接触关系；2）利用切割层的沿脉和穿脉方向的切巷进一步探清矿体切割层位置的边界，并指导切采和上采；

3）利用采准天井及联络道探清下悬矿体的尖灭位置，为矿块的切割层和底部结构选择确定合适位置；4）对矿岩不稳定矿脉，可利用布置在脉外的运输平巷和斗穿，探清矿体形态、产状和边界（图 7-2）。

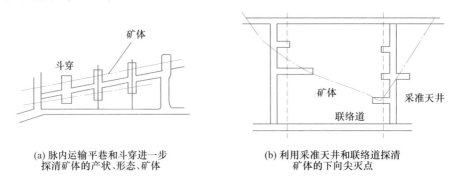

(a) 脉内运输平巷和斗穿进一步　　　(b) 利用采准天井和联络道探清
探清矿体的产状、形态、矿体　　　　矿体的下向尖灭点

图 7-2　利用采准工程探明矿体形态及产状

（2）在采准工程施工中，地质人员要配合采矿、测量人员，指导工人按设计施工，保证工程质量，若矿块底部放矿漏斗在切割层位置劈漏斗口，一定劈成 45° 的斗口（图 7-3）。这是做好采矿准备的首要问题，可确保正常上采、顺利放矿和减少损失与贫化。及时收集、编录采准工程的地质素描图和取样资料，修改补充矿块地质资料，即"二次圈图"，正确指导施工和上采，对施工中的安全因素要配合安全部门进行处理和采取预防措施。当矿块采准工程结束时，参与采准工程的竣工验收工作。

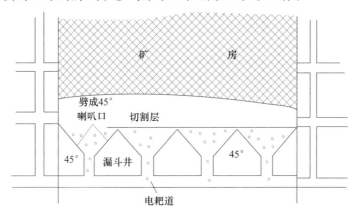

图 7-3　放矿漏斗口劈成 45° 角

7.2.1.2　地下开采矿块回采过程中的地质管理工作

矿块采准工程结束后，标志着采矿准备完成，矿房的上采就可以开始了。矿块的回采过程不仅是回采矿石，得到经济效益，而且全面揭露矿体，可进一步验证和总结矿块的生产勘探程度，为探采对比提供最可靠的基础资料。因此，回采阶段地质管理工作是非常必要的。主要包括以下内容。

（1）根据原矿块地质资料和经采准工程施工揭露后"二次圈定"的矿块地质资料，指导矿块切割层的切采或拉底片帮，指导各分层的上采。在上采过程中如出现原来资料没有反映的平行矿体、分支矿体，这时应首先确定和分清哪条矿体是原来的主矿体，是否要继续上采，并对分支矿脉和平行矿体做出进一步探矿和开采的方案。

总之，采矿场回采过程的管理，是以最大限度地回采矿石、减少损失贫化、保证安全作业为目的。

（2）做好采矿场上采时各分层的资料收集工作。开采结束的矿块，以采矿矿块为单元，进行资料整理归档。采矿回采结束后，将开采资料积累一起，装订成册归档到该矿块资料袋。

（3）矿块回采时矿石质量管理。回采过程中要加强矿石质量管理，其管理的核心是尽量把矿石采下少混入废石，保证矿石的品位。同时，还要尽最大可能充分利用资源。计算采下矿石品位、采下围岩品位、采下矿岩总量（采矿总量）的品位-存窿矿量的品位，为出矿、编制放矿计划提供依据。

7.2.1.3　矿块开采地质资料收集

文字资料：

（1）矿块位置：采场编号，所属中段、矿脉、四邻关系。

（2）矿体地质特征：各分层的矿体规模、形态产状；矿石类型、矿化及围岩蚀变、矿体物质成分、内部结构、矿体构造类型和主要特点。

（3）各分层矿石开采质量和全矿块开采质量，即计算采下矿石量和品位，采下围岩和夹石量及其品位，采下矿岩总量和品位，未采下矿石量和品位。

（4）各分层开采一次贫化率与损失率的计算情况和整个矿块开采一次贫化率与损失率的计算情况。

附图资料：

（1）各分层地质素描图和取样图。

（2）各分层实测地质平面图，即"采掘图册"，上下中段地质图，矿块矿体投影图，矿块矿体剖面图。

（3）开采时遇到的特殊地质现象，大比例尺素描图和文字描述记录。

附表资料：

（1）各分层、全矿块的采下和未采下矿石量计算表，最终累积探明地质储量计算表，采下废石量计算表，采下矿岩总量计算表（包括矿石量、平均品位和金属量的计算）。

（2）采矿贫化率与损失率计算表。

（3）各种验收资料、测量实测资料、回采过程中有关分析资料和纪实资料。

（4）附开采前生产勘探矿块地质资料和矿块开采设计资料，便于勘探-设计的开采对比。

7.2.2　露天开采平台回采过程中地质管理工作

露天开采平台回采过程中的地质管理工作，主要由以下几个方面组成。

（1）根据平台地质资料和开采设计资料，以及剥离后修改（"二次圈图"）的平台地质资料，指导采矿爆破孔的布置和施工。

（2）收集爆破孔地质资料和分段爆破后掌子面素描图，编制爆破孔的开采图，即爆区图根据"爆区图"指导下一段的爆破孔的施工。根据爆区图计算开采的矿岩量和计算贫化与损失。露天采场要按计划做到"定点采剥，按线推进"。回采过程中，注意管理好边坡。

（3）露天回采中矿石质量管理：露天采场范围比较大，一般都是数个台阶和工作面同时作业，剥离与采矿交叉进行。特别是矿石类型多，品级多的采场，矿石的采矿质量比较复杂，管理上时刻要注意分采、分穿、分爆、分铲、分装、分运、分级储存，有条件时要增加手选废石工作，特别注意做好下面几项工作：1）爆破块段，不同矿石类型、品级的分界线的标定，指导分穿分爆；2）爆破后的矿堆，同样要标定矿岩界线、不同品级和不同矿石类型界线，并绘制爆破堆矿石分布草图，指导分铲分运；3）铲运管理，铲运作业一定要按矿石分布图规定方向顺序进行。废石进排土场，矿石分级分类型进入矿堆或矿仓；4）根据爆破后所收集的地质资料将每一个爆破块段的矿石质量（包括主元素伴生元素）的变化，提前加以整理和计算，提供出矿部门对运矿配矿进行安排和指导；5）露天矿回采地质资料积累，包括爆破块段地质图和爆破区图。

7.3 矿山出矿运输和选冶过程中的地质管理工作

7.3.1 矿山出矿运输过程的地质管理工作

金属矿山出矿运输工作，是采掘工作最后一个环节。通过出矿运输环节，为选矿厂提供已开采下来的全部矿石。因此，加强矿山出矿运输的管理工作是将已采下的矿石按质按量地全部运往选矿厂，不丢掉已采下的矿产资源，并有计划、有质量（品位）标准的提供给选矿厂，保证选矿厂的生产和经济效益。

矿山出矿运输包括存窿矿量的放矿、阶段（中段）溜矿井的放矿、正在上采采场的出矿（浅孔留矿法一般放出三分之一）和掘进坑道的副产矿石。有时矿山还会外购其他矿的矿石。这些出矿点的矿石质量、矿石类型、矿石块度等都不尽相同。为此，地质专业工作主要内容如下：

（1）根据采场在回采过程中，收集矿块开采地质资料和矿块采掘图册，编制矿块回采后剩余存窿矿量不同部位的矿石质量分布图及其说明，作为出矿运输管理和均匀配矿的依据。

（2）按矿块开采资料所记录的各采场、各掌子面矿石质量特点，制定出矿计划，安排各采场出矿量、出矿顺序、确定混矿地点（如贮矿溜井或矿仓）进行配矿。

（3）对各出矿采场的出矿漏斗，对装进矿车的矿石，进行抓样，通过化验分析，指导配矿和运输。

（4）采场存窿矿石要均匀放矿，使矿石均匀下放，减少两帮脱落的围岩，提前超越矿石混进存窿矿石里来，以免造成过多的二次贫化和降低矿石质量。所以，采取均匀放矿是保持矿石质量的一个措施。

（5）做好出矿计量工作，出矿的采场要按漏斗记好出矿数量，做到心中有数。根据出矿数量和抽样分析结果，确认采场有矿无矿，若已出光出净，即可以组织有关部门，经验收合格后，关闭采场。

（6）统计矿块采场出矿量，即根据出矿记录，从出矿开始（包括采矿时的出矿）、累计各漏斗每班、每日、每月的出矿量，即为矿块采场的出矿总量。根据统计的出矿总量可计算采场的二次贫化率（又称放矿贫化）和总贫化率。

配矿时矿石质量均衡公式如下：

$$D_n(C_n - C) = \pm F_n \tag{7-1}$$

式中，D_n 为各采场计划出矿量；C_n 为各采场计划出矿平均品位；C 为要求达到的出矿品位指标；F_n 为各采区均衡能力系数。

在式（7-1）中，当 F_n 为正值时，可配部分品位较低的矿石；当 F_n 为负值时，可配部分品位较高的矿石。最后必须使采场的均衡能力系数之和满足下列公式要求：

$$\sum F = \pm F_1 \pm F_2 \pm \cdots \pm F_n \geq 0 \tag{7-2}$$

$$D_1(C_1 - C) + D_2(C_2 - C) + \cdots + D_n(C_n - C) \geq 0 \tag{7-3}$$

式中，D_1、D_2、$\cdots$、D_n 为各采场计划出矿量；C_1、C_2、$\cdots$、C_n 为各采场计划平均出矿品位；C 为要求达到的出矿品位指标；F_1、F_2、$\cdots$、F_n 为各采区（采场）均衡能力系数。

7.3.2 选冶加工过程的地质管理

矿石经出矿运输，送至选矿厂进行加工处理，提取主元素及共伴生有用组分，为工业和国民经济所利用。因此，提高选矿回收率、尽可能综合利用矿石中的各种有用元素，是选矿、冶炼加工的最终目的。在选冶加工过程中，地质管理工作的主要内容包括：选矿工艺矿物学研究、选矿尾砂的利用研究和冶炼炉渣的利用研究等。其中，选矿工艺矿物学研究最为重要，要根据出矿运输提供的矿石性质，重点查清矿石中有用矿物种类、粒度、嵌布状态、表面覆膜情况及选矿产品、原矿、中矿、精矿及尾矿或烧渣中矿石矿物与脉石矿物的连生关系等，为优化选矿工艺、最大限度地利用采出矿石提供依据。

7.4 矿山矿产开采损失与贫化的计算和管理

7.4.1 矿石贫化、损失的概念及管理的意义

7.4.1.1 矿石贫化与损失的概念

矿石贫化是指在开采过程中，由于地质条件和采矿技术等方面的原因，使采下的矿石中混入废石（围岩、夹石与低品位矿石），或部分有用组分溶解和散失而引起工业矿石品位降低的现象，简称为"贫化"。其中如：（1）采下矿石的品位降低数与原矿体（或矿块）平均品位之百分比，称为品位降低率，又称为矿石贫化率，简称"贫化率"；（2）废石混入量与采下矿石（俗称"毛矿石"，即工业矿石与废石之和）量的百分比，称废石混入率，表示废石的混入程度。

矿石损失指在开采生产过程中，由于种种原因（如地质条件复杂、采矿方法不当和放矿、运输问题等）造成的工业矿石未被全部采下或采下矿石丢失的现象。其中如：（1）采矿过程中损失的工业矿石量与该采场（或采区）内拥有矿石储量的百分比，称矿石损失率，表示工业矿石损失的程度。相应地，采出的工业矿石量与该采场（或采区）原拥有矿石储量的百分比称为矿石回采率，或矿石采矿回收率，又称矿石采收率。则：矿石回采率=1-矿石损失率。（2）对于金属矿山，在采矿过程中所损失工业矿石中的金属量与该采场（或采区）内原拥有金属储量的百分比，应称金属损失率；而采出矿石中的金属总量与该采场原拥有金属储量的百分比，称金属采收率。由此可知，只有当混入废石不含有用组分，即废石品位为零时，金属采收率=1-金属损失率；否则，金属采收率>1-金属损失率。所以，某些非金属矿产在开采过程中，往往只需计算废石混入率、矿石损失率和矿石回采

率；而金属矿山则还须计算矿石贫化率和金属采收率等（金属损失率等于矿石损失率）。

7.4.1.2 矿石贫化与损失管理的意义

矿山生产实践证明，矿石贫化会降低选矿回收率和精矿的产量，并加大选矿厂的矿石处理量，增加生产费用等；由于矿石损失，使矿山有限的矿产资源不能充分有效地得到利用，不仅提高了生产费用，而且还会引起采准工作与回采工作的脱节，以及缩短矿山寿命（服务年限）等。所以经常研究检查矿石贫化与损失情况，提出降低损失与贫化的措施，是矿山地质部门的重要任务。

采矿贫化率与损失率是直接衡量矿山采矿工作好坏的重要经济技术指标，是衡量矿山素质、技术管理水平高低、分析采矿方法是否合理的基本考核指标。一般来讲，不论贫化还是损失，都是矿山生产的不利因素，可以避免的偶然性贫化与损失，是矿山生产管理的主要对象。力争降低贫化与损失到最低的合理限度是矿山地质与采矿部门的重要职责之一。

总之，采矿贫化与损失管理的意义在于：（1）有助于矿石的合理开采，降低采、选（及冶炼）成本，提高生产效率；（2）有助于保护矿产资源，延长矿山服务年限；（3）为编制矿山生产计划，进行矿石质量管理和矿山储量的平衡与管理等提供依据；（4）有助于了解各种采矿方法的优缺点，以便选择更加先进合理的采矿方法。

7.4.2 矿石贫化与损失的分类

7.4.2.1 贫化的分类

按与采矿作业过程有关的贫化分类：（1）第一次贫化，指凿岩爆破时，因矿岩界线不清等原因，而将围岩、夹石与矿石一并采下所造成的贫化（图7-4）；（2）第二次贫化，在放矿过程中，因两盘或顶板围岩不稳固，或因管理不善，致使围岩塌落混入矿石造成的贫化，或在二次破碎（因块度过大）及装运过程中，因围岩、废石或充填料混入，或高品位粉末状矿石丢失所引起的贫化，统称二次贫化。

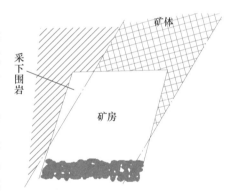

图7-4 将围岩与矿石一并采下
造成的贫化

根据贫化性质分为可避免的贫化和不可避免的贫化两类：（1）不可避免的贫化是按开采设计或采掘计划规定必须在采矿时采出一部分围岩、废石或非工业矿石所产生的贫化，例如电耙道布置于矿体下盘的采矿方法，按规定要切割一部分围岩，如：1）开采薄矿脉时，为了保证采场（采幅）的足够宽度，往往将靠近矿脉的围岩采下；2）深孔分段崩落法采矿时，由于爆破范围及深度大，不能实行分采，按设计将夹石或部分非工业矿石同工业矿石一并采出等所造成的贫化，都是不可避免的贫化。不可避免的贫化即设计贫化。（2）可避免的贫化是在采矿作业过程中，由于组织与技术管理不善，技术措施不正确，作业不正规，或由于矿体边界圈定不准确，将设计以外不应采下的围岩、废石、非工业矿石与工业矿石一并采出造成的贫化。可避免的贫化也称施工中的贫化。

不可避免和可避免的贫化加在一起构成采场的总贫化。可避免的贫化为主要的管理对象。贫化的大小与矿体厚度有直接关系，矿体越薄，产生贫化的可能性越大。一般厚大矿体，贫化率介于5%～10%；中厚矿体增至10%；薄矿脉的贫化率高达30%～50%。同时，贫化率的大小与采矿方法、矿体倾角、矿体边界形态、内部结构有密切关系。

7.4.2.2 损失的分类

按与开采作业关系可分为开采损失与非开采损失两类：（1）开采损失是指在矿床开采过程中与采矿方法、开采技术条件、施工技术管理、采矿作业技术操作水平有关的损失。又可分两种，一种称未采下损失，即按开采规定留下各种矿柱（图7-5）及护顶而留在原地的损失，也称设计损失。如果按设计应回采的矿石，由于矿体形态复杂或采矿技术条件复杂、矿体界线不清，或者采矿技术操作不当、采矿组织管理不善等原因造成的未采下损失，称施工损失。另一种称采下损失，即当矿石采下后，在放矿、充填、装车、运输过程中发生的损失；（2）非开采损失是指与采矿方法、采矿技术管理工作无关的损失，如：1）因断层破碎带破坏或强烈褶皱变形，致使矿石无法完全采出；2）为防止坑道涌水而留下保安矿柱；3）为保护井筒、地面建筑、河流、水库、交通要道而留下的保安矿柱等所造成的永久损失。

根据损失的性质划分为不可避免损失与可避免的损失。前者主要指按开采设计规定留在地下不能采出的损失，即设计损失，某些非开采损失也属不可避免的损失。后者是指开采过程中，由于组织不善、技术措施不当等所造成的损失，即施工损失。可避免的损失是矿石损失管理的主要对象。虽然矿石在采、选、冶整个过程中，均可能造成矿石（或金属）损失的现象，但在矿山地质工作中，尤以采矿损失及其管理为最主要。

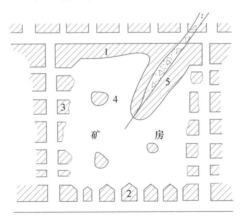

图7-5 采场纵投影图

1—顶柱；2—底柱；3—矿壁；4—房柱；5—保护性矿柱

7.4.3 矿石贫化与损失的计算

矿石贫化与损失的计算，应分期、分阶段、分设计与实际，分别按采矿单元进行。地下开采时，且要求按不同的采矿方法、矿体、矿房与矿柱等分别计算和统计。一般以矿块（采场）为基本单元，从其每一爆破分层计算起，进行采区、中段、坑口（井田）到全矿区的综合，最终得到全坑口或全矿区的总贫化和总损失。露天开采时，应在每一爆破块段（或爆区）计算的基础上，按台阶到采场的步骤进行综合统计。无论地下开采，还是露天开采，采矿贫化与损失的计算方法总体上分为直接法与间接法两种。

7.4.3.1 直接法

直接法只适用于地测人员可以进入的采场，即在采场（矿房）内，直接测定采下或损失矿石量，采下混入的废石（围岩、夹石等）量及有关品位，并与原工业矿石储量及其品位进行比较计算，以求得相应贫化率与损失率的方法。其优点是可按爆破分层计算，准确度较高，又能与采场生产管理相结合，易于直接查明发生贫化与损失的地点、数量及原因，及时采取纠正措施，而且计算简便，效率较高，故而得到广泛应用。

但须指出，一般情况下，即当所开采矿体（或矿块）属于围岩界线清楚的致密块状矿石，围岩（与夹石）基本不含有用组分，且高品位矿石不发生（或少发生）丢失时，则可以用废石混入率代替贫化率（即品位降低率）。这也是造成目前对贫化率与废石混入率区分不清、应用不统一的原因之一。

A 矿石贫化率的计算公式

（1）据贫化率定义，其基本计算公式为：

矿石贫化率（P）：

$$P = \frac{C - C_0}{C} \times 100\% \tag{7-4}$$

废石混入率（γ）：

$$\gamma = \frac{Y}{Q_0} \times 100\% \tag{7-5}$$

式中，P 为矿石贫化率（品位降低率），%；C 为工业矿石（开采范围内）平均品位，%；C_0 为采下或放出矿石（包括工业矿石和废石）平均品位，%；γ 为废石混入率，%；Y 为混入采下或放出矿石中的废石（围岩，夹石等）量，t；Q_0 为采下或放出矿石量（工业矿石与废石量之总和），又称采掘总量，t。

（2）设计贫化率（P_s）与废石混入率（γ_s）计算公式如下：

$$P_s = \frac{C - C_s}{C} \times 100\% \tag{7-6}$$

$$\gamma_s = \frac{Q_s - q_s}{Q_s} \times 100\% \tag{7-7}$$

或

$$\gamma_s = \frac{M_s - M}{M_s} \times 100\% \text{（薄矿脉）} \tag{7-8}$$

式中，C_s 为设计采下矿石平均品位，%；Q_s 为设计采下矿石量，t；q_s 为设计采下工业矿石量，或工业矿石储量减设计损失矿石量之差，t；M_s 为设计采幅，即设计采场平均宽度，m；M 为脉幅，即矿脉平均宽度，m。

（3）一次贫化率（P_1）与一次废石混入率（γ_1）计算公式如下：

$$P_1 = \frac{C - C_c}{C} \times 100\% \tag{7-9}$$

$$\gamma_1 = \frac{Q_c - q_c}{Q_c} \times 100\% \tag{7-10}$$

或

$$\gamma_1 = \frac{M_c - m}{M_c} \times 100\% \text{（薄矿脉）} \tag{7-11}$$

式中，C_c 为实际采下矿石平均品位，%；Q_c 为实际采下矿石量，t；q_c 为实际采下工业矿石量，t；M_c 为实际采幅，m；m 为实际脉幅，m。

（4）可避免的贫化率（P_k）与废石混入率（γ_k）计算公式如下：

$$P_k = \frac{C_s - C_c}{C} \times 100\% \tag{7-12}$$

$$\gamma_k = \frac{Q_c - Q_s}{Q_c} \times 100\% \tag{7-13}$$

或

$$\gamma_k = \frac{M_c - M_s}{M_c} \times 100\% \text{（薄矿脉）} \tag{7-14}$$

（5）二次贫化率（P_2）与二次废石混入率（γ_2）计算公式如下：

$$P_2 = \frac{C_c - C_t}{C} \times 100\% \tag{7-15}$$

$$\gamma_2 = \frac{Q_f - Q_c}{Q_f} \times 100\% = \left(1 - \frac{Q_c}{Q_f}\right) \times 100\% \tag{7-16}$$

式中，C_t 为实际出矿品位（平均），%；Q_f 为实际出矿量，t。

（6）采场贫化率（P_z）与总废石混入率（γ_z）计算公式如下：

$$P_z = P_1 + P_2 = \frac{C - C_t}{C} \times 100\% \tag{7-17}$$

$$\gamma_z = \frac{\sum Q_f - \sum q_c}{\sum Q_f} \times 100\% = \left(1 - \frac{\sum q_c}{\sum Q_f}\right) \times 100\% \tag{7-18}$$

式中，$\sum Q_f$ 为采场放出矿石量总和，t；$\sum q_c$ 为采场采出工业矿石量总和，t。

B 矿石损失率的计算公式

（1）按损失率的定义，则计算公式为：

$$\phi = \frac{q}{Q} \times 100\% \tag{7-19}$$

式中，ϕ 为矿石损失率，%；q 为损失矿石量，t；Q 为工业矿石储量，t。

（2）设计矿石损失率（ϕ_s）的计算公式：

$$\phi_s = \frac{q_s'}{Q} \times 100\% \tag{7-20}$$

式中，q_s' 为设计损失矿石量，t。

（3）未采下损失率（ϕ_w）的计算公式：

$$\phi_w = \frac{q_w}{Q} \times 100\% \tag{7-21}$$

式中，q_w 为未采下损失矿石量，t。

（4）采下损失率（ϕ_b）的计算公式：

$$\phi_b = \frac{q_b}{Q} \times 100\% \tag{7-22}$$

式中，q_b 为采下损失矿石量，t。

（5）采场总损失率（ϕ_z）的计算公式：

$$\phi_z = \frac{q_w + q_b}{Q} \times 100\% \tag{7-23}$$

C 计算参数来源

（1）设计矿石贫化率、废石混入率与矿石损失率的计算参数等，可全部在采矿设计图上，依据矿体（块段）圈定范围、设计采掘或崩落范围、回采前的矿产取样资料求得。

（2）实际贫化率与损失率主要计算参数的确定方法。

计算法是运用计算储量的平行断面法或开采块段法求得有关的矿岩量参数。若是水平分层充填法或留矿法一类的采场（图7-6），可在每一分层的上下掌子面素描图上分别测定其矿体（或岩石）面积 S_1 及 S_2，计算平均分层高度为 h。有关矿（岩）平均体重 D，假若可用梯形公式计算其体积，则有关矿（岩）量的参数 Q_0 的计算公式为：

$$Q_0 = SMD \tag{7-24}$$

由上述可知，计算所得 Q_0 分别有下述情况。若 S_1、S_2、D 或 S、M 等参数：1）测自圈定矿体，计算结果为 Q；2）测自实际采掘范围，计算值 Q_c；3）测自采下矿石范围，结果为 q_c；4）测自采下废石（围岩、夹石）范围，结果为 Y；5）测自来采下矿石范围，则计算结果为 q_w。

相应矿（岩）平均品位参数，则由生产取样资料计算（算术或加权平均）得到。

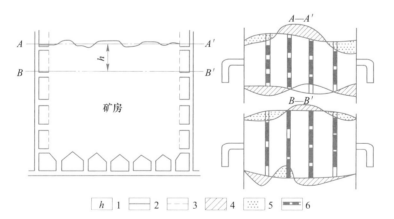

图7-6 留矿法矿房及掌子面图（矿山地质学，113页）
（$A—A'$为上采矿掌子面；$B—B'$为下采矿掌子面）
1—分层高度；2—采掘边界线；3—工业矿体边界线；4—损失工业矿石；
5—采下围岩、废石；6—生产取样线

实测法是地测人员可在现场测量采空区面积及采矿高度，直接求得相应采掘量。出矿时，抽取一班或多班矿车，将车中原矿倒出（倒车法），手选矿石及废石，分别称重，然后取其平均值；若出矿车数已知，车数乘平均值，则得采出矿石量 q_a，采下混入废石量

Y，总计后得 $\sum q_c$、$\sum Q_f$ 等。为避免一次、二次贫化或一次、二次废石混入，手选也可在采场内进行。未采下损失 q_w 可在采场内测量未采下矿石面积，推断其深度后求得；采下损失 q_b，如为水平分层充填法或空场法开采，出矿后在采场底板上选择有代表性的单位面积（如 $1m^2$），收集损失矿石，再据采场总面积求得。出矿量 $\sum Q_f$ 也可用地中衡称量（计车法）求得。薄矿脉的实际采幅 M_c 及脉幅 m 在素描图或现场测定并计算其平均值，测量间距 2~4m。

7.4.3.2　间接法

当不能或不必在采场内直接测定矿石量、废石量及有关品位等参数时，可用间接方法求出采矿量、废石量及相应品位值，并与原工业矿石储量和品位进行比较计算，以求得贫化率、废石混入率及损失率的方法，称为间接法。

间接法计算的最大优点是可用于任何一种采矿方法，对于地下开采不能进入的采场（如深孔崩落法）是唯一的贫化与损失计算方法。它能够反映采矿与放矿过程中总的损失与贫化以及设计采场（块段）范围内的矿石回收情况，而且计算结果与"实际"较一致，所以常用。其缺点是在矿块开采结束前，无法计算，效率较低；直接法区分一次、二次贫化，或可避免与不可避免的贫化；也分不清是围岩混入造成的贫化，或由于地质品位无代表性所造成的假象（贫化或富化）等。所以，间接法使用的条件应是矿床（矿块）生产勘探程度高，采准后"二次"固定所得资料（矿量、品位等）较准确；各采场（或块段）有单独的放矿系统，以保证出矿量与出矿品位资料齐全、准确、系统；同时，必须有专门人员制作管理台账，才能取得较可靠结果。

A　计算公式

假设某矿块原拥有矿石储量为 Q，其地质平均品位为 C，布置采场的出矿量为 T，损失矿石量为 q，采下混入的废石（围岩与夹石）量为 Y，废石平均品位为 C_Y，采场出矿品位为 C_t，则可得到如下有关出矿量和采出金属量的平衡方程式：

$$T = Q - q + Y \tag{7-25}$$

$$TC_t = QC - qC + YC_Y \tag{7-26}$$

通过适当变换（如式（7-25）两边乘 C 后与式（7-26）式联立）求解后，则可得有关矿石损失率（ϕ），废石混入率（γ）等计算公式如下：

$$\phi = \frac{q}{Q} \times 100\% = 1 - \frac{T(C_t - C_Y)}{Q(C - C_Y)} \times 100\% \tag{7-27}$$

$$\gamma = \frac{Y}{T} \times 100\% = 1 - \frac{C_t - C_Y}{C - C_Y} \times 100\% \tag{7-28}$$

$$P = \frac{C - C_t}{C} \times 100\% \tag{7-29}$$

当围岩与夹石不含有用组分，即 $C_Y = 0$ 时，则：

矿石损失率：
$$\phi = 1 - \frac{TC_t}{QC} \times 100\% \tag{7-30}$$

矿石贫化率与废石混入率相等，即得公式：

$$P = \gamma = \frac{C - C_t}{C} \times 100\% = \left(1 - \frac{C_t}{C}\right) \times 100\% \tag{7-31}$$

B   计算参数来源

间接法基本计算参数有：Q、C、C_Y、T、C_t。一般均应由生产勘探资料、生产取样与采矿生产过程中统计计算求得。Q 由块段（采场）设计单体性地质图计算，C 与 C_Y 可在回采坑道取样，C_t 在矿车、电耙道、矿堆或装矿机上取样测定；T 可用计车法测定。为提高计算的可靠性，采场出矿量统计及各项品位测定，每班均应进行。当然，若 T 和 C_t 为期计值，则计算所得为设计矿石损失率、贫化率及废石混入率；若 T 和 C_t 为实际测定值时，计算所得则为实际矿石损失率、贫化率和废石混入率。

露天采场，无论用直接法或间接法计算矿石损失率、贫化率和废石混入率时，均可利用爆破块段（或爆区）地质图件、生产勘探资料，生产取样及采矿过程中的统计资料获得所需参数。

金属矿山，尤其是有色金属矿山，往往还需计算金属采收率（ε_k），其基本计算公式为：

$$\varepsilon_k = \frac{q_c C + Y C_Y}{Q C} \times 100\% \tag{7-32}$$

式中，q_c 为采场（块段）采出工业矿石量，t；Y 为采场（块段）采出废石量，t；C 为工业矿石平均品位，%；C_Y 为废石平均品位，%；Q 为采场（块段）工业矿石储量，t。

例如，已知某采区中，铁矿石可采工业储量（Q）为 100kt，其平均地质品位（C）为 31%，采出矿量（T）90kt，出矿品位（C_t）25%，废石品位（C_Y）7%，求该采区采矿的矿石贫化率（P）、废石混入率（γ）、矿石回采率（ϕ）和金属采收率（ε_k）各是多少？

解得：

（1）矿石贫化率（即品位降低率）：

$$P = \frac{C - C_t}{C} \times 100\% = \frac{0.31 - 0.25}{0.31} = 19.35\% \tag{7-33}$$

（2）废石混入率：

$$\gamma = \frac{C - C_t}{C - C_Y} \times 100\% = \frac{0.31 - 0.25}{0.31 - 0.07} = 25\% \tag{7-34}$$

（3）矿石回采率：因混入废石量 $Y = T\gamma = 90 \times 25\% = 22.5\text{kt}$，采出工业矿石量 $q_c = T - Y = 90 - 22.5 = 67.5\text{kt}$，所以

$$K_\varepsilon = \frac{q_c}{Q} \times 100\% = \frac{6.75}{10} \times 100\% = 67.5 \tag{7-35}$$

（4）矿石损失率：

$$\phi = 1 - K_\varepsilon = 1 - 67.5\% = 32.5\% \tag{7-36}$$

或

$$\phi = \frac{Q - q_c}{Q} \times 100\% = \frac{10 - 6.75}{10} \times 100\% = 32.5\% \tag{7-37}$$

（5）金属采收率：

$$\varepsilon_{\mathrm{k}} = \frac{q_{\mathrm{c}}C + YC_{\mathrm{Y}}}{QC} \times 100\% = \frac{6.75 \times 0.31 + 0.07 \times 2.25}{10 \times 0.31} = 72.58\% \tag{7-38}$$

7.4.4 矿石贫化与损失的管理

采矿过程中矿石贫化与损失的管理，包括做好贫化与损失的统计报表工作，根据影响贫化与损失的因素，确定合理的采矿贫化率与损失率指标，并进一步寻求降低采矿贫化与损失的措施。其中，损失与贫化的统计台账和报表是实际情况的编录，损失与贫化的影响因素与合理的损失、贫化指标是管理的根据，降低贫化与损失的措施是贫化损失管理的宗旨。

7.4.4.1 矿石贫化与损失的统计报表

为衡量和检查矿山采掘（剥）生产的优劣，采矿方法与技术管理的好坏，确切掌握矿产资源的利用情况，要求定期按采场（块段）、矿体、中段或台阶、井区（或露天采场）计算和统计矿石的贫化与损失的有关参数，并分别建立相应的统计台账（表 7-1）；据此，按月、季、年度填表（表 7-2）呈报主管部门。这是矿山地测与生产部门进行矿石贫化与损失管理的基础工作。

表 7-1　开采过程中贫化与损失统计台账

日期	采矿方法	矿种	采下矿石			采下围岩			采下矿岩总量			贫化率/%	未采下矿石			未运出矿石			损失总矿量			损失率/%	备注
			矿石量/t	品位/%	金属量/t	围岩量/t	品位/%	金属量/t	矿岩量/t	品位/%	金属量/t		矿石量/t	品位/%	金属量/t	矿石量/t	品位/%	金属量/t	矿石量/t	品位/%	金属量/t		
1	2	3	4	5	6	7	8	9	10	11	12	13	14	15	16	17	18	19	20	21	22	23	24

表 7-2　贫化与损失年或季度报告表

项目	设计开采矿岩总量/t	实际采下矿石量		二次贫化围岩量/t	贫化率/%		未采下损失量(t)/储量(t)		采下损失量(t)/储量(t)	未采下损失量/t	总损失率/%	备注
		总量/t	围岩量/t		总的	可避免的	矿房	矿柱				
1	2	3	4	5	6	7	8	9	10	11	12	13
甲												
乙												

填写贫化与损失统计报表的具体要求如下：

（1）对地质原始资料的要求：1）设计图件与掌子面素描图上，要准确圈定矿体；2）矿石与围岩体重尽可能采用实测资料；3）工业矿石储量的计算以备采矿量为基础，在设计指定的范围内确定；4）矿石及围岩品位必须以生产取样为依据，不能采用经验数据；5）采出矿石平均品位可以依据矿石量与金属量用反求法确定。

（2）对生产记录资料的要求：1）实际出矿量应据实测资料填写；2）出矿品位应按矿车或漏斗口矿堆取样确定；3）累计总数可用出矿矿石及金属总量用反求法确定。

（3）对开采损失率的统计要求：1）矿山应分别按未采下损失及采下损失进行统计，一般以前者为主；2）金属矿产应分别统计矿石损失率与金属损失率；3）当采场回采结束后，必须将历次（分层）计算的原始资料加以整理，计算采场总损失率；4）回采矿柱、残矿应单独计算；5）整个中段或台阶回采结束，再计算全中段或台阶工业矿石储量的总损失率。

（4）对开采贫化率的统计要求：1）贫化率统计程序同于损失率，对于实际贫化率，非金属矿山一般只统计废石混入率；2）金属矿山还应统计品位降低率；3）当有害组分影响显著时，则需统计有害组分的增高率。

7.4.4.2 贫化与损失的影响因素和管理指标

A 影响矿石贫化与损失的因素

虽然影响矿石贫化与损失的因素很多，但总体上讲，可分为可以避免的偶然性因素和不可避免的必然性因素。前者主要反映生产施工过程中的组织管理水平与采场工艺参数确定的正确性，后者主要决定于矿床（体）地质条件的复杂程度和选择的开采方式、方法与设计的正确性。例如：（1）矿体厚度越薄（尤其是小于最低采幅时），其贫化率越高；（2）含矿系数越小，其贫化率越高；（3）矿体形态越复杂，其贫化率越高；（4）矿体产状、矿石和围岩的稳固程度、断裂构造的发育程度、水文地质条件等开采地质因素越不利，其贫化率越高；（5）露天开采较地下开采的贫化率低；（6）机械化程度越高，其贫化率越高；（7）地下开采效率较低的充填法其贫化率最低，留矿法与空场法次之，效率较高的崩落法的贫化率往往最高。而影响贫化的施工组织管理及工艺技术因素更是多种多样，它贯穿于采掘生产过程的各个环节，且往往属于可以避免的随机性（偶然性）因素。

影响采矿的矿石损失和金属损失的因素同样很多，有时采矿贫化与采矿损失具有某种反消长关系。各个矿山应根据实际情况全面系统地进行综合分析，具体查明影响贫化与损失的因素，分清主次，制定合乎矿山实际的贫化与损失管理指标，实行指标管理。在这方面，许多矿山已取得了很好的经验。

B 矿石贫化与损失的管理指标

矿石贫化率与损失率是矿山生产管理的重要经济技术指标，其范围大小主要取决于矿床地质条件及采矿方式、方法与技术管理水平等。露天开采贫化率在 0.4%~5.7%，一般不超过 3%，损失率在 2.2%~7.8%，一般约 4%。地下开采推荐指标如表 7-3 所示。

表 7-3　各种地下采矿方法贫化与损失率推荐指标

采矿方法	损失率/%	贫化率/%	采矿方法	损失率/%	贫化率/%
全面法	5~12	5~8	深孔留矿法	10~15	10~15
房柱法	8~15	8~10	长壁陷落法	5~15	5~10
分段法	10~12	7~10	分段崩落法	15~20	15~20
阶段矿房法	10~15	10~15	阶段崩落法	15~20	15~20
浅孔留矿法	5~8	5~8	充填法	<5	<5

如何确定矿山具体的、合理的贫化与损失指标，历来是矿山地质技术经济综合研究的主要课题之一。虽然贫化与损失率指标是可变的，影响因素很多，但总的应遵循价值大于成本才有盈利的基本原则来确定合理的贫化与损失率指标。合理贫化率指标计算如下式：

$$C\varepsilon_z a = FK \tag{7-39}$$

$$\varepsilon_z = (1 - P)\varepsilon_x \tag{7-40}$$

把式（7-40）代入式（7-39），可得如下计算式：

$$P = 1 - \frac{FK}{C\varepsilon_x a} \tag{7-41}$$

式中，C 为矿石地质品位，%；ε_z 为金属总回收率，%；a 为产品价格，元/t(精矿含量%)；F 为矿石采选总成本，元/t；K 为利润系数，%；ε_x 为选矿金属回收率，%；P 为采矿贫化率，%。

式（7-41）为合理贫化率计算公式，当 $K = 1$ 时，计算的贫化率为不盈不亏时的贫化率；当 $K > 1$ 时，即有盈利；按我国企业一般利润下限 7% 评价，则 $K = 1.07$ 时，所计算的贫化率为允许的最大贫化率，同理，可计算合理损失率指标。又因 $P = \dfrac{C - C_t}{C} \times 100\% = \left(1 - \dfrac{C_t}{C}\right) \times 100\%$，则 $1 - P = \dfrac{C_t}{C} \times 100\%$ 代入上述式（7-41）的计算式：

$$C_t = \frac{FK}{\varepsilon_x a} \tag{7-42}$$

式中，C_t 为出矿品位，其他符号意义同前。

式（7-41）表示出矿品位 C_t 与 F、K 成正比，而与 ε_x、a 成反比，即当矿石采选总成本与利润系数一定时，出矿品位可随选矿回收率或精矿产品价值的升高而降低，即可适当增大废石混入率或贫化率。尤其是有色金属与贵金属矿床，矿体是以品位指标圈定，矿体与围岩呈渐变过渡关系（即围岩品位大于零），增大贫化率的同时，也增加了金属采收率。所以，当其他条件允许时，适当增大允许贫化率指标是可行的。这也是表外贫矿石有时可以得到采选利用的初步依据。所以，各矿山应根据其具体情况，探讨并论证适合于生产的合理损失与贫化管理指标。同时，有针对性地采取降低采矿贫化与损失的管理措施。

7.4.4.3 降低采矿贫化与损失的措施

由于各矿山影响采矿贫化与损失的因素千差万别，所以，应全面分析其影响因素，尤其要抓主要因素；研究贫化与损失的逐年变动情况，推断未来生产期间可能的贫化与损失数值，确定合理的损失与贫化管理指标，作为采取具体措施的依据。综合众多矿山的实践经验，总体上讲，降低采矿贫化与损失的主要措施如下：

（1）把好地质资料关：因为准确的地质资料是采矿方法选择、开采设计与采矿工艺合理确定的唯一依据。其手段是加强生产勘探，提高勘探程度，准确控制矿体形态、产状及矿石质量等实际分布，提高储量可靠程度，取得生产必须的规范、准确的地质资料，这是降低采矿贫化与损失的首要措施。

（2）认真贯彻采掘生产技术政策：1）必须遵循合理的采掘顺序，若违反采掘顺序往往会造成较大规模的损失或贫化；2）必须贯彻正确的采掘（剥）技术方针，探采并重，探矿超前，适时提高生产准确程度；3）露天开采须定点采剥，按线推进，保证生产的正常衔接；4）坚持大小、贫富、厚薄、难易、远近矿体尽可能兼采的原则；5）生产计划须当前与长远相结合，防止片面追求产值、产量、利润指标而滥采乱挖、采富弃贫，造成资源浪费，缩短矿山寿命等短期行为。

（3）选择合理的采矿方法：先进合理的采矿方法是指工艺先进、工效高、安全性好，同时，矿石贫化率与损失率低、经济效益好的最佳采矿方法。要把好设计关，做好采掘生产的总体设计和单体性工程设计，未经严格审批的设计，不能交付施工。这是研究合理采矿贫化与损失管理指标的先决条件。

（4）加强施工作业过程的质量管理：主要包括工程和矿石质量管理。例如，云锡公司在有底柱分段崩落法采场，除了把好设计关外，在施工作业过程中要求把好施工质量关、打眼关、装药爆破关和放矿管理关，又如易门铜矿的"三强"（强掘、强采、强放）经验都极有成效，应予以推广。

（5）加强采掘生产地质指导与地质技术管理工作，并做好合理贫化与损失指标的技术经济论证。

（6）强化地测部门的监督管理职能：严格执行设计—施工—验收制度，并针对产生贫化损失的具体原因，及时研究并提出降低贫化与损失的措施，贯彻"以防为主，防检结合"的方针。

（7）借助于经济手段考核管理生产和贫化与损失指标。该指标应是根据矿山实际，经过努力可以达到的。

（8）做好群众工作，提高对采矿贫化与损失的思想认识，增强整体与全局观念。全矿上下，同心协力，以主人翁的姿态，认真持久地开展"全员""全过程""全面"质量管理活动。这是降低采矿贫化与损失、保证矿石质量的根本措施。

为了切实保护和合理利用矿产，在矿床开采设计和开采过程中，地测部门和采矿部门要密切合作，尽可能降低开采的损失和贫化。为此，地测部门首先要为采矿部门提供详尽而较为可靠的地质资料，同时还要开展地质管理与监督工作，具体由以下几部分工作组成：

（1）对开采设计的监督。在开采设计中要坚持以下原则，地测部门应检查、监督这些原则的贯彻。

1）坚持合理的开采顺序。

2）在综合考虑经济，资源回收，能耗和生产条件的基础上，要选取合理的损失率和贫化率指标。

3）尽可能实行贫富和大小难易兼采的原则，但在有利于提高经济效益又不破坏资源的情况下，经过主管部门批准，也可先富后贫，先大后小，先易后难，灵活处理。

4）尽可能充分回收综合利用伴生有用组分。

5）对于目前技术经济条件下尚难利用的矿产资源，设计中尽可能予以保护，以备今后开采利用。必须采出的，要有贮矿场存储。为了加强对损失、贫化的管理和监督，开采设计应经过地测部门审查、签章后方可施工。

（2）开采过程中的地质监督和管理工作。在开采过程中的地质监督和管理工作，地质人员要注意下列问题：

1）对地下矿山的顶、底、间柱，采矿部门是否认真做好回采设计。

2）对矿体顶、底板、两端与围岩接触地段，或矿体的厚大夹层（夹石），爆破设计人员在爆破设计中，是否采取了有效措施，以减少矿石的贫化。

3）露天采场铁路及公路的路渣、爆破孔的充填物、露天矿山清理作业平台等是否遵守矿石与岩石不混杂的原则。

4）对使用充填法或浅眼留矿法开采的采场，要检查回采作业是否达到矿体边界，达不到边界不得进行下一分层的回采作业。

5）地下矿山保留的采场临时矿柱，采矿技术部门是否有充分的技术论证。

对可能发生重大损失与贫化的采掘作业，地质部门有权制止。对已发生的重大矿石损失与贫化，地质部门应进行分析，并提出处理意见。为防止与降低开采损失和贫化，各级领导与采矿部门对地质部门提出的意见和建议应认真对待，切实答复。

（3）合理利用矿产资源应做的工作。开采中，合理利用矿产资源应做的工作主要有以下几个方面：

1）地下矿山采用崩落采矿法时，地质部门要与采矿技术部门合作，进行技术经济分析，确定合理的放矿截止品位。

2）利用级差品位指标的原理，研究在三级矿量分布地段降低工业品位指标的可能性。当经济上合理，生产上可行时，应尽可能用级差品位指标重新圈定工业矿体。

3）当采选技术经济参数或矿产品售价有重大变动时，应及时修改矿床工业指标，修改时应进行科学的技术经济计算分析，经过论证，送请上级主管机关批准，方可执行。

7.5 矿山地质资源储量动态管理

7.5.1 矿山储量变动的统计

矿山储量变动统计的目的是既为矿山计划、地质与生产部门及时掌握矿山储量的增减情况，进行储量的审批和报销，又为掌握开采的准备程度，使开拓、采准工作能同回采与勘探之间保持平衡和协调，保证矿山正常生产及未来发展对矿产资源的需要提供依据。

矿山储量变动统计的资料来源包括：地质勘探与生产勘探储量计算资料，生产矿量计算资料，采场产量资料，采矿贫化与损失的计算资料等。

储量变动统计一般要求分期、分阶段、按单位分别统计月统计采场（块段），季度或半年统计矿体、中段（台阶），年度统计全矿区（井田或露天采场）的储量变动情况。同时要求按不同的地质储量与生产矿量级别，不同的自然类型与工业品级，并按矿种分保有、已采、副产、矿房、矿柱、损失、存窿和储备的各种矿量分别进行统计，建立相应的储量统计台账，地质储量平衡表的格式如表7-4所示。

表 7-4 　××××年度地质储量平衡表

矿种： 　　矿石量： 　　×10^4 t 　　金属量： 　t 　品位： 　% 　　　保有期限： 　年

矿区或中段	储量级别	项目	___年1月1日保有		开采量	损失量	因勘探增（+）减（−）	因重算增（+）减（−）	___年1月1日保有		备注
			表内	表外					表内	表外	
1	2	3	4	5	6	7	8	9	10	11	12
	A+B	矿石量									
		品位									
		金属量									
		保有期限									
	C	矿石量									
		品位									
		金属量									
		保有期限									
	A+B+C	矿石量									
		品位									
		金属量									
		保有期限									
	D	矿石量									
		品位									
		金属量									
		保有期限									

在以上矿山储量增减和级别变动的动态统计基础上，定期填写储量统计表。一般要求每年七八月份统计上半年并预报下半年及次年的储量变动。年终填写储量统计表参加储量审批与报销。年初填写专门的储量统计表上报储量管理委员会备案。地质储量与生产矿量统计表（原称储量平衡表）的格式和内容例如表 7-5 所示。

表 7-5 　年度生产矿量平衡表

矿种： 　矿石量： 　×10^4 t 　金属量： 　t 　品位： 　% 　开拓及采准： 　年 　备采： 　月

矿区或中段	项目	年实际保有						本期开采量			本期损失量			本期因掘进增减			本期因重算增减			年实际保有						存隆（堆场）
		开拓		采准		备采		开拓	采准	备采	开拓	采准	备采	开拓	采准	备采	开拓	采准	备采	开拓		采准		备采		
		总量	矿柱	总量	矿柱	总量	矿柱													总量	矿柱	总量	矿柱	总量	矿柱	
1	2	3	4	5	6	7	8	9	10	11	12	13	14	15	16	17	18	19	20	21	22	23	24	25	26	27

7.5.2 储量核实

主管部门每年末均要对矿山储量保有和变动情况进行核实。现行矿政管理要求进行储量核实并组织评审可参照《固体矿产资源储量核实报告编写规定》。

主管部门每年末均要对所属矿山的储量保有和变动情况进行审批，是为了加强对国家矿产资源勘查与开发的宏观调控和计划管理。其直接目的在于：（1）了解各矿山储量的保有与变动情况，弄清"家底"，心中有数，作为矿山建设部署和下达年度生产任务的依据；（2）发现矿山储量管理中存在的问题，进行指导，及时制订或完善管理措施；（3）适时进行储量报销。

储量审批具有矿山会审的性质。矿山应做好准备工作，根据全矿山储量统计计算资料，填写报表，编制专门图件，用以表明矿山储量的数量、种类、分布、性质及级别结构的变化。编制年度储量变动说明书，其内容有地质储量与生产矿量计算及统计方式、方法、资料来源、储量变动及原因分析，矿山生产情况，备用采场数量，采掘（剥）进度情况，计算地段地质构造条件和矿石质量的情况。对于生产矿量尚应增加采矿贫化与损失、矿量储备情况及提高回采率、降低贫化率等的措施。

储量审批程序和内容为：（1）各矿山介绍情况和阅读资料，审查储量计算图件和报表，全面了解矿山储量保有、类型、级别、分布及变动情况；（2）审查矿山采矿方针政策的执行情况，开采顺序、采掘（剥）比例及贫富、大小、难易、远近矿体兼采情况；（3）审查地质储量分级与生产矿量划分是否符合规定标准，审查开采的贫化与损失情况，过高时要查明原因，审查各类、各级储量的平衡情况，检查是否达到保有指标，若不平衡或"欠账"，要查明原因；（4）矿山地质人员应对储量的增加、减少、采去、损失，按井区、中段、矿体等分别作出说明；（5）了解历年对矿山储量的审批意见和处理情况；（6）经过会议审查批准，进行储量报销。

储量报销是指在经过储量审批后，把由种种原因耗损或减少的储量从原储量统计表中核销或减去。主要包括以下几种情况：（1）经地测部门验收，证明确已采去的储量；（2）经补充地质勘探或生产勘探论证修订的合理工业指标，重新圈定矿体，计算储量，查明矿产储量确实减少者，均应随年度上报审批一次核销；（3）由于自然原因、矿床地质构造或采矿技术管理等原因造成损失的矿量，且确实不能开采者，属于报废性质的报销，其具体处理方法是：1）一类属开采设计的正常损失，随年度储量上报并一次核销；2）一类由于地质、安全条件，作业不正规，技术管理不善和事故等原因造成的非正常开采损失，应在中段或平台结束前六个月提出书面报告，损失量十万吨以下者，由省局批准报销，而损失十万吨以上者，报部批准。

7.5.3 储量管理工作

矿山储量管理工作由矿山地质、测量与采矿部门共同负责，对矿产储量的数量和质量实行全面管理，也属矿山保护范畴。其中心问题是"开源"与"节流"。一般每季、每年召开生产矿量与地质储量分析会，研究矿山储量保有情况及存在问题，制定储量管理的有效措施，建立储量变动统计台账，作好储量计算图表，坚持储量报表与报销制度，按规定指标平衡与管理矿山储量。除此之外，还应做到：（1）加强矿山找矿与地质勘探工作，扩大矿产储量，延长矿山服务年限；（2）加强矿产综合利用研究，增加新矿种，兼采和兼用伴生矿产，使矿山资源得到最大限度的综合开发利用；（3）改进采矿方法，优化选冶工艺流程，降低采矿贫化与损失，设法回收残矿、矿柱及表外贫矿；（4）加强掘进、采矿、放矿及配矿的各工序质量管理，努力提高回采率与选冶回收率；（5）坚决贯彻有关的方针政策，坚持合理的采掘（剥）顺序，加强生产勘探和生产地质指导，使生产矿量及时达到规定标准，并使矿山保持高效益的持续均衡生产。

7.6 共伴生金属矿产地质储量管理工作

7.6.1 概述

自然界中除了很多独立矿床外，还有很多以共生或伴生形式赋存于主要矿产中的、地壳丰度值比较低的稀有、稀散矿产资源，共伴生矿产资源是其主要产出形式（表7-6）。需要注意，共生与伴生的概念并不相同。

所谓共生矿产，是指同一矿区（矿床）内赋存两种及以上均达到其矿床工业指标要求的有用组分，具一定规模、有工业开采价值，且在开采主要矿产时将对其产生影响的矿产。

所谓伴生矿产，是指在矿体中随主要矿产、共生矿产赋存的、并未达到该矿种矿床工业指标要求，或者虽达到工业指标要求但资源量规模不具单独开采价值，在开采主要矿产、共生矿产时可回收利用的矿产。

表 7-6 我国部分矿种主要矿床类型中的共生伴生矿产表

矿床	矿床类型	可能存在的共生伴生矿产	有害组分
铁	岩浆晚期矿床	Mn、V、Ti、Cr、Cu、Ni、Co、Pt、Pd、Sc、Te、Ga、S、P、U	S、P、SiO$_2$、Cu、Pb、Zn、As、Sn、F
	火山岩型矿床	Mn、V、Cu、Co、Pb、Zn、Ge、S、P	
	矽卡岩型矿床	Cu、Pb、Zn、Ni、Co、W、Sn、Bi、Mo、Sb、Au、Ag、Pt、Pd、Be、Rb、Rh、In、Ga、Cd、Se、Te、S、P、B	
	受变质矿床	Mn、Cu、Pb、Zn、Co、Ge	
	沉积型矿床	Mn、V、Ni、Co、Mo、Be、P	
	风化型矿床	Mn、V、Cr、Ti、Pb、Zn、Cu、Co、Ni、W、Bi、Al、Sc、As、S	
	铁-氟-稀土矿床	Mn、Nb、Ta、Ce、S、P、F	
锰	海相沉积型矿床	Fe、Cu、Ni、Co、P、B	S、P
	沉积变质型矿床	Fe、S	
	风化型矿床	Fe、Cu、Ni、Co、Pb、Zn、Au、Ag、S	

矿床	矿床类型	可能存在的共生伴生矿产	有害组分
钛	岩浆晚期矿床	Fe、V	
	滨海沉积型矿床	Zr(Hf)、Nb、Ta、Ce、La、Dy	
	风化残积型矿床	Zr(Hf)、Nb、Ta	
铬	岩浆晚期矿床	Fe、V、Ti、Ni、Au、Pt、Ir、Os	
铜	变质岩层状矿床	Fe、V、Al、Pb、Zn、Ni、Co、Mo、Bi、Au、Ag、Pt、Pd、Ge、Tl、Re、Cd、Se、Te、U、Th、S、As	As、F、Zn、Mg
	斑岩型矿床	W、Sn、Mo、Co、Pb、Zn、Au、Ag、In、Ge、Tl、Re、Cd、Se、Te、S	
	矽卡岩型矿床	Fe、V、Mo、Pb、Zn、Co、W、Sn、Bi、Mo、Au、Ag、Pt、Pd、Os、Be、Ge、Ga、In、Tl、Re、Cd、Se、Te、U、S	
	超基性岩铜矿床	Fe、Ni、Co、Au、Ag、Pt、Pd、Rh、Ru、Ga、Ge、Tl、Se、Te、S	
	火山岩黄铁矿型矿床	Pb、Zn、Mo、Bi、Hg、Au、Ag、In、Ga、Ge、Cd、Se、Te、S、As	
	砂岩型铜矿床	W、Mo、Au、Ag、U、S	
	各类岩石中脉状矿床	Pb、Zn、W、Mo、Co、Au、Ag、S	
铅锌	碳酸盐岩型矿床	Cu、Sb、Au、Ag、Ga、Ge、Cd、S	Cu、As、Fe、F
	沉积-细碎屑岩型矿床	Cu、Au、Ag、Ga、In、Ge、Cd、Sr、S、CaSO$_4$（石膏）	MgO、Al$_2$O$_3$、SiO$_2$
	矽卡岩型矿床	Cu、Mo、Ni、Co、Hg、Bi、W、Fe、Au、Ag、Ga、In、Ge、Tl、Cd、Se、Te、U、S	
	海相火山岩型矿床	Mo、Sn、Au、Ag、Cd、Tl、Ge、In、S	
	砂、砾岩型矿床	Sb、Bi、Mo、Co、Au、Cd、Tl、Ge、S	
	各类岩石中脉状矿床	Cu、Sn、Sb、Bi、Au、Ag、Cd、Ge、In、S	
银	碳酸岩型矿床	Pb、Zn、Cu、Sb、Ga、Ge、Cd、S	
	泥岩-碎屑岩型矿床	V、Sb、Au、Pt、Pd、Rh、Ir、Ru、Os、Se、Ge	
	海相火山岩型矿床	Zn、Cu、Sn、Sb、Au、Ga、Ge、In、S	
	陆相火山岩型矿床	Mn、Pb、Zn、Bi、Hg、Au、Se、Te、As	
	千枚岩、页岩型矿床	Pb、Zn、Cu、Au、Cd、S	
	各类岩石中脉状矿床	Cu、Pb、Zn、Sn、Sb、Au、Cd、Ge、In、Se	

矿床	矿床类型	可能存在的共生伴生矿产	有害组分
镍	超基性岩型铜镍矿床	Fe、Cr、Cu、Co、Au、Ag、Pt、Pd、Rh、Ir、Ru、Os、Ga、Ge、Tl、Se、Te、S	Pb、Zn、As、F、Cr、Cu、Mn、Sb、Bi
	沉积型硫化镍矿床	V、Mo、Cu、Pb、Zn、Co、Au、Ag、Pt、Re、U、S、As	
	脉状硫化镍-砷化镍矿床	Cu、Bi、Sb、Ag、As	
	风化壳型镍矿床	Fe、Mn、Co、Mg	
钼	斑岩型矿床	Cu、W、Pb、Zn、Co、Au、Ag、Nb、Re、S	Cu、Pb、Sn、As、P、Ca、SiO_2
	矽卡岩型矿床	Cu、W、Pb、Zn、Bi、Au、Ag、Re、S、As	
	沉积型矿床	Fe、V、Cu、Pb、Zn、Co、Ni、Ge、Re、Se、U、P	
	脉状钼矿床	Cu、W、Pb、Au、Ag、Re、S	
钨	石英脉型矿床	Co、Sn、Mo、Bi、Sb、Li、Nb、Ta、Be、TR、Ge、Ga、In、Cd、CaF_2（萤石）	As、S、Cu、P、Sn、Mo、Ca、Mn、Sb、Bi、Pb、Zn
	矽卡岩型矿床	Mo、Pb、Zn、Cu、Bi、Sn、Au、Ag、CaF_2（萤石）	
	斑岩型矿床	Fe、Mo、Pb、Zn、Cu、Bi、Sn、Au、Ag、S	
	云英岩型矿床	Mo、Bi、Sn	
	硅质岩型矿床	Fe、Cu、Mo、Bi、Au、Ag、S	
锡	矽卡岩型矿床	Fe、Mn、Cu、Pb、Zn、S、F	As、Bi、Cu、Fe、Pb、Sb
	斑岩型矿床	W、Mo	
	锡石硅酸盐型矿床	W、Pb、Zn、Cu、Bi、In	
	锡石硫化物脉型矿床	W、Pb、Zn、Cu、Bi、Au、In	
	石英脉及云英岩型矿床	W、Bi、Nb、Ta、Be、Li、Sc	
锑	层状矿床	Hg、As	S
	脉状矿床	Cu、Pb、Zn、Ni、Co、W、Sn、Bi、Hg、Au、Ag、As、$BaSO_4$、CaF_2、Se	
铝土矿	沉积型矿床	Fe、Ti、V_2O_5、Ga、Ge、Li、Ta、Ce、Sc、石灰岩、硫铁矿、铁矾土、耐火黏土、煤等	Fe_2O_3、S
	风化型矿床	Fe、Ga	

续表 7-6

矿床	矿床类型	可能存在的共生伴生矿产	有害组分
金	石英脉型矿床	Cu、Pb、Zn、W、Mo、Cd、In、Ga、Ge	
	蚀变岩型矿床	Cu、Pb、Zn、Ag	
	斑岩型矿床	Cu、Ag	
	矽卡岩型矿床	Fe、Cu、Pb、Zn、Bi	
	角砾岩型矿床	Cu、Ag、S	
	硅质岩层中金矿床	Co、As	
	微细浸染型矿床	Sb、Hg	
三稀元素	钠长石锂云母花岗岩型钽铌锂铷铯矿床	Be、Zr、Hf	
	钠长石铁锂云母花岗岩型钽铌矿床	Li、Rb、Cs、Zr、Hf	
	钠长石白云母花岗岩型钽铌矿床	W、Sn、Be	
	钠长石锂白云母花岗岩型钽铌稀土矿床	W、Sn、Zr、Hf、Li、Rb、Cs	
	钠长石黑磷云母花岗岩型钽铌矿床	Hf、Y、Th	
	钠长石钠闪石花岗岩型铌稀土矿床	La、Ce、Pr、Nd、Pm、Sm、Eu、Gd、Tb、Dy、Ho、Er、Tm、Yb、Lu、Y（稀土元素）	
	碱性岩-碳酸盐岩铌稀土矿床	Zr、Ta、Sr	
	花岗伟晶岩型钽	Zr、Hf、Sn、长石、石英、云母	
	铌锂铷铯铍矿床		
	云英岩型铍矿床	W、Mo	
铀	花岗岩型矿床	Fe、Cu、Pb、Zn、Ni、Co、W、Mo、Bi、La、Ce、Y	
	火山岩型矿床	Mo、Cu、Pb、Zn、Au、Ag、Th、S、P、Be、Nb、Ta、Ga、Cd、Tl	
	沉积矿床	煤、V、Cu、Pb、Zn、Re、Hg、P、S、Ag、Ge、Ga、In、Te	
	岩浆岩型矿床	V、Cr、Al、Mo、Ce、Y、Ga、Se、Te、Th、Zr	

矿床	矿床类型	可能存在的共生伴生矿产	有害组分
磷	沉积型（磷块岩）矿床	V、Mo、Ni、Sr、TR、U、F、K、Cl、I、$KAl(SO_4)_2 \cdot 12H_2O$（明矾）、石煤	Fe_2O_3、Al_2O_3、MgO、CaO、CO_2、SiO_2
	变质型（磷灰岩）矿床	Fe、Mn、Ti、V、Co、Ga、U、F、K、$KAl(SO_4)_2 \cdot 12H_2O$（明矾）	
	岩浆岩型（碱性基性-超基性）磷灰石矿床	Fe、V、Ti、Cu、Co、Hg、Ta、Zr、La、Ce、Ho、Tm、Ln、Y、K、S、蛭石	
硫铁矿	煤系沉积型矿床	Fe、Al、Ga、耐火黏土、煤、油页岩	制硫酸：As、Fe、Pb、Zn、C、Ca、Mg
	沉积变质型矿床	Fe、Tl、Se、Te、Cd	
	火山岩、矽卡岩型矿床	Fe、Cu、Pb、Zn、Mo、Ni、Co、Au、Ag、Pt、Ga	
石膏、硬石膏	海相沉积矿床	Sr、B、S、盐类	
	湖相沉积矿床	S、盐类	
耐火黏土	沉积矿床	Fe、Ti、Al、Zr、煤	K_2O、Na_2O、MnO_2、TiO_2、Fe
	残积矿床	Fe、Al	
萤石	内生矿床	Pb、Zn、重晶石、石英	冶金：S、P、SiO_2 化工：SiO_2、S
	沉积矿床	$CaSO_4$（石膏）	
石墨	晶质矿床	V、Zr、Sr、S、P、蓝晶石	Fe、S、SiO_2、Al_2O_3、CaO、MgO
	非晶质石墨	Ge、瓷土	
盐类	海相沉积矿床	Li、Rb、Cs、Sr、Ga、Ge、B、I、Br、N、He、CO_2	As、Fe、Mg、F、Ba、Cu、Pb、Zn
	湖相沉积矿床		
	卤水矿床		
煤	海相沉积矿床 湖相沉积矿床	天然焦、高灰煤（高碳泥岩）、油页岩、锰铁矿、赤铁矿、菱铁矿、硫铁矿、铝土矿、膨润土、高岭土、耐火黏土、硅藻土、Ga、Ge、Sc、Li、稀土元素（La、Ce、Pr、Nd、Pm、Sm、Eu、Gd、Tb、Dy、Ho、Er、Tm、Yb、Lu、Y）、陶瓷原料、建筑原料、常规砂岩气（或油）、煤层气、地下水（热水）、铀矿物（沥青铀矿、晶质铀矿、铀黑）等	S、SiO_2、Al_2O_3

7.6.1.1 共生伴生矿产产出形式

共伴生矿产可以矿物形式、矿石形式或元素形式在主要矿产中共生或伴生。

（1）矿物矿产：共伴生矿物矿产在矿床中的分布较为普遍，以矿物形式存在并可在矿石加工选冶过程中富集回收。在主要矿产的加工选冶流程中，通常可同时选出其合格精矿产品或中间产品；或虽然在矿石中的含量较低，但可以分选出精矿产品，因特殊需要或经济价值较高，有必要进行加工选别的某些矿物。这类共生伴生矿物矿产较多，但在具体矿床中，需要加工选别的共生伴生矿物较有限。砂矿中有用组分多呈矿物形式，需要选别的矿物种类相对较多。

（2）矿石矿产：部分共生伴生矿产以矿石矿产形式存在于主要矿产中，如高岭土矿产中常伴有黄铁矿、明矾石、菱镁矿、叶蜡石、膨润土、瓷土、铝土矿、煤、贵金属等；石膏矿产中常伴有岩盐、芒硝、天青石、自然硫等；白云岩矿产中常伴有石膏、石灰岩、菱镁矿、磷、方镁石、硅灰石等；重晶石矿产中常伴有毒重石、萤石、黄铁矿等；叶蜡石矿床中常伴有明矾石、高岭石、红柱石、矽线石等矿产。

（3）元素矿产：指呈分散状态存在、可以在加工选冶过程中附带回收的共生伴生有用组分，包括赋存在其他有用矿物中的类质同象成分、微细包裹体；离子吸附型的有用组分；煤和油页岩中可以附带提取的有机化合物；油气藏中的溶解气、凝析气、工业气体和元素副产物；固体和液体盐类矿床中的共生伴生元素等。回收方式取决于主要矿产的加工选冶工艺流程。需选矿石伴随精矿富集并可回收；矿石直接用于冶金、化工、动力原料时，可在生产过程中某一阶段富集回收或在最终的"废料"中提取。

共生伴生元素矿产可分为：（1）贵金属共生伴生矿产；（2）稀有、稀土、稀散元素共生伴生矿产；（3）液体和气体共生伴生矿产。

7.6.1.2 共生伴生矿产勘查与评价

通过矿产资源勘查各个阶段、矿山地质工作，研究有用、有益、有害组分在矿床中的赋存状态、分布规律，评价有益、有害组分的影响，对矿产资源进行综合勘查与评价，为矿产资源评价、矿山建设设计、矿山生产提供综合开发综合利用所必需的地质资料。

所谓的综合勘查，指的是在勘查主要矿产的同时，对共生伴生矿产一并进行勘查的工作。

综合评价，指的是在勘查评价主要矿产的同时，对共生矿产及伴生有用、有益、有害组分的含量、赋存状态、分布规律，以及有用组分的可利用性和有益、有害组分的影响等进行研究评价的工作。

共伴生矿产综合勘查与评价的基本要求有：（1）各勘查阶段和矿山地质工作中，均应根据相应的工作要求，开展共生伴生矿产的综合勘查评价工作；（2）应在矿石工艺矿物学研究的基础上，对共生伴生矿产加强矿石加工选冶技术性能试验研究，注意查定呈分散状态赋存，在冶炼（化工）工艺过程中可回收利用的矿产资源；（3）同一矿区（矿床）内赋存的两种及以上均达到其矿床工业指标要求的矿产资源，在普查阶段一般通过类比方式初步判断未来开采主要矿产时是否对其产生影响，以初步判定是否属共生矿产。详查及以上阶段应进行论证确定；（4）对于同体共生矿产，一般应论证制订综合工业指标。对于异体共生矿产，应参照相应矿种勘查规范，开展矿石加工选冶技术性能试验研究，并作出评价。对于多种用途的共生矿产，应根据需要按相应用途的工业要求进行研究评价；（5）注意查定影响人体健康、生态环境、产品质量的有害组分，提出相关建议；（6）详查及以上阶段综合勘查评价的研究成果，一般应满足工业指标论证（包括伴生矿产评价指标）的需要；（7）结合矿产勘查开采中的综合勘查评价研究程度，估算共生伴生矿产资源储量；（8）综合勘查评价要求应体现在勘查设计或矿山地质工作安排中，并予以落实，资源储量报告应作出评述并反映其成果。

7.6.1.3　共生伴生矿产工业指标

共伴生矿产的工业指标应根据矿产勘查阶段来划分，一般普查阶段共生矿产可采用该矿种地质勘查规范推荐的一般工业指标，尚无一般工业指标的共生矿产，可参照该矿种勘查开发实际类比论证，而新发现及有新用途的共生矿产，应在矿石加工选冶技术性能试验研究的基础上进行必要的论证。

详查及以上阶段同体共生矿产一般采用论证的综合工业品位指标，异体共生矿产应采用论证的工业指标，供建设设计使用的地质报告，伴生矿产一般应依据矿石加工选冶试验研究成果或矿山生产实际资料，论证制订伴生矿产评价指标。

综合工业品位制订时需要遵循的原则：（1）充分考虑矿床的成因类型，矿体的形态、产状、规模、矿石结构构造、矿石类型，有用、有益、有害组分的赋存状态、分布规律等；（2）充分考虑国家资源政策、市场需求及发展趋势、矿床开采技术条件、矿山开采方式、矿石加工选冶技术性能、外部建设条件、未来矿产品平均价格和生产成本费用，经过多方案比较，制订合理的综合工业品位；（3）在地质、技术、经济综合论证的基础上进行综合研究，可采用综合指标评价法，研究选择适合该矿区地质特征的综合指标体系，综合圈定矿体并估算矿产资源量；（4）根据各有用组分含量高低、开采条件、加工选冶回收状况、产品价格及矿产资源量规模等条件，划分主要有用组分和次要有用组分，进行综合论证，确定各有用组分的最低品位指标，或将矿石中的有用组分折算成主要矿产的当量品位指标，用于圈定矿体。

7.6.2　共生伴生金属矿产储量管理

7.6.2.1　共生伴生矿产储量类型划分

共生伴生矿产储量类型划分依据下述开展：

（1）共生矿产资源储量类型，应根据国家相关勘查规范及矿山地质工作规范的原则和要求确定。

（2）伴生矿产资源储量类型，应根据相应矿种的勘查规范要求的查明程度、地质研究程度、矿石加工选冶试验研究程度、可行性评价程度进行确定。

（3）详查以上阶段，当伴生矿产进行了基本分析，但查明程度、地质研究程度、矿石加工选冶试验研究程度、可行性评价程度未能达到相应矿种勘查规范或矿山地质工作规范要求时，应降低资源储量类型。

（4）详查及以上阶段，伴生矿产只进行了组合分析的，应视情况确定资源储量类型。当伴生矿产分布不均匀时归为推断资源量。当伴生矿产分布均匀或较均匀、查明回收利用途径、具备相关技术经济指标的，可归为控制资源量，符合储量估算要求的可估算、可信储量。

7.6.2.2　共生伴生矿产储量估算原则与方法

共生伴生矿产储量估算原则与方法如下：

（1）详查及以上阶段，对同体共生矿产，通常按照论证的主要矿产当量品位指标圈矿，根据所圈矿体中主要有用组分、共生组分的实际含量，估算主要矿产、共生矿产的资源量。

（2）当各有用组分品位分别达到其最低工业品位要求时，也可根据矿床特征综合考虑并进行论证，适当降低各有用组分品位要求，按相应矿种矿产资源量估算原则与方法进行估算。

（3）当各有用组分已达边界品位但均低于最低工业品位、或部分有用组分在部分区段达到其最低工业品位要求时，可论证综合工业品位指标，按照所定的主要矿产当量品位指标圈矿，据实估算资源量。该类矿床的主要矿产应是其中资源量规模较大（资源量总量相近时，经济价值较高）的矿种，其他矿产视为伴生矿产。

（4）对于主要矿产明确，其他有用组分含量低于最低工业品位但达到边界品位要求且资源量总量较大时，一般应随主要矿产论证最低综合工业品位指标，据实估算伴生矿产资源量。

（5）异体共生矿产分别按相应矿种矿产资源量估算的原则与方法进行估算。

（6）参与论证综合工业品位指标的伴生矿产资源量估算，除平均品位据实确定外，依照主要矿产估算的原则和方法进行。

（7）详查及以上阶段，应对伴生矿产（稀散元素除外）评价指标进行必要的论证，具体要求参照 DZ/T 0339 执行。对于能够产出精矿、或在矿产品中达到计价标准的伴生组分，应有符合要求的矿石加工选冶试验研究成果或矿山生产实际资料作支撑。对于在后续冶炼（化工）工艺中回收的伴生组分，应收集相关冶炼（化工）工艺对此类资源回收利用的工业实践资料作支撑。

（8）详查及以上阶段估算资源量的伴生稀散元素，应达到伴生矿产评价参考指标，同时应在资源储量报告中简要说明后续回收途径。

（9）达到伴生矿产评价参考指标的组分，经符合要求的矿石加工选冶试验研究或生产实践证明，预期在矿山或后续冶炼（化工）工艺中不能回收利用的，应通过详细论证后予以明确，不予估算资源量，但应在资源储量报告中作出必要的评述，说明其地质特征及含量。

7.7 金属矿山地质经济管理

7.7.1 概述

金属矿山地质资源，是经地质勘查，依据地质控制程度、可行性评价、经济上合理、用工业指标圈定的查明的矿产资源/储量（储量、基础储量和资源量），是地质勘查进行下一步工作和矿山开发的基础，也是矿山开发利用地质资源和不断进行矿山地质资源评价的基础。矿山地质资源/储量是矿山资产中的核心资产。矿山对地质资源开采利用的过程，也是不断经济评价的过程。

金属矿山地质资源经济评价，是地质经济学范畴，包括矿山地质资源经济评价、矿山经济效益论证和矿山地质资源管理。因此，矿山地质资源经济工作，也是对矿山的核心资产的地质资源的管理，在矿山开发利用地质资源是有十分重要意义。

7.7.1.1 矿床经济评价的目的和意义

矿床经济评价的目的旨在根据矿床勘查、开发所获得的资料，利用当前国家（或某一地区）金属矿山开发时的采选冶技术条件和经营管理参数，预估该矿床未来开发利用的经济价值，决定是否对该矿床进一步勘探和矿山建设的决策，是否列入国家建设计划。并在经济效益极大化的条件下，研究和确定矿山的最佳经营参数。

金属矿床的开发利用，要经历一个相当长的时期和过程。因此，势必在开采过程中会遇到地质情况的变化，就要求对采选技术方案和经营参数做适当调整；以及采选冶技术的进步、国家对资源的需求、资源形势的变化、资源价格的调整等，也要求及时调整和改变采选技术方案及经营参数；或由于对金属矿床中共生伴生元素综合利用程度的提高、采矿贫化损失管理工作水平的提高、圈定工业矿体的工业指标的变化等，也将影响采选方案和经营参数的改变。总之，在上述这些因素发生变化时，都需要及时进行矿床地质资源经济评价，为矿床勘查、建设和生产的经营决策，提供科学依据。

因此，金属矿床经济评价的意义主要是：（1）通过对矿床的经济评价，合理地安排勘查工作计划。选择合理勘探方法，综合勘查和综合评价等问题；（2）在矿山设计时，要合理地选择采选方案和确定合理经济参数，缩短建设周期，提高经济效益；（3）在矿山生产时，加强管理，提高采矿回采率和选冶综合回收率，充分利用资源和综合回收资源。总之，矿床经济评价，就是确定矿山企业在建设、生产过程中，可能产生的经济效益；从国家角度，就是分析矿山企业的建设和生产的盈利状况。即分析国家付出的代价和企业对国家的贡献（即投入与产出），评价企业在国民经济建设中的经济效益和社会效益。

7.7.1.2　矿床经济评价的参数

在做矿床经济评价时，首先要分析、研究和掌握影响经济评价的各种参数，主要包括矿床地质特征自然参数、国家需求及社会经济地理参数、经济参数和矿山经营参数等4个方面。

（1）矿床地质特征自然参数，主要指：1）矿床本身固有的自然条件，包括矿体的数量、分布、形态及规模（厚度、延深、延长）等；2）矿石质量，包括物质成分、共生伴生组分和有害组分的含量及赋存状态，主要组分矿化特征和品位贫富程度；3）地质资源储量（包括矿石量、金属量和平均品位）的多少、空间分布特征、高级地质资源储量及分布；4）矿床开采技术条件，包括矿区地形地貌特征、矿体埋藏深度、矿岩稳固程度及物理机械性能；5）矿区工程地质及水文地质条件等。

（2）国家需求及经济地理参数，指国家对该矿种的需求程度和国际市场情况。矿区外部建设条件，包括矿区所处地理位置、交通运输条件、地方经济条件、供电供水及原材料能源供应渠道、劳动力等条件，矿区气候、地震强度和环境地质条件。

（3）经济参数，指产品价格、产品成本，国家基本建设投资及投资利率和贴现率，以及国家在金属矿山建设开发上的一些其他经济政策。在矿床经济评价中，矿产品价格是一项十分重要的参数，它决定矿床的经济价值的大小，矿产资源合理利用程度，并影响矿山经济效益。同时价格也将决定勘探、建设的取舍和布置。我国矿产品的价格是由国家统一规定的调拨价格。目前资源的价格已与国际市场价格接轨，随国际市场价格而浮动。

金属矿山建设投资，包括基本建设投资、流动资金和资本化利息三部分构成。基本建设投资通过设计概算计算，或单位产量投资法、生产规模指数法、比例法等计算。流动资金是生产启动资金，金属矿山多按固定资金的资金率计算，也有按经营费资金率进行估算，或按销售收入的资金率计算；资本化利息，是指矿山建设期间所借贷款的利息，并全部转入资本，称资本化利息，投产后再分期偿还。金属矿山建设资金的筹措，包括国家贷款和地方（或企业）自筹资金。因此，资金筹措和资本运用将直接影响基建工期和建设周期。

成本是矿山企业采选冶生产消耗和生产管理的综合性指标，是判断生产经营效果和资源利用程度的重要依据。一般通过单位成本核算，或分项成本累加求得，也可用回归分析法和诺模图法求得。

利率和贴现率，我国用于矿山基本建设的贷款，由国家规定统一贷款利率。自贷款之日起，即开始按利率计息；贴现率是将不同时间的资金折算到同一基准时间，使之成为可加性函数。贴现率不同，计算结果也不同。贴现率目前我国以部门收益率表示。

（4）矿山经营参数，指矿床的技术经济指标。如圈定工业矿体的工业指标、地质资源储量的多少、生产规模，品位贫富、采矿方法、采矿贫化率和回采率、选矿工艺流程、产品方案和选冶综合回收率等，这些参数的变化受矿床自然参数、社会需求和经济参数的制约和影响。反之，这些技术参数的变化，也将影响矿床自然参数的变化。

7.7.2　矿山开发规划立项设计阶段地质资源经济评价

依据地质勘查资料（报告）列入行业规划和立项，矿山开发以地质勘探报告和可行性研究，做矿山开采设计和经济评价，为矿山建设提供依据。地质勘探报告和矿山开采设计，是矿山开采生产的依据和基础。其经济评价有如下方法，可以根据具体情况参考选择。

7.7.2.1　总期望利润值的计算

总期望利润值的计算见式（7-43）：

$$R = F - (Q_1 + Q_2 + Q_3) \tag{7-43}$$

式中，R 为总期望利润值；F 为可利用组分的总价值，$F = PWK$，其中的 P 为矿床有用组分总量，W 为金属价格，K 为采选冶回收率；Q_1 为采矿总成本；Q_2 为选矿总成本；Q_3 为冶炼总成本。

7.7.2.2　总贴现价值的计算

总贴现价值的计算见下式：

$$R = \frac{B_1}{1+i} + \frac{B_2}{(1+i)^2} + \frac{B_3}{(1+i)^3} + \cdots + \frac{B_t}{(1+i)^t} = \sum_{t_i=1}^{n} B_{t_i}(1+i)^{-t_i} \tag{7-44}$$

式中，R 为利润现值总额；i 为贴现率；B_t 为每年获得的利润；t 为年份；t_i 为开采时期（从 i 到 n）；B_{t_i} 为开采的年期望利润。

7.7.2.3　矿床经济评价方法

矿床的经济评价方法主要有以下几种：

（1）类比法。根据矿床地质条件、工业类型、矿化特征、储量规模和埋藏条件等因素，与类似特点的金属矿山（生产的或设计的均可）进行对比。利用实际的或估算的矿山经营的各项技术经济参数，对所研究的矿床进行经济评价。但不同的矿床，地质特征和采选冶技术条件千差万别，往往很难类比。所以，这种方法也只能对矿床进行粗略的经济评价。

（2）数理统计方法。对于一些具有类似经济特点的矿床，分析各种矿山经营技术参数之间的关系，运用数理统计中的相关分析方法，求得相关系数，并根据评价和勘探阶段所得到的基本数据，确定矿床开发时可能获得的经济价值。

（3）计算法。根据前面所叙述的 4 个方面的参数，依据所收集获得各类型参数的资料，利用适当的公式，求得 4 类参数的函数值，分析确定矿山经营最佳参数，以便指导矿山获得最佳经济效益。这是一种定量的矿床经济评价方法，在国内外已被广泛应用。按考虑资金时间价值，可分为不计时评价法和计时评价法（即静态评价法和动态评价法）。

1）"不计时评价法"（静态评价法）。不考虑资金的时间价值，计算指标是矿床开采期总利润期望值。即矿床开发的全采期间实际可能获得的产品总价值，扣除全采期的总成本费用后的差值，具体见式（7-45）：

$$D_t = \sum_1^n \left[Q_g C_k K_{t1} (1 - r) K_f K_{t2} B_n \right] - (W + E + R) + T - u \tag{7-45}$$

式中，D_t 为总期望利润值，元；Q_g 为矿床工业矿石总资源储量，t；C_k 为矿床工业矿石平均品位，g/t 或%；K_{t1} 为采矿回采率，%；r 为采矿贫化率，%；K_f 为选矿回收率，%；K_{t2} 为冶炼回收率，%；B_n 为产品价格，元/t 或元/kg；W 为采、选、冶总成本，元；E 为矿山基建总投资，元；R 为应摊冶炼厂基建费，元，T 为矿山闭坑后剩值，元；u 为选厂停闭后的剩值，元；$\sum_1^n$ 为矿床中几种可综合利用的元素分别计算的价值之和。

"不计时评价法"可以根据矿种的不同、矿山生产工艺过程和产品的不同，可以计算到生产相应的阶段。"不计时评价法"不能反映投资和生产活动的时间效果。

2）"计时评价法"（动态评价法）。计时评价法考虑时间因素，进行价值判断。将不同时间内资金的沉入和流出换算成同一时间起点的价值（如从基建年或生产开始年）。用复利的计算方法，考虑了时间因素，这种计算方法为不同方案和不同项目的经济比较提供了等同的基础。计时评价法，用动态的观念，为决策树立了资金周转的观念、投入产出观念，对提高经济效益，具有十分重要的意义。目前常用的计时评价方法主要有以下几种：

①净现值法（NPV）。净现值法计算见式（7-46）：

$$NPV = \sum_{t=0}^{n+p} R_t \cdot \frac{1}{(1+i)^{n+p}} - \sum_{t'=0}^{t'=p} K_{t'} \cdot \frac{1}{(1+i)^p} \tag{7-46}$$

式中，R_t 为第 t 年利润，万元；$K_{t'}$ 为矿山建设第 t 年投资现值，万元；n 为生产年限；p 为基建年限。

当 R_t 为定值时，计算式如下：

$$NPV = R \cdot \frac{(1+i)^{n-1}}{i(1+t)^n} \cdot \frac{1}{(1+i)^p} - \sum_{t'=0}^{t'=p} K_{t'} \cdot \frac{1}{(1+i)^p} \tag{7-47}$$

经计算如 NPV>0 时，矿山建设有利可图。当各方案投资额不同时，为了比较方案的优劣，可用净现值率衡量（R）。净现值率是该方案的净现值与该方案的全部投资之比。表达式为（7-48），计算的净现值率高者为最优方案。

$$R = \frac{NPV}{IP} \tag{7-48}$$

式中，R 为净现值率；IP 为总投资现值（包括基建，固定资产和流动资金）。

②现值比法。现值比法 P_{VR} 指总现值 P_V（有时也用净现值）与计算投资比值 K_P 之比。

$$P_{VR} = \frac{P_V}{K_P} = \sum_{t_i=0}^{T} R_i (1+i)^{-T} \Big/ \sum_{t_j=0}^{n} K_{ij} (1+i)^{-n} \tag{7-49}$$

式中，t_i 为从矿床基建到开采结束的年限；t_j 为基建期限；其余符号意义同上。

显然，现值比 P_{VR} 越大，矿床价值越高。

③总现值法。总现值指各年现金流量在矿山投资之日的现值之和。

$$P_V = \sum_{i=1}^{T} R_t \cdot \frac{1}{(1+i)^T} \tag{7-50}$$

式中，P_V 为矿床总现值，万元；R_t 为第 t 年矿山现金流量或生产净利润，万元；i 为贴现率，%；T 为计算年。

当 R_t 为定值时，则计算式如下：

$$P_V = R \cdot \frac{(1+i)^T - 1}{i(1+i)^T} \tag{7-51}$$

④投资偿还期法。此法是以计算全部年现金流量偿还投资所需时间来判断经济效益好坏。

$$n = \frac{-\lg\left(1 + \dfrac{PI}{R}\right)}{\lg(1+i)} \tag{7-52}$$

式中，n 为投资偿还时间；P 为投资现值；R 为现金流量（设每年等额）；I 为年利率。

显然，投资偿还期 n 越短，矿体开采的经济效益越好。

7.7.3 矿山开采过程中地质资源管理的经济评价

7.7.3.1 矿床勘查程度的经济评价

矿床勘查程度是指在勘查过程中，对矿床范围内各种地质的、技术的、经济特点研究的详细程度。通常来说增加工程数量，并不一定成正比增加勘查程度，而经济消耗却是成正比增加。所以，评价勘查程度要考虑经济效果问题。

可以用标志矿床平均变化值（品位的、矿化面积的或资源储量等）的相对误差（P）与勘探工程数目（n）的依赖关系，即用式（7-53）求得勘查程度曲线，如图 7-7 所示。从图中得出，曲线梯度变化最大的拐点处是勘探程度和经济效果最合理的位置。

$$P = \pm t \cdot \frac{v}{\sqrt{n}} \tag{7-53}$$

式中，t 为或然率系数（决定于结论的可靠程度）；v 为矿体某些标志值的变化系数；n 为勘探工程数。

7.7.3.2 矿山生产勘探程度的经济评价

生产矿山每年都要投入大量的勘探工程，用于提高矿量的可靠程度（储量升级），满足矿山开采的需要。我国多年来总结出来的生产矿量（开拓、采准、备采）的比例是 3 年、1 年、半年。对于资源储量保有正常的矿山来说，开拓矿量大量增加，勘查、开拓工程投入得过早过多，积压了建设资金。反之，采准和备采两级矿量投入的采准采矿工程过

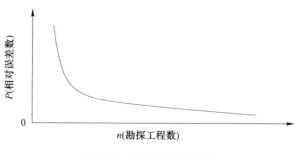

图 7-7   勘查程度曲线图

晚过少，满足不了采准采矿的需要，影响采选平稳，直接影响生产。所以，应按生产矿量的比例需求，适时变级，投入合适的勘探工程数。

生产探矿合理超前采准采矿与下列因素有关：矿山生产规模、年处理矿量、采矿能力，同时开展采准采矿的矿块个数，同时开展采准采矿的中段数，矿块规模大小（矿量多少），矿块需要投入的生产探矿工程数和完成周期，采矿强度和单位成本，掘进强度和单位成本等。

7.7.3.3   矿床中小矿体的利用经济评价

在一个矿床里，在主矿体的上下盘或两翼，还有很多边角矿体和小矿体。而这些小矿体的条数往往大大超过主矿体的条数，但其总量不及一个大矿体多。但这些小矿体毕竟是客观存在的，对于一个已经或正在开发的矿山，应当尽量回采，做到大小兼探兼采。这时一方面要考虑充分挖掘资源，另一方面就要进行经济评价。

一般来说，要利用这些小矿体，它的价值取决于能否抵消为开采它的探、采、选的直接费用，这时小矿体的平均品位可能要提高一些，所以计算出来的资源储量应以抵消为开采它那部分费用为好。为了提高小矿体的回采价值，采取边探边采的原则，是能取得最佳经济效益的。

$$Z \leqslant QCKP(1-r) \tag{7-54}$$

式中，Z 为直接费用，元；Q 为可采矿量，t；C 为矿石品位，g/t；K 为采选回收率，%；P 为金属价格，元/t；r 为贫化率，%。

在评价这些小矿体时，要考虑回采它们时采矿方法等技术条件的变化、安全条件变化等所带来的技术经济参数的变化，以便于正确评价。

7.7.3.4   矿山开采矿石损失与贫化的经济评价

A   矿量损失经济评价

矿产资源的不可再生和日益减少是必然的。因此，充分合理利用资源，是人类自己的重要职责，而降低矿量损失，就显得更重要了。造成矿量损失有如下原因：（1）地质方面—矿体边界的复杂程度，品位分布不均匀的特点，以及构造、水文地质条件等；（2）开采工艺方面和选冶加工技术方面，当采用高效率的开采工艺，新设备新工艺新技术应用还不熟练时也会造成矿量损失。据有关资料，我国有色和贵金属的矿床开采总损失率在50%~60%。

开采矿石损失所造成的经济损失的计算如下式：

$$M = C_k + P_m + S = P_i\left(\frac{R}{Q} + W - C_i + \frac{E \cdot K}{G}\right) \tag{7-55}$$

式中，M 为总经济损失，万元；C_k 为生产过程中金属损失而造成投资的无效费用，万元，$C_k = \sum C_i P_i = \frac{R}{Q} P_i$；$P_m$ 为生产过程中金属损失而造成的经济损失，万元，$P_m = (W - C_i)P_i$；S 为企业投资过早（由于储备损失）或提前消失能力所蒙受的经济损失，$S = EK\Delta T = EK\frac{P_i}{G}$；$R$ 为企业投资总额（万元）；Q 为占有经济利用的、推断的以上类型的资源/储量的金属量，kg；P_i 为生产过程中各阶段金属损失，kg，C_i 为每吨金属的投资成本，万元；W 为每吨金属的价格，万元/t；E 为投资效果系数，一般为 0.8t；K 为新区建设投资，万元；ΔT 为企业提前投资时间，年；G 为年消耗经济利用的、推断的以上类型的资源/储量。

B 开采贫化的经济评价

金属矿山开采过程中，由于废石的混入，或由于金属及矿石的流失，致使品位降低，均称为开采矿石的贫化。开采矿石的贫化，是多方面原因造成的，如地质方面的对成矿规律的认识，勘查方法等方面，采矿方法和采矿施工管理等。目前采用高效的采矿工艺和先进设备，也是加大采矿贫化的重要原因。目前我国金属矿山的开采贫化率高达 50%~70%。

由于矿石开采贫化，导致矿床开采的经济评价问题。如采 1t 废石需白白消耗多少资金，由于废石的混入，导致原矿品位降低，金属的带走，并导致选矿回收率的降低，那么需研究开采矿石贫化到什么程度，经济上还合理，所采矿石还有利用价值。

开采矿石贫化所造成的经济损失的计算如下式：

$$G = C_k + P_m + S = Q_p[\alpha + \beta C_1\alpha_1 + \beta e(C_2 - C_1)] \tag{7-56}$$

$$P_m = C_1 rQ\beta(\alpha_1 - e) = C_1 Q_p\beta(\alpha_1 - e) \tag{7-57}$$

式中，G 为开采贫化总经济损失，万元；C_k 为采 1t 废石的无效费用（资金损失），万元，$C_k = \alpha Q_p$；α 为 1t 废石的采选成本，α_1 为 1t 金属产品成本，元/t；Q_p 为所采废石量，t；P_m 为由于废石混入，导致原矿品位降低而降低产量所造成的经济损失，万元，P_m 为负值，企业盈利，反之为正数，企业亏本；C_1 为原矿品位，g/t；r 为贫化率，%。

对于式（7-56）和式（7-57）中的 r、Q 和 S 由下式计算获得：

$$r = 1 - \frac{Q_2}{Q} = \frac{Q_2}{Q_1 + Q_2} \tag{7-58}$$

$$Q = Q_1 + Q_2 \tag{7-59}$$

$$S = Q_2 C_2 \beta e \tag{7-60}$$

式中，Q 为采出矿岩量，t；Q_1 为开采矿石量，t；Q_2 为开采废石量，t；β 为选矿回收率，%；e 为 1t 金属产品价格，万元；S 为金属损失，kg；C_2 为废石品位，g/t；e 为 1t 金属产品价格，万元/t。

7.7.3.5 低品位矿石的经济评价

在矿床中低于经济利用品位的矿石还大量存在。如边际经济、次边际经济、内蕴经济的资源，其品位仍高于尾矿品位几倍，通过选矿加工也可以回收一定有用组分的"矿石"。如果它们在回采的采矿境界范围内（如矿体的上下盘，夹在矿体内或矿体的上下部等）是否有价值，要理解为在采矿以前（包括采矿）的费用都已支付，看这部分"矿石"有用组分的价值，能否收回（偿还）以后为直接生产它的费用，而它不负责偿还间接生产费用。此外，还有这样的客观情况存在，即在一个矿床可能的某一地段、某一范围、某一矿化带或矿体的某一部分，有这样一部分低品位矿石存在，而且有一定的资源/储量。这时，在矿山生产不衔接或扩大生产规模后，这部分矿石除抵消为开采它直接生产的费用，还要偿还部分间接费用（特别是在基建完工的矿山，这部分矿石还要再偿还部分基建投资）。就可以增加这部分低品位矿石的回收，尚有一定的经济剩余，也充分地利用了矿产资源，做到贫富兼探兼采。

同样，对井下矿山开掘大量巷道工程（开拓、探矿、采准等），要通过矿体或低品位矿石（也叫副产矿石）运到废石堆，而不再支付采矿费用，而主要取决于能否偿还把这些矿石运到选厂的运费及选矿费用。选矿的尾矿砂中伴生组分不再支付采矿费用，而主要取决于能否偿还专门回收该伴生组分的选矿费用（直接的和间接的）。

低品位矿石的品位指标，可用式（7-61）衡量：

$$\alpha_{低} = \frac{I + d + y - (a + b)}{eBk_p(1 - r)} \tag{7-61}$$

式中，I 为 1t 矿石内部运费，元；d 为 1t 矿石的选矿费用，元；y 为矿石精矿量的销售价格，元/t；a 为低品位矿石按废品处理的运输费用，元/t；b 为低品位矿石按废品处理时增加的采掘费用，元；e 为精矿价格，元；B 为选矿的回收率，%；k_p 为采矿回收率（1-损失率）；r 为采矿贫化率，%。

7.7.3.6 矿床有益组分综合利用的经济评价

金属矿床经常伴生一些可供综合利用的元素，充分利用这些伴生元素，可提高矿床的经济价值，为矿山增加效益，伴生矿产同时也是获取稀有、分散元素的主要途径，兼探兼采还可以减少环境污染，产生较大的社会效益。

A 可供综合利用的伴生组分种类的确定

可供综合利用的伴生组分的种类主要取决于伴生组分的含量、赋存状态和选冶技术水平及选冶技术加工条件。其可行性条件由下式计算确定：

$$\Delta R = (\Delta Z - \Delta S)a_1 - \Delta J \geq 0 \tag{7-62}$$

式中，ΔR 为某伴生组分的贴现利润增量；ΔZ 为矿山相应的年产值增量；ΔS 为相应的年直接费用增量；ΔJ 为相应的基建投资现值增量；a_1 为现值总和换算系数。

上式说明增加伴生组分回收的价值要大于或等于相应为回收它的费用支出，保证企业要略有盈利。在评价综合利用价值时，一般只考虑为回收伴生组分的直接费用。其他一般费用由主元素承担。

B 综合利用伴生组分的品位确定

某伴生组分最低品位 C_{min} 可用下式计算：

$$C_{min} = \frac{S_i}{E_i \cdot Z_i} \tag{7-63}$$

式中，S_i 为回收某伴生组分 1t 矿石的直接费用，元/t；E_i 为某伴生组分的回收率，%；Z_i 为某伴生组分的产品价值，元/t。

对于有多种伴生组分的矿石，需把各伴生组分的品位统一换算成主元素的品位，而求得一个综合品位来确定，具体计算式如下：

$$C_p = C_1 K_1 + C_2 K_2 + \cdots + C_n K_n \tag{7-64}$$

式中，C_p 为综合品位，g/t，C_1，C_2，$\cdots$，C_n 为分别为各组分的品位；K_1，K_2，$\cdots$，K_n 为各组分的换算系数，K 可由式（7-65）表示。

$$K = \frac{伴生组分每吨金属价格}{主成分每吨金属价格} \times \frac{伴生组分的选冶回收率}{主成分的选冶回收率} \tag{7-65}$$

C 综合利用伴生组分的经济效益评价

一般用 H. A. 累烈柯夫公式计算：

$$R = \sum_i^n S_i (Z_i - S_{ci}) - S_k \tag{7-66}$$

式中，R 为综合利用企业获得的总经济效益（利润）；S_i 为由 1t 矿石中得到的伴生组分吨数（产率）；Z_i 为伴生组分的产品价格；S_{ci} 为从 1t 矿石中提取伴生组分产品的直接费用；S_k 为综合利用 1t 矿石的一般费用。

因此，只有使 $S_i (Z_i - S_{ci})$ 不断增大，才是提高综合利用经济效益的唯一途径。而当 Z_i 和 S_{ci} 相对稳定时，需提高伴生组分的产品产率，增加经济效益。

7.7.3.7 矿石自然类型划分的经济评价

元素在地壳中分布是不均匀的，高于地壳平均丰度的几倍到几十倍，甚至更高，就称之为矿化。就一个矿床来说矿化应该说是普遍的、大量的，富集是少量的、局部的，能达到工业要求者就是矿石。矿化和矿化的富集，分阶段和分期次，都有一定的矿物、岩石的专属性，围岩蚀变的不同类型及分带性，以及在构造带中，先形成蚀变岩，后又充填了石英等脉体，这就形成了矿石的自然类型。同时，随着选冶技术的提高，矿石自然类型不断扩大，有些类型较富，也有些类型很贫但规模巨大，这样就存在一个经济评价问题。

在一个矿床里可能有几种矿石自然类型，它们之间的分布，可能是彼此呈渐变过渡，或分带衔接，也有独立存在。对于较富较大的矿石自然类型，占矿床资源储量居多位置。在经济评价中，它承担直接和间接的各项费用。对较贫那部分的矿石自然类型，应考虑能否利用，必须考虑能抵消（偿还）为开发它那部分直接费用。对于以较贫的矿石自然类型为主要资源储量的矿床，开发时，在经济评价中，就要考虑适当加大矿山生产规模，降低生产成本，采用最佳技术经济方案，使开发既能利用这部分资源，又能有利可图。

随着采选冶科学技术的不断发展和提高，研究在矿石加工过程中出现的有益组分的矿石自然类型，或加工后的废渣（尾矿砂和冶炼炉渣）中的矿石自然类型，并进行划分和评价，以获得更好的经济效益。

7.8 采矿单元结束的地质工作

矿山采矿单元从小到大是指采场（块段）、中段（台阶）、坑口（露天采场）。每个采矿单元结束，都要经过有组织的鉴定和验收，否则不能进行封闭。

7.8.1 采场（块段）验收的依据、项目与步骤

采场（块段）是基本的采矿单元，其验收所需资料依据包括如下几条：

（1）采场地质资料：1）包括采场内矿体的分布、形态、产状、边界位置；2）矿石质量及其类型、品级划分与分布；3）围岩、夹石性质、分布与产状；4）破坏或影响矿体的褶皱形状、规模，断层类型、产状、规模与断距；5）含水层位置、含水性、涌水情况，脉岩特征等。

（2）采场地质工作：地质勘探对采场内矿体的控制程度，生产勘探对矿体"二次圈定"的准确程度，开采过程中的地质工作。

（3）采场生产资料：1）采矿块段的开采技术条件，如矿岩的硬度、稳固性、块度等；2）采矿方法、采矿工艺过程、采场构成参数及回采技术措施；3）采矿分层及采场总的贫化率与损失率，贫化与损失的原因；4）采场工业储量，采下矿量及出矿量，顶柱、底柱、房柱、矿壁的损失矿量，残矿量及采下损失量，采场总回收率；5）采场地质、原矿、出矿品位，矿石质量变动与生产管理资料等。

（4）采场测量资料：采场测量图纸、产量及采空区测量资料等。

采场的验收项目主要包括如下几条：

（1）回采率是最主要的验收项目，应检查采场设计要求回采的矿石是否全部采完，矿柱和残矿是否回采，存窿矿石是否全部放出，矿房底板上的粉矿、浮矿是否已扫清出净。

（2）充填法采场，其充填量是否已达规定标准。

（3）覆岩下放矿的采场，出矿品位是否已达出矿极限（截止）品位指标；各电耙道的放矿漏斗是否均已按要求封斗。

（4）由于地质、技术或安全条件等原因，未采下或采下损失矿石是否确定无法补采或不可能放出，属于永久损失的必须查明其数量、质量及分布，否则应采取补救措施或指出将来补采的可能性和方法。

（5）采场采掘设备是否已全部拆除和转移。

采场验收的步骤是首先阅读并掌握采场全部资料，根据具体情况和针对查出的问题，地质、测量与生产部门共同进行现场鉴定。然后，逐项进行验收。验收合格，正式停止该采场的所有工作。若属因意外事故停产的采场需为恢复生产打下可靠的基础，收集整理好有关资料。

7.8.2 中段与台阶结束的条件、所需资料与审批

中段正常结束的条件包括：（1）中段范围内矿床地质构造、矿体地质特征已探明，"空白区"、开采中段外围已作出无矿或不可采的结论；（2）中段范围内所探明的主要、次要矿体，一切可利用资源已采尽出净；（3）中段范围内各采场（块段）均已结束，并经正式鉴定验收，且已封闭；（4）中段内可采矿柱、残矿已按设计要求补采并出尽。损失矿石数量、质量、损失性质、分布及原因等均已查明，并经主管部门审批核销；（5）中段范围内的地质测量资料已收集完毕，无遗留问题。

露天采场台阶结束的条件包括：（1）台阶范围内地质构造条件已查明，矿产资源也全部探明，境界线外已作无矿或不可采结论；（2）该台阶剥离、回采均已达规定境界范围，边坡角已达设计规定标准，无遗留隐患；（3）残留在边坡上的矿石，在允许的条件下已经补采，积压在建筑物和线路下暂时无法回采的矿石，其数量、质量及分布均已查明。

中段或台阶结束所需资料是其申请关闭（报废）的依据，是地质与采矿工作的阶段性

总结，又是闭坑的基础地质资料。这些资料包括：（1）中段或台阶矿床地质特征包括其矿体分布、规模、产状和形态，矿石质量与品级、类型分布；工业矿石地质储量、表外矿石储量，矿床构造，围岩及水文地质条件等；（2）地质勘探与生产勘探工作；（3）生产工作包括开采方式、开拓方案、采矿方法、掘进或剥离及采矿工作，采矿技术经济指标，生产管理工作和经验教训等；（4）矿量变动情况，包括地质储量级别、数量变动，历年采矿量、剥离量、损失量及矿量报销；采矿的贫化与损失，各采场（块段）回采率，中段或台阶总回采率等；（5）中段或台阶范围内探采资料对比；（6）图表资料：该中段或平台的地质平面图、剖面图，采场（块段）设计与施工图，储量计算图，探采对比图，采掘工程素描图，采场（块段）生产管理地质资料，取样、加工、化验、贫化与损失、矿量统计等各种表格；（7）中段或台阶结束遗留的问题和处理意见。

中段或台阶结束需经过上级部门审核批准。一般在结束前三个月提交结束资料和申请报告。报告审批后即可拆除和转移生产设备，设备转移后还要经有关部门现场鉴定，最后正式关闭中段或报废台阶。对于具有长期使用意义的某些井巷，如运输、通风巷道、溜矿井、人行井等，允许暂作保留，以备必要时使用。同时采取必要措施，消除可能对环境和安全带来不良影响的因素。因重大事故报废中段，应立即做好与上述大同小异的工作。

7.8.3 闭坑应具备的条件和闭坑报告的编写与审批

井区、坑口或露天采场已达设计要求后，或因遇到意外的原因而终止一切采矿活动，并关闭全部生产系统，称为闭坑，或关闭矿山。这是对矿山生产具有全局性的一件重要工作，必须慎重对待。

7.8.3.1 闭坑应具备的条件

闭坑应具备的条件包括：（1）坑口、井区或露天采场范围及深部地质构造已经查明，有关资料或报告已经批准；（2）各中段或台阶均已鉴定验收，并办完结束手续，且资料齐全；（3）矿山储量已经报销，包括设计开采境界内的残存矿量（永久损失）和境界线外的储量，已查明其损失的数量、质量、分布与原因，并经上级主管部门审批核销；（4）有关的矿山地质、测量与采掘生产资料已经系统搜集和整理，并已作探采资料验证对比研究，总结经验教训。需永久保留的资料，进行报送存档工作；（5）对采矿破坏的土地已采取复垦利用，并采取治理环境污染的措施。

7.8.3.2 闭坑报告的编写

闭坑报告既是一个终止生产的请示报告，又是矿山生产建设历史经验教训的总结报告。编写时必须坚持实事求是的科学态度，对矿产资源远景的结论和资源回收利用程度的论述要有充分的科学根据，使闭坑工作不遗留问题。

闭坑报告一般分为地质、测量与采矿、选矿生产两大部分。下面简要介绍地测部分编写的主要内容。

A 文字部分内容

（1）概述矿区交通位置，勘探及开采历史，投产、达产及结束日期，原探明地质储量，最终地质储量，历年产量及主要技术经济指标及结论性意见。

（2）矿床（区）地质条件地层、构造、岩浆活动，矿体地质特征，矿石质量特征，矿床成因及成矿规律，矿石及围岩物理技术性质，矿床水文地质条件与特征等。

（3）矿山地质工作补充地质勘探及生产勘探方法评述，工业指标选择、试算及其合理性，取样、地质编录及储量计算方法论证，生产地质管理工作评述等。

（4）矿山储量及其报销系统统计历年的各类、各级储量变动、平衡管理及报销情况，采矿贫化与损失参数，计算矿山资源的利用率。

（5）综合分析研究及探采资料的验证对比包括地质勘探与生产勘探或选择地段的开采生产资料对比研究，对矿床勘探类型的划分、勘探手段的选择，求得各级储量的工程间距、工程布置的正确性和合理性等提出总结性的意见和建议。这是总结同类型矿床勘探经验，寻求合理勘探方法的重要途径。

（6）结语：矿山地测工作取得的成绩，存在的问题，遗留问题的处理和闭坑后工作安排的意见与建议。

　　B　图件及其他资料

随同文字报告提交下述图件和资料：（1）矿区交通位置图；（2）矿区地形地质图；（3）矿区总平面布置及坑内外工程布置图，露天采场历年的综合地质图；（4）勘探线剖面图；（5）中段或平台地质平面图；（6）矿体纵投影图或缓倾斜矿体的等厚线，顶、底板标高等值线图；（7）储量估算图；（8）采掘工程实测图；（9）地表矿石堆积场、排土场及尾矿库实测图；（10）矿床探采资料验证对比图件；（11）钻探、坑道、采场原始地质编录资料；（12）储量估算及采矿贫化与损失的计算与统计资料；（13）矿床水文地质图及历年气象、水文与排水资料；（14）矿山永久性地测资料目录等。

7.8.3.3　闭坑报告的审批

闭坑前一定时间（如一年）应向主管机关提出申请，阐明闭坑理由；未经同意闭坑前不得拆除生产设施或破坏生产系统。由主管部门组织鉴定，现场了解情况，查清问题，分析原因，确认已具备闭坑条件的，批准闭坑。中小型矿山和坑口由主管机关审批；大型矿山或坑口由主管机关将审查意见报主管部审批。

闭坑或关闭矿山后，将正式闭坑报告及所附资料，除报送主管机关外，还应送省及国家资料局归档存放。

7.8.3.4　矿山闭坑地质环境管理制度

矿山地质环境治理恢复后，对具有观赏价值、科学研究价值的矿业遗迹，国家鼓励开发为矿山公园。此外，矿山关闭前，采矿权人应当完成矿山地质环境治理恢复义务。采矿权人在申请办理闭坑手续时，应当经国土资源行政主管部门验收合格，并提交验收合格文件，经审定后，返还矿山地质环境治理恢复保证金。

7.9　矿山地质环境修复

7.9.1　矿山生态环境保护与恢复治理的主要内容

金属矿山生态环境保护与恢复治理的主要内容包括：排土场、尾矿库和露天采场的恢复治理以及环境污染治理，具体内容如表 7-7 所示。

表 7-7　矿山生态环境恢复治理主要内容

生态环境恢复类型	生态环境保护与恢复治理主要内容
露天采场	场地整治与覆土、景观和植被恢复、土地再利用
排土场	表土剥离与堆存、水土保持与稳定性、植被恢复、土地再利用
尾矿库	排水、围挡、防渗、稳定性、坝顶植被恢复、土地再利用
矿区道路	回填、整平、压实、进行植被和景观恢复
矿山工业场地	拆除设施、景观和植被恢复、封堵井口

7.9.2　排土场生态恢复

岩土排弃要求：

（1）合理安排岩土排弃次序，应将有利于植被恢复的岩土排放在上部。

（2）采矿剥离物在排弃前应进行放射性和危险性物质鉴别。

排土场水土保持与稳定性要求：

（1）依山而建的排土场，坡度大于 1：5 时，应将地基削成阶梯状。当排土场原地面范围内有出水点时，必须在排土之前在沟底修筑疏水暗沟、疏水涵洞等将水疏出。

（2）排土场必须设置完整的排水系统，位于沟谷的排土场应设置截流、防洪和排水设施，避免影响山洪排泄，淤塞农田，加剧水土流失和诱发地质灾害。

（3）对于具有丰富水源的排土场或有大量松散物质排放的陡坡场地，以及其他有可能出现滑坡、坍塌的排土场，必须采取适宜的坡脚防护或拦渣工程。

排土场植被恢复：

（1）排土场总高度大于 10m 时应进行削坡开级，每一台阶高度不超过 5~8m，台阶宽度应在 2m 以上，台阶边坡坡度小于 35°，形成有利于植被恢复的地表条件。

（2）充分利用工程前收集的表土覆盖于排土场表层，覆盖土层厚度应根据植被恢复类型和场地用途确定。恢复为农业植被，覆土厚度应在 50cm 以上。恢复为林灌草等生态或景观用地的，可根据土源情况进行适当厚度的覆土。

（3）干旱风沙区排土场在不具备植被恢复条件时，可利用砂石等材料及时进行覆盖，防止排土场风蚀，减轻风沙危害。

（4）排土场恢复后，植被覆盖率不得低于当地同类土地植被覆盖率，植被类型要与原有植被类型相同或相似，并与周边自然环境和景观相协调。不得使用外来有害植物种进行排土场植被恢复。已采用外来物种进行植被恢复造成危害的，应采取人工铲除、生物防治、化学防治等措施及时清理。

（5）生态恢复后的排土场应因地制宜地转为农业、林业、牧业、建筑等类型用地，具体恢复工程实施参照相应标准执行。

7.9.3　露天采场生态恢复

场地整治与覆土：

（1）露天采场的场地整治和覆土方法根据场地坡度来确定。

（2）水平地和 15° 以下缓坡地可采用物料充填、底板耕松、挖高垫低等方法。

（3）15°以上陡坡地可采用挖穴填土、砌筑植生盆（槽）填土、喷混、阶梯整形覆土、安放植物袋、石壁挂笼填土等方法。

露天采场植被恢复：

（1）边坡治理后应保持稳定。非干旱地区露天采场边坡应恢复植被，边坡恢复措施及设计要求应相关要求。

（2）位于交通干线两侧、城镇居民区周边、景区景点等可视范围的采石宕口及裸露岩石，应采取挂网喷播、种植藤本植物等工程与生物措施进行恢复，并使恢复后的宕口与周围景观相协调。

露天采场恢复与利用：

（1）露天采场作为内排土场时，场地整治、覆土及恢复，并按相关政策和标准执行。

（2）在采矿剥离物含有毒有害或放射性成分时，按照相关政策和标准执行。

（3）平原地区的露天采空区一般应进行平整、回填后进行生态恢复，并与周边地表景观相协调，位于山区的露天采空区可保持平台和边坡。

（4）回填应做到地面平整，充分利用工程前收集的表土和采空区风化物覆盖于表层（覆土要求按相关规范执行），并做好水土保持与防风固沙措施。

（5）恢复后的露天采场进行土地资源再利用时，在坡度、土层厚度、稳定性、土壤环境安全性等方面应满足相关用地要求。

7.9.4   尾矿库生态恢复

尾矿库生态恢复要求具体如下：

（1）尾矿库的排水、围挡、防渗、稳定等措施参照相关标准和规范执行。

（2）尾矿库闭库后，坝体和坝内应根据尾矿性质和恢复目的进行不同厚度覆土，因地制宜进行植被恢复和综合利用。

（3）位于干旱风沙区、不具备植被恢复条件的尾矿库，应覆盖砂石等材料。

（4）尾矿库恢复后用于农业生产的，应对尾砂进行安全性检测与评估，根据评估结果确定农业利用方式。

（5）尾矿库进行回采再利用或经批准闭库的尾矿库重新启用时，应通过环境影响评价，制定实施尾矿利用规划和恢复治理方案。再利用结束的尾矿库根据本标准要求进行生态恢复。

7.9.5   矿区道路生态恢复

矿区道路生态恢复要求具体如下：

（1）矿区专用道路用地应严格控制占地面积和范围。开挖路基及取弃土工程，均应根据道路施工进度有计划地进行表土剥离并保存，必要时应设置截排水沟、挡土墙等相应保护措施。

（2）矿区专用道路取弃土工程结束后，取弃土场应及时回填、整平、压实，并利用堆存的表土进行植被和景观恢复。

（3）矿区专用道路使用期间，有条件的地区应对道路两侧进行绿化。道路绿化应以乡土树（草）种为主，选择适应性强、防尘效果好、护坡功能强的植物种。

（4）道路建设施工结束后，临时占地应及时恢复，与原有地貌和景观协调。

7.9.6 矿山工业场地生态恢复

矿山工业场地生态恢复要求如下：

（1）矿山工业场地不再使用的厂房、堆料场、沉沙设施、垃圾池、管线等各项建（构）筑物和基础设施应全部拆除，并进行景观和植被恢复。转为商住等其他用途的，应开展污染场地调查、风险评估与修复治理。

（2）地下开采的矿山闭矿后应将井口封堵完整，采取遮挡和防护措施，并设立警示牌。

7.10 绿色矿山

7.10.1 绿色矿山的概念和原则

7.10.1.1 绿色矿山的概念

绿色矿山是指在矿产资源开发全过程中，实施科学有序的开采，对矿区及周边生态环境扰动控制在可控范围内，实现矿区环境生态化、开采方式科学化、资源利用高效化、企业管理规范化和矿区社区和谐化的矿山。

矿区绿化覆盖率：矿区土地绿化面积占可绿化面积的百分比。

研发及技改投入：企业开展研发和技改活动的资金投入。研发和技改活动包括科研开发，技术和知识产权引进，技术创新、改造和推广，设备更新，以及科技培训、信息交流、科技协作等。

7.10.1.2 绿色矿山原则

绿色矿山原则包括：

（1）矿山企业应遵守国家法律法规和相关产业政策，依法办矿。

（2）应贯彻创新、协调、绿色、开放、共享的新发展理念。

（3）遵循因矿制宜的原则，实现矿产资源开发全过程的资源利用、节能减排、环境保护、土地复垦、企业文化和企地和谐等的统筹兼顾和全面发展。

（4）矿山企业应该以人为本，保护矿山职工身体健康。

（5）绿色矿山建设应贯穿于规划、设计、建设和运营的全过程之中；新建、改扩建矿山应根据相关标准进行建设；生产矿山应根据相关标准进行升级改造。

7.10.2 矿区环境

矿区环境的基本要求是矿区的功能分区布局合理，应绿色和美化矿区，使矿区整体环境整洁美观。生产、运输和储存等管理规范有序。

矿区应按照生态区、管理区、生活区和生态区进行功能分区，各功能区应符合 GB 50187 的规定，应运行有序，管理规范。

矿区地面运输、供水、供电、卫生、环保等配套设施齐全；在生产区应设置操作提示牌、说明牌、线路示意图牌等标牌，标牌应符合标准的相关规定。

矿山在生产过程中应采取喷雾、洒水、加设除尘器等措施处置粉尘，保持矿区环境卫生整洁。固体废弃物外运时应采取防尘、防雨和防渗（漏）等措施。应采用合理有效的措施对高噪音设备进行降噪处理。

在矿区绿化方面，矿区应与周边自然环境和景观相协调，绿色植物搭配合理，在可以绿化的位置应做到100%绿化。对露天开采矿山的排土场进行治理、复垦及绿化，在矿区专用道路因地制宜地设置隔离绿化带。

7.10.3 资源开发方式和综合利用

7.10.3.1 资源开发方式

资源开发应与环境保护、资源保护、城乡建设相协调，最大限度地减少地自然环境的扰动和破坏，选择资源节约型、环境友好型开发方式。

要根据矿体的赋存条件、矿石性质和矿区生态环境等特征，因地制宜地选择采选工艺。优先选择对矿区生态扰动和影响小、资源利用率高的采、选工艺技术和装备，符合清洁生产要求。还应贯彻"边开采、边治理、边恢复"的原则，及时治理恢复矿山地质环境、复垦矿山压占和损毁土地。

要根据金属矿床成矿地质特征，因地制宜地发展集约化开采技术，走规模化发展开采之路。应制订科学合理的开采规划，开拓和采准工作合理超前，开拓矿量、采准矿量及备采矿量要保持合理关系，采场工作面推进均衡有序。露天开采矿山宜采用剥采比低、铲装效率高的工艺技术，应根据金属相应的市场价格和企业生产成本变化，动态调整露天开采境界。地下开采矿山宜采用无轨运输、井下废石就地充填、井下破碎等绿色开采技术。根据不同的矿体赋存条件，选择合理的采矿方法，提高开采回采率。开采回采率指标应按照相关规定要求。还应对残留矿石和矿柱进行技术经济论证，并根据论证采用合理的技术进行回收，以提高矿产资源回收率，延长矿山服务年限。

宜采用环保型选矿工艺进行生产，对含不同杂质的矿石采用最适宜的方法除杂。根据不同的矿石性质，选择合理的选冶工艺，提高选矿（冶）回收率。选矿（冶）回收率指标应按相关要求进行选取。

对低品位资源进行技术经济论证，对于技术经济可行的，应进行合理利用，提高资源回收率。

在矿区生态环境保护方面，要认真落实矿山地质环境保护与土地复垦方案的要求，排土场、露天采场、矿区专用道路、矿山工业场地、废石场等应及时恢复治理。质量应符合相关规范要求。恢复治理后的各类场地应与周边自然环境和景观相协调，恢复土地基本功能，因地制宜地实现土地的技术利用。建立环境监测机制，配备专职管理人员和监测人员。

7.10.3.2 资源综合利用

要综合开发利用共伴生矿产资源，按照减量化、再利用、资源化的原则，科学利用固体废弃物、废水等，发展循环经济。

应对共伴生资源进行综合勘查、综合评价和综合开发。应选用先进适用、经济合理的工艺综合回收利用共伴生矿产资源,最大限度地提高各类金属共伴生矿产资源综合利用率。新建、改扩建矿山,共伴生矿产资源利用工程应与主矿种的开采、选冶工程同时设计、同时施工、同时投产。不能同时施工或投产的,应预留开采、选冶工程条件。

应对采选活动产生的废石等固体废弃物进行可利用性评价,并分类合理利用。宜开展废石、尾矿中的有用组分回收和尾矿中的稀散金属的提取和利用,以及针对废石、尾矿开展回填、筑路、制作建筑材料等资源化利用工作。

采用先进的节水技术、确保水的循环、循序利用,建设规范完备的水循环处理设施和矿区排水系统。应采用洁净化、资源化技术和工艺合理处置和利用矿井水,最大限度地提高矿井水利用率,选矿过程产生的废水应循环利用。应设废气净化处理装置,净化后的气体应达到排放标准。

7.10.4 节能减排

建立矿山生态全过程能耗核算体系,通过采取节能减排措施,控制并减少单位产品能耗、物耗和水耗,"三废"排放符合生态环境保护部门的有关标准、规定和要求。

应通过综合评价资源、能耗、经济和环境,合理确定开采方式,降低采矿能耗;选矿工艺流程宜采用"联合选矿",遵循"多碎少磨,能收早收"等原则,提高生态效率,降低选矿能耗。宜利用高效节能的新工艺和设备,合理利用太阳能、地热能、水能、位能(重力)等清洁能源。宜采用先进技术对选矿生产过程实施自动化检测和监控,保证设备在最佳状态下运转,充分发挥设备效能,达到节能降耗的目的。

应选用先进合理的采、选工艺,减少固体废弃物的产生。矿山生活垃圾应集中、无害化处置。露天矿剥离的表土应单独堆存,用于复垦。

矿山应单独或联合建立污水处理站,同时实现雨污分流、清污分流。采、选过程中产生的废水应合理处置,实现达标排放。矿区生活污水应处置达标,宜回用于矿区绿化或达标排放。应对爆破、装运过程中产生的粉尘进行喷雾洒水,有效控制粉尘排放。宜使用清洁动力设备,降低井下废气排放量,保证空气新鲜。

7.10.5 科技创新与数字化矿山

基本要求是要建立科技研发队伍,推广转化科技成果,加大技术改造力度,推动产业绿色升级。建设数字化矿山,实现矿山企业生产、经营和管理信息化。在科技创新方面,应建立以企业为主体、市场为导向、产学研相结合的科技创新体系。配备专门科技人员,开展企业主业发展的关键技术研究,改进工艺技术水平。研发及技改投入应不低于上年度主营业务收入的1.5%。

在数字化矿山方面,应建立矿山生产自动化系统。宜建立数字化资源储量模型,进行矿产资源储量动态管理和经济评价,实现矿产资源储量利用的精准化管理。应建立矿山生产监控系统,保障生产高效有序。宜推进机械化换人、自动化减人,实现矿山开采机械化,选冶工艺自动化。宜采用计算机和智能控制等技术建设智能化矿山,实现信息化和工业化的深度融合。

7.10.6 企业管理与企业形象

基本要求是应建立产权、责任、管理和文化等方面的企业管理制度，建立绿色矿山管理体系。企业文化方面，应建立以人为本、创新学习、行为规范、高效安全、生态文明、绿色发展的企业文化。企业发展愿景应符合全员共同追求的目标，企业长远发展战略和职工个人价值实现紧密结合。应健全企业工会组织，并切实发挥作用，丰富职工物质、体育、文化生活，企业职工满意度不低于 70%。宜建立企业职工收入随企业业绩同步增长机制。

企业管理方面，应建立资源管理、生态环境保护等规章制度，健全工作机制，责任落实到位。各类报表、台账、档案资料等应齐全、完整、真实。应定期组织管理人员和技术人员参加绿色矿山培训，建立职工培训制度，培训计划明确，培训记录清晰。

在企业诚信方面，生产经营活动、履行社会责任等坚持诚实守信，应履行矿业权人勘查开采信息公示义务，公示公开相关信息。

企地和谐方面，应构造企地共建、利益共享、共同发展的办矿理念。宜通过创立社区发展平台，构建长效合作机制，发挥多方资源和优势，建立多元合作型的矿区社会管理共赢模式。

应建立矿区群众满意度调查机制，宜在教育、就业、交通、生活、环保等方面提供支持，提高矿区群众生活质量，促进企地和谐发展。要与矿山所在乡镇、村、街道、社区等建立磋商和协商机制，及时妥善处理好各种利益纠纷。

———— 本 章 小 结 ————

金属矿山地质管理工作主要是在地质技术工作的基础上，在矿山掘进、采矿、出矿和选矿、冶炼、加工的全过程中，以回收资源为核心的地质指导、服务和监督工作。它不同于地质技术工作，而是在地质技术工作的基础上，以正确、合理、充分利用资源、提高矿山资源回收率和矿山经济效益为目的的地质管理工作，它是整个矿山采掘、选冶生产管理一个重要组成部分。

绿色矿山的理念应该贯穿整个金属矿山地质管理工作，矿山的掘进、采准、回采、运输和选冶过程应该最大限度地保护矿产资源、生态资源，通过提升采矿、选冶技术，充分利用共生、伴生金属矿产，实现矿产资源的综合利用。

习 题

1. 矿山开采过程的地质管理工作对矿山生产的作用是什么？
2. 举例说明地下开采矿块采准和采场回采过程中的地质管理工作。
3. 简述矿石贫化、损失的概念及分类。
4. 共伴生矿产综合勘查与评价的基本要求有什么？

5. 简述共伴生矿产储量类型划分、估算原则与方法。

6. 简述我国矿山闭坑的流程。

7. 简述矿山地质环境修复的内容和意义。

8. 简述我国绿色矿山的概念，核心内容以及如何实现。

8 金属矿山智能地质及深边部找矿预测

本章课件

本章提要

对于资源型企业而言，矿产资源保有量是矿山企业的"生命线"。在矿山地质工作（矿山生产）阶段，人们对矿床/矿体地质特征及控矿因素的认识达到了最高程度。系统总结生产矿山地质特征和控矿因素，构建矿体及控矿因素的三维地质模型，借助现代智能勘查技术，结合传统的"就矿找矿"方法，会大大提高矿山深边部预测的效率和准确度。

8.1 金属矿山智能地质

8.1.1 金属矿山岩矿智能识别技术

8.1.1.1 金属矿产矿石自动智能识别方法

在不同的矿产勘查阶段，乃至矿山生产过程中如岩矿边界线确定、矿体圈定、矿石预选、矿石运输或选矿厂配矿等的各个阶段，岩矿鉴定及矿石品位测定都是一项重要的基础工作。岩矿识别的传统方法为现场肉眼识别及室内偏光显微镜下鉴定，矿石品位的确定则依赖化验分析方法，目前，这些仍然是国内外矿山生产普遍的做法。

随着矿产资源开发规模和深度的不断增加，包括地质、采矿、选矿甚至冶炼加工全流程过程中矿岩识别的压力也越来越大，简便、省时、省力、有效的矿石成分、类型及含量识别势在必行，近年来人们对此研究也越来越深入。总结起来，目前比较流行的矿石识别方法主要有：

（1）MLA 矿物分析仪。自动矿物分析仪（MLA，Mineral Liberation Analyser）是近年来发展起来的、先进的矿物参数自动定量分析测试系统，系统由三个部分组成：场发射扫描电镜、EDAX 能谱仪和矿物分析系统软件。其工作原理是首先利用背散射电子图像区分不同的物相，同时结合能谱分析结果去预判矿物种类并采集矿物相关的信息，然后通过图像分析技术对矿物学相关参数进行统计分析，最终可获得如矿物丰度、元素分布、矿物粒度、矿物组合、嵌布关系、解离度等参数。该方法可获得矿物种类、含量及相关参数的定量信息，目前在国内外矿物鉴定及工艺矿物学领域获得了广泛应用，在岩石/矿石识别领域也具有广泛的前景。

该方法的缺点是设备昂贵，使用成本高，只能对磨制的抛光片进行分析。目前，只能室内使用，对环境的适应能力较差。

（2）基于反射光谱的岩矿识别分析系统。反射光谱的岩矿识别是利用太阳光或人工光源照射到采场或台阶壁，利用光谱成像仪接收反射回来的不同波长范围内光而成像，采用合适算法对反射光谱图像进行处理从而识别矿石类型、含量/品位、岩矿边界等的一种方法，它为矿山开采计划、选矿配矿，甚至后续的冶炼加工提供依据。由于反射光谱源易于获得，在地表或露天采场可使用太阳光作为光源，在天气不良情况下或在井下也可以采用特制的人工光源如钨光灯，因此目前应用最为广泛。

根据矿种、矿床成因类型不同，可供选择的反射光源也有区别。从反射光谱角度讲，适于成像识别的光谱根据其波长范围不同可分为可见光-近红外（VNIR：400~1100nm）、短波红外（SWIR：1100~2500nm）、中红外（Mid-Infrared：3~6μm）和热红外/长波红外（LWIR：7~15μm）等。反射光谱矿物识别方法往往借助于已有的矿物光谱库，比较知名的有 JPL/NASA、USGS、CSIRO 光谱库和 Johns Hopkins University 大学的红外矿物光谱库等，借助已知矿物光谱对图像中岩矿种类进行识别，并采用特定的光谱参数对其丰度/含量进行估算。

很多矿石矿物，特别是金属矿物在可见光范围内的反射率本身就不同，很多矿物还会表现出不同的反射色和反射多色性，这就为可见光范围内矿物识别提供了理论基础。实际上，可见光范围内多数矿物反射率差别并不足以使其在图像上显示出明显的差别，加上成像时大气湿度和粉尘的影响，单波段可见光识别效果并不好，因此在实际识别过程中往往采用至少两个波段的图像进行识别，如马德里理工大学应用矿物学实验室开发了一套基于可见光-近红外多光谱镜面反射测量来自动识别矿石矿物类型及其化学成分的显微镜系统-AMCO（A. L. Opez-Benito, et al., 2020），该系统是全自动、研究级的反射光显微镜，设置有图像获取和图像识别两个模块，图像识别模块中内置有 MLA 系统建立的 74 种金属矿物、超过七千万次测量的反射多光谱数据库，在可见光-近红外光谱范围内获取 20 个波段的多光谱图像；借助矿石矿物光谱库，采用光谱角填图、欧式距离、马氏距离及线性识别分析四种方法对图像进行监督分类，从而实现对矿石类型的自动识别，对铁氧化物矿石识别尤其有效。

短波红外光谱对黏土类矿物效果显著，特别是对具有 Al—OH、Mg—OH 和 Fe—OH 化学键的矿物尤其有效。金属矿床中具有上述化学键的矿石矿物并不多，但多数金属矿床往往具有不同种类、规模不等的蚀变矿物（脉石矿物）与之共生，水岩交代产生的很多蚀变矿物多为"短波红外光谱敏感"矿物，为岩矿识别提供了一种间接但有效的手段。如 M. Dalm 等（2014）研究了某斑岩型铜矿中铜的品位，发现不同蚀变带铜品位不同，伴生的"短波红外敏感"蚀变矿物也不同，故可利用 SisuCHEM 高光谱仪对不同矿石成像、采用逻辑回归方法来判断采出矿石是否达到边际品位，从而判别其是矿石或废石；L. Tusa 等（2020）在矽卡岩型锡矿床中采用类似手段也取得了良好效果；K. Yang 等（2013）在研究新喀里多尼亚岛 Koniambo 红土型镍矿时，采用短波红外手段对露天开采台阶壁进行成像，利用多元回归方法建立了光谱特征与矿石中 Ni、Fe、MgO 和 SiO_2 含量的定量关系，在一定程度上可将光谱手段代替实验室的化验分析，为矿山开采及冶炼服务。

VNIR-SWIR 光谱方法应用广泛，但长英质矿物在该波长范围内没有特殊的吸收特征，且多数矿石矿物对比度相对较低，对不规则颗粒成像效果更差。多数工业矿物在波长更长的中红外光谱和热红外光谱范围内具有广泛的光谱特征，近年来很多研究单位做了许多开创性的工作，如澳洲 CSIRO 基于激光、X 射线、微波和先进的图像处理技术建立了 DPSS-OPO 系统（半导体侧向泵浦光参量振荡器），采用 OPO 作为中红外光源，可对多数 VNIR-SWIR 光谱范围内无典型光谱特征的矿物进行有效识别，适应性较好。

（3）便携式金属组分测试仪。在实际应用过程中，反射光谱多为一种间接手段。金属矿床矿石类型及含量判断的根本依据还是矿石中的金属含量。随着技术发展及社会需要，测试仪器小型化方面进步很大，现在市面上很多便携式金属组分测试仪器可供选择，如便携式 X 射线荧光光谱仪、激光诱导荧光光谱仪等。这些设备体积小、质量轻、便于携带、测试时间短，可在现场几十秒内得到测试结果，尽管其测试精度相对较低，但在地质勘探野外工作及矿山开采过程中仍得到了广泛应用。

8.1.1.2　金属矿山岩矿石的图像识别技术

金属矿山岩（矿）石的图像识别技术主要是通过机器学习等智能算法对岩石图像特征进行分析处理，减少对于专业知识和设备的依赖，从图像识别出发达到识别矿物岩石岩性的目的，为岩石岩性、矿石矿物的自动分类提供了一条新的途径。

岩石岩性的自动识别与分类：Singh 等（2010）采用神经网络算法对玄武岩图像进行了处理分析，实现了对玄武岩中矿物纹理的有效识别；张嘉凡等（2016）提出了基于聚类分析算法的岩石 CT 图像分割及量化方法；张翠芬等（2017）利用岩性单元的特征向量进行图像的彩色合成，使得岩性单元可识别性显著增加；Li 等（2017）采用迁移学习方法对砂岩显微图像进行了训练，最终获得了精度较高的砂岩显微图像分类模型。

矿石矿物的智能识别：Ślipek 等（2013）通过运用四种模式识别方法对镜下矿物进行识别，获得较好的应用效果；徐述腾与周永章（2018）基于深度学习系统 TensorFlow，设计了有针对性的 Unet 卷积神经网络模型，有效自动提取矿相显微镜下矿石矿物的深层特征信息，实现镜下矿石矿物智能识别与分类。

应用机器学习等人工智能算法可以通过分析岩石图像、镜下图像的特征而建立岩石岩性、矿石矿物识别的数学模型，使识别过程智能化、自动化。地质云矿物岩石识别系统的诞生（于德福等，2017），就是对上述应用研究及发展的重要印证，也昭示人工智能技术在矿物岩石识别方面的应用潜力。

8.1.2　金属矿山智能地质勘查

8.1.2.1　智能化钻探仪器装备

目前，钻探仪器的智能化主要体现在：基于孔底在线数据、地表即时数据和岩心快速测试信息等多源信息融合、决策与安全控制为一体的智能钻进技术。

我国前沿的研究主要包括孔内数据测量传输技术和智能钻进控制技术。主要内容包括：

（1）钻进参数智能融合技术。综合孔底在线数据、地表即时数据和岩心快速测试信息建立"地面-孔底"钻进过程检测数据，研究钻进过程数据智能融合技术。

（2）钻进参数智能优化与控制技术。分析钻进操作参数与地层关系，建立基于数据驱动的孔底状态的动态模型，描述各种状态的动态特征，并建立在各种工况下操作参数调整的专家知识库；综合考虑地层特征参数信息，结合孔底状态特征的动态模型，研究钻进参数智能优化与控制技术。

（3）钻进过程智能判别与安全预警。对钻进装备工况、孔底状态、地层特性、钻进轨迹等数据进行特征级与决策级融合，提取钻进过程安全性状态特征，实现对钻进过程状态进行判断，并基于专家知识库信息，调整操作参数规避异常状态。

8.1.2.2 智能地球物理勘探

长期以来，地球浅表层矿产资源勘探主要以钻探为主、地球物理勘探为辅。由于钻探成本高、勘探范围有限，难以满足深部资源勘探要求，开展地球物理探测异常重要。深地地球物理探测要求"探得深、探得精、探得准，在方法理论、探测技术和仪器装备三方面均存在巨大挑战"（何继善，2018）。

目前我国深部资源勘探存在两大难题：一是有效地球物理信号弱、信噪比及成像分辨率低、多解性问题严重，依靠单一地球物理方法难以解决；二是缺乏面向矿产资源勘探的综合地球物理软件平台，导致多学科协同分析难以实现。

而人工智能在地球物理上应用，促进了地球物理在深部地质、海洋地质和航空地质的全面发展。具体包括：

（1）感知智能与地球物理：地球物理智能自动观测设备、可穿戴观测设备、无人机、观测机器人等已经开始应用。地震领域使用"地震机器人"，已经开启了人工智能在地球物理领域应用的探索。在地球物理领域很快就会出现更多的地电、地磁、重力、地质、地震、海洋和气象的可穿戴观测设备和机器人。

（2）物联网智能与地球物理：地球物理物联网智能化包括监测设备智能化、传输过程智能化和接收中心管理智能化。

（3）计算智能与地球物理：这几年大数据、云计算和深度学习在地球物理领域开始逐步应用起来。包括：一是利用支持向量机、贝叶斯、神经网络和深度学习等监督型机器学习方法进行地球物理数据处理。二是建立在地球物理大数据和云计算基础上的地球物理智能数据联合反演或数据融合。三是结合地质信息与规律，发掘多物理场数据之间的内在联系，突破联合反演问题中测量信息与泛在先验信息融合等关键技术瓶颈，形成快速、稳定、灵活的智能化多物理场反演算法和软件。

8.1.3 金属矿山三维地质建模

三维地质建模（3D Geoscience Modeling）是进行三维地质调查、深部找矿勘探、深部地质研究等地下地质研究的基础性工作。是利用地质调查、矿产勘探、地球物理探测等方法手段获取可靠的地质数据，使用空间插值、几何重建、计算机图形图像、空间分析等技术构建地下地质体的三维地质模型，研究地下地质体的空间形态、结构及其相互关系，解释和分析相关的地质现象和地质过程（柴源，2016）。

加拿大学者 SimonW. Houlding（1994）最早提出了三维地质建模的概念，并对构建三维地质模型的方法和流程进行了具体的描述和解释，为三维地质建模理论和方法奠定了基础。

常用的三维地质建模方法主要包含四类：

（1）基于钻孔数据的建模方法：钻孔数据具有最简单的数据结构，是三维地质建模中最有用和可靠的数据。

（2）基于平行剖面的建模方法：剖面数据不仅包含了真实的地质信息，还包含了地质专家的经验。基于平行剖面的建模一般被分为两类：一类是基于平行剖面线的单一地质体建模，主要用来构建单个地质体中复杂的面模型，像矿体或侵入体；另一类是含拓扑的自动建模，主要用于构建地层模型。

（3）基于网状交叉剖面的建模方法：基于平行剖面建模仅能处理单一方向上的剖面。隐含在另一个方向的地质信息不能被三维地质模型表现出来。基于多个交叉剖面的建模方法解决了这一问题。

（4）基于多源交互建模方法：目前，地质调查的数据主要包括应用地质、地理、遥感、地球物理、地球化学等多源数据，因此，需要基于多源数据的交互式建模。多源交互建模的过程包含两个步骤：多源数据集成和交互建模。当前，多源数据集成方法的关键问题在于数据的质量控制和不确定性评估。它涵盖了五个方面：数据的完整性；数据坐标的一致性；数据位置的准确性；数据属性的准确性和数据时间的精度。

目前，国内外主要的三维地质建模的软件包括：法国南希大学基于 Mallet 教授发明的离散插值算法（DSI）开发了 GOCAD 软件（Mallet，1989）。Geovia 公司通过地矿专家和计算机专家的共同努力，开发了 Surpac 软件，该软件主要应用于矿山开采及地质勘探领域。Micromine 是西澳 Micromine 公司所有的一套矿业专业软件，包括勘探模块、采矿模块等采矿常用功能模块，以及线框模块等三维环境模块，功能丰富。此外还包括美国斯伦贝谢公司的 Petrel、Mintec 公司的 MineSight、加拿大阿波罗科技集团公司的 LYNX Micro Lynx、美国 Danamic Graphic 公司的 Earth Vision、英国 Data Mine 公司的 Data Mine、澳大利亚 Maptek 公司的 Vulcan，这些软件经过多年的发展，在国内外占据了较大的市场份额。另外，基于地理信息系统 ArcGIS 也开发了一些三维地质建模的软件包。国内三维地质软件大多以高等院校及研究院所为依托平台进行开发，例如中国地质大学与武汉中地数码集团共同开发的 MapGISK9；北京大学与北京龙软科技有限公司合作开发的 Longruan GIS，在国内煤炭行业应用广泛；中南大学数字矿山中心与长沙迪迈信息科技股份有限公司共同推出的 DIMINE 软件，主要面向数字化矿山；中国地质科学院的 Minexplorer 以地质矿产勘探为对象，具有多元数据分析评价功能。

8.2 金属矿山深边部找矿预测

8.2.1 生产矿山深边部及外围预测的特点

矿山投产后，经过生产勘探进一步对矿岩边界进行圈定，资源储量进一步升级，矿体的各种控矿因素也得到了充分揭露，此时矿床/矿体地质特征的揭露和研究程度达到最高，矿床研究程度也达到了极高水平，由此建立的矿床成矿及找矿模型对本生产矿山深边部及毗邻的外围地区找矿具有极好的指导作用。因此，基于生产矿山总结的矿化规律指导深边部及外围找矿也称为"就矿找矿"，是典型的大比例尺矿产预测。

生产矿山深边部预测具有以下特点：

（1）生产矿山深边部及外围预测属于大比例尺预测，要对靶区进行"定位、定量"预测。生产矿山的深边部预测通常是在矿区范围内局部地段进行的，范围一般为几平方公里至几十平方公里，预测比例尺一般为 1：2000~1：25000，比例尺往往与矿区规模有关。随着预测范围的缩小，比例尺应逐步加大；预测结果不仅要指出隐伏矿体可能存在的地段，而且要对矿体的埋藏深度、赋存标高、矿体形态产状、矿化类型、质量与规模等进行推断，多数情况下要在剖面图及垂直纵投影图（水平投影图）上对预测矿体进行标注。因此，生产矿山成矿预测要求较高的可靠程度，往往是立体的定量预测。

（2）生产矿山深边部预测结果便于验证，要将"预测—勘查—评价—生产"相结合，反复修正，提高预测精度。生产矿山进行的成矿预测往往是对矿体深边部成矿远景进行的大比例尺预测，预测结果要定位、定量，所以很多情况下往往在次年甚至当年即可列入勘探计划。如果预测的靶区距离现有矿山开拓工程距离较近，经充分论证成矿远景良好，开拓巷道即可向预测地段掘进，实现"预测—勘查—评价—生产"紧密结合，具有花费时间短、投资少、见效快的特点；如果靶区距离现有矿山开拓工程距离较远（深部或边部），可以考虑钻探工程进行验证；因此无论是日常预测或专门预测，预测结果一般能够及时验证。这样把预测、勘查、评价、开采紧密结合起来，反复多次进行，根据验证结果，不断修正预测资料，使之更加符合客观实际，这是非生产矿山难以实现的。

（3）生产矿山深边部预测具有"难度大但成功率高"的特点，已成为矿山增储乃至缓解我国资源供需形势的重要措施。矿山在建矿之前，经过了地质勘探、矿山设计、矿山建设及矿山生产几个环节，每个环节中都要求对矿山矿体空间展布及可能的成矿远景进行程度不同的研究与预测，因此生产矿山中矿体地质特征研究程度高、系统的矿产勘查活动使得矿区内多数矿体往往已被探明，故生产矿山矿区范围内寻找的多是隐伏矿体，找矿难度也是很大的。当然，正是由于矿床研究程度高，各种控矿因素及找矿标志的认识也达到了相当的程度，成矿理论指导找矿实践的能力也相应提高。近年来生产矿山矿区范围内隐伏矿体的找矿实践表明，"就矿找矿"的效率逐渐增高，已成为延长矿山服务年限、缓解资源供需矛盾、增加接替资源储备的有效手段。

（4）要综合各种成矿信息、突出关键控矿因素，合理预测。为了增加矿产预测的准确度，应尽可能多地提取各种矿化信息，在综合地、物、化、遥等信息基础上，利用 GIS 等综合信息集成平台，充分发挥各矿化信息的指示意义。当然，矿床间各有自己的成矿特点，世界上没有完全相同的两个矿床存在。对于某个特定的矿床而言，往往存在某个或某几个关键的控矿因素，如多数内生矿床构造对矿体的控制作用比较突出，故在对生产矿山深边部预测过程中，突出关键控矿因素的空间展布特征，对于揭示不同矿化信息的指示作用是非常重要的。

8.2.2　生产矿山深边部及外围预测方法

8.2.2.1　地质填图法

在所有的找矿方法中，地质填图（地质测量）是最基本、也是最重要的，同时也是大比例尺地球物理、地球化学及遥感等信息异常解译的基础。在矿产勘查过程中，随着勘查程度的不断提高，地质填图的范围不断缩减，填图的比例尺也在不断增大，因此在生产矿山深部预测时往往不需要进一步填图。然而，在相似类比或地质异常致矿理论基础上，对矿区外围进行找矿预测，则往往需要对预测区进行必要的大比例尺地质填图。

矿区规模的地质填图是在矿区范围内开展的精度较高的地质测量工作，其主要任务有：

（1）详细查明矿区内矿床形成的地质条件及矿化标志，特别要查明具体的控矿因素如控矿构造的类型及性质，控矿岩体赋存矿体的有利部位等；

（2）总结矿化规律，提出矿产预测的具体准则，明确预测靶区的具体地段；

（3）对已知矿床进行深入细致解剖，研究矿床的矿化类型、控矿因素、矿床形成机制，对含矿前景进行定性及定量预测。

大比例尺地质测量应结合其他各种技术方法所获得的信息，在矿区范围内开展隐伏矿体的预测与勘查。

8.2.2.2　矿体空间产状模型

对于脉状矿体而言，其空间产状除了常规的走向、倾向和倾角三要素之外，还包括倾伏、侧伏、埋深、与围岩接触状况等特征，特别是矿体的侧伏对于生产矿山的深部预测具有重要意义。一般地，通过矿山系统编录如中段平面地质图、断面图及投影图等可以直观地展示矿体空间展布情况，形成矿体的"三维空间"立体形态，如矿体往往受褶皱转折端控制，主要工业矿体空间展布与褶皱构造形态一致。Ⅰ号矿体联合剖面图如图8-1所示。

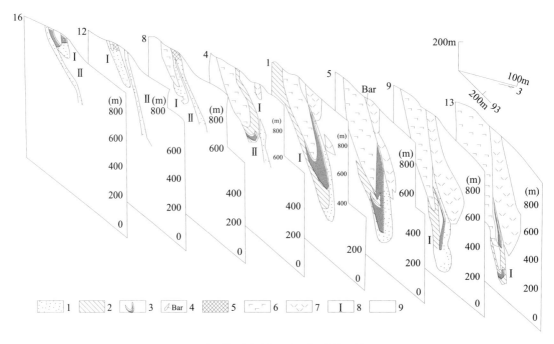

图8-1　Ⅰ号矿体联合剖面图（据陈毓川等，1966）

1—细脉浸染状和条带浸染状矿石；2—条带状矿石；3—块状矿石；4—重晶石；

5—铁帽；6—细碧岩；7—石英钠长斑岩；8—矿体编号；9—火山碎屑岩

某些矿体则明显受断裂构造控制，如脉状及透镜状脉体成群成组出现，其空间分布往往受剪性或张剪性断裂/裂隙的制约，形成按一定规律交替排列的现象。如平面上有左行、右行，剖面上有前侧、后侧，综合性的平行、侧列等（图8-2），利用这种矿体的排列规律可以很好地指导探矿工程的布置及生产矿山的深部预测。

某些地区矿（化）体特征的空间展布在空间上的变化规律体现得不明显，此时可以对矿（化）体特征进行数字化表征，比如矿体顶底板等高线、矿体厚度等值线、矿化强度等值线、控矿构造宽度等值线、矿体形态变化程度统计等，各特征之间相互对比，总结矿化的空间展布规律及主要的控矿因素，并借此进行生产矿山的深边部预测。如某金矿控矿因素总结表明矿化强度与控矿构造宽度和蚀变带厚度之间存在着内在联系（图8-3）。

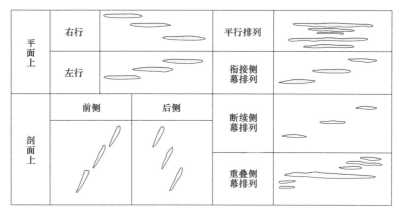

图 8-2 矿体脉群交替排列形式

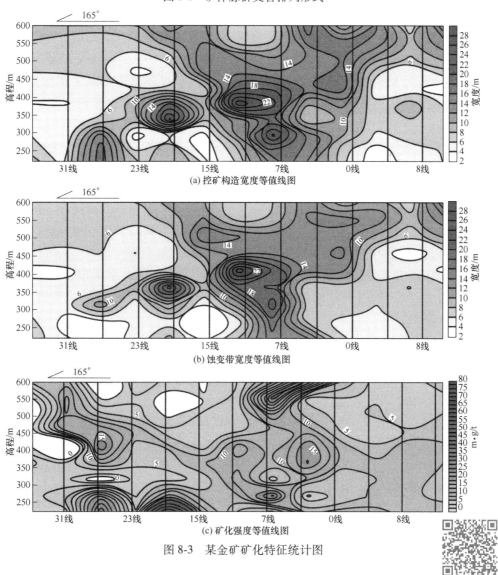

图 8-3 某金矿矿化特征统计图

彩色原图

8.2.2.3 化探异常评价与矿化远景分析

地球化学异常是指某些地区的地质体或自然介质（岩石、土壤、水、生物、空气等）中，指示元素的含量明显地偏离（高于或低于）正常含量的现象。化探异常可以是因矿床的存在而产生，也可以仅是指示元素含量的波动变化。因此，只有通过对异常的解释评价，才能从中发掘出异常所提供的矿化信息。异常的分析评价一般从以下五方面进行：

（1）异常地质背景的分析。从分析异常的空间分布与地质因素的联系入手，在此基础上进一步判断形成异常的可能原因。各类异常的出现都与一定的地质背景有关。

（2）异常形态、规模和展布。异常的形态往往与产生异常的地质体形态有关，如与断裂构造带有关的异常，往往呈带状分布，与岩浆岩有关的化探异常往往成片分布。所以，据异常的形态，结合地质背景，可对引起异常的源体进行判译。异常规模，一般来说，化探异常的面积越大，属于矿致异常及找到大矿的概率就越大。

（3）异常元素组合特征。异常元素组合特征常可反映不同矿化类型的矿化信息。例如 Sb、Hg、As、Au（Ag）的元素组合异常，可能是热液型金矿床的前缘晕的显示。长江中下游一带的矽卡岩型矿床分布区内，Cu、Ag、Mo 元素组合异常指示了铜钼矿化，Cu、Ag、Bi 元素组合异常指示了铜矿化，Cu、Ag、As、Zn、Mo、Mn 元素组合则指示了铜铁矿床的存在。

（4）异常的强度。在判断矿致异常与非矿异常时，一定要注意异常的结构。凡异常强度高、浓度分带明显、具有清楚的浓集中心的异常，多属于具有工业意义的矿致异常，否则为由某地质体造成的非矿异常。

（5）异常的分带特征。矿致异常的浓度分带明显时，据分带特征可以进一步发掘，提取一些深层次的矿化信息，如确定元素的水平或垂向分带、判断矿液运移方向、划分前缘晕和尾晕，判断剥蚀深度、追索盲矿体等。

在对生产矿山进行深边部预测时，由于矿体揭露充分，因此多采用岩石地球化学测量（原生晕）方法。我国学者李惠曾系统总结了我国金矿盲矿的四种构造叠加晕模型（图 8-4、图 8-5）。

生产矿山深部盲矿的原生晕异常解译原则有：

（1）前（缘晕）强、尾（晕）弱准则。当金异常强度较低时，前缘晕指示元素出现强异常，尾晕指示元素为弱异常，指示深部有盲矿存在；相反地，前缘晕不发育，而尾晕较强，则深部无矿。

（2）原生晕轴向分带"反分带"准则。当计算已知金矿体原生晕轴（垂）向分带序列时，出现"反向分带或反常"，即典型前缘晕指示元素出现在分带序列的下部，则指示已知金矿体深部还有盲矿存在或有第二个富集带（盲矿体）存在，若出现在矿体中部（矿体本身还未尖灭），则指示矿体向下延伸还很大。

（3）地球化学参数"反转"准则。计算已知金矿体或晕轴向不同标高的地球化学参数时，如前缘晕元素/尾晕元素或其累加、累乘比，或尾晕元素/前缘晕元素或其累加、累乘比；若其值从上到下有几个标高连续下降或上升，到已知矿体尾部突然反转，即由降转为升、或由升转为降，这种变化指示已知金矿体深部还有第二个富集带盲矿体存在，若在矿体中、下部出现转折，则指示矿体向下延伸还很大。

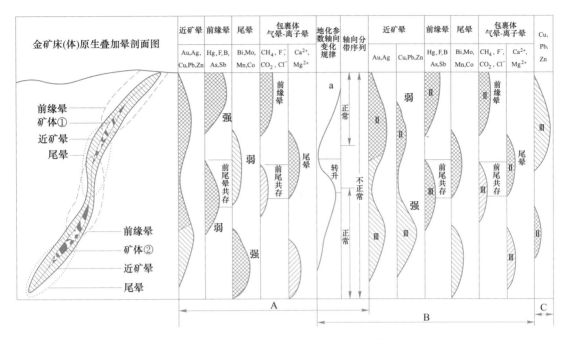

图 8-4 串珠状矿体的构造叠加晕理想模式

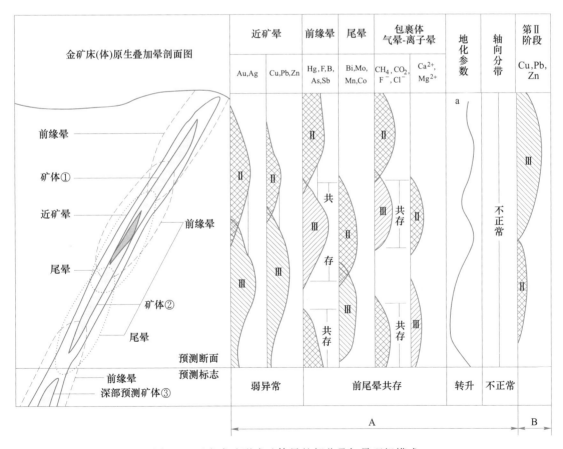

图 8-5 两次成矿形成矿体晕的部分叠加晕理想模式

（4）"前缘晕、尾晕共存"准则。在已知矿体尾部有金异常的条件下，既有前缘晕指示元素的强异常，又有尾晕指示元素的强异常存在，即前缘晕、尾晕共存，指示已知金矿体深部有第二个富集带盲矿体存在；若在矿体中、下部出现前缘晕、尾晕共存则指示矿体向下延伸还很大。

（5）前缘晕轴向下部强度增强趋势准则。从已知矿体前缘→头部→中部→下部→尾晕，前缘晕元素异常强度若出现由强→弱→强的变化趋势，则指示已知金矿体深部还有第二个富集带盲矿体存在。

该模式在很多构造控制的脉状金矿床中得到了广泛应用，并取得了较好的效果（图8-6）。

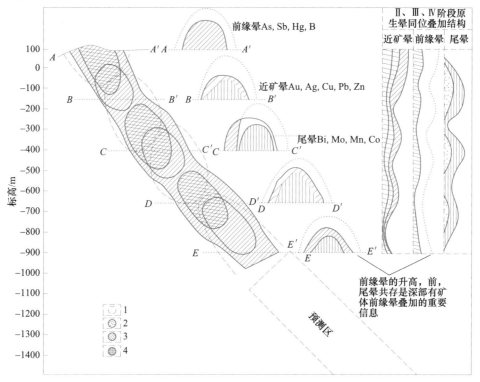

图 8-6　金青顶金矿床构造叠加晕模式垂直纵投影图

1—前缘晕 As-Sb-Hg；2—近矿晕 Au-Ag-Cu-Pb-Zn；3—尾矿晕 Mo-Mn-Co；4—富金矿体 Au≥20g/t

8.2.2.4　物探异常评价与矿化远景分析

物探异常是地质体物性特征的反映，物探异常具有复杂的多解性。利用物探方法进行深边部预测时，除地质研究的需要外，还必须具备物探工作前提，才能达到预期的目的。物探工作前提主要有下列几方面：

（1）物性差异：被调查研究的地质体与周围地质体之间，要存在某种物理性质上的差异。

（2）被调查的地质体要具有一定的规模和合适的深度，用现有的技术方法能发现它所引起的异常。若规模很小、埋藏又深的矿体，现有技术手段可能无法发现其异常。但若规模很大，即使埋藏较深，通过现有技术手段也可能发现其异常。故找矿效果应根据具体情况而定。

（3）能区分异常，即从各种干扰因素的异常中，区分所调查的地质体的异常。如铬铁矿和纯橄榄岩都可引起重力异常，蛇纹石化等岩性变化也可引起异常，能否从干扰异常中找出矿致异常，是方法应用的重要条件之一。

物探异常分析评价的中心任务是区分出矿与非矿异常，为此首先要结合地质资料，将异常分类、分区分带，对研究区内所有异常的分布、强度及组合特征有概略的了解，在此基础上筛选出与成矿有关的矿致异常。一般来说，具备以下条件的异常可能属矿致异常：

（1）异常本身的特征，包括异常强度、形态和产状等与已知的矿致异常相似，则可认为是由地下矿体引起，有必要考虑做进一步的异常查证工作；

（2）异常群的分布排列具一定的规律性，特别是与一定的成矿地质条件有一定的空间联系时。例如在宽缓磁异常的边缘或背景上，有次级异常呈串珠状"规则"地排列时，很可能反映了侵入体接触带上的矽卡岩型铁矿床的分布；

（3）异常所处的位置具优越的成矿地质条件，例如位于基性、超基性岩带的磁异常可能是岩浆矿床存在的反映，中酸性侵入体与碳酸盐岩层接触带及其附近的磁异常可能是矽卡岩型铁铜矿床的显示。

（4）在异常的评价中，还应特别注意对弱缓异常的研究工作。当矿体埋深较大时，往往表现为弱缓异常，而这正是当前找寻埋深较大的盲矿体的重要线索，我国从低缓异常的分析、研究中已取得了较好的找矿实效，在淮北、邯邢和莱芜等地新增了大量的铁矿储量。

8.2.2.5 控矿要素填图法

内生矿床受诸多地质因素的控制，与矿体之间存在内在的成生联系。很多情况下，寻找、预测隐伏矿体，除了合理运用各种探测方法外，往往要借助某个矿床的主要控矿因素来进行对各种异常进行合理解译并进行有效的深部预测。

A 控矿构造

构造是控制矿产空间分布、排列组合形式、矿体形态产状的重要因素，并对矿床（矿体）的改造、叠加、破坏起着重大影响。对局部构造的深入分析，无疑是矿区成矿预测的首要课题。大量事实说明，同性质的断裂构造、褶皱层间构造、侵入体与围岩的接触构造、火山构造等，都有明显的控矿和预测意义。

对内生矿产，大的断裂构造往往是岩浆和矿液活动的通道，起着既控岩又控矿的作用，因而沿大的断裂带常出现岩浆岩带及矿带；次一级的断裂构造则直接控制了矿床、矿体的产出和分布（图 8-7）；对外生矿产，断裂构造影响到沉积环境及后期的保存、改造条件。深入研究控矿的断裂构造，对预测找矿工作有着十分重要的现实意义。

B 围岩蚀变分带

应用围岩蚀变和蚀变分带特征，预测和探

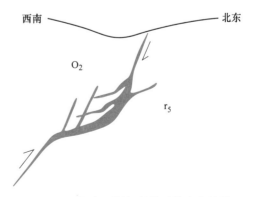

图 8-7 压性断层缓倾斜处矿体富集情况

寻有用矿产，早已成为行之有效途径。在现代矿床研究及预测历史上，最成功的例子应该是斑岩型铜矿，如美国圣马祖埃-卡拉马组斑岩型铜矿，开始人们只发现了一半斑岩铜矿体。随着矿山开发及研究的深入，逐渐发现整个矿体呈半球状，矿床具有明显蚀变分带，且呈半球状分布于矿体外围，故而推断应有对应的另外一个半球状矿体被构造错断并发生了位移（图8-8）。经过仔细研究，成功发现了另一半的斑岩矿体，所以对于内生矿床而言，矿床的蚀变类型、蚀变分带、蚀变强度及其空间展布对于生产矿山深边部及外围预测是非常关键的。

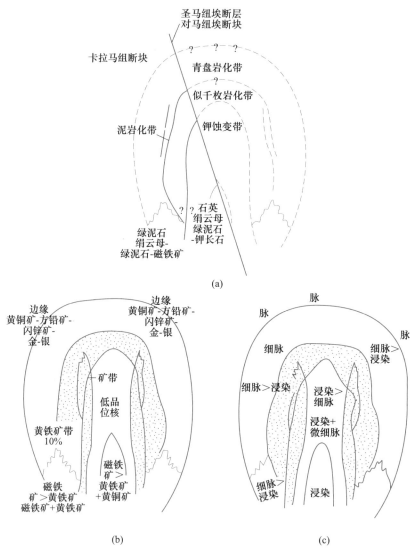

图8-8 圣马纽埃-卡拉马组斑岩铜矿同心状蚀变、矿化分带略图

C 矿床分带

矿床分带性是矿区成矿预测的重要依据。矿床的原生分带是指矿物成分、化学成分、矿石结构构造在区域、矿床范围内和在矿体范围内空间上的变化规律。查明矿床的分带特征，对预测、勘查、评价以及指导开采，都具重要意义。

矿床的空间分带规律，可以反映为不同矿物组合沿矿体走向、倾向的规律变化，也可以是围绕某一岩体、一系列矿床做有规律的分布。从空间位置来说，可分为水平分带与垂直分带；从分带标志来说，可分为金属矿物分带、蚀变分带、矿石结构构造分带和元素分带等。如辽宁某金矿床，赋存于辽河群高家峪组碎屑状千枚岩、变质砂岩及两者的交互带中。金矿体的近矿围岩蚀变主要为硅化、绢云母化及黄铁矿化，这几种蚀变往往交织在一起，在地层，构造适宜地点，形成较完整的"蚀变晕"，大体可分成若干个小环带：矿化中心为致密块状黄铁矿（金品位最高可达 1100g/t，一般 100~300g/t）；中间过渡带为黄铁矿-石英硅化带（含 Au 品位可达 20g/t 以上）；第三环带为强矿化蚀变带（含 Au 品位在 8~15g/t）；外带则为含稀疏浸染状黄铁矿的绢云母岩化带，含 Au 品位由内向外为 1~5g/t，逐渐降低，矿体与围岩无明显的界线（图 8-9）。

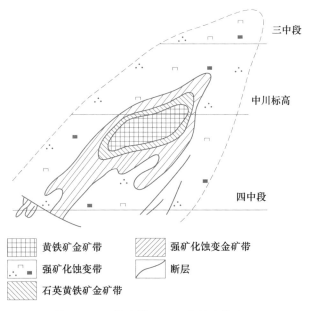

图 8-9 某金矿区矿化分带图（据吉林冶勘公司，1979）

再比如云南个旧锡矿也存在明显的原生分带（图 8-10）。（1）Cu 带，主要产于花岗岩正接触带上的矽卡岩硫化矿体和靠近正接触带的碳酸盐类岩层层间的少量不规则矿体。围岩为石榴石、透辉石、透闪石、阳起石等组成的矽卡岩及碳酸盐岩层。金属矿物组合为磁黄铁矿、黄铜矿、毒砂、白钨矿、辉铋矿和锡石等。此带以铜矿物为主，含铜 1%~5%，伴生有钨（0.11%）、Bi（0.18%）、Sn 一般小于 0.2%，此带宽 150~300m；（2）铜锡带，为层间的管状、条状矿体，下部接近正接触带。金属矿物组合主要为磁黄铁矿、黄铜矿、辉铋矿、锡石。Sn 品位一般为不足 1%~2%，Cu 品位 2%~5%，Cu 占优势，此带宽 400m；（3）锡铜带，矿物组合与（2）带相同，锡矿化最大富集（2%~5%），铜矿化减弱（<1%）。此带宽 200~250 m；（4）锡铅带，位于（3）带外侧，金属矿物以黄铁矿、锡石为主，有少量方铅矿和闪锌矿。Sn 品位 0.5%~2%，Pb 0.n%~2.0%，Zn 小于 1%。此带宽约 250 m；（5）铅锌（锡）带为外带，一般处于地表以下数十米，只有少量 Cu 和 Sn 产出，Pb、Zn 达最大富集。Pb 品位 3%~7%，Zn 品位 2%~3%，Sn 品位 0.2%~0.5%。

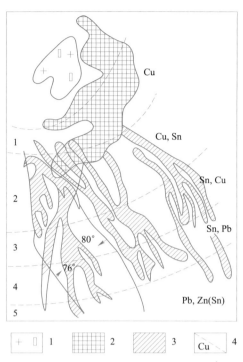

图 8-10　个旧锡矿金属原生分带平面示意图（据云冶一矿）

1—斑状黑云母花岗岩；2—矽卡岩硫化矿；3—层间氧化矿；4—金属分带

D　成矿温度/成矿流体通道填图

地壳中成矿元素的迁移富集与元素本身特点有关，也与元素所处的物理化学环境有关。后者包括温度、压力、矿液浓度、氧化还原电位（Eh）、酸碱度（pH）和生物化学因素等。

在内生、外生、变质作用中广泛存在的扩散作用，成矿物质总是从高浓度向低浓度方向转移；在地壳发生断裂造成压力差的条件下，含矿岩浆或含矿汽水溶液总是沿着断裂逐渐向压力减少的方向运移等。这些影响元素迁移富集的外在因素，可在矿物、岩石中留下大量信息，经过搜集、研究，可以为成矿预测工作提供依据。

成矿温度直接影响成矿元素和化合物的物性状态和活动性。随着温度的升降，能加速和减缓化学反应的速度，并引起吸热或放热反应，影响成矿物质的聚集，对矿床的形成起着很大的作用。成矿温度的研究，不仅有助于阐明矿床的成因，划分成矿阶段，也有利于确定成矿时成矿溶液流动方向，探寻隐伏矿体。

需要注意的是，很多时候成矿流体自流体通道中心至围岩水岩比下降、流体温度也会下降，故温度相对较高区域往往代表了流体运移通道，但对某个具体矿床分析时需要对成矿地质特征及矿化空间分布进行综合解译分析。图 8-11 为某金矿含金石英脉中包裹体爆裂温度等值线图，因为成矿期温度较成矿早期温度相比低一些，故而相对低温的区域应该代表的是工业矿化最好的区域，即代表的是成矿期流体的通道。

成矿温度有时也可以用某些特定矿物特征来表示。在很多内生金矿床中，往往会发生绢英岩化或伊利石化。绢云母、伊利石的结晶度与其形成温度（成矿热液温度）息息相关，故而在绢英岩化或伊利石化广泛发育的内生矿床中，可以利用与矿化相关的蚀变围岩

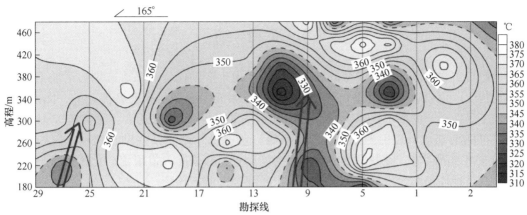

图 8-11 某金矿脉爆裂温度等值线图（箭头方向代表成矿期流体运移方向）

彩色原图

中绢云母或伊利石的结晶度来追溯成矿流体温度，进而推测成矿流体的运移通道。

图 8-12 是金矿蚀变围岩中伊利石的结晶度，结晶度低（流体温度相对低）的区域代表了成矿流体的运移通道，工业矿化即围绕流体通道产出，工业矿体在空间上呈高角度、侧列式的矿柱产出。利用该矿化特征，可以对生产矿山深部的矿化远景进行预测。

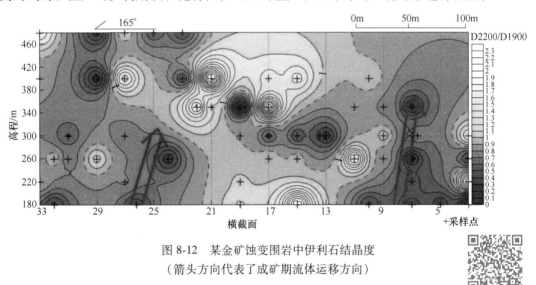

图 8-12 某金矿蚀变围岩中伊利石结晶度
（箭头方向代表了成矿期流体运移方向）

彩色原图

课程思政：

2018 年，松辽盆地大陆深部科学钻探工程即松科二井超额完成预定目标，钻探深度 7018m，胜利完井。这是亚洲国家实施的最深的大陆科学钻井，国际大陆科学钻探计划（ICDP）成立 22 年来实施的最深钻井，也是全球最早钻穿距今约 6500 万年至 1.45 亿年的白垩纪陆相地层的科学井，这一科学井的成功实施使我国积累了超深钻经验，增强了民族自豪感和自信心。

———— 本 章 小 结 ————

　　岩矿石矿物组成及化学成分的确定贯穿于矿山生产勘探、开采、选别甚至加工等各个过程，传统以化验室分析测试为主的工作方式已不能完全满足当前智能开采、无人开采、智能加工等新形势的要求。以现场光谱学分析（如 X 射线荧光光谱、便携式 X 射线衍射分析、可见光-近红外反射光谱、红外光谱等）为基础，结合某些勘查技术手段如钻探工程和地球物理测量等，逐渐发展成为矿山智能勘查，并据此大量采集矿化体信息，构建金属矿山三维地质模型，可有效指导矿山生产及深边部矿产预测。

　　矿山生产阶段，随着矿体的逐步揭露和系统开采，人们对矿山地质特征的认识达到了最高阶段。系统总结矿体空间产状和控矿要素的空间展布规律，通过大比例尺地球物理和地球化学测量手段，对生产矿山深边部资源远景进行预测，实现"就矿找矿"，可有效增加矿山保有资源量、缓解资源危机、延长矿山服务年限，是矿山地质的重要任务之一。

习　　题

1. 谈谈对岩矿石智能识别的认识。
2. 生产矿山深边部及外围预测的特点是什么？
3. 生产矿山深部盲矿的原生晕异常解译原则有哪些？
4. 生产矿山大比例尺地球物理测量过程中，如何区分矿致异常？

参 考 文 献

[1] DZ/T 0033—2020 固体矿产地质勘查报告编写规范 [S]. 北京：地质出版社，2020.

[2] DZ/T 0079—2015 固体矿产勘查地质资料综合整理综合研究技术要求 [S]. 北京：地质出版社，2015.

[3] DZ/T 0314—2018 黄金行业绿色矿山建设规范 [S]. 北京：地质出版社，2019.

[4] DZ/T 0319—2018 冶金行业绿色矿山建设规范 [S]. 北京：地质出版社，2019.

[5] DZ/T 0320—2018 有色金属行业绿色矿山建设规范 [S]. 北京：地质出版社，2019.

[6] DZ/T 0336—2020 固体矿产勘查概略研究规范 [S]. 北京：地质出版社，2020.

[7] DZ/T 0339—2020 矿床工业指标论证技术要求 [S]. 北京：地质出版社，2020.

[8] DZ/T 0340—2020 矿产勘查矿石加工选冶技术性能试验研究程度要求 [S]. 北京：地质出版社，2020.

[9] DZ/T 0347—2020 矿山闭坑地质报告编写规范 [S]. 北京：地质出版社，2020.

[10] DZ/T 0338.1—2020 固体矿产资源量估算规程 第1部分：通则 [S]. 北京：地质出版社，2020.

[11] DZ/T 0338.2—2020 固体矿产资源量估算规程 第2部分：几何法 [S]. 北京：地质出版社，2020.

[12] DZ/T 0338.3—2020 固体矿产资源量估算规程 第3部分：地质统计学法 [S]. 北京：地质出版社，2020.

[13] DZ/T 0338.4—2020 固体矿产资源量估算规程 第4部分：SD法 [S]. 北京：地质出版社，2020.

[14] DZ/T 0200—2020 矿床地质勘查规范 铁、锰、铬 [S]. 北京：地质出版社，2020.

[15] DZ/T 0201—2020 矿产地质勘查规范 钨、锡、汞、锑 [S]. 北京：地质出版社，2020.

[16] DZ/T 0202—2020 矿产地质勘查规范 铝土矿 [S]. 北京：地质出版社，2020.

[17] DZ/T 0203—2020 矿产地质勘查规范 稀有金属类 [S]. 北京：地质出版社，2020.

[18] DZ/T 0205—2020 矿床地质勘查规范 岩金矿 [S]. 北京：地质出版社，2020.

[19] DZ/T 0214—2020 矿床地质勘查规范 铜、铅、锌、银、镍、钼 [S]. 北京：地质出版社，2020.

[20] GB/T 13908—2020 固体矿产地质勘查规范总则 [S]. 北京：地质出版社，2020.

[21] GB/T 17766—2020 固体矿产资源储量分类 [S]. 北京：地质出版社，2020.

[22] GB/T 33444—2016 固体矿产勘查工作规范 [S]. 北京：地质出版社，2016.

[23] DZ/T 0339—2020 矿床工业指标论证技术要求 [S]. 北京：地质出版社，2020.

[24] 陈毓川，王登红，徐志刚，等. 中国重要矿产和区域成矿规律 [M]. 北京：地质出版社，2015.

[25] 姚培慧. 中国铬矿志 [M]. 北京：冶金工业出版社，1996.

[26] 姚培慧. 中国铁矿志 [M]. 北京：冶金工业出版社，1993.

[27] 姚培慧. 中国锰矿志 [M]. 北京：冶金工业出版社，1995.

[28] 阿尔波夫 M H，贝博奇金 A M，罗告诺夫斯基 B M. 矿山地质学 [M]. 鲁青，李春霖，等译. 北京：地质出版社，1958.

[29] 彼得斯（W C Peters）. 勘查与矿山地质学 [M]. 北京：冶金工业出版社，1978.

[30] 边梦龙. 夏甸金矿气固传热理论与通风降温模拟研究 [D]. 北京：北京科技大学，2019.

[31] 蔡美峰，谭文辉，任奋华，等. 金属矿深部开采创新技术体系战略研究 [M]. 北京：科学出版社，2018.

[32] 蔡美峰，谭文辉，吴星辉，等. 金属矿山深部智能开采现状及其发展策略 [J]. 中国有色金属学报，2021，31（11）：3409-3421.

[33] 陈希廉，彭觥，汪贻水. 我国矿山地质工作的现状和发展方向 [J]. 世界有色金属，2005，2：18-23.

[34] 陈毓川，李廷栋，彭齐鸣. 矿产资源与可持续发展 [M]. 北京：中国科学技术出版社，1999.

[35] 陈毓川. 矿床成矿系列 [J]. 地学前缘, 1994, 1 (3): 90-94.

[36] 陈郑辉, 王登红, 盛继福, 等. 中国锡矿成矿规律概要 [J]. 地质学报, 2015, 89 (6): 1026-1037.

[37] 董树文, 李廷栋, 高锐, 等. 地球深部探测国际发展与我国现状综述 [J]. 地质学报, 2010, 84 (6): 743-770.

[38] 冯志刚. 铀矿山地质学 [M]. 哈尔滨: 哈尔滨工程大学出版社, 2010.

[39] 高德福, 魏弘毅, 吴庭芳, 等. 矿山地质制图 [M]. 北京: 冶金工业出版社, 1986.

[40] 高伟波, 刘宇, 李仲琴. 人工智能在地质勘探中的应用前景及面临的挑战 [J]. 中国核科学技术进展报告, 2019 (6): 8-21.

[41] 国土资源部矿产开发管理司. 中国矿产资源主要矿种开发利用水平与政策建议 [M]. 北京: 冶金工业出版社, 2002.

[42] 郝梓国, 王希斌, 李震, 等. 白云鄂博碳酸岩型 REE-Nb-Fe 矿床——一个罕见的中元古代破火山机构成岩成矿实例 [J]. 地质学报, 2002, 76 (4): 525-540.

[43] 何茂才, 陈建宏, 永学艳. 深井高温金属矿开采降温方案探讨及应用 [J]. 金属矿山, 2014, 4: 144-147.

[44] 侯德义, 李志德, 杨言辰. 矿山地质学 [M]. 北京: 地质出版社, 1998.

[45] 胡绍祥, 李守春. 矿山地质学 [M]. 北京: 中国矿业大学出版社, 2015.

[46] 柯元楚, 史忠奎, 李培军, 等. 基于 Hyperion 高光谱数据和随机森林方法的岩性分类与分析 [J]. 岩石学报, 2018, 34 (7): 2181-2188.

[47] 李超岭, 李丰丹, 李健强, 等. 智能地质调查体系与架构 [J]. 中国地质, 2015, 42 (4): 828-838.

[48] 李超岭, 李健强, 张宏春, 等. 智能地质调查大数据应用体系架构与关键技术 [J]. 地质通报, 2015, 34 (7): 1288-1299.

[49] 李芳, 郑强, 王明, 等. 多源地学信息融合技术在矿产勘查中的研究现状及发展趋势 [J]. 中国地球科学联合学术年会, 2016.

[50] 李丰丹, 刘畅, 刘园园, 等. 地质调查智能空间框架构建与实践 [J]. 地质论评, 2019, 65 (1): 317-320.

[51] 李风华, 张飞天, 王俊. 矿山地质 [M]. 北京: 北京理工大学出版社, 2021.

[52] 李鸿业. 矿山地质通论 [M]. 北京: 冶金工业出版社, 1980.

[53] 李小明. 矿山地质学 [M]. 北京: 煤炭工业出版社, 2012.

[54] 连民杰, 周文略. 金属矿山智能化建设现状与管理创新研究 [J]. 矿业研究与开发, 2019, 39 (7): 136-141.

[55] 刘洪学, 陈国山. 矿山地质技术 [M]. 北京: 冶金工业出版社, 2021.

[56] 刘善军, 王东, 毛亚纯, 等. 智能矿山中的岩矿光谱智能感知技术与研究进展 [J]. 金属矿山, 2021, 7: 1-15.

[57] 卢亚菁. 不同开采阶段深井金属矿山热害及其治理方法的研究 [D]. 沈阳: 东北大学, 2015.

[58] 罗谷风. 基础结晶学与矿物学 [M]. 南京: 南京大学出版社, 1993.

[59] 罗明扬. 地质与矿山地质学 [M]. 北京: 冶金工业出版社, 1993.

[60] 吕鹏飞, 何敏, 陈晓晶, 等. 智慧矿山发展与展望 [J]. 工矿自动化, 2018, 44 (9): 84-88.

[61] 潘兆橹. 结晶学与矿物学 [M]. 北京: 地质出版社, 1987.

[62] 田旭芳, 李兵. 江西德兴铜矿富家坞矿床钼、铼、硒赋存状态及其分布规律 [C] //江西省地质学会, 2016.

[63] 涂光炽, 高振敏, 胡瑞忠, 等. 分散元素地球化学及成矿机制 [M]. 北京: 地质出版社, 2004.

[64] 王恩德, 付建飞, 王丹丽. 结晶学与矿物学教程 [M]. 北京: 冶金工业出版社, 2019.

[65] 王恩德. 金属矿床工艺矿物学 [M]. 北京: 冶金工业出版社, 2021.

[66] 王功文, 张寿庭, 李瑞喜, 等. 矿集区地学大数据挖掘与 3D/4D 建模在深部资源预测与评价中的示范研究进展 [C] //第九届全国成矿理论与找矿方法学术讨论会论文摘要集, 2019.

[67] 王濮, 潘兆橹, 翁玲宝. 系统矿物学 (上、中、下册) [M]. 北京: 地质出版社, 1982, 1984, 1987.

[68] 王贻水, 彭觥. 中国实用矿山地质学 [M]. 北京: 冶金工业出版社, 2010.

[69] 文美兰, 罗先熔. 金川铜镍矿床多元地学信息找矿研究 [J]. 中国地质, 2013, 40 (2): 594-601.

[70] 吴贤, 李来平, 张文钲, 等. 铼的性质及铼资源分布 [J]. 矿业快报, 2008, 24 (11): 67-69.

[71] 夏庆霖, 汪新庆, 常力恒, 等. 中国锡矿床时空分布特征与潜力评价 [J]. 地学前缘, 2018, 25 (3): 59-66.

[72] 熊欣, 丁欣, 李建康, 等. 川西甲基卡花岗伟晶岩的锂铍成矿作用过程——来自 308 号脉流体包裹体的约束 [J]. 岩石学报, 2022, 38 (2): 323-340.

[73] 薛倩冰, 张金昌. 智能化自动化钻探技术与装备发展概述 [J]. 探矿工程 (岩土钻掘工程), 2020, 47 (4): 9-14.

[74] 阳正熙. 矿床资源勘查学 [M]. 北京: 科学出版社, 2006.

[75] 杨言辰, 叶松青, 王建新, 等. 矿山地质学 [M]. 北京: 地质出版社, 2009.

[76] 姚高辉. 金属矿山深部开采岩爆预测及工程应用研究 [D]. 武汉: 武汉科技大学, 2008.

[77] 叶松青, 李守义. 矿产勘查学 [M]. 3 版. 北京: 地质出版社, 2011.

[78] 易继宁. 藏南扎西康式铅锌成矿作用与多元地学信息找矿预测研究 [D]. 北京: 中国地质大学 (北京), 2017.

[79] 俞广钧, 冉崇英. 矿山地质学 [M]. 长沙: 中南工业大学出版社, 1987.

[80] 张宝仁, 寸玮. 黄金矿山地质学 [M]. 北京: 中国建材工业出版社, 1997.

[81] 张宝仁, 黄绍锋. 黄金矿山地质学 [M]. 北京: 地质出版社, 2010.

[82] 张金昌, 刘凡柏, 黄洪波, 等. 5000 米智能地质钻探技术与装备研发 [J]. 探矿工程 (岩土钻掘工程), 2020, 7 (4): 1-8.

[83] 张西雅, 徐海卿, 李培军. 运用 EO-1 Hyperion 数据和单类支持向量机方法提取岩性信息 [J]. 北京大学学报 (自然科学版), 2012, 48 (3): 411-418.

[84] 张轸. 矿山地质学 [M]. 北京: 冶金工业出版社, 1982.

[85] 张志雄. 矿石学 [M]. 北京: 冶金工业出版社, 1981.

[86] 赵鹏大, 魏俊浩. 矿产勘查理论与方法 [M]. 北京: 中国地质大学出版社, 2019.

[87] 赵鹏大. 矿产勘查理论与方法 [M]. 武汉: 中国地质大学出版社, 2010.

[88] 赵一鸣, 吴良士. 中国主要金属矿床成矿规律 [M]. 北京: 地质出版社, 2004.

[89] 中国地质矿产信息研究院. 国外矿产资源 [M]. 北京: 地震出版社, 1996.

[90] 中国矿床编委会. 中国矿床 (上、中、下册) [M]. 北京: 地质出版社, 1994.

[91] 中国有色金属矿山地质编委会. 中国有色金属矿山地质 [M]. 北京: 地质出版社, 1991.

[92] 周乐光. 工艺矿物学 [M]. 北京: 冶金工业出版社, 1990.

[93] 朱训, 崇轲, 宗瑶. 德兴斑岩铜矿 [M]. 北京: 地质出版社, 1983.

[94] 祝嵩, 肖克炎. 大冶铁矿田铁山矿区三维地质体建模及深部成矿预测 [J]. 矿床地质, 2015, 34 (4): 814-827.